Wolf-Ewald Büttner
Grundlagen der Elektrotechnik 2

Weitere empfehlenswerte Titel

Grundgebiete der Elektrotechnik, Band 1 und 2
Horst Clausert, Gunther Wiesemann, Volker Hinrichsen,
Jürgen Stenzel, 2004
ISBN 978-3-486-70770-0

Aufgaben zur Elektrotechnik 1
Oliver Haas, Christian Spieker, 2012
ISBN 978-3-486-71680-1, e-ISBN 978-3-486-71959-8

Aufgaben zur Elektrotechnik 2
Oliver Haas, Christian Spieker, 2013
ISBN 978-3-486-72845-3, e-ISBN 978-3-486-75525-1

Bauelemente der Elektronik
Herbert Bernstein, 2014
ISBN 978-3-486-72127-0, e-ISBN 978-3-486-85608-8,
Set-ISBN 978-3-486-85609-5

Analoge Schaltungstechniken der Elektronik
Wilfried Tenten, 2012
ISBN 978-3-486-70682-6, e-ISBN 978-3-486-85418-3

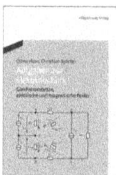

Wolf-Ewald Büttner

Grundlagen der Elektrotechnik 2

——

3. Auflage

DE GRUYTER
OLDENBOURG

Autor
Prof. Dipl.-Ing. Wolf-Ewald Büttner
93128 Regenstauf
w.-e.buettner@web.de

ISBN 978-3-11-037178-9
e-ISBN 978-3-11-037179-6

Bibliografische Information der Deutschen Nationalbibliothek
Die Deutsche Nationalbibliothek verzeichnet diese Publikation in der Deutschen Nationalbibliografie; detaillierte bibliografische Daten sind im Internet über http://dnb.dnb.de abrufbar.

© 2014 Oldenbourg Wissenschaftsverlag GmbH
Rosenheimer Straße 143, 81671 München, Deutschland
www.degruyter.com
Ein Unternehmen von De Gruyter

Lektorat: Gerhard Pappert
Herstellung: Tina Bonertz
Abbildung: f-64 Photo Office/amanaimagesRF/Thinkstock
Druck und Bindung: CPI books GmbH, Leck

Gedruckt in Deutschland
Dieses Papier ist alterungsbeständig nach DIN/ISO 9706.

Inhalt

1   Einleitung

Der vorliegende zweite Band baut auf den im ersten Band vermittelten Kenntnissen auf. Es erfolgen deshalb auch immer wieder Querverweise auf einzelne Kapitel oder abgeleitete Gleichungen im ersten Band. Der zweite Band behandelt sinusförmige und nichtsinusförmige Wechselspannungen und -ströme, Drehstromsysteme, Ortskurven, Übertragungsfunktionen und Schaltvorgänge, geht kurz auf die elektromagnetischen Felder ein und schließt mit dem Transformator ab.

Es wurde wieder der Stoff so kompakt wie möglich und so ausführlich wie nötig dargestellt und die vermittelten Lehrinhalte durch Beispiele vertieft. Der Lehrstoff muss nicht zwangsläufig in der hier gewählten Reihenfolge durchgearbeitet werden, dies gilt insbesondere, wenn das Lehrbuch als Begleitlektüre zu der Vorlesung Grundlagen der Elektrotechnik benutzt wird. Es ist auch möglich, einzelne Kapitel ganz zu überspringen. Für ein Selbststudium empfiehlt es sich aber, dass man sich an die hier aus didaktischen Gründen gewählte Vorgehensweise hält. Es wird noch darauf hingewiesen, dass bei den graphischen Lösungsverfahren Maßstäbe gewählt wurden, die für die Darstellung im Buchformat optimal sind, aber nicht unbedingt den in der Praxis üblichen entsprechen.

Vorausgesetzt werden, wie im ersten Band, physikalische und mathematische Grundkenntnisse, wie sie an Gymnasien, Fach- oder Berufsoberschulen und parallel zu den Grundlagenvorlesungen der Elektrotechnik in den Physik- und Mathematikvorlesungen an Fachhochschulen und Technischen Universitäten vermittelt werden. Insbesondere werden das Rechnen mit komplexen Zahlen, die Fourierreihen und die Laplacetransformation als bekannt vorausgesetzt. Der komplexen Rechenmethode ist jedoch wegen ihrer grundlegenden Bedeutung bei der Berechnung von Wechselstromschaltungen ein eigenes Unterkapitel gewidmet.

Es wird immer wieder der Brückenschlag zur beruflichen Praxis versucht. Dabei ist es aber nicht möglich, durch lange Erklärungen die noch fehlende berufliche Erfahrung zu ersetzen. Dies würde den Rahmen eines Lehrbuchs sprengen. So wird sich der Nutzen des vermittelten Lehrstoffs oft erst später in anderen Fachvorlesungen oder der Praxis zeigen. Ein fundiertes Grundlagenwissen ist aber für jede Ingenieurin und jeden Ingenieur unerlässlich.

Ebenso unerlässlich ist eine Selbstkontrolle, ob der durchgearbeitete Lehrstoff wirklich verstanden wurde und angewandt werden kann. Dies zeigt sich darin, dass praktische Aufgabenstellungen gelöst werden können. Dieser Kontrolle dienen die zahlreichen Aufgaben, die zunächst ohne Zuhilfenahme der ausführlichen Musterlösung bearbeitet werden sollten. Meist sind dabei auch andere Lösungswege, als in der Musterlösung gewählt, möglich. Weitere Übungsaufgaben ergeben sich dadurch, dass man bewusst andere Lösungsverfahren, als

in der Aufgabenstellung verlangt, anwendet oder die ursprünglich vorgegebenen Größen als
unbekannt und die gesuchten und in der Musterlösung zu findenden Größen nun als gegeben
annimmt. Wie schon im ersten Band soll nochmals auf die Bedeutung des gemeinsamen
Arbeitens und Lernens hingewiesen werden. In der Berufspraxis sind später auch Teamfä-
higkeit und Gemeinschaftsgeist gefragt.

In der Neuauflage wurden alle bisher entdeckten Fehler berichtigt. Sollten trotz sorgfälti-
gen Korrekturlesens noch Fehler entdeckt werden, so werden diese und die entsprechenden Berichtigungen dazu auf den Internetseiten www.oldenbourg-wissenschaftsverlag.de
unter dem Titel und dann unter dem Reiter „Zusatzmaterialien" aufgeführt. Kritik, Anre-
gungen und eine Mitteilung über entdeckte Fehler sind erwünscht.

2 Grundbegriffe der Wechselstromtechnik

Der erste Band beschäftigte sich im Wesentlichen mit zeitlich konstanten Strömen und Spannungen. In der Wechselstromtechnik wiederholen sich dagegen periodisch im gesamten Zeitbereich deren Funktionswerte. Dabei kann man drei Hauptgruppen unterscheiden:

- **Sinusförmige Wechselgrößen**
- **Nichtsinusförmige Wechselgrößen**
- **Mischgrößen**. Bei diesen wird einer Gleichstromgröße eine sinus- oder nichtsinusförmige Wechselgröße überlagert.

Zunächst werden einige wichtige Kenngrößen definiert, die für alle drei Hauptgruppen gleichermaßen gelten. In Kap. 3 werden ausschließlich sinusförmige Wechselgrößen behandelt, den nichtsinusförmigen und den Mischgrößen ist das Kap. 6 gewidmet.

2.1 Kenngrößen periodisch zeitabhängiger Größen

Zur Unterscheidung von stationären Größen kennzeichnet man zeitabhängige Spannungen und Ströme durch die Kleinbuchstaben ihres Formelzeichens mit u und i. Bei anderen Größen wird die Zeitabhängigkeit meist durch den Zusatz (t) zur Formelgröße zum Ausdruck gebracht. Trägt man graphisch die **Augenblickswerte**, d.h. die Funktionswerte, die eine physikalische Größe zu verschiedenen Zeitpunkten erreicht, über der Zeit auf, dann ergibt sich ein so genanntes **Liniendiagramm** (vgl. Abb. 2.1).

2.1.1 Periodendauer und Frequenz

Bei einer periodisch zeitabhängigen Größe wiederholt sich jeder Funktionswert im gesamten Zeitbereich immer wieder nach der gleichen Zeitspanne, man spricht von einer periodischen Schwingung. Als **Periodendauer** oder **Periode** T bezeichnet man die Zeitspanne, nach der sich der Zeitverlauf der physikalischen Größe wiederholt. In Abb. 2.1 ist der zeitliche Verlauf einer Spannung mit ihrer Periodendauer gezeigt.

Für diese Spannung gilt demnach:

$$u(t) = u(t \pm n \cdot T) \qquad n = 0, 1, 2, 3 \dots$$

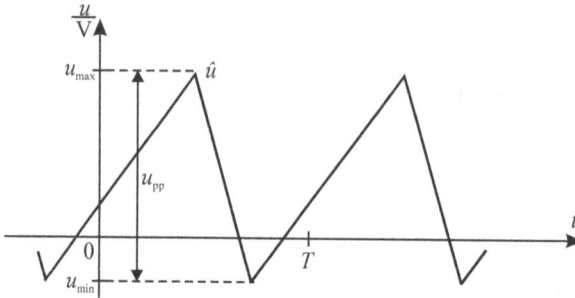

Abb. 2.1: Liniendiagramm einer periodisch zeitabhängigen Spannung

Die **Frequenz** f einer periodisch zeitabhängigen Größe ist der Kehrwert der Periodendauer.

$$f = \frac{1}{T}$$

$$[f] = \frac{1}{[T]} = 1\,\text{s}^{-1} = 1\,\text{Hz} \quad \text{(Hertz)} \tag{2.1}$$

> Der Zahlenwert der Frequenz gibt an, wie oft sich ein periodischer Schwingungsvorgang in einer Sekunde vollzieht. Die Einheit Hertz ist dabei nur für Frequenzen und nicht allgemein für s^{-1} zulässig.

Zur Beschreibung einer periodisch zeitabhängigen Größe muss ihr Augenblickswert mindestens für eine Periodendauer angegeben werden. Da sich ihr Richtungssinn innerhalb einer Periodendauer ändern kann, z.B. nimmt die Spannung in Abb. 2.1 zeitweise negative Werte an, muss in einer Schaltung ein Zählpfeil für sie festgelegt werden (vgl. Band 1, Kap. 2.8). Bei positiven Werten der periodisch zeitabhängigen Größe stimmt ihr Richtungssinn mit dem gewählten Zählpfeil überein, bei negativen ist ihr Richtungssinn entgegengesetzt zum Zählpfeil.

In einer Periodendauer erreicht eine periodische Schwingung ihren Maximal- und Minimalwert. Die Differenz dieser beiden Werte nennt man **Schwingungsbreite** und kennzeichnet sie üblicherweise durch den Index pp; dieser Index leitet sich aus der englischen Bezeichnung „peak-to-peak value" ab. Ihren maximalen Betrag bezeichnet man als **Scheitelwert**, er wird durch ein über das Formelzeichen gestelltes Dach gekennzeichnet.

$$u_{pp} = u_{max} - u_{min} \qquad \hat{u} = |u_{max}| \text{ für } |u_{max}| \geq |u_{min}| \qquad \text{bzw.} \qquad \hat{u} = |u_{min}| \text{ für } |u_{max}| < |u_{min}|$$

Bei vielen technischen Anwendungen ist der zeitliche Verlauf der Spannung oder des Stromes selbst nur von untergeordnetem Interesse, sondern vielmehr die Wirkung derselben. Zweckmäßiger ist es in solchen Fällen, wenn man die Wirkung einer zeitabhängigen Größe über eine oder mehrere Periodendauern auf die einer zeitunabhängigen Größe für die gleiche Zeitdauer zurückführt, die eine identische Wirkung zeitigt. Dazu bildet man verschiedene Mittelwerte.

2.1.2   Arithmetischer Mittelwert

Die chemische Wirkung eines zeitlich veränderlichen Stroms hängt von der innerhalb einer bestimmten Zeit transportierten Ladungsmenge ab. Man ermittelt also die Stromstärke eines Gleichstroms, der während der Zeit einer Periodendauer eine identische Ladung transportiert. Bezeichnet man die während einer Periodendauer transportierte Ladung mit Q_T, so ist nach Umstellung der Gleichung 2.3 in Band 1:

$$Q_T = \int_{t=0}^{t=T} i \cdot dt$$

Mit Gleichung 2.4 aus Band 1 wird dann:

$$I = \frac{Q}{t} = \frac{Q}{T} \qquad I = \frac{1}{T} \cdot \int_0^T i \cdot dt$$

Diesen Wert bezeichnet man als **arithmetischen Mittelwert** oder **Gleichwert** $\bar{i}$, er ist wie folgt definiert:

$$\bar{i} = \frac{1}{T} \cdot \int_0^T i \cdot dt = \frac{1}{T} \cdot \int_{t_1}^{t_1+T} i \cdot dt \qquad \text{bzw.} \qquad \bar{u} = \frac{1}{T} \cdot \int_0^T u \cdot dt = \frac{1}{T} \cdot \int_{t_1}^{t_1+T} u \cdot dt \qquad (2.2)$$

In der Messtechnik messen unterschiedliche Messwerke aufgrund ihrer physikalischen Wirkungsweise unterschiedliche Mittelwerte. So misst z.B. ein Drehspulinstrument den arithmetischen Mittelwert.

Ist der arithmetische Mittelwert null, so bezeichnet man die Spannung oder den Strom als eine **Wechselgröße**, die durch die Indizierung $i_{\sim}$ bzw. $u_{\sim}$ gekennzeichnet werden kann. Ist der arithmetische Mittelwert ungleich null, so ist die Spannung oder der Strom eine **Mischgröße**, diese werden in Kap. 6 ausführlicher behandelt.

Beispiel:
Es soll der arithmetische Mittelwert der beiden in Abb. 2.2 gezeigten Ströme ermittelt werden.

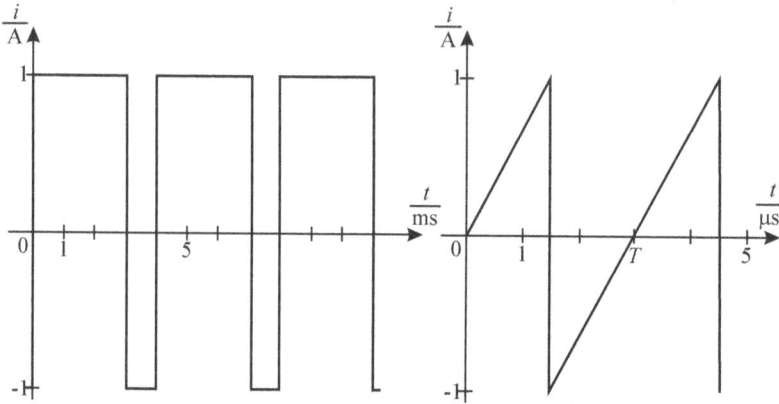

Abb. 2.2: Liniendiagramm zweier periodischer Ströme

Bemerkung: Würde der Stromverlauf des linken Liniendiagramms mit Hilfe eines Oszilloskops aufgenommen, so wären die eingezeichneten senkrechten Linien bei 3 ms, 4 ms, 7 ms usw. nicht sichtbar.

Für den rechteckförmigen Strom ist $T = 4$ ms, und es lautet die Gleichung für den Augenblickswert:

$$i = \begin{cases} 1\,\text{A} & \text{für} \quad 0 < t < 3 \text{ ms} \\ -1\,\text{A} & \text{für} \quad 3 < t < 4 \text{ ms} \end{cases}$$

Somit ist:

$$\bar{i} = \frac{1}{T} \cdot \int_0^T i \cdot dt = \frac{1}{T} \cdot \left(\int_0^{3\,\text{ms}} 1\,\text{A} \cdot dt + \int_{3\,\text{ms}}^{4\,\text{ms}} -1\,\text{A} \cdot dt \right) = \frac{1}{4\,\text{ms}} \cdot \left(\left[1\,\text{A} \cdot t \right]_0^{3\,\text{ms}} + \left[-1\,\text{A} \cdot t \right]_{3\,\text{ms}}^{4\,\text{ms}} \right) = 0{,}5\,\text{A}$$

Für den sägezahnförmigen Strom ist $T = 3$ μs, und es lautet die Gleichung für den Augenblickswert:

$$i = \begin{cases} \dfrac{2 \cdot t}{T} \cdot 1\,\text{A} & \text{für} \quad 0 \leq t < \dfrac{T}{2} \\[2mm] \dfrac{2 \cdot t}{T} \cdot 1\,\text{A} - 2\,\text{A} & \text{für} \quad \dfrac{T}{2} < t \leq T \end{cases}$$

Somit ist:

$$\bar{i} = \frac{1}{T} \cdot \int_0^T i \cdot dt = \frac{1}{T} \cdot \left(\int_0^{T/2} \frac{2 \cdot t}{T} \cdot 1\,\text{A} \cdot dt + \int_{T/2}^T \left(\frac{2 \cdot t}{T} \cdot 1\,\text{A} - 2\,\text{A} \right) \cdot dt \right)$$

$$= \frac{1}{T} \cdot \left(\left[\frac{t^2}{T} \cdot 1\,\mathrm{A} \right]_0^{T/2} + \left[\frac{t^2}{T} \cdot 1\,\mathrm{A} \right]_{T/2}^{T} - \left[2\,\mathrm{A} \cdot t \right]_{T/2}^{T} \right) = 0$$

Beide Ergebnisse hätte man mit einiger Überlegung auch einfacher finden können. Das Integral des arithmetischen Mittelwerts stellt die vorzeichenbehaftete Fläche dar, die $i = f(t)$ über der Zeitachse während einer Periode einschließt. Dividiert man diese Fläche durch T, so erhält man die vorzeichenbehaftete Höhe eines flächengleichen Rechtecks. Diese Höhe stellt den Gleichstrom dar, der dieselbe Wirkung wie der zeitabhängige Strom i hat. Für den sägezahnförmigen Strom sieht man sofort, dass die Fläche des Dreiecks über der Zeitachse für die Zeitspanne von $0 \le t < T/2$ gleich groß ist wie die Fläche unterhalb der Zeitachse für $T/2 < t \le T$. Somit ist der arithmetische Mittelwert null. Für den rechteckförmigen Strom ist der arithmetische Mittelwert innerhalb der Zeitspanne von $2\,\mathrm{ms} < t < 4\,\mathrm{ms}$ ebenfalls null. Es verbleibt nur der Stromanteil von $0 < t < 2\,\mathrm{ms}$. Dieser Anteil, bezogen auf die gesamte Periodendauer, ergibt somit:

$$\overline{i} = \frac{1\,\mathrm{A} \cdot 2\,\mathrm{ms}}{4\,\mathrm{ms}} = 0{,}5\,\mathrm{A}$$

Die formale Integration ist hier und in den folgenden Kapiteln einfach durchführbar, da eine Gleichung für den zeitlichen Verlauf des Stromes bzw. der Spannung angegeben werden kann. Ist dies nicht möglich, so müssen numerische Integrationsverfahren eingesetzt werden oder man findet die Näherungslösung durch Planimetrieren. Dazu überträgt man das Liniendiagramm auf Millimeterpapier und ermittelt die durch den Kurvenverlauf eingeschlossene Fläche durch Abzählen der „Kästchen"; Flächen unterhalb der Zeitachse zählen dabei negativ.

2.1.3   Gleichrichtwert

Den Gleichrichtwert $|\overline{u}|$ bzw. $|\overline{i}|$ einer periodisch zeitabhängigen Größe erhält man, wenn man sich diese durch einen idealen Zweiweggleichrichter gleichgerichtet denkt und davon den arithmetischen Mittelwert bildet. Die Gleichrichtung bedeutet, dass alle Augenblickswerte für $u < 0$ bzw. $i < 0$ an der Zeitachse gespiegelt werden, wie es in Abb. 2.3 für zwei Beispiele gezeigt ist. Der ursprüngliche Verlauf ist dabei gestrichelt eingetragen. Die Periodendauer der gleichgerichteten Größe kann kürzer als die der ursprünglichen periodischen Schwingung sein, z.B. ist die Periodendauer der sinusförmigen Spannung in Abb. 2.3 vor der Gleichrichtung 20 ms, die der gleichgerichteten Spannung dagegen nur 10 ms.

Das bereits im vorhergehenden Kapitel erwähnte Drehspulinstrument wird deshalb gerne zur Messung von Wechselgrößen eingesetzt, weil es einen um Zehnerpotenzen geringeren Eigenverbrauch als ein Dreheisenmessgerät hat. Da es aber physikalisch den arithmetischen Mittelwert misst, der für eine Wechselgröße null ist, wird die Messgröße vorher im Instrument gleichgerichtet und es zeigt somit den Gleichrichtwert an.

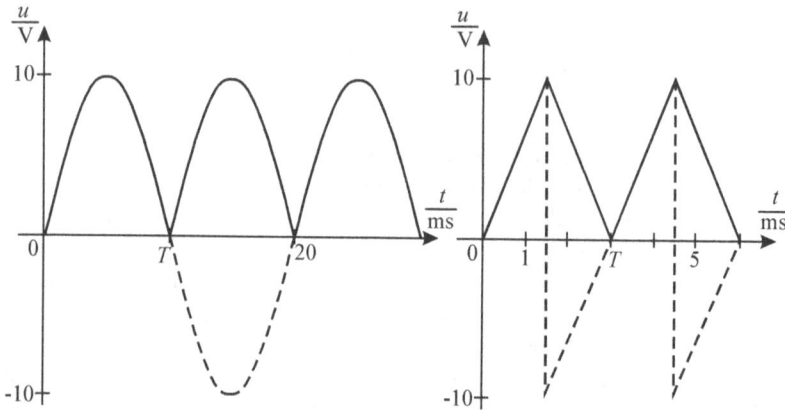

Abb. 2.3: Liniendiagramme zweier gleichgerichteter Wechselgrößen

Der **Gleichrichtwert** ist wie folgt definiert:

$$\overline{|i|} = \frac{1}{T} \cdot \int\limits_0^T |i| \cdot dt = \frac{1}{T} \cdot \int\limits_{t_1}^{t_1+T} |i| \cdot dt \ \text{ bzw. }\ \overline{|u|} = \frac{1}{T} \cdot \int\limits_0^T |u| \cdot dt = \frac{1}{T} \cdot \int\limits_{t_1}^{t_1+T} |u| \cdot dt \quad (2.3)$$

Beispiel:
Es soll der Gleichrichtwert der rechten, in Abb. 2.3 gezeigten Spannung ermittelt werden. Es genügt dabei, nur bis zur halben Periodendauer zu integrieren und das Ergebnis mit zwei zu multiplizieren.

$$\overline{|u|} = \frac{2}{T} \cdot \int\limits_0^{T/2} |u| \cdot dt = \frac{2}{3\,\text{ms}} \cdot \int\limits_0^{1,5\,\text{ms}} \frac{2 \cdot t}{3\,\text{ms}} \cdot 10\,\text{V} \cdot dt = \frac{40\,\text{V}}{(3\,\text{ms})^2} \cdot \left[\frac{t^2}{2}\right]_0^{1,5\,\text{ms}} = 5\,\text{V}$$

2.1.4   Effektivwert

Am häufigsten wird in der Praxis der **Effektivwert** oder **quadratische Mittelwert** verwendet. Er wird mit U bzw. I bezeichnet. Sollte die Gefahr einer Verwechslung bestehen, so kann man auch U_{eff} bzw. I_{eff} schreiben. Die Leistungsschildangaben elektrischer Geräte beziehen sich fast ausschließlich auf die Effektivwerte.

Der Effektivwert einer periodisch zeitabhängigen Größe entspricht der an einem ohmschen Widerstand angelegten Gleichspannung bzw. dem durch ihn fließenden Gleichstrom, durch den während einer Periodendauer dieselbe elektrische Energie in Wärmeenergie wie durch die periodische Schwingung umgewandelt wird.

Nach Gleichung 2.22 in Band 1 ist die während einer Periodendauer umgewandelte Energie:

$$W_T = \pm U \cdot I \cdot T = I^2 \cdot R \cdot T = \frac{U^2}{R} \cdot T \quad \text{bzw. für eine periodische Schwingung:}$$

$$W_T = \int_0^T u \cdot i \cdot dt = \int_{t_1}^{t_1+T} u \cdot i \cdot dt = R \cdot \int_{t_1}^{t_1+T} i^2 \cdot dt = \frac{1}{R} \cdot \int_{t_1}^{t_1+T} u^2 \cdot dt$$

Somit ist der Effektivwert:

$$I = \sqrt{\frac{1}{T} \cdot \int_0^T i^2 \cdot dt} = \sqrt{\frac{1}{T} \cdot \int_{t_1}^{t_1+T} i^2 \cdot dt} \quad \text{bzw.}$$

$$U = \sqrt{\frac{1}{T} \cdot \int_0^T u^2 \cdot dt} = \sqrt{\frac{1}{T} \cdot \int_{t_1}^{t_1+T} u^2 \cdot dt}$$

(2.4)

Beispiel:
Für die beiden Ströme in Abb. 2.2 soll der Effektivwert ermittelt werden.

Für das linke Liniendiagramm erübrigt sich eine aufwändige formale Rechnung. Durch das Quadrieren des Augenblickswerts des Stroms werden negative Stromwerte positiv, man erhält also eine Fläche von $(1\,A)^2 \cdot T$. Dividiert man diese durch T und radiziert, so erhält man $I = 1\,A$.

Für das rechte Liniendiagramm genügt wiederum nur bis zur halben Periodendauer zu integrieren und das Ergebnis mit zwei zu multiplizieren.

$$I = \sqrt{\frac{2}{T} \cdot \int_0^{T/2} i^2 \cdot dt} = I = \sqrt{\frac{2}{3\,\mu s} \cdot \int_0^{1,5\,\mu s} \left(\frac{2 \cdot t}{3\,\mu s} \cdot 1\,A \right)^2 \cdot dt} = \sqrt{\frac{8\,A^2}{(3\,\mu s)^3} \cdot \left[\frac{t^3}{3} \right]_0^{1,5\,\mu s}} = 0,5774\,A$$

2.1.5 Formfaktor und Scheitelfaktor

Für eine rasche Beurteilung und den Vergleich von Wechselgrößen hat man zwei Verhältniszahlen definiert, den **Formfaktor** F und **Scheitelfaktor** ξ (ksi). Neben diesen beiden werden in Kap. 6.3 für nichtsinusförmige Wechselgrößen und Mischgrößen noch einige andere Verhältniszahlen definiert. Die Definitionen für beide Kenngrößen lauten:

$$F = \frac{\text{Effektivwert}}{\text{Gleichrichtwert}} \quad F_u = \frac{U}{|\overline{u}|} \quad \text{bzw.} \quad F_i = \frac{I}{|\overline{i}|}$$

$$\xi = \frac{\text{Scheitelwert}}{\text{Effektivwert}} \quad \xi_u = \frac{\hat{u}}{U} \quad \text{bzw.} \quad \xi_i = \frac{\hat{i}}{I}$$

(2.5)

Wie bereits erwähnt, interessiert meist der Effektivwert. Dieser könnte z.B. mit einem Dreheisenmessgerät ermittelt werden, das aufgrund seiner physikalischen Wirkungsweise unabhängig vom zeitlichen Verlauf der Größe den Effektivwert direkt misst. Allerdings haben diese Messwerke einen relativ hohen Eigenverbrauch und sind meist nur bis zu Frequenzen von ca. 150 Hz einsetzbar, da sonst die Wirbelströme im Eisen zu Messfehlern führen. Setzt man dagegen für die Messung Drehspulinstrumente mit einem vorgeschalteten Gleichrichter ein, so misst dieses Gerät aufgrund seiner physikalischen Wirkungsweise den Gleichrichtwert. Mit Hilfe des Formfaktors kann man aber den Effektivwert ermitteln, bzw. bei bekannter Kurvenform diesen Formfaktor bereits in der Skaleneinteilung berücksichtigen.

Beispiel:
Für die beiden Ströme in Abb. 2.2 sollen der Form- und Scheitelfaktor bestimmt werden.

Für den linken Strom ist $I = \overline{|i|} = \hat{i} = 1\,\mathrm{A}$, somit sind auch $F = 1$ und $\xi = 1$.

Für den rechten Stromverlauf ist $I = 0{,}5774\,\mathrm{A}$, $\overline{|i|} = 0{,}5\,\mathrm{A}$ und $\hat{i} = 1\,\mathrm{A}$.

Somit werden:

$$F = \frac{0{,}5774\,\mathrm{A}}{0{,}5\,\mathrm{A}} = 1{,}155 \quad \text{und} \quad \xi = \frac{1\,\mathrm{A}}{0{,}5774\,\mathrm{A}} = 1{,}732$$

Aufgabe 2.1
Für die in Abb. 2.4 dargestellten Spannungen sollen die Periodendauern, Frequenzen, die Scheitelwerte, arithmetische Mittelwerte, Gleichrichtwerte, Effektivwerte, Formfaktoren und Scheitelfaktoren ermittelt werden.

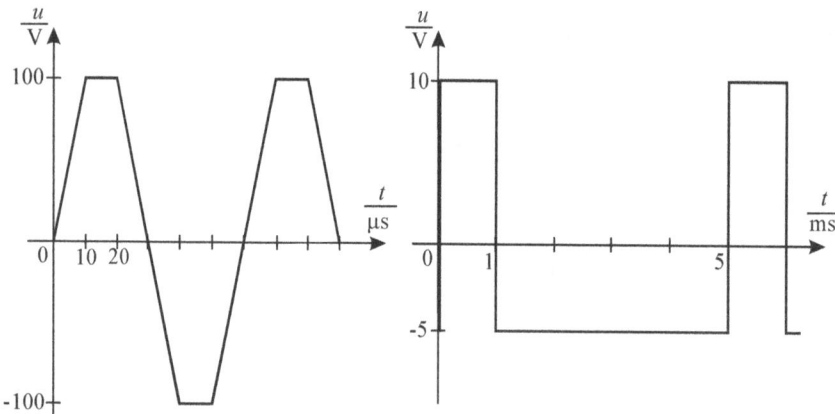

Abb. 2.4: Liniendiagramme zweier Spannungen

2.2   Kenngrößen sinusförmiger Wechselgrößen

2.2.1   Kreisfrequenz und Nullphasenwinkel

Neben den bereits definierten Kenngrößen gibt es für sinusförmige Wechselgrößen noch einige weitere. Auch ein kosinusförmiger Verlauf ist nichts anderes als ein zeitverschobener Sinusverlauf. Nach DIN 5489 wird für die mathematische Beschreibung von Sinusgrößen die Kosinusfunktion verwendet, da dies bei der rechnerischen Behandlung formale Vorteile bringt. Die Sinus- und Kosinusfunktion unterscheiden sich um $\pi / 2$ im Argument.

Im Kap. 6.1.6 des ersten Bandes wurde gezeigt, dass sich bei der Rotation einer Leiterschleife mit der konstanten Winkelgeschwindigkeit $\omega = 2 \cdot \pi \cdot n$ in einem homogenen, stationären Magnetfeld eine sinusförmige induktive Spannung ergibt. Bei der Formel 6.12 im ersten Band war dabei vorausgesetzt, dass der Verlauf des magnetischen Flusses einer reinen Kosinusfunktion entsprach. Bei einer beliebigen Lage der Leiterschleife zum Zeitpunkt $t = 0$ schließen der Flächenvektor $\vec{A}$ und der Flussdichtevektor $\vec{B}$ in Abb. 6.17 des ersten Bandes den Winkel α_0 ein, damit geht die Formel 6.12 über in die Form:

$$u_L = N \cdot B \cdot A \cdot \omega \cdot \cos\left(\omega \cdot t + \frac{\pi}{2} + \alpha_0\right) = \hat{u}_L \cdot \cos\left(\omega \cdot t + \frac{\pi}{2} + \alpha_0\right)$$

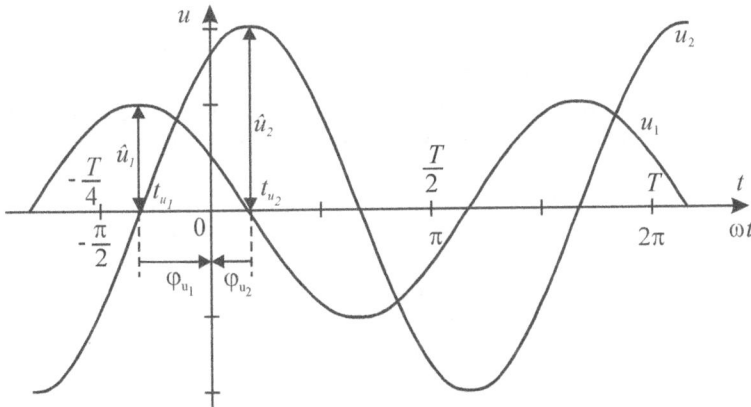

Abb. 2.5: Liniendiagramm zweier gleichfrequenter Sinusspannungen

Eine Spannung mit einem solchen Verlauf nennt man **Sinusspannung**, einen entsprechenden Strom **Sinusstrom**. Im Liniendiagramm der Abb. 2.5 sind zwei Sinusspannungen gleicher Frequenz aufgetragen. Im Gegensatz zu den bisherigen Liniendiagrammen ist es bei sinusförmigen Wechselgrößen üblich, dass man die Zeitachse durch eine $\omega \cdot t$-Achse ersetzt. Nach Gleichung 6.11 im ersten Band ist für den Zeitpunkt $t = T$ dann $\omega \cdot T = 2 \cdot \pi$. In Abb. 2.5 sind an der Abszisse beide Größen angetragen. Üblicherweise lässt man bei der Größe $\omega \cdot t$ und Vielfachen von π das Multiplikationszeichen weg.

Der Verlauf einer sinusförmigen Wechselgröße wird durch folgende Gleichung beschrieben:

$$u = \hat{u} \cdot \cos(\omega t + \varphi_u) = \hat{u} \cdot \sin\left(\omega t + \frac{\pi}{2} + \varphi_u\right) \quad \text{bzw.}$$

$$i = \hat{i} \cdot \cos(\omega t + \varphi_i) = \hat{i} \cdot \sin\left(\omega t + \frac{\pi}{2} + \varphi_i\right)$$

(2.6)

Den **Scheitelwert** einer sinusförmigen Wechselgröße nennt man **Amplitude**, das **Argument** der Kosinusfunktion $(\omega t + \varphi_u)$ bzw. $(\omega t + \varphi_i)$ **Phasenwinkel** und den Winkel φ_u (phi) bzw. φ_i **Nullphasenwinkel**, da der Phasenwinkel für $t = 0$ gleich φ_u bzw. φ_i ist. Es ist dabei üblich den Nullphasenwinkel so zu wählen, dass er im Bereich $-\pi \le \varphi_u \le \pi$ bzw. $-\pi \le \varphi_i \le \pi$ liegt. Da man, wie erwähnt, den Verlauf üblicherweise durch eine Kosinusfunktion ausdrückt, gibt man den Nullphasenwinkel für das positive Maximum an, das dem Nullpunkt am nächsten liegt. Liegt das positive Maximum im Nullpunkt, so bezeichnet man die Schwingung als **nullphasig**. Würde man die Wechselgröße durch eine Sinusfunktion ausdrücken, so gibt man den Nullphasenwinkel für den Nulldurchgang mit positiver Steigung an, der dem Nullpunkt am nächsten liegt. Müsste man eine Schwingung in Richtung der positiven ωt-Achse verschieben, um eine nullphasige Schwingung zu erhalten, so ist der Nullphasenwinkel positiv, andernfalls negativ.

> Es ist dabei in der Elektrotechnik üblich, die Nullphasenwinkel, wie auch die erst später erklärten Phasenverschiebungswinkel, nicht im Bogenmaß, sondern im Gradmaß anzugeben. Dadurch enthält aber das Argument der Kosinusfunktion die Größe ωt im Bogenmaß und den Nullphasenwinkel im Gradmaß; zur Summenbildung muss dann eine von beiden in das andere Maß umgerechnet werden.

Für die beiden Spannungen in Abb. 2.5 sind die Nullphasenwinkel:

$$\varphi_{u_1} = \frac{2\pi}{6} = 60° \qquad \text{und} \qquad \varphi_{u_2} = -\frac{\pi}{6} = -30°$$

> Bei einem positiven Nullphasenwinkel **eilt** die Wechselgröße einer entsprechenden nullphasigen **voraus**, d.h. sie erreicht ihr positives Maximum früher als die nullphasige. Im anderen Fall **eilt** die Wechselgröße der nullphasigen **nach**.

Oft ist der Nullphasenwinkel einer Wechselgröße frei wählbar, man setzt ihn dann zweckmäßigerweise gleich null. Bei mehreren Wechselgrößen, die gemeinsam dargestellt oder aufeinander bezogen sind, wählt man den Nullphasenwinkel der Bezugsgröße zu null, wenn dies möglich ist.

Der Nullphasenwinkel kann natürlich nur angetragen werden, wenn an der Abszisse ωt angetragen ist. Bei einer Zeitachse muss dafür eine entsprechende Zeitangabe gemacht werden. Man nennt dies die **Nullphasenzeit** t_u bzw. t_i.

$$t_u = -\frac{\varphi_u}{\omega} \qquad \text{bzw.} \qquad t_i = -\frac{\varphi_i}{\omega} \qquad\qquad (2.7)$$

Das Minuszeichen rührt daher, dass bei positiven Nullphasenwinkeln die Kosinusschwingung ihr positives Maximum vor dem Zeitpunkt $t = 0$ erreicht. Für eine Periodendauer $T = 20$ ms für die beiden Sinusspannungen in Abb. 2.5 ergeben sich dann die Nullphasenzeiten:

$$t_{u_1} = -\frac{2\,\pi \cdot T}{6 \cdot 2\,\pi} = -3{,}33 \text{ ms} \qquad t_{u_2} = -\left(-\frac{\pi \cdot T}{6 \cdot 2\,\pi}\right) = 1{,}67 \text{ ms}$$

In der Wechselstromtechnik nennt man die Größe ω (omega) **Kreisfrequenz**. Entsprechend den Gleichungen 6.11 im ersten Band und 2.1 ist:

$$\omega = \frac{2\pi}{T} = 2\,\pi \cdot f \qquad\qquad (2.8)$$

$$[\omega] = \left[T^{-1}\right] = s^{-1}$$

Durch die Angabe der Amplitude, Frequenz oder Kreisfrequenz oder Periodendauer und des Nullphasenwinkels ist eine sinusförmige Wechselgröße eindeutig beschrieben.

2.2.2 Mittelwerte sinusförmiger Wechselgrößen

Der arithmetische Mittelwert einer Sinusspannung bzw. eines Sinusstroms ist null, da die Flächen der positiven und negativen Halbwellen während einer Periodendauer gleichgroß sind. Dies soll auch formal gezeigt werden, z.B. ist für die Spannung u_1 in Abb. 2.5 mit $\omega T = 2\pi$ nach Gleichung 2.8:

$$\overline{u}_1 = \frac{1}{T} \cdot \int_0^T \hat{u}_1 \cdot \cos\left(\omega t + \varphi_{u_1}\right) \cdot dt = \frac{\hat{u}_1}{\omega \cdot T} \cdot \left[\sin\left(\omega t + \varphi_{u_1}\right)\right]_0^T$$

$$= \frac{\hat{u}_1}{\omega \cdot T} \cdot \left[\sin\left(\omega \cdot T + \varphi_{u_1}\right) - \sin\left(0 + \varphi_{u_1}\right)\right] = \frac{\hat{u}_1}{2\,\pi} \cdot \left[\sin\left(2\,\pi + \varphi_{u_1}\right) - \sin\varphi_{u_1}\right] = 0$$

Um den Gleichrichtwert des Stromes in Abb. 2.6 zu bestimmen, muss die „Höhe" eines flächengleichen Rechtecks ermittelt werden. Da die vier Halbwellenteile in Abb. 2.6 gleichgroße Flächen einschließen, genügt die Integration über eine Viertelperiode und die Multiplikation des Ergebnisses mit vier. Während der ersten Viertelperiode ist der Kosinus positiv, das Betragszeichen kann deshalb entfallen.

$$\overline{|i|} = \frac{4}{T} \cdot \int_0^{T/4} |\hat{i} \cdot \cos\omega t| \cdot dt = \frac{4}{T} \cdot \int_0^{T/4} \hat{i} \cdot \cos\omega t \cdot dt = \frac{4 \cdot \hat{i}}{\omega \cdot T} \cdot [\sin\omega t]_0^{T/4}$$

$$= \frac{4 \cdot \hat{i}}{\omega \cdot T} \cdot \left(\sin\frac{\omega \cdot T}{4} - \sin 0\right) = \frac{4 \cdot \hat{i}}{2\pi} \cdot \left(\sin\frac{\pi}{2} - 0\right) = \frac{2 \cdot \hat{i}}{\pi}$$

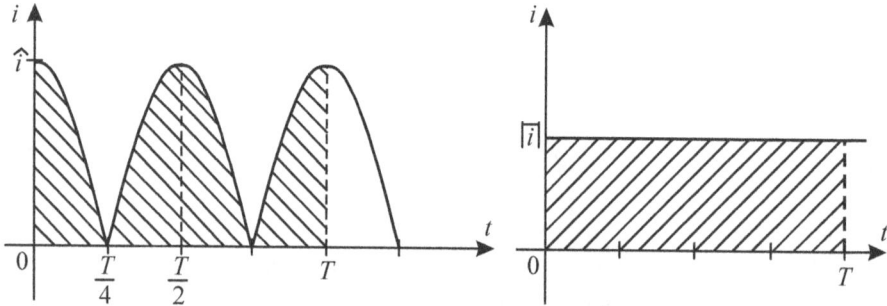

Abb. 2.6: Gleichrichtwert eines Sinusstroms

Unabhängig vom Nullphasenwinkel ist der Gleichrichtwert einer sinusförmigen Wechselgröße:

$$\overline{|u|} = \frac{2 \cdot \hat{u}}{\pi} \qquad \text{bzw.} \qquad \overline{|i|} = \frac{2 \cdot \hat{i}}{\pi} \tag{2.9}$$

Beispiel:
Diese Unabhängigkeit vom Nullphasenwinkel soll nochmals gezeigt werden, indem für die Spannung u_1 der Abb. 2.5 der Gleichrichtwert ermittelt wird. Integriert man dabei über die Zeit t, so ist mit $t_{u_1} = -\varphi_{u_1}/\omega$:

$$\overline{|u_1|} = \frac{4}{T} \cdot \int_{-\frac{\varphi_{u_1}}{\omega}}^{-\frac{\varphi_{u_1}}{\omega}+\frac{T}{4}} \hat{u}_1 \cdot \cos(\omega t + \varphi_{u_1}) \cdot dt = \frac{4 \cdot \hat{u}_1}{\omega \cdot T} \cdot [\sin(\omega t + \varphi_{u_1})]_{-\frac{\varphi_{u_1}}{\omega}}^{-\frac{\varphi_{u_1}}{\omega}+\frac{T}{4}}$$

$$= \frac{4 \cdot \hat{u}_1}{\omega \cdot T} \cdot \left(\sin\frac{T}{4} - \sin 0\right) = \frac{4 \cdot \hat{u}_1}{\omega \cdot T} = \frac{2 \cdot \hat{u}_1}{\pi}$$

Etwas einfacher wird es, wenn man über $\omega\,t$ integriert:

$$\overline{|u_1|} = \frac{4}{2\pi} \cdot \int\limits_{-\varphi_{u_1}}^{-\varphi_{u_1}+\frac{\pi}{2}} \hat{u}_1 \cdot \cos\!\left(\omega t + \varphi_{u_1}\right) \cdot \mathrm{d}\omega t = \frac{2\cdot\hat{u}_1}{\pi} \cdot \Big[\sin\!\left(\omega t + \varphi_{u_1}\right)\Big]_{-\varphi_{u_1}}^{-\varphi_{u_1}+\frac{\pi}{2}} = \frac{2\cdot\hat{u}_1}{\pi}$$

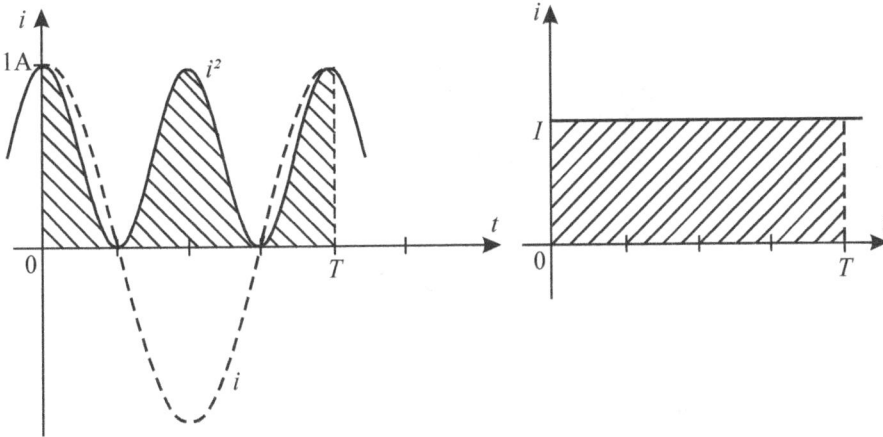

Abb. 2.7: Effektivwert eines Sinusstroms

Der Effektivwert des Stromes in Abb. 2.7 ist:

$$I = \sqrt{\frac{1}{T}\cdot\int\limits_0^T \big[\hat{i}\cdot\cos(\omega t+\varphi_i)\big]^2 \cdot \mathrm{d}t} = \sqrt{\frac{\hat{i}^2}{T}\cdot\int\limits_0^T \cos^2(\omega t+\varphi_i)\cdot \mathrm{d}t}$$

$$= \sqrt{\frac{\hat{i}^2}{T}\cdot\left[\frac{1}{2}\cdot t + \frac{1}{4\cdot\omega}\cdot\sin(2\cdot\omega t+\varphi_i)\right]_0^T} = \sqrt{\frac{\hat{i}^2}{T}\cdot\left(\frac{T}{2}+\frac{1}{4\cdot\omega}\big(\sin(2\cdot\omega\cdot T+\varphi_i)-\sin\varphi_i\big)\right)}$$

$$= \sqrt{\frac{\hat{i}^2}{T}\cdot\left(\frac{T}{2}+\underbrace{\frac{1}{4\cdot\omega}\big(\sin(4\pi+\varphi_i)-\sin\varphi_i\big)}_{=\,0}\right)} = \sqrt{\frac{\hat{i}^2}{2}} = \frac{\hat{i}}{\sqrt{2}}$$

Unabhängig vom Nullphasenwinkel ist der Effektivwert oder quadratische Mittelwert einer sinusförmigen Wechselgröße:

$$U = \frac{\hat{u}}{\sqrt{2}} \qquad \text{bzw.} \qquad I = \frac{\hat{i}}{\sqrt{2}} \qquad\qquad (2.10)$$

2.2.3 Formfaktor und Scheitelfaktor sinusförmiger Wechselgrößen

Der Formfaktor einer sinusförmigen Wechselgröße ist:

$$F = \frac{I}{|i|} = \frac{\hat{i} \cdot \pi}{\sqrt{2} \cdot 2 \cdot \hat{i}} = \frac{\pi}{2 \cdot \sqrt{2}} = 1{,}111 \qquad (2.11)$$

Dieser Formfaktor ist bei Drehspulmesswerken mit Gleichrichter bereits bei der Skalenteilung berücksichtigt. Ein solches Instrument besitzt meist zwei Skalenteilungen, eine für Gleichspannung bzw. -strom und eine für Wechselspannung bzw. -strom. Nichtsinusförmige Wechselgrößen haben andere Formfaktoren, bei ihrer Messung mit einem Drehspulmesswerk muss dies berücksichtigt werden.

Der Scheitelfaktor einer sinusförmigen Wechselgröße ist:

$$\xi = \frac{\hat{i}}{I} = \frac{\hat{i} \cdot \sqrt{2}}{\hat{i}} = \sqrt{2} = 1{,}414 \qquad (2.12)$$

Beide Faktoren sind unabhängig vom Nullphasenwinkel.

Aufgabe 2.2
Für die Spannung u_1 in Abb. 2.5 sollen der Augenblickswert zum Zeitpunkt $t = 5$ ms und der Effektivwert berechnet werden, wenn die Amplitude 325 V beträgt und die Periodendauer $T = 20$ ms ist. Welche Zeitspanne (von $t = 0$ aus) vergeht, bis der Augenblickswert der Spannung $u_1 = 100$ V ist?

Aufgabe 2.3
Ein Sinusstrom mit $I = 1$ A und $f = 50$ Hz hat im ersten Fall zum Zeitpunkt $t = 0$ den Augenblickswert 1 A und im zweiten Fall zum Zeitpunkt $t = 2{,}5$ ms den Augenblickswert 1 A. Wie groß ist jeweils der Nullphasenwinkel des Stroms?

3 Sinusförmige Wechselgrößen

Sinusförmige Spannungen und Ströme kommen sowohl in der Energie- wie der Nachrichtentechnik sehr häufig vor, es werden dabei möglichst reine Sinusverläufe angestrebt. Der Vorteil der Sinusform ist, dass sich beim Differenzieren und Integrieren sowie beim Addieren gleichfrequenter Sinusverläufe jeweils wieder eine Sinusform ergibt, die lediglich einen anderen Nullphasenwinkel hat. In Wechselstromschaltungen mit linearen Bauelementen treten demnach nur sinusförmige Ströme und Spannungen auf. Bei einem nichtsinusförmigen Strom würde jedoch die induktive Spannung an einer Induktivität einen anderen Kurvenverlauf als der Strom aufweisen. Ebenso hätte der Strom bei einer Kapazität eine andere Kurvenform als die angelegte nichtsinusförmige Spannung. Aber auch nichtsinusförmige periodische Wechselgrößen lassen sich nach dem Satz von Fourier durch eine Summe von Sinusschwingungen darstellen, darauf wird noch in Kap. 6 eingegangen.

3.1 Zeigerdarstellung einer Sinusgröße

Bereits im vorhergehenden Kap. 2.2 war zu erkennen, dass das Rechnen mit den Augenblickswerten und die Darstellung sinusförmiger Wechselgrößen durch Liniendiagramme recht aufwändig sein kann. Das folgende Kap. 3.2 wird dies nochmals bestätigen. Einfacher und übersichtlicher ist die Darstellung einer sinusförmigen Wechselgröße durch einen **Zeiger**. Dazu lässt man einen Zeiger mit der konstanten Winkelgeschwindigkeit ω, die gleich der Kreisfrequenz der Wechselgröße ist, im mathematisch positiven Sinn rotieren, d.h. im Gegenuhrzeigersinn. Die Länge des Zeigers entspricht dabei der Amplitude der Wechselgröße und der Winkel, den der Zeiger in seiner Stellung zum Zeitpunkt $t = 0$ zur gewählten Bezugsachse einnimmt, dem Nullphasenwinkel. Es soll dies in Abb. 3.1 am Beispiel einer Spannung gezeigt werden.

Der Augenblickswert der Spannung $u = \hat{u} \cdot \cos(\omega t + \varphi_u)$ im Liniendiagramm ergibt sich durch die Projektion des Zeigers in seiner Stellung zum jeweils entsprechenden Zeitpunkt auf die Bezugsachse. Ein Nullphasenwinkel, der von der Bezugsachse zum Zeiger in der Stellung bei $t = 0$ im Uhrzeigersinn verläuft (d.h. im mathematisch negativen Sinn), ist dabei negativ; ein Nullphasenwinkel, der entgegen dem Uhrzeigersinn verläuft, ist positiv. Im Folgenden werden Zeigergrößen durch Unterstreichen der jeweiligen Formelgröße kenntlich gemacht. Für die Spannung in Abb. 3.1 würde man also $\underline{\hat{u}}$ schreiben. Einen solchen Zeiger nennt man **Amplituden-** oder **Scheitelwertzeiger**.

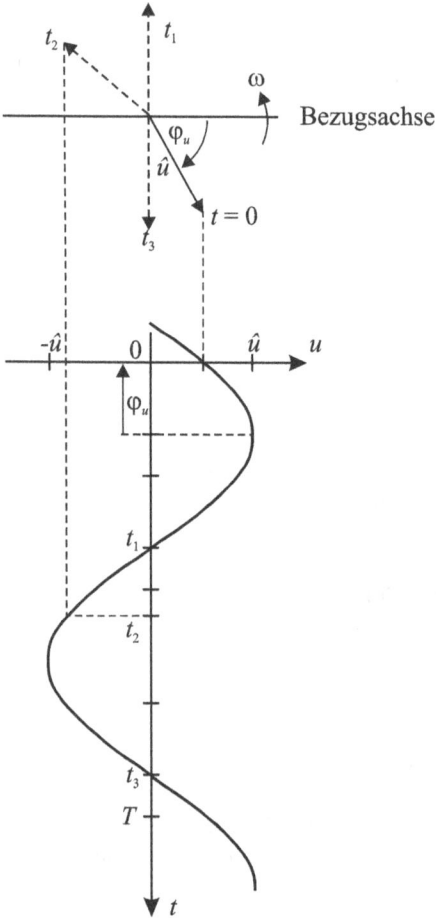

Abb. 3.1: Konstruktion eines Liniendiagramms durch einen rotierenden Zeiger

In der Praxis ist meist der Effektivwert einer Sinusgröße wichtiger als die Amplitude. Deshalb werden im späteren Verlauf meist Zeiger verwendet, deren Länge dem Effektivwert der Größe entsprechen, d.h. um den Faktor $1/\sqrt{2}$ kürzer sind, dieser Zeiger würde mit $\underline{U}$ bezeichnet. Einen solchen Zeiger nennt man **Effektivwertzeiger**.

3.2   Überlagerung sinusförmiger Wechselgrößen

3.2.1   Überlagerung gleichfrequenter Wechselgrößen

Es ist die resultierende Spannung bzw. der resultierende Strom zu ermitteln, wenn man zwei oder mehr Spannungsquellen in Reihe oder Stromquellen parallel schaltet.

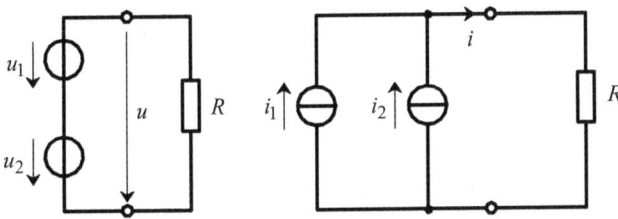

Abb. 3.2: Reihenschaltung zweier idealer Spannungsquellen und Parallelschaltung zweier idealer Stromquellen

Die Zusammenhänge werden an zwei Beispielen erläutert. Es soll jeweils die Summe von zwei gleichfrequenten Spannungen gebildet werden. Im ersten Fall haben beide Spannungen den gleichen Nullphasenwinkel:

$$\varphi_{u_1} = \varphi_{u_2} = \varphi_u \qquad u_1 = \hat{u}_1 \cdot \cos(\omega t + \varphi_u) \qquad u_2 = \hat{u}_2 \cdot \cos(\omega t + \varphi_u)$$

$$u = u_1 + u_2 = (\hat{u}_1 + \hat{u}_2) \cdot \cos(\omega t + \varphi_u)$$

Es ergibt sich demnach eine Spannung gleicher Kreisfrequenz und mit gleichem Nullphasenwinkel wie die Teilspannungen. Die Amplitude ist gleich der Summe der Amplituden der Teilspannungen.

Im zweiten Fall sind u_1 und u_2 zueinander phasenverschoben, d.h. $\varphi_{u_1} \neq \varphi_{u_2}$.

Die Differenz der beiden Nullphasenwinkel bezeichnet man als **Phasenverschiebungswinkel**.

$$\varphi_{12} = \varphi_{u_1} - \varphi_{u_2} \qquad\qquad\qquad (3.1)$$

Die Gesamtspannung ergibt sich wieder aus der Summe der Teilspannungen:

$$u = u_1 + u_2 = \hat{u}_1 \cdot \cos(\omega t + \varphi_{u_1}) + \hat{u}_2 \cdot \cos(\omega t + \varphi_{u_2})$$

Mit Hilfe der folgenden trigonometrischen Beziehung kann die Gleichung umgeformt werden:

$$\cos(\alpha \pm \beta) = \cos\alpha \cdot \cos\beta \mp \sin\alpha \cdot \sin\beta$$

$$u = \hat{u}_1 \cdot \left(\cos\omega t \cdot \cos\varphi_{u_1} - \sin\omega t \cdot \sin\varphi_{u_1} \right) + \hat{u}_2 \cdot \left(\cos\omega t \cdot \cos\varphi_{u_2} - \sin\omega t \cdot \sin\varphi_{u_2} \right)$$

$$= \underbrace{\left(\hat{u}_1 \cdot \cos\varphi_{u_1} + \hat{u}_2 \cdot \cos\varphi_{u_2} \right)}_{\hat{u}\cdot\cos\varphi_u} \cdot \cos\omega t - \underbrace{\left(\hat{u}_1 \cdot \sin\varphi_{u_1} + \hat{u}_2 \cdot \sin\varphi_{u_2} \right)}_{\hat{u}\cdot\sin\varphi_u} \cdot \sin\omega t$$

Möchte man für die Spannung u auf die Form $u = \hat{u} \cdot \cos(\omega t + \varphi_u)$ kommen, so kann man die beiden Klammerwerte durch die angegebenen Ausdrücke ersetzen und damit die oben angegebene trigonometrische Beziehung rückwärts anwenden. Einfacher ist jedoch mit den Klammerwerten selbst weiterzurechnen und den Nullphasenwinkel und die Amplitude getrennt zu ermitteln.

$$\hat{u} \cdot \sin\varphi_u = \hat{u}_1 \cdot \sin\varphi_{u_1} + \hat{u}_2 \cdot \sin\varphi_{u_2}$$

$$\hat{u} \cdot \cos\varphi_u = \hat{u}_1 \cdot \cos\varphi_{u_1} + \hat{u}_2 \cdot \cos\varphi_{u_2}$$

Dividiert man die erste Gleichung durch die zweite, so erhält man den Tangens des Nullphasenwinkels der Gesamtspannung. Somit ist:

$$\varphi_u = \arctan\frac{\hat{u}_1 \cdot \sin\varphi_{u_1} + \hat{u}_2 \cdot \sin\varphi_{u_2}}{\hat{u}_1 \cdot \cos\varphi_{u_1} + \hat{u}_2 \cdot \cos\varphi_{u_2}} \qquad (3.2)$$

Bei Gleichung 3.2 ist zu beachten, dass man nur im I. und IV. Quadranten, d.h. bei Nullphasenwinkeln $-90° \le \varphi_u \le 90°$, formal sofort das richtige Ergebnis erhält. Bei einem Nullphasenwinkel $90° < \varphi_u < 270°$ muss man zum formalen Ergebnis aus Gleichung 3.2 noch $180°$ addieren (vgl. Aufgabe 3.2).

Den Scheitelwert $\hat{u}$ der Gesamtspannung erhält man mit der Beziehung $\cos^2 a + \sin^2 a = 1$. Quadriert man die beiden obigen Gleichungen und bildet die Summe daraus, so erhält man:

$$\hat{u}^2 \cdot \left(\sin^2\varphi_u + \cos^2\varphi_u \right) = \left(\hat{u}_1 \cdot \sin\varphi_{u_1} + \hat{u}_2 \cdot \sin\varphi_{u_2} \right)^2 + \left(\hat{u}_1 \cdot \cos\varphi_{u_1} + \hat{u}_2 \cdot \cos\varphi_{u_2} \right)^2$$

$$\hat{u} = \sqrt{\left(\hat{u}_1 \cdot \sin\varphi_{u_1} + \hat{u}_2 \cdot \sin\varphi_{u_2} \right)^2 + \left(\hat{u}_1 \cdot \cos\varphi_{u_1} + \hat{u}_2 \cdot \cos\varphi_{u_2} \right)^2}$$

$$= \sqrt{\hat{u}_1^2 + \hat{u}_2^2 + 2 \cdot \hat{u}_1 \cdot \hat{u}_2 \cdot \cos(\varphi_{u_1} - \varphi_{u_2})} \qquad (3.3)$$

Es ergibt sich also eine Spannung u mit der gleichen Kreisfrequenz wie die Teilspannungen.

Überlagert man zwei oder mehr Sinusspannungen bzw. Sinusströme gleicher Frequenz, so erhält man wieder eine Sinusspannung bzw. einen Sinusstrom gleicher Frequenz.

Bei der Überlagerung von drei gleichfrequenten Sinusgrößen müsste man zunächst zwei mit Hilfe der Gleichungen 3.2 und 3.3 zu einer Ersatzgröße zusammenfassen und dann auf die Ersatzgröße und die dritte Sinusgröße erneut die beiden Gleichungen anwenden. Man sieht hier deutlich den immensen Aufwand bei der Rechnung mit Augenblickswerten.

Eine andere Möglichkeit besteht durch die graphische Addition der Augenblickswerte im Liniendiagramm, wie es in Abb. 3.3 gezeigt ist. Hier sind:

$$\varphi_{u_1} = 30° \qquad \varphi_{u_2} = -90° \qquad \varphi_{12} = \varphi_{u_1} - \varphi_{u_2} = 120°$$
$$\hat{u}_1 = 30\,\text{V} \qquad \hat{u}_2 = 50\,\text{V} \qquad \varphi_{\text{u}} = -53,4° \qquad \hat{u} = 43,6\,\text{V}$$

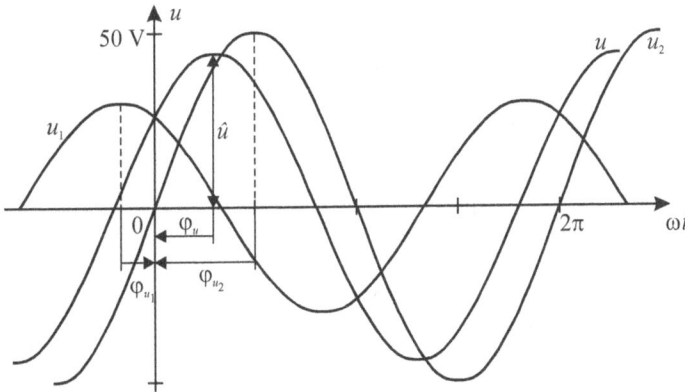

Abb. 3.3: Überlagerung zweier gleichfrequenter Sinusspannungen

Bedeutend einfacher wird jedoch die Lösung, wenn man die Sinusspannungen durch ihre Zeiger darstellt. Dazu muss zunächst eine Bezugsachse gewählt werden. Da alle Zeiger mit der gleichen Winkelgeschwindigkeit rotieren und somit die Lage der Zeiger zueinander sich nicht ändert, ist die Wahl eigentlich frei. Eine Zeigerdarstellung stellt einen „Schnappschuss" zu einem beliebigen Zeitpunkt dar. Da man aber Schaltungen mit sinusförmigen Wechselgrößen – wie im folgenden Kapitel gezeigt wird – oft mit Hilfe der komplexen Rechenmethode berechnet, soll hier immer folgende Regelung gelten:

Als Bezugsachse wird die Horizontale (dies entspricht der reellen Achse in der komplexen Zahlenebene) gewählt, und die Zeiger zum Zeitpunkt $t = 0$ dargestellt. Die Darstellung nennt man **Zeigerdiagramm**. Da die Zeiger mit der Kreisfrequenz im mathematisch positiven Sinn rotieren, ist ein Nullphasenwinkel positiv, der von der Bezugsachse entgegen dem Uhrzeigersinn zum Zeiger verläuft und negativ, wenn er im Uhrzeigersinn verläuft. Der Phasenverschiebungswinkel zwischen zwei Größen ist positiv, wenn er entgegen dem Uhrzeigersinn verläuft, andernfalls negativ.

Um die Summe zweier oder mehrerer Zeiger zu ermitteln, muss die geometrische Summe der Zeiger gebildet werden. Dazu verschiebt man den Fußpunkt eines Zeigers in die Spitze des anderen. In Abb. 3.4 ist dies mit den Scheitel- und Effektivwertzeigern dargestellt.

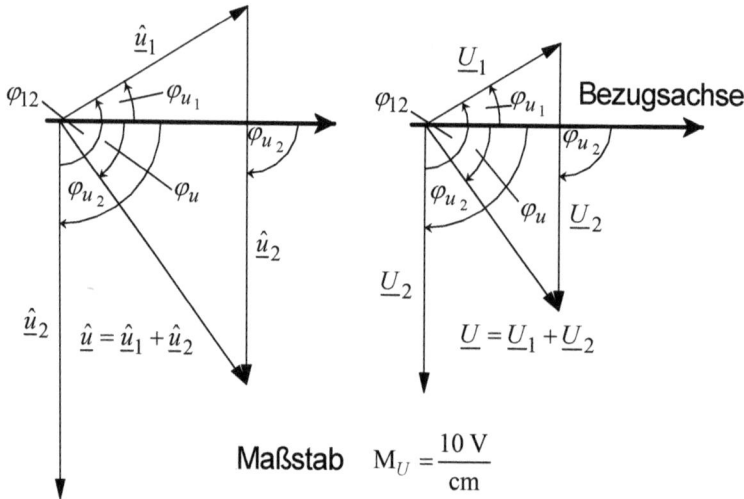

Abb. 3.4: Scheitelwert- und Effektivwert-Zeigerdiagramm für die Sinusspannungen in Abb. 3.3

Wird die Differenz von zwei Zeigern gebildet, so addiert man graphisch zu dem einen Zeiger den negativen – d.h. um 180° phasenverschobenen – zweiten. Es sei angenommen, dass die Spannungen u und u_1 gegeben und $u_2 = u - u_1$ gesucht wird. Man ermittelt also die geometrische Summe $\underline{\hat{u}}_2 = \underline{\hat{u}} + \left(-\underline{\hat{u}}_1\right)$ bzw. $\underline{U}_2 = \underline{U} + \left(-\underline{U}_1\right)$.

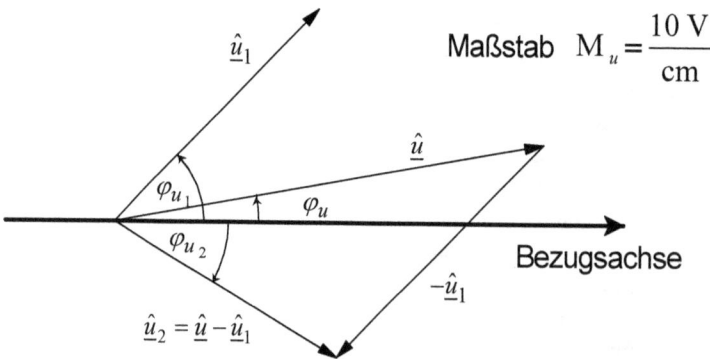

Abb. 3.5: Ermittlung eines Zeigers aus der Differenz zweier Zeiger

Als Beispiel sind in Abb. 3.5 folgende Werte angenommen:

$$u_1 = 40\,\text{V} \cdot \cos(\omega t + 45°) \qquad u = 60\,\text{V} \cdot \cos(\omega t + 10°)$$

Damit ergibt sich aus Abb. 3.5: $\hat{u}_2 = 35{,}6\,\text{V}$ und $\phi_{u_2} = -30°$, d.h. $u_2 = 35{,}6\,\text{V} \cdot \cos(\omega t - 30°)$.

Mit Hilfe der Zeigerdiagramme lassen sich also Aufgaben sehr schnell und vor allem übersichtlich lösen. Der einzige Nachteil ist die dabei erzielbare Zeichengenauigkeit. Bei Wahl geeigneter Maßstäbe lassen sich aber Genauigkeiten erreichen, die für die allermeisten praktischen Anwendungen ausreichend sind, da sie in der gleichen Größenordnung wie die erzielbaren Messgenauigkeiten liegen. Ist eine größere Genauigkeit erforderlich, so kann man einen Zeiger durch eine komplexe Zahl darstellen und damit die geometrische Addition durch eine Rechnung ersetzen, wie in Kap. 3.3 gezeigt.

Aufgabe 3.1
Drei ideale Spannungsquellen sind in Reihe geschaltet. Wie groß sind die Spannung und der Nullphasenwinkel der Ersatzquelle aus den drei Quellen? Die Aufgabe soll mit Hilfe eines Zeigerdiagramms gelöst, und das Ergebnis durch Berechnung nachkontrolliert werden.
$U_{q1} = 5\,\text{V}$, $\varphi_{u_1} = 0$, $U_{q2} = 10\,\text{V}$, $\varphi_{u_2} = 60°$, $U_{q3} = 10\,\text{V}$, $\varphi_{u_3} = -60°$

Aufgabe 3.2
An einem Knotenpunkt verzweigt sich ein Sinusstrom $i = 1{,}414\,\text{A} \cdot \cos(\omega t + 45°)$ in zwei Teilströme, dabei ist $i_1 = 1{,}414\,\text{A} \cdot \cos \omega t$, wie groß sind demnach i_2 und I_2? Die Lösung soll mit Hilfe des Zeigerdiagramms erfolgen und durch Rechnung nachkontrolliert werden.

3.2.2 Überlagerung verschiedenfrequenter Wechselgrößen

Es soll hier nur für zwei Beispiele die Überlagerung zweier Spannungen unterschiedlicher Kreisfrequenz gezeigt werden. Im Rahmen des Kap. 6 wird bei den nichtsinusförmigen periodischen Größen noch ausführlich auf die Überlagerung sinusförmiger Wechselgrößen eingegangen, deren Kreisfrequenzen in einem ganzzahligen Verhältnis zueinander stehen.

Die Gesamtspannung ist:

$$u = \hat{u}_1 \cdot \cos(\omega_1 t + \varphi_{u_1}) + \hat{u}_2 \cdot \cos(\omega_2 t + \varphi_{u_2}) \qquad (3.4)$$

Diese Gleichung lässt sich nicht weiter mit Hilfe trigonometrischer Beziehungen umformen. Die Gesamtspannung wird deshalb hier auf graphischem Weg durch Addition der Augenblickswerte der Teilspannungen im Liniendiagramm ermittelt.

Im ersten Beispiel wird der Spannung u_1 eine Spannung u_2 mit der dreifachen Frequenz überlagert.

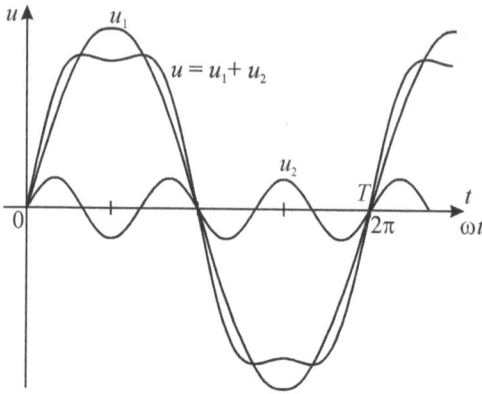

Abb. 3.6: Überlagerung zweier Spannungen mit $\omega_2 = 3 \cdot \omega_1$

Als Ergebnis erhält man wieder eine periodische Spannung, die allerdings nicht mehr sinusförmig ist. Die Periodendauer der Gesamtspannung ist hier gleich der Periodendauer der Spannung u_1. Allgemein gilt:

> Ist $\omega_1 < \omega_2$ und sind die Frequenzen der Teilschwingungen ein ganzzahliges Vielfaches voneinander, so ist die Kreisfrequenz ω (und damit T) der Summe der Einzelschwingungen gleich der der langsameren Schwingung, diese nennt man auch **Grundschwingung**, d.h. $\omega = \omega_1$. Stehen die Frequenzen der Teilschwingungen nicht in einem ganzzahligen Verhältnis zueinander, so ist $\omega < \omega_1$.

In einem zweiten Beispiel werden zwei Spannungen gleicher Amplitude $\hat{u}_1 = \hat{u}_2$ und jeweils mit dem Nullphasenwinkel null überlagert, deren Frequenzen nur wenig voneinander abweichen. Man erhält hier eine so genannte **Schwebung**. Sie ist die Hüllkurve über den Amplituden des Augenblickswerts von u.

$$u = \hat{u}_1 \cdot \cos \omega_1 t + \hat{u}_2 \cdot \cos \omega_2 t = \hat{u}_1 \cdot \left(\cos \omega_1 t + \cos \omega_2 t \right)$$

Mit der trigonometrischen Beziehung $\cos \alpha + \cos \beta = 2 \cdot \cos \dfrac{\alpha + \beta}{2} \cdot \cos \dfrac{\alpha - \beta}{2}$ wird:

$$u = 2 \cdot \hat{u}_1 \cdot \cos \frac{\omega_1 t - \omega_2 t}{2} \cdot \cos \frac{\omega_1 t + \omega_2 t}{2}$$

und mit $\dfrac{\omega_1 - \omega_2}{2} = \Omega$ und $\dfrac{\omega_1 + \omega_2}{2} = \omega$ 　　　　　(3.5)

$$u = 2 \cdot \hat{u}_1 \cdot \cos \Omega t \cdot \cos \omega t$$

Der Verlauf der Spannung ist somit eine Schwingung mit der Kreisfrequenz ω, deren Amplitude sich nach einer Kosinusfunktion mit der kleineren Kreisfrequenz Ω ändert. Die Periodendauer der Schwebung ist:

$$T_S = \frac{\pi}{\Omega} = \frac{2\pi}{\omega_1 - \omega_2} \qquad (3.6)$$

Für den Zeitpunkt $(t + T_S)$ folgt somit:

$$u(t + T_S) = 2 \cdot \hat{u}_1 \cdot \cos(\Omega t + \pi) \cdot \cos\left(\omega t + \pi \cdot \frac{\omega}{\Omega}\right)$$

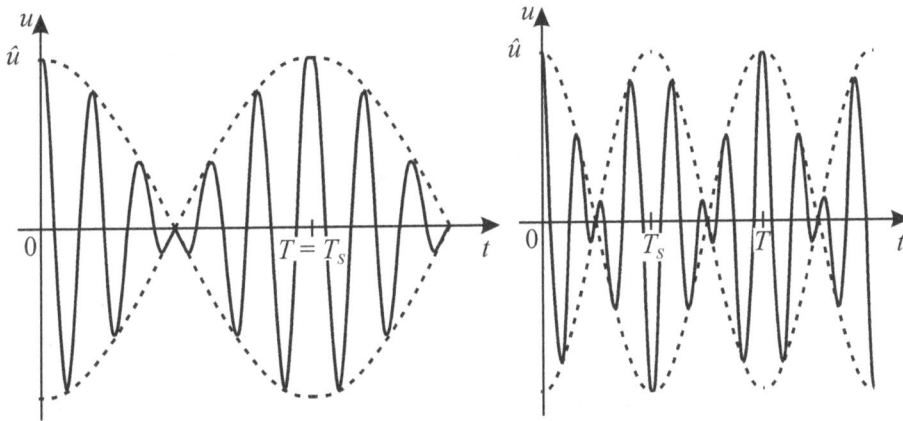

Abb. 3.7: Überlagerung zweier Spannungen mit $\omega_1 = 1{,}2 \cdot \omega_2$ und $\omega_1 = 1{,}4 \cdot \omega_2$

Man sieht daraus, dass die Periodendauer der resultierenden Spannung u im Allgemeinen größer als die der Schwebung ist. Nur wenn ω / Ω eine ganze, ungerade Zahl ist, fallen beide zusammen. Ergibt das Verhältnis ω / Ω eine irrationale Zahl, dann ist die Spannung u keine periodische Schwingung mehr, obwohl sie sich aus zwei Sinusspannungen zusammensetzt. In Abb. 3.7 sind zwei Schwebungen dargestellt. Bei $\omega_1 = 1{,}2 \cdot \omega_2$ ist ω / Ω eine ganze, ungerade Zahl, bei $\omega_1 = 1{,}4 \cdot \omega_2$ ist ω / Ω eine ganze, gerade Zahl. Das Verhältnis der beiden Kreisfrequenzen wurde absichtlich größer gewählt, um den Verlauf der resultierenden Spannung gut zeigen zu können.

Will man die resultierende Wechselgröße mit Hilfe des Zeigerdiagramms ermitteln, so muss man bedenken, dass die Zeiger unterschiedlich rasch rotieren, d.h. ihre Phasenlage zueinander ändert sich ständig und ist von der Zeit abhängig.

3.3   Komplexe Rechenmethode

Das Rechnen mit komplexen Zahlen wird zwar als bekannt vorausgesetzt. Wegen der besonderen Bedeutung für die Berechnung von Netzwerken an Sinusspannungen bzw. -strömen sollen jedoch die wichtigsten Regeln wiederholt werden.

Trägt man einen Zeiger so in die komplexe Zahlenebene mit kartesischen Koordinaten ein, dass sich der Fußpunkt des Zeigers im Koordinatennullpunkt befindet, so kann der Punkt, an dem sich die Zeigerspitze zu einem bestimmten Zeitpunkt befindet, und damit der ganze Zeiger, eindeutig durch eine komplexe Zahl beschrieben werden, wenn die Bezugsachse für den Zeiger mit der reellen Achse zusammenfällt. Der Zeiger selbst rotiert in mathematisch positiver Richtung, d.h. im Gegenuhrzeigersinn. Die komplexe Zahl des Amplituden- oder Effektivwertzeigers symbolisiert dabei die Sinusschwingung, deshalb bezeichnet man die Anwendung der komplexen Rechnung auf Sinusschwingungen als **symbolische Methode**. Für den Amplitudenzeiger $\hat{\underline{u}}$ und Effektivwertzeiger $\underline{U}$ einer Spannung ist dies in Abb. 3.8 dargestellt.

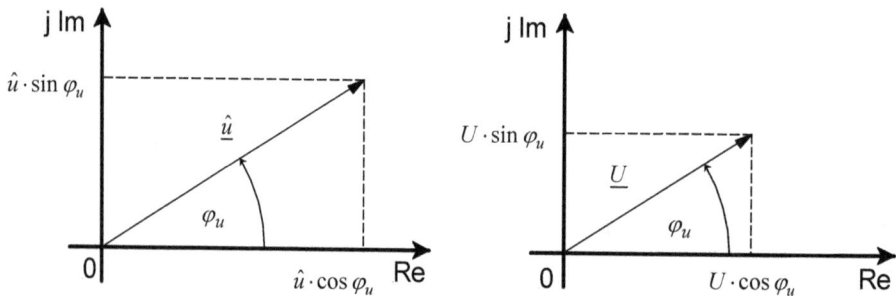

Abb. 3.8: Amplituden- und Effektivwertzeiger einer Spannung in der komplexen Zahlenebene zum Zeitpunkt t = 0

Komplexe stillstehende Zeiger

> In der Praxis kann man meist auf die Darstellung der Zeitabhängigkeit eines Zeigers verzichten. Die Sinusgröße wird dann zum Zeitpunkt $t = 0$ betrachtet und die Frequenz oder Kreisfrequenz getrennt angegeben. Ebenso werden meist Effektivwert- anstelle von Amplitudenzeigern verwendet.

Soll der stillstehende Amplitudenzeiger mit der Zeigerlänge $\hat{u}$ bzw. Effektivwertzeiger mit der Zeigerlänge U und dem Nullphasenwinkel φ_u zum Zeitpunkt $t = 0$ durch eine komplexe Zahl symbolisiert werden, so ist:

$$\hat{\underline{u}} = \hat{u} \cdot \cos \varphi_u + j \cdot \hat{u} \cdot \sin \varphi_u \qquad \text{bzw.} \qquad \underline{U} = U \cdot \cos \varphi_u + j \cdot U \cdot \sin \varphi_u$$

$\text{Re}\{\underline{\hat{u}}\} = \hat{u} \cdot \cos\varphi_u$ bzw. $\text{Re}\{\underline{U}\} = U \cdot \cos\varphi_u$

$\text{Im}\{\underline{\hat{u}}\} = \hat{u} \cdot \sin\varphi_u$ bzw. $\text{Im}\{\underline{U}\} = U \cdot \sin\varphi_u$

Diese Darstellungsart nennt man die **Komponentenform** oder **R-Form**. Die Zeigerlänge ist dabei:

$$\hat{u} = |\underline{\hat{u}}| = \sqrt{\text{Re}^2\{\underline{\hat{u}}\} + \text{Im}^2\{\underline{\hat{u}}\}} = \sqrt{(\hat{u}\cdot\cos\varphi_u)^2 + (\hat{u}\cdot\sin\varphi_u)^2} \quad \text{bzw.}$$

$$U = \sqrt{(U\cdot\cos\varphi_u)^2 + (U\cdot\sin\varphi_u)^2} \tag{3.7}$$

Den Nullphasenwinkel mit der reellen Achse als Bezugsachse erhält man aus:

$$\varphi_u = \arctan\frac{\text{Im}\{\underline{\hat{u}}\}}{\text{Re}\{\underline{\hat{u}}\}} = \arctan\frac{\hat{u}\cdot\sin\varphi_u}{\hat{u}\cdot\cos\varphi_u} \quad \text{bzw.} \quad \varphi_u = \arctan\frac{U\cdot\sin\varphi_u}{U\cdot\cos\varphi_u} \tag{3.8}$$

Stellt man den Zeiger jedoch in Polarkoordinaten dar oder formt den vorhergehenden Ausdruck mit Hilfe des **Eulerschen Satzes** um, so erhält man die so genannte **Polar-** oder **Exponentialform**.

$$\cos\varphi \pm j\cdot\sin\varphi = e^{\pm j\cdot\varphi} \qquad \text{(Eulerscher Satz)}$$

$$\underline{\hat{u}} = \hat{u}\cdot e^{j\cdot\varphi_u} \qquad \text{bzw.} \qquad \underline{U} = U\cdot e^{j\cdot\varphi_u} \tag{3.9}$$

Eine andere Schreibweise für eine komplexe Zahl in Polarform verwendet das **Versorzeichen** $\underline{/\quad}$, z.B. $\underline{U} = 100\text{ V}\,\underline{/60°}$. Eine dritte Möglichkeit ist für e den Ausdruck exp zu schreiben und den Exponenten in Klammern zu setzen, z.B. $\underline{U} = 100\text{ V}\exp(j\cdot60°)$. Sie haben den Vorteil, dass der Winkel in normaler Schriftgröße erscheint. Alle drei Schreibweisen sind gleichwertig, hier wird immer die erste verwendet.

$$\underline{U} = U\cdot e^{j\cdot\varphi_u} \qquad\qquad \underline{U} = U\,\underline{/\varphi_u} \qquad\qquad \underline{U} = U\cdot\exp(j\cdot\varphi_u)$$

Die Addition und Subtraktion von Zeigern bzw. komplexen Zahlen erfolgt in der Komponentenform.

$$\underline{A} \pm \underline{B} = (\text{Re}\{\underline{A}\} \pm \text{Re}\{\underline{B}\}) + j(\text{Im}\{\underline{A}\} \pm \text{Im}\{\underline{B}\})$$

Bei der Addition und Subtraktion einer komplexen Zahl mit der konjugiert komplexen erhält man:

$$\underline{A}^* = \text{Re}\{\underline{A}\} - j\cdot\text{Im}\{\underline{A}\}$$

$$\underline{A} + \underline{A}^* = \text{Re}\{\underline{A}\} + \text{Re}\{\underline{A}\} + j(\text{Im}\{\underline{A}\} - \text{Im}\{\underline{A}\}) = 2\cdot\text{Re}\{\underline{A}\}$$

$$\underline{A} - \underline{A}^* = \text{Re}\{\underline{A}\} - \text{Re}\{\underline{A}\} + j(\text{Im}\{\underline{A}\} + \text{Im}\{\underline{A}\}) = j\cdot2\cdot\text{Im}\{\underline{A}\}$$

Für die Multiplikation und Division zweier Zeiger bzw. komplexer Zahlen eignet sich am besten die Polarform.

$$\underline{A} \cdot \underline{B} = A \cdot e^{j \cdot \alpha} \cdot B \cdot e^{j \cdot \beta} = A \cdot B \cdot e^{j \cdot (\alpha + \beta)}$$

$$\underline{A} \cdot \underline{A}^* = A \cdot e^{j \cdot \alpha} \cdot A \cdot e^{-j \cdot \alpha} = A^2$$

Führt man die Multiplikation in der Komponentenform durch, so erhält man:

$$(a + j \cdot b) \cdot (c + j \cdot d) = a \cdot c - b \cdot d + j \cdot (a \cdot d + b \cdot c)$$

$$\frac{\underline{A}}{\underline{B}} = \frac{A \cdot e^{j \cdot \alpha}}{B \cdot e^{j \cdot \beta}} = \frac{A}{B} \cdot e^{j \cdot (\alpha - \beta)}$$

Führt man die Division in der Komponentenform durch, so muss der Bruch mit dem konjugiert komplexen Nenner erweitert werden, dadurch wird der Nenner reell:

$$\frac{a + j \cdot b}{c + j \cdot d} = \frac{(a + j \cdot b) \cdot (c - j \cdot d)}{(c + j \cdot d) \cdot (c - j \cdot d)} = \frac{a \cdot c + b \cdot d + j \cdot (b \cdot c - a \cdot d)}{c^2 + d^2} = \frac{a \cdot c + b \cdot d}{c^2 + d^2} + j \cdot \frac{b \cdot c - a \cdot d}{c^2 + d^2}$$

In der Praxis muss oft eine gegebene komplexe Größe von der Komponenten- in die Polarform oder umgekehrt umgewandelt werden. Dazu stehen in den Taschenrechnern durch einfachen Tastendruck aufrufbare Programme zur Verfügung.

Potenzieren und Radizieren eines Zeigers bzw. einer komplexen Zahl:

$$\underline{A}^n = A^n \cdot e^{j \cdot \alpha \cdot n} \qquad \sqrt[m]{\underline{A}} = A^{\frac{1}{m}} \cdot e^{j \cdot \frac{\alpha + k \cdot 2 \cdot \pi}{m}} \qquad k = 0, 1, 2, ..., m - 1$$

Multipliziert man einen Zeiger mit einer konstanten, reellen Zahl, so entspricht dies einer Streckung oder Stauchung der Zeigerlänge, je nachdem ob die Zahl größer oder kleiner als eins ist. Eine Drehung des Zeigers um $+90°$ bzw. $-90°$ erhält man, wenn man ihn mit j bzw. $-$j multipliziert und um $180°$ bei Multiplikation mit $j^2 = -1$.

Logarithmieren eines Zeigers bzw. einer komplexen Zahl:

$$\ln \underline{A} = \ln\left(A \cdot e^{j \cdot \alpha}\right) = \ln A + j \cdot \alpha$$

Für komplexe Gleichungssysteme gelten alle Regeln der Algebra. Zu bedenken ist nur, dass man eine komplexe Gleichung in zwei reelle aufspalten kann. Ist die Gleichung in Komponentenform gegeben, so ist sie nur erfüllt, wenn sowohl die Realteile als auch die Imaginärteile beider Seiten gleich sind. Bei einer Gleichung in Polarform müssen die Beträge und Winkel beider Seiten gleich sein.

$$a + j \cdot b = c + j \cdot d \qquad\qquad\qquad a \cdot e^{j \cdot \alpha} = b \cdot e^{j \cdot \beta}$$

$$a = c \qquad\qquad\qquad\qquad\qquad\qquad a = b$$

$$b = d \qquad\qquad\qquad\qquad\qquad\qquad \alpha = \beta$$

Komplexe rotierende Zeiger, komplexe Drehzeiger

Muss berücksichtigt werden, dass der Zeiger mit konstanter Winkelgeschwindigkeit rotiert, so kann man auch ihn in die komplexe Zahlenebene legen und durch eine komplexe Zahl ausdrücken, indem man berücksichtigt, dass sich sowohl der Real- als auch der Imaginärteil mit der Zeit ändert.

Eine sinusförmige Zeitfunktion wird hier in die komplexe Zahlenebene, den so genannten **Bildbereich**, oder **Bildraum** transformiert, indem man sie als rotierenden Amplituden- oder Effektivwertzeiger darstellt und in die komplexe Zahlenebene überträgt. Im Bildbereich lassen sich Berechnungen einfacher durchführen als im Originalbereich, d.h. hier im Zeitbereich. Man bezeichnet dies als **Hintransformation**. Den Rückgang nach der Problemlösung in den Originalbereich nennt man **Rücktransformation**.

Ein bekanntes Beispiel für eine Transformation ist die Multiplikation oder Division von Zahlen mit Hilfe des Logarithmus. Dadurch vereinfacht sich die Multiplikation zur Addition im Bildbereich und die Division zur Subtraktion im Bildbereich. Die Hintransformation entspricht hier dem Logarithmieren und die Rücktransformation dem Delogarithmieren.

Für den Amplituden- bzw. Effektivwertzeiger eines Stroms würde entsprechend gelten:

$$\underline{i}(t) = \hat{i} \cdot \cos(\omega t + \varphi_i) + \mathrm{j} \cdot \hat{i} \cdot \sin(\omega t + \varphi_i) = \hat{i} \cdot \mathrm{e}^{\mathrm{j} \cdot (\omega t + \varphi_i)}$$

$$\underline{I}(t) = I \cdot \cos(\omega t + \varphi_i) + \mathrm{j} \cdot I \cdot \sin(\omega t + \varphi_i) = I \cdot \mathrm{e}^{\mathrm{j} \cdot (\omega t + \varphi_i)}$$

$$(3.10)$$

Die bisher aufgeführten Rechenregeln gelten entsprechend. Hinzu kommt hier noch das Differenzieren nach der Zeit und Integrieren über die Zeit:

$$\frac{\mathrm{d}\underline{A}(t)}{\mathrm{d}t} = \frac{\mathrm{d}\left(A \cdot \mathrm{e}^{\mathrm{j} \cdot (\omega t + \alpha)}\right)}{\mathrm{d}t} = \mathrm{j} \cdot \omega \cdot A \cdot \mathrm{e}^{\mathrm{j} \cdot (\omega t + \alpha)}$$

Der Zeiger wird hier also gestreckt und um 90° entgegengesetzt zum Uhrzeigersinn gedreht.

$$\int \underline{A}(t) \cdot \mathrm{d}t = \int A \cdot \mathrm{e}^{\mathrm{j} \cdot (\omega t + \alpha)} \cdot \mathrm{d}t = \frac{A \cdot \mathrm{e}^{\mathrm{j} \cdot (\omega t + \alpha)}}{\mathrm{j} \cdot \omega} = -\mathrm{j} \cdot \frac{A}{\omega} \cdot \mathrm{e}^{\mathrm{j} \cdot (\omega t + \alpha)}$$

Der Zeiger wird gestaucht und um 90° im Uhrzeigersinn gedreht.

Bei den bisherigen Zeigern und Drehzeigern wurde immer unterstellt, dass die Zeigerlänge sich zeitlich nicht ändert. Bei den noch zu behandelnden bzw. bereits im ersten Band besprochenen Schaltvorgängen ist dies jedoch nicht mehr der Fall. In der Elektrotechnik ändern sich, wie im ersten Band zu sehen war, die elektrischen Spannungen und Ströme oft nach einer e-Funktion. Führt man also einen Faktor ein, der die zeitliche Änderung der Zeigerlänge nach einer e-Funktion beschreibt, so würde ein rotierender Zeiger ganz allgemein folgendermaßen beschrieben:

$$\underline{A}(t) = A \cdot e^{j \cdot (\omega t + \alpha)} \cdot e^{\delta \cdot t} = A \cdot e^{j \cdot \alpha} \cdot e^{(\delta + j \cdot \omega) \cdot t} = \underline{A} \cdot e^{(\delta + j \cdot \omega) t}$$

Ist $\delta = 0$, so ist die Zeigerlänge zeitlich konstant, $\delta > 0$ entspricht einer zeitlichen Streckung und $\delta < 0$ einer Stauchung. Auch bei den später behandelten Ortskurven ändert sich die Zeigerlänge, dort allerdings meist als Funktion der Kreisfrequenz.

Operatoren

Den Quotienten zweier Drehzeiger, die mit der gleichen Winkelgeschwindigkeit und in der gleichen Drehrichtung rotieren, nennt man einen Operator. Durch die Division erhält man eine konstante komplexe Zahl. Operatoren entsprechen also den stillstehenden Zeigern, hier ist dies aber nicht mehr eine vereinfachende Annahme, sondern unabhängig vom Betrachtungszeitpunkt nimmt der Zeiger immer die gleiche Lage ein!

$$\frac{\underline{A}(t)}{\underline{B}(t)} = \frac{\underline{A} \cdot e^{j \cdot \omega t}}{\underline{B} \cdot e^{j \cdot \omega t}} = \frac{\underline{A}}{\underline{B}} = \frac{A}{B} \cdot e^{j \cdot (\alpha - \beta)}$$

> Die in Kap. 3.4.1 behandelten komplexen Widerstände und Leitwerte sind Operatoren, d.h. zeitlich konstante Zeiger.

3.4   Lineare passive Zweipole

Verbindet man einen nichtlinearen passiven Zweipol mit einer Sinusspannungsquelle, so fließt ein nichtsinusförmiger Strom, oder fließt durch ihn ein Sinusstrom, so fällt an ihm eine nichtsinusförmige Spannung ab. Der Zusammenhang zwischen Strom und Spannung kann dann nicht mehr durch eine lineare Gleichung oder lineare Differenzialgleichung beschrieben werden. Beispiele für nichtlineare passive Zweipole werden deshalb im Kap. 6 im Zusammenhang mit nichtsinusförmigen periodischen Größen behandelt.

In diesem Kapitel werden die passiven Zweipole ohmscher Widerstand R, Induktivität L und Kapazität C als ideale Zweipole betrachtet, d.h. beim ohmscher Widerstand ist allein die Wirkung des elektrischen Strömungsfelds, bei der Induktivität die Wirkung des magnetischen Felds und bei der Kapazität allein die des elektrischen Felds zu berücksichtigen. Dazu sind die Werte der Zweipole konstant. Reale Bauelemente werden dann in Kap. 3.8 behandelt.

> Legt man einen linearen passiven Zweipol an eine Sinusspannung, so fließt in ihm ein Sinusstrom, und wird er von einem Sinusstrom durchflossen, so fällt an ihm eine Sinusspannung ab. Der Zusammenhang zwischen Strom und Spannung kann durch eine lineare Gleichung oder lineare Differenzialgleichung beschrieben werden.

3.4.1   Komplexer Widerstand und komplexer Leitwert

Meist haben die Spannung und der Strom bei einem linearen Zweipol unterschiedliche Null-phasenwinkel. Die Differenz zwischen dem Nullphasenwinkel der Spannung und dem des Stroms nennt man **Phasenverschiebungswinkel** φ (phi).

$$\varphi = \varphi_u - \varphi_i \tag{3.11}$$

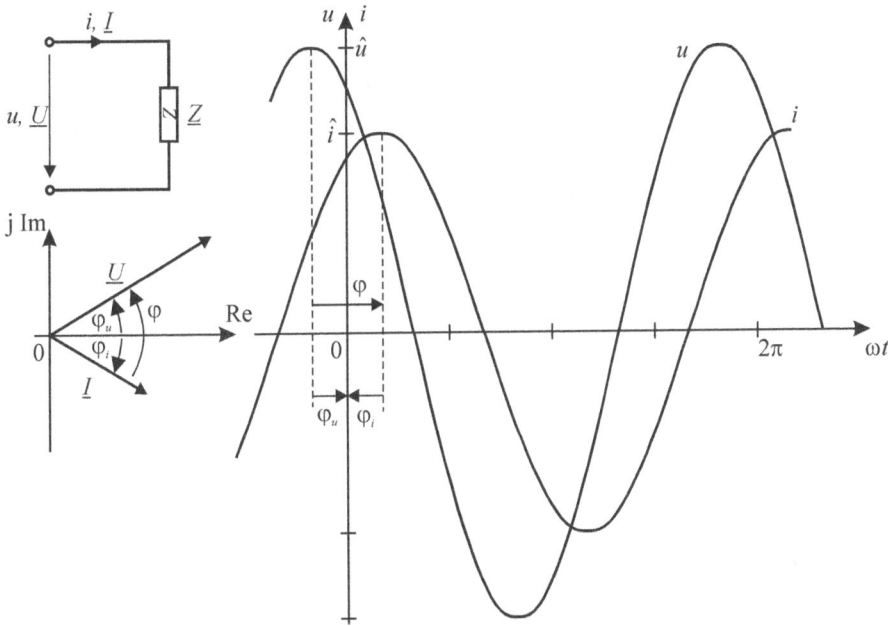

Abb. 3.9: Zeiger- und Liniendiagramm für Spannung und Strom bei einem linearen passiven Zweipol

Bei einem positiven Phasenverschiebungswinkel eilt somit die Spannung dem Strom zeitlich voraus, bei einem negativen eilt die Spannung dem Strom zeitlich nach. Im üblichen Sprachgebrauch sagt man einfach, dass die Spannung dem Strom voreilt oder nacheilt. Ein positiver Phasenverschiebungswinkel ist im Zeigerdiagramm im Gegenuhrzeigersinn und ein negativer im Uhrzeigersinn angetragen (vgl. Abb. 3.9, 3.12 und 3.13). Ein beliebiger linearer passiver Zweipol wird durch das Widerstandssymbol dargestellt, in das ein Z eingetragen ist, um es vom Symbol für den ohmschen Widerstand zu unterscheiden (siehe Abb. 3.9). In Abb. 3.9 ist das Zeiger- und Liniendiagramm für den Fall gezeigt, dass die Nullphasenwinkel $\varphi_u = 30°$ und $\varphi_i = -30°$ betragen, somit ist $\varphi = \varphi_u - \varphi_i = 60°$. Im Zeigerdiagramm sind die Effektivwertzeiger angetragen. Auch wenn dadurch die Amplituden im Liniendiagramm ziemlich groß ausfallen, wurde in den Abb. 3.9, 3.11, 3.12 und 3.13 für die Augenblicks- und Effektivwerte der gleiche Maßstab gewählt, dadurch sind die Effektivwertzeiger um den Faktor $1/\sqrt{2}$ kürzer als die Amplituden.

In der Wechselstromtechnik wird der Quotient aus der komplexen Spannung und dem komplexen Strom als **komplexer Widerstand** $\underline{Z}$ oder **Widerstandsoperator** bezeichnet. Der Operator $\underline{Z}$ ist zeitlich konstant.

$$\underline{Z} = \frac{\underline{U}(t)}{\underline{I}(t)} = \frac{\underline{U}}{\underline{I}} = \frac{U \cdot e^{j \cdot \varphi_u}}{I \cdot e^{j \cdot \varphi_i}} = \frac{U}{I} \cdot e^{j \cdot (\varphi_u - \varphi_i)} = Z \cdot e^{j \cdot \varphi}$$

$$= Z \cdot (\cos \varphi + j \cdot \sin \varphi) \tag{3.12}$$

$$= Z \cdot \cos \varphi + j \cdot Z \cdot \sin \varphi = R + j \cdot X = R + \underline{X}$$

$$\underline{X} = j \cdot X$$

Der komplexe Widerstand besteht aus einem Real- und Imaginärteil, dabei kann entweder der Real- oder der Imaginärteil null werden. Den Betrag des komplexen Widerstands nennt man **Scheinwiderstand** oder **Impedanz** Z.

$$Z = \frac{U}{I} \qquad [Z] = 1\,\Omega \tag{3.13}$$

Der Realteil des komplexen Widerstands entspricht seinem ohmschen Anteil (vgl. Kap. 3.4.2 und im ersten Band Kap. 2.9), dem so genannten **Wirkwiderstand**. Den Imaginärteil von $\underline{Z}$ nennt man den **komplexen Blindwiderstand** $\underline{X}$ und dessen Betrag den **Blindwiderstand** oder die **Reaktanz** X. Je nachdem, ob der Phasenverschiebungswinkel positiv oder negativ ist, wird auch der Blindwiderstand X positiv oder negativ. Wegen der zum Teil abweichenden Schreibweise in anderen Fachbüchern sei schon hier auf die Bemerkung am Ende von Kap. 3.4.4 hingewiesen und im Vorgriff auf Kap. 3.5 erwähnt, dass hier $X = X_L - X_C$ und $B = B_L - B_C$ definiert wird. X_L, X_C, B_L und B_C sind dabei stets positiv, X und B können dagegen positiv oder negativ sein.

Der Kehrwert des komplexen Widerstands ist der **komplexe Leitwert** $\underline{Y}$, der Betrag des komplexen Leitwerts wird **Scheinleitwert** oder **Admittanz** Y genannt.

$$\underline{Y} = \frac{1}{\underline{Z}} = \frac{\underline{I}}{\underline{U}} = \frac{I \cdot e^{j \cdot \varphi_i}}{U \cdot e^{j \cdot \varphi_u}} = \frac{I}{U} \cdot e^{j \cdot (\varphi_i - \varphi_u)} = Y \cdot e^{-j \cdot \varphi}$$

$$= Y \cdot (\cos \varphi - j \cdot \sin \varphi) = Y \cdot \cos \varphi - j \cdot Y \cdot \sin \varphi = G - j \cdot B = G + \underline{B} \tag{3.14}$$

$$\underline{B} = -j \cdot B$$

Bemerkung: In einigen Fachbüchern wird der komplexe Leitwert in folgender Form dargestellt, entsprechend gilt dort auch eine andere Vorzeichenregel: $\underline{Y} = G + j \cdot B$

$$Y = \frac{1}{Z} = \frac{I}{U} \qquad [Y] = 1\,\text{S} \tag{3.15}$$

Der Realteil des komplexen Leitwerts entspricht dem bereits aus Band 1, Kap. 2.9, bekannten Leitwert G. Man nennt $\underline{B}$ den **komplexen Blindleitwert** und dessen Betrag den **Blindleitwert** B. Je nachdem, ob der Phasenverschiebungswinkel positiv oder negativ ist, wird auch der Blindleitwert B positiv oder negativ.

In Abb. 3.10 sind die Zeigerdiagramme für die komplexen Widerstände und Leitwerte jeweils für positive und negative Phasenverschiebungswinkel gezeigt.

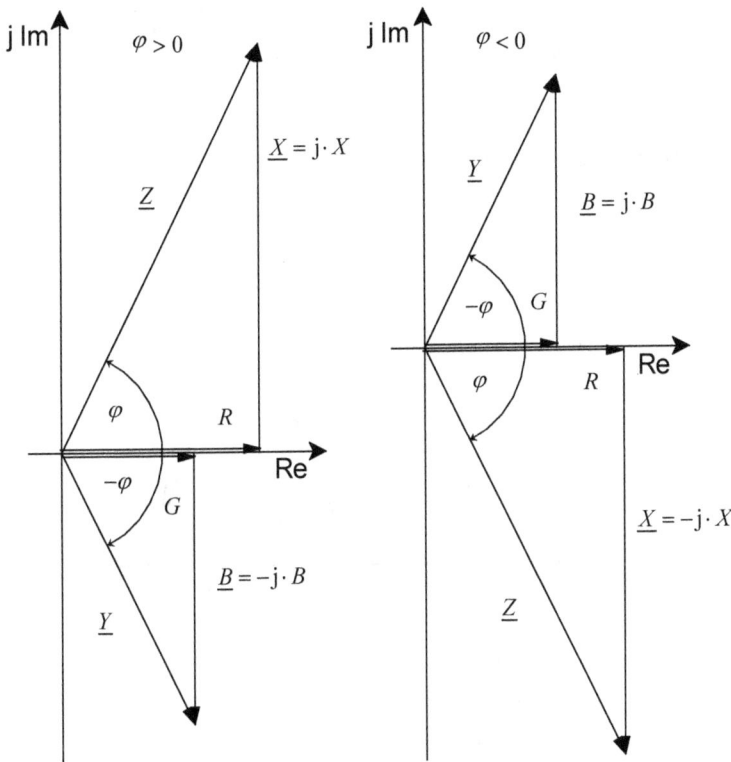

Abb. 3.10: Zeigerdiagramm für den komplexen Widerstand und komplexen Leitwert

Mit den Gleichungen 3.12 und 3.14 erhält man gleichzeitig den Betrag des komplexen Widerstands bzw. komplexen Leitwerts und den Phasenverschiebungswinkel. Für praktische Anwendungen genügen aber oft die Beträge und, wie noch zu sehen sein wird, ist die komplexe Rechung manchmal recht aufwändig. Da der ohmsche Anteil und der Blindanteil bei einem komplexen Widerstand oder Leitwert aber immer einen rechten Winkel einschließen, kann man mit Hilfe des pythagoreischen Lehrsatzes auch den Scheinwiderstand bzw. Scheinleitwert und mit den trigonometrischen Funktionen den Phasenverschiebungswinkel getrennt ausrechnen.

$$Z = \sqrt{R^2 + X^2}$$

$$\varphi = \arctan\frac{X}{R} = \arcsin\frac{X}{Z} = \arccos\frac{R}{Z} \tag{3.16}$$

Dabei ist zu beachten, dass man bei der Berechung des Phasenverschiebungswinkels über den Arkuskosinus keine Aussage über das Vorzeichen von φ erhält.

$$Y = \sqrt{G^2 + B^2}$$

$$\varphi = \arctan\frac{B}{G} = \arcsin\frac{B}{Y} = \arccos\frac{G}{Y} \tag{3.17}$$

3.4.2   Ohmscher Widerstand

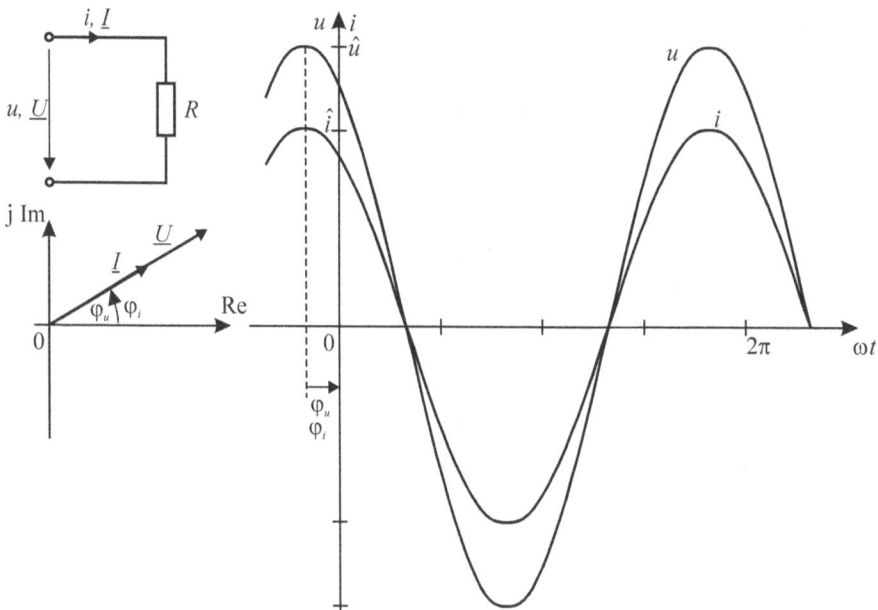

Abb. 3.11: Zeiger- und Liniendiagramm für Spannung und Strom bei einem ohmschen Widerstand

Der Zweipol besteht aus einem rein ohmschen Widerstand. Das ohmsche Gesetz (Gleichung 2.9 in Band 1) gilt sowohl für die Augenblicks- wie auch die Effektivwerte von Spannung und Strom. In Abb. 3.11 ist das Zeiger- und Liniendiagramm gezeigt, wobei wieder Effektivwertzeiger dargestellt werden. Es ist üblich für passive Zweipole immer das Verbraucherzählpfeilsystem anzuwenden (vgl. Kap. 2.8 in Band 1).

> Die Nullphasenwinkel der Spannung und des Stroms sind bei einem ohmschen Widerstand gleich. Man sagt, Spannung und Strom sind in Phase.

$$\varphi_u = \varphi_i$$

$$R = \frac{u}{i} = \frac{\hat{u} \cdot \cos(\omega t + \varphi_u)}{\hat{i} \cdot \cos(\omega t + \varphi_i)} = \frac{\hat{u}}{\hat{i}} = \frac{U \cdot \sqrt{2}}{I \cdot \sqrt{2}} = \frac{U}{I} = \frac{\underline{U}(t)}{\underline{I}(t)} = \frac{\underline{U}}{\underline{I}} \qquad (3.18)$$

Der komplexe Widerstand besteht hier nur aus einem Realteil. Für den **ohmschen Widerstand**, **Wirkwiderstand** oder die **Resistanz** R gilt somit, da beide Nullphasenwinkel gleich sind:

$$\varphi_R = \varphi_u - \varphi_i = 0 \qquad (3.19)$$

Der Kehrwert des ohmschen Widerstands ist der **Leitwert, Wirkleitwert** oder die **Konduktanz** G.

$$G = \frac{1}{R} = \frac{i}{u} = \frac{I}{U} = \frac{\underline{I}(t)}{\underline{U}(t)} = \frac{\underline{I}}{\underline{U}} \qquad (3.20)$$

Der ohmsche Widerstand und Leitwert bestehen also in komplexer Schreibweise nur aus einem Realteil, der Imaginärteil muss null sein. Die nach Gleichung 2.24 in Band 1 von ihnen aufgenommene Leistung ist bei einem Verbraucherzählpfeilsystem stets positiv und wird **Wirkleistung** genannt.

3.4.3   Induktiver Blindwiderstand

Der Zweipol besteht nur aus einer idealen Selbstinduktivität L und er entspricht damit einer verlustlosen Spule, in der weder Stromwärme noch Ummagnetisierungsverluste entstehen.

In Abb. 3.12 nimmt der Strom während der ersten Viertelperiode ständig zu. Nach Gleichung 6.43 in Band 1 nimmt demnach die in der Spule gespeicherte magnetische Energie W_m ständig zu, bis sie im Scheitelwert des Stroms ihren größten Wert erreicht. Zum Aufbau des Magnetfelds wird während dieser ersten Viertelperiode von der Quelle elektrische Energie aufgenommen und in magnetische Energie umgewandelt. Während der folgenden Viertelperiode nimmt der Betrag des Stroms ständig ab, demnach wird die gespeicherte magnetische Energie kleiner, sie wird als elektrische Energie an die Quelle zurückgegeben usw. Diese dadurch zwischen Quelle und induktivem Zweipol pendelnde Leistung nennt man **induktive Blindleistung.**

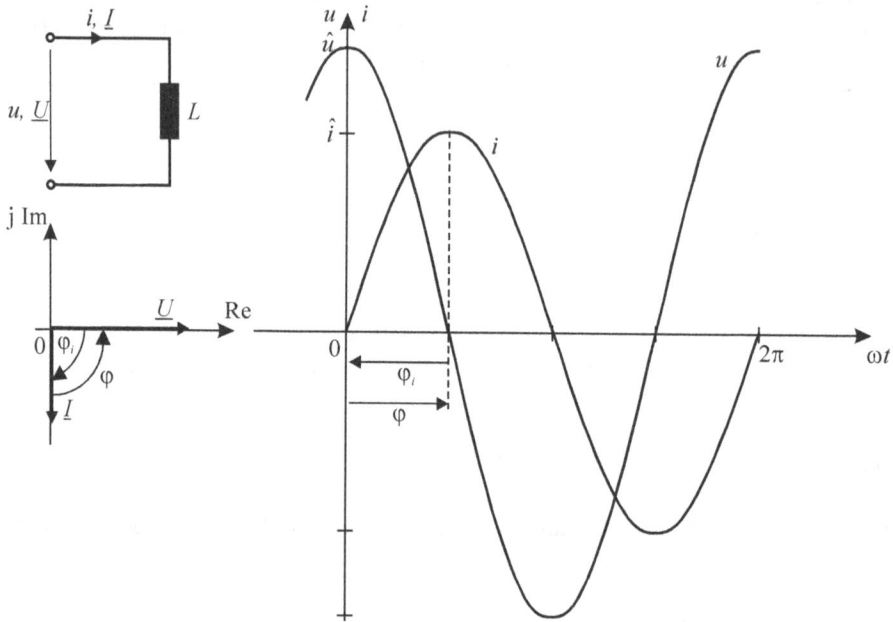

Abb. 3.12: Zeiger- und Liniendiagramm für Spannung und Strom bei einem induktiven Blindwiderstand

Mit Gleichung 6.15 aus Band 1 und $i = \hat{i} \cdot \sin \omega t = \hat{i} \cdot \cos(\omega t - 90°)$ wird:

$$u = L \cdot \frac{\mathrm{d}i}{\mathrm{d}t} = L \cdot \frac{\mathrm{d}(\hat{i} \cdot \sin \omega t)}{\mathrm{d}t} = \underbrace{\omega \cdot L \cdot \hat{i}}_{\hat{u}} \cdot \cos \omega t$$

$$\varphi_L = \varphi_u - \varphi_i = 0 - (-90°) = 90°$$

Die Spannung eilt dem Strom bei einer idealen Induktivität um 90° oder $\pi/2$ voraus.

$$\varphi_L = \varphi_u - \varphi_i = 90° = \frac{\pi}{2} \tag{3.21}$$

Die Amplitude der Spannung ist $\hat{u} = \omega \cdot L \cdot \hat{i}$. Dividiert man diese Gleichung durch $\sqrt{2}$ so wird:

$$\frac{\hat{u}}{\sqrt{2}} = U = \omega \cdot L \cdot \frac{\hat{i}}{\sqrt{2}} = \omega \cdot L \cdot I$$

Dabei stellt der Ausdruck $\omega \cdot L$ (kurz ωL) offensichtlich einen Widerstand dar und hat auch die Dimension eines Widerstands, $[\omega] \cdot [L] = 1 \cdot \mathrm{s}^{-1} \cdot \Omega \cdot \mathrm{s} = 1\ \Omega$. Man nennt ωL den **induktiven Blindwiderstand** X_L.

$$X_L = \omega L = \frac{U}{I} \tag{3.22}$$

> Für einen Gleichstrom, d.h. $\omega = 0$, wird der induktive Blindwiderstand des idealen induktiven Blindzweipols null, er verhält sich so, als sei er kurzgeschlossen. Für $\omega \rightarrow \infty$ geht auch $X_L \rightarrow \infty$, der induktive Zweipol verhält sich wie eine Unterbrechung.

Der Kehrwert des induktiven Widerstands ist der **induktive Blindleitwert** B_L.

$$B_L = \frac{1}{X_L} = \frac{1}{\omega L} = \frac{I}{U} \tag{3.23}$$

Mit $\varphi_u = \varphi_L + \varphi_i = 90° + \varphi_i$ erhält man mit Hilfe der komplexen Rechnung für einen idealen induktiven Blindzweipol:

$$\underline{Z} = \frac{\underline{U}}{\underline{I}} = \frac{U \cdot e^{j \cdot 90° + \varphi_i}}{I \cdot e^{j \cdot \varphi_i}} = \frac{U}{I} \cdot e^{j \cdot 90°} = X_L \cdot e^{j \cdot 90°} = j \cdot X_L = j \cdot \omega L = \underline{X}_L \tag{3.24}$$

$$\underline{Y} = \frac{1}{\underline{X}_L} = \frac{\underline{I}}{\underline{U}} = \frac{1}{j \cdot \omega L} = -j \cdot \frac{1}{\omega L} = -j \cdot B_L = B_L \cdot e^{-j \cdot 90°} = \underline{B}_L \tag{3.25}$$

Da ω und L stets positiv sind, besteht der komplexe Widerstand eines induktiven Blindzweipols demnach nur aus einem positiven Imaginärteil, der Realteil ist null. Der induktive Blindwiderstand X_L und Blindleitwert B_L sind immer positiv.

3.4.4 Kapazitiver Blindwiderstand

Der Zweipol besteht nur aus einer idealen, gleichbleibenden Kapazität und entspricht einem verlustlosen Kondensator.

Beginnt man die Betrachtung in Abb. 3.13 ab dem Zeitpunkt $t = 0$, so nimmt in der ersten Viertelperiode die Spannung ständig zu und damit nach Gleichung 4.40 in Band 1 die im elektrischen Feld gespeicherte Energie, die von der Quelle geliefert werden muss. Während der folgenden Viertelperiode nimmt die Spannung mit fortschreitender Zeit ab und somit wird die gespeicherte elektrische Energie kleiner, es wird an die Quelle Energie zurückgeliefert. In der folgenden Viertelperiode nimmt betragsmäßig die Spannung wieder zu und damit die gespeicherte elektrische Energie usw. Die zwischen Quelle und kapazitivem Zweipol pendelnde Energie nennt man **kapazitive Blindleistung**.

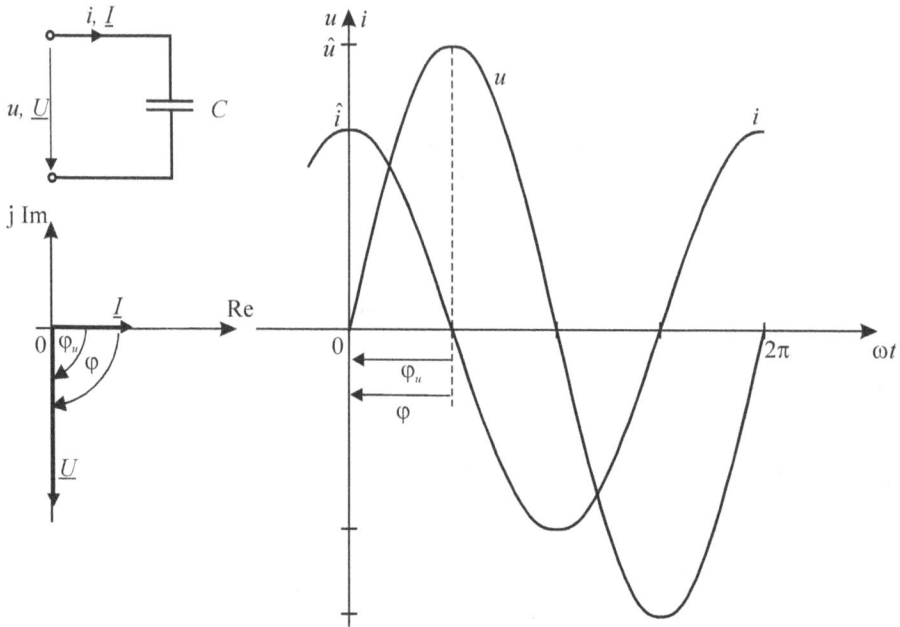

Abb. 3.13: Zeiger- und Liniendiagramm für Spannung und Strom bei einem kapazitiven Blindwiderstand

Mit Gleichung 4.43 in Band 1 und $u = \hat{u} \cdot \sin \omega t = \hat{u} \cdot \cos(\omega t - 90°)$ wird:

$$i = C \cdot \frac{du}{dt} = C \cdot \frac{d(\hat{u} \cdot \sin \omega t)}{dt} = \underbrace{\omega \cdot C \cdot \hat{u}}_{\hat{i}} \cdot \cos \omega t$$

$$\varphi_C = \varphi_u - \varphi_i = -90° - 0 = -90°$$

Der Strom eilt der Spannung bei einer idealen Kapazität um 90° oder $\pi / 2$ voraus.

$$\varphi_C = \varphi_u - \varphi_i = -90° = -\frac{\pi}{2} \qquad\qquad (3.26)$$

Die Amplitude des Stroms ist $\hat{i} = \omega \cdot C \cdot \hat{u}$. Dividiert man die Gleichung durch $\sqrt{2}$, so wird:

$$\frac{\hat{i}}{\sqrt{2}} = I = \omega \cdot C \cdot \frac{\hat{u}}{\sqrt{2}} = \omega \cdot C \cdot U$$

Dabei stellt der Ausdruck $\omega \cdot C$ (kurz ωC) einen Leitwert dar und hat auch die Dimension eines Leitwerts, $[\omega] \cdot [C] = 1 \cdot s^{-1} \cdot S \cdot s = 1\,S$. Man nennt ωC den **kapazitiven Blindleitwert** B_C.

$$B_C = \omega C = \frac{I}{U} \qquad\qquad (3.27)$$

Der Kehrwert heißt **kapazitiver Blindwiderstand** X_C:

$$X_C = \frac{1}{B_C} = \frac{1}{\omega C} = \frac{U}{I} \qquad\qquad (3.28)$$

> Für Gleichstrom, d.h. $\omega = 0$, geht nach beendeter Aufladung $X_C \to \infty$, der ideale kapazitive Zweipol wirkt wie eine Unterbrechung. Für sehr große Frequenzen, d.h. $\omega \to \infty$, geht $X_C \to 0$, der ideale kapazitive Zweipol verhält sich so, als sei er kurzgeschlossen.

Mit $\varphi_i = \varphi_u - \varphi_C = \varphi_u - (-90°) = \varphi_u + 90°$ erhält man mit Hilfe der komplexen Rechnung für einen idealen kapazitiven Blindzweipol:

$$\underline{Y} = \frac{\underline{I}}{\underline{U}} = \frac{I \cdot e^{j \cdot (\varphi_u + 90°)}}{U \cdot e^{j \cdot \varphi_u}} = \frac{I}{U} \cdot e^{j \cdot 90°} = B_C \cdot e^{j \cdot 90°} = j \cdot B_C = j \cdot \omega C = \underline{B}_C \quad (3.29)$$

$$\underline{Z} = \frac{1}{\underline{Y}} = \frac{\underline{U}}{\underline{I}} = \frac{1}{j \cdot \omega C} = -j \cdot \frac{1}{\omega C} = -j \cdot X_C = X_C \cdot e^{-j \cdot 90°} = \underline{X}_C \qquad (3.30)$$

Da ω und C stets positiv sind, besteht der komplexe Widerstand eines idealen kapazitiven Blindzweipols nur aus einem negativen Imaginärteil, der Realteil ist null. Der kapazitive Blindwiderstand X_C und Blindleitwert B_C sind immer positiv.

In Tab. 3.1 sind nochmals die in den Kap. 3.4.1 bis 3.4.4 erläuterten Zusammenhänge zusammengefasst, dabei werden beim komplexen Widerstand und Leitwert bereits in Vorgriff auf Kap. 3.5.1 und 3.5.2 der komplexe Blindwiderstand und -leitwert weiter aufgeschlüsselt.

Bemerkung:
Da dieses Fachbuch sicher oft vorlesungsbegleitend benutzt wird, erscheint die folgende Bemerkung hilfreich. Einige Fachbücher nehmen eine andere Definition vor, indem sie Induktivitäten und Kapazitäten getrennt als Blindwiderstände bzw. -leitwerte betrachten und nicht wie hier zu einem Blindwiderstand bzw. -leitwert zusammenfassen, d.h. in diesen Fachbüchern sind X_C und B_L negativ. Im folgenden Kap. 3.5 erfolgt die hier gewählte Definition $X = X_L - X_C$ und $B = B_L - B_C$. X_L, X_C, B_L und B_C sind dabei stets positiv, ist $X_L < X_C$ bzw. nur X_C vorhanden, so wird X negativ. Ebenso wird B negativ, wenn $B_L < B_C$ ist. Bei Berechnungen in komplexer Form ergeben sich dadurch keine Änderungen gegenüber der anderen Schreibweise. Abweichungen stellen sich nur bei einigen Betragsberechnungen ein, weil dann in bestimmten Fällen gegenüber der hier gewählten Schreibweise ein Minuszeichen eingefügt werden muss. Es gibt auch Fachbücher, die auf eine Einführung des Blindwider-

Tab. 3.1: Komplexe Widerstände

Zweipol	komplexe Schreibweise	Zeigerdiagramm
ohmscher Widerstand	$\underline{R} = R \cdot e^{j \cdot 0°} = R$	
induktiver Blindwiderstand	$\underline{X}_L = X_L \cdot e^{j \cdot 90°} = j \cdot X_L = j \cdot \omega L$	
kapazitiver Blindwiderstand	$\underline{X}_C = X_C \cdot e^{-j \cdot 90°} = -j \cdot X_C = -j \cdot \dfrac{1}{\omega C}$	
ohmscher Leitwert	$\underline{G} = \dfrac{1}{\underline{R}} = G \cdot e^{-j \cdot 0°} = G$	
induktiver Blindleitwert	$\underline{B}_L = \dfrac{1}{\underline{X}_L} = B_L \cdot e^{-j \cdot 90°} = -j \cdot B_L = -j \cdot \dfrac{1}{\omega L}$	
kapazitiver Blindleitwert	$\underline{B}_C = \dfrac{1}{\underline{X}_C} = B_C \cdot e^{j \cdot 90°} = j \cdot B_C = j \cdot \omega C$	
komplexer Widerstand	$\underline{Z} = \dfrac{\underline{U}}{\underline{I}} = Z \cdot e^{j \cdot \varphi} = Z \cdot (\cos \varphi + j \cdot \sin \varphi) =$ $= R + \underline{X} = R + j \cdot X = R + j \cdot (X_L - X_C)$	
komplexer Leitwert	$\underline{Y} = \dfrac{1}{\underline{Z}} = Y \cdot e^{-j \cdot \varphi} = Y \cdot (\cos \varphi - j \cdot \sin \varphi) =$ $= G + \underline{B} = G - j \cdot B = G - j \cdot (B_L - B_C)$	

stands und -leitwerts ganz verzichten und auch bei reinen Blindelementen nur mit dem Scheinwiderstand bzw. Scheinleitwert arbeiten. Man muss sich also für eine der möglichen Schreibweisen entscheiden und konsequent dabei bleiben. Die hier gewählte Form erscheint schlüssiger und weniger fehlerträchtig, es kann nie ein Fehler bei den Vorzeichen entstehen. Ebenso treten bei realen Bauelementen sowohl induktive wie kapazitive Eigenschaften auf, wobei abhängig von der Frequenz eine von beiden überwiegt. Auch deshalb ist es sinnvoll einen Ausdruck zu definieren, der X_L und X_C bzw. B_L und B_C zusammenfasst. Um den Unterschied zu zeigen, sind hier einige der anderen Definitionen und sich daraus ergebende Konsequenzen bei der Berechnung der Beträge von Blindströmen (siehe Kap. 3.5.2), Blindspannungen (siehe Kap. 3.5.1) und Blindleistungen (siehe Kap. 3.7.1) aufgeführt:

$$X_L = \omega L \qquad B_L = -\frac{1}{X_L} = -\frac{1}{\omega L} \qquad I_L = \frac{U_L}{X_L} = -B_L \cdot U_L$$

$$Q_L = X_L \cdot I^2 = \frac{U_L{}^2}{X_L} = -B_L \cdot U_L{}^2$$

$$B_C = \omega C \qquad X_C = -\frac{1}{B_C} = -\frac{1}{\omega C} \qquad I_C = B_C \cdot U_C = -\frac{U_C}{X_C}$$

$$Q_C = -B_C \cdot U_C{}^2 = -\frac{I_C{}^2}{B_C} = X_C \cdot I_C{}^2$$

3.5   Reihen- und Parallelschaltung passiver Zweipole

Es gelten die bereits in Kap. 3 des ersten Bandes erläuterten Regeln. Diese werden nun lediglich in komplexer Form angewendet. Auf die aufwändige Berechnung mit Augenblickswerten wird hier nicht mehr eingegangen, aber auch dafür würden die behandelten Verfahren und Regeln gelten. Da die graphischen Lösungsverfahren mit Hilfe der Zeigerdiagramme meist viel rascher zum Ergebnis führen, übersichtlicher sind und von der erzielbaren Genauigkeit oft ausreichen, werden neben den rein rechnerischen Lösungen auch diese gezeigt.

3.5.1   Reihenschaltung linearer passiver Zweipole und komplexer Widerstände, Spannungsteilerregel

Bei einer Reihenschaltung eines ohmschen Widerstands mit einem induktiven und kapazitiven Blindwiderstand werden alle drei vom gleichen Strom durchflossen. Kommen in einer Reihenschaltung nur zwei lineare Zweipole vor, so muss man sich nur bei den folgenden Ausführungen den nicht vorkommenden ohmschen, induktiven oder kapazitiven Zweipol überbrückt vorstellen, d.h. R, X_L oder X_C ist dann null.

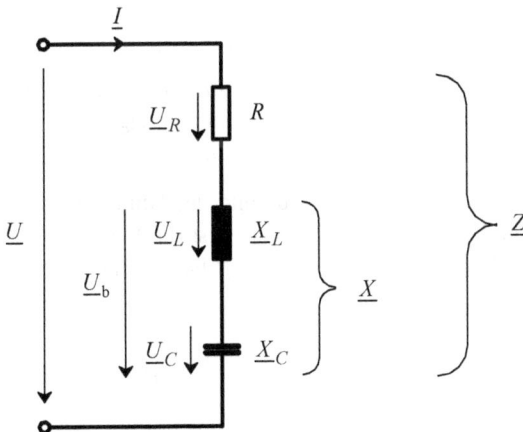

Abb. 3.14: Reihenschaltung eines ohmschen Widerstands mit einem induktiven und kapazitiven Blindwiderstand

Nach dem Maschensatz (Kap. 3.1.2 in Band 1) und den Gleichungen 3.18, 3.24 und 3.30 gilt:

$$\underline{U} = \underline{U}_R + \underline{U}_L + \underline{U}_C = \underline{I} \cdot (R + \underline{X}_L + \underline{X}_C) = \underline{I} \cdot [R + \mathrm{j} \cdot (X_L - X_C)]$$

$$= \underline{I} \cdot \left[R + \mathrm{j} \cdot \left(\omega L - \frac{1}{\omega C} \right) \right] \tag{3.31}$$

Nach Gleichung 3.12 stellt der Ausdruck in der eckigen Klammer den komplexen Widerstand $\underline{Z}$ der Reihenschaltung aus R, L und C dar. Die Reihenschaltung aus R, L und C kann man sich also durch einen einzigen komplexen Widerstand ersetzt denken, somit stellt $\underline{Z}$ den komplexen Ersatzwiderstand dar.

$$\underline{Z} = R + \mathrm{j} \cdot (X_L - X_C) = R + \mathrm{j} \cdot \left(\omega L - \frac{1}{\omega C} \right) \tag{3.32}$$

Der Klammerausdruck in Gleichung 3.32 ist dabei der Blindwiderstand X. Ist $X_L > X_C$ oder ist nur eine Induktivität vorhanden, so ist X positiv. Ist $X_L < X_C$ oder nur eine Kapazität vorhanden, so ist X negativ. Für den Fall, dass $X_L = X_C$ und damit $X = 0$ ist, wirkt der komplexe Widerstand von seinen Anschlussklemmen aus betrachtet wie ein rein ohmscher Widerstand. Diesen Sonderfall nennt man Resonanz, er wird in Kap. 3.9 behandelt. Der komplexe Blindwiderstand und der Blindwiderstand sind demnach:

$$\underline{X} = \underline{X}_L + \underline{X}_C = \mathrm{j} \cdot \omega L - \mathrm{j} \cdot \frac{1}{\omega C} = \mathrm{j} \cdot X$$

$$X = X_L - X_C = \omega L - \frac{1}{\omega C} \tag{3.33}$$

In Abb. 3.15 ist das Zeigerdiagramm für den Strom und die Spannungen einmal für den Fall gezeigt, dass $X_L > X_C$ ist und im zweiten Fall, dass $X_L < X_C$ ist. Da für alle drei Zweipole der Strom die gemeinsame Größe ist, wurde $\underline{I}$ als Bezugsgröße gewählt und in die reelle Achse gelegt. Allerdings könnte die Bezugsgröße auch in jede beliebige andere Lage gezeichnet werden, es würden sich dann auch die Spannungen in ihrer Lage verschieben.

Entsprechend zu der Definition des komplexen Blindwiderstands und des Blindwiderstands definiert man auch noch die komplexe Blindspannung $\underline{U}_b$, ihr Betrag ist die Blindspannung U_b. Dabei kann die Blindspannung U_b positiv, negativ oder null sein, je nachdem ob $X_L > X_C$, $X_L < X_C$ oder $X_L = X_C$ ist.

$$\underline{U}_b = \underline{U}_L + \underline{U}_C = \underline{I} \cdot (\underline{X}_L + \underline{X}_C) = \underline{I} \cdot \underline{X}$$

$$U_b = U_L - U_C = I \cdot (X_L - X_C) = I \cdot X \tag{3.34}$$

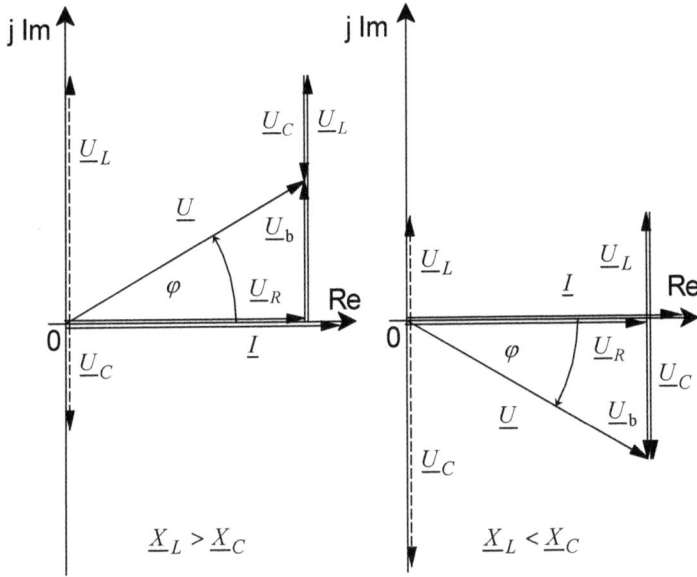

Abb. 3.15: Zeigerdiagramm des Stroms und der Spannungen für die Reihenschaltung aus R, L und C

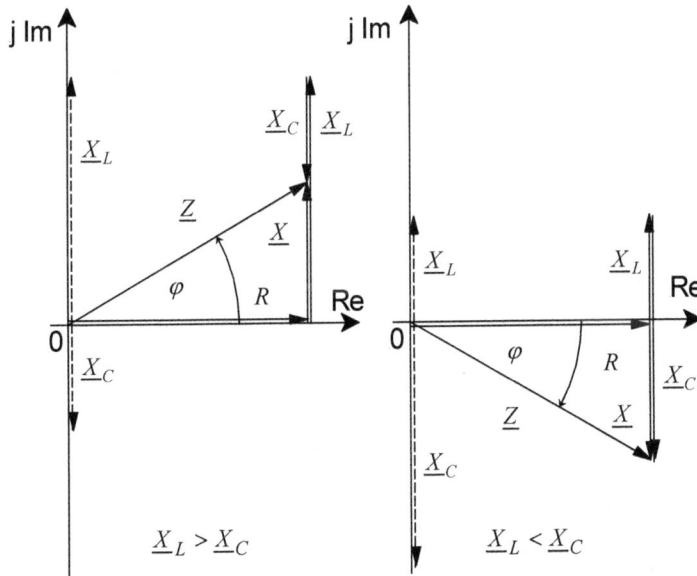

Abb. 3.16: Zeigerdiagramm für $\underline{Z}$, R, $\underline{X}_L$ und $\underline{X}_C$ für die Reihenschaltung aus R, L und C

Für den komplexen Widerstand $\underline{Z}$ nach Gleichung 3.32 kann ebenfalls ein Zeigerdiagramm gezeichnet werden, wie es in Abb. 3.16 für die beiden Fälle, dass $X_L > X_C$ und $X_L < X_C$ ist, dargestellt wird. Hier ist die Lage der Zeiger nicht mehr frei wählbar, sondern der Zeiger für R muss immer in Richtung der positiven reellen Achse weisen, der Zeiger für X_L in Richtung der positiven imaginären Achse und für X_C in Richtung der negativen imaginären Achse. Hat man bei der Reihenschaltung passiver Zweipole den Stromzeiger in Richtung der positiven reellen Achse aufgetragen, so schaut das Zeigerdiagramm für die Spannungen genauso aus wie das für die Widerstände, bei geeigneter Maßstabswahl sind sie von der Lage und den Zeigerlängen her identisch.

> Aus Gründen der Übersichtlichkeit wird bei allen folgenden Zeigerdiagrammen auf die Eintragung des Achsenkreuzes mit der reellen und imaginären Achse verzichtet. Alle waagerecht verlaufenden und von links nach rechts weisenden Zeiger liegen in Richtung der positiven reellen Achse und alle senkrecht verlaufenden und von unten nach oben weisenden Zeiger in Richtung der positiven imaginären Achse. Auch die Angabe der Rotation der Zeiger entfällt.

Entsprechend den Ausführungen in Kap. 3.4.1 kann man den Betrag der komplexen Spannung, den Scheinwiderstand und Phasenverschiebungswinkel auch mit Hilfe des pythagoreischen Lehrsatzes und der trigonometrischen Funktionen ermitteln:

$$U = \sqrt{U_R^2 + U_b^2} = \sqrt{U_R^2 + \left(U_L - U_C\right)^2}$$

$$Z = \sqrt{R^2 + X^2} = \sqrt{R^2 + \left(X_L - X_C\right)^2} = \sqrt{R^2 + \left(\omega L - \frac{1}{\omega C}\right)^2} \qquad (3.35)$$

$$\varphi = \arctan\frac{U_b}{U_R} = \arctan\frac{U_L - U_C}{U_R} = \arcsin\frac{U_L - U_C}{U} = \arccos\frac{U_R}{U}$$

$$= \arctan\frac{X}{R} = \arctan\frac{X_L - X_C}{R} = \arcsin\frac{X_L - X_C}{Z} = \arccos\frac{R}{Z} \qquad (3.36)$$

Allerdings erhält man bei der letzten Gleichung mit dem Arkuskosinus für φ nur den Betrag, nicht das Vorzeichen des Phasenverschiebungswinkels.

Schaltet man, wie in Abb. 3.17 für zwei komplexe Widerstände gezeigt, mehrere komplexe Widerstände in Reihe, so kann man sie, wie im ersten Band Kap. 3.2.1 bei den ohmschen Widerständen, zu einem komplexen Ersatzwiderstand zusammenfassen.

Da jeder komplexe Widerstand für sich aus ohmschen Widerständen, induktiven und kapazitiven Blindwiderständen (wobei auch nur eines oder zwei dieser Elemente vorhanden sein können) besteht, erhält man $\underline{Z}_e$, indem man alle Einzelzeiger addiert. Weil die Zeiger für R,

X_L und X_C dabei jeweils die gleiche Richtung haben, dürfen gleichartige Widerstände auch algebraisch addiert werden.

$$\underline{Z}_e = \sum_{i=1}^{n} \underline{Z}_i = \sum_{i=1}^{n} R_i + \sum_{i=1}^{n} \underline{X}_i = \sum_{i=1}^{n} R_i + j \cdot \sum_{i=1}^{n} X_i$$

$$= \sum_{i=1}^{n} R_i + j \cdot \left(\sum_{i=1}^{n} X_{Li} - \sum_{i=1}^{n} X_{Ci} \right) = R_e + j \cdot \left(X_{eL} - X_{eC} \right) \qquad (3.37)$$

$$= R_e + j \cdot X_e = Z_e \cdot e^{j \cdot \varphi_e}$$

Dabei ist:

$$R_e = \sum_{i=1}^{n} R_i \qquad X_{eL} = \sum_{i=1}^{n} X_{Li} \qquad X_{eC} = \sum_{i=1}^{n} X_{Ci} \qquad X_e = \sum_{i=1}^{n} X_i \qquad \varphi_e = \arctan \frac{X_e}{R_e}$$

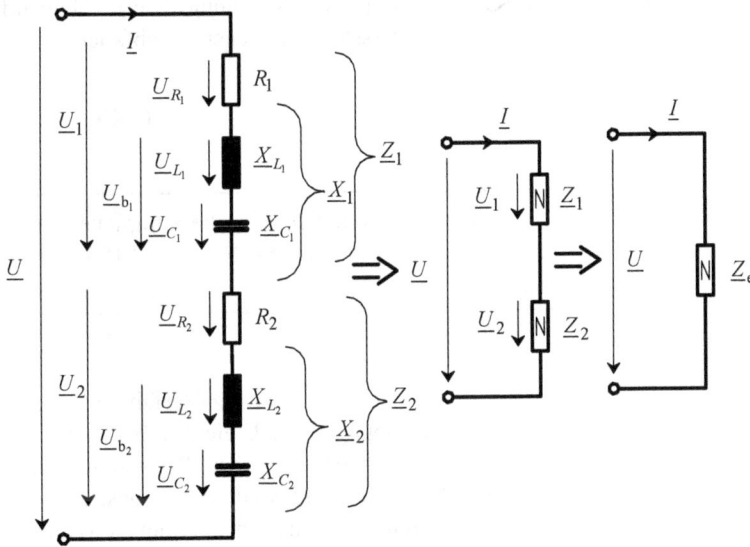

Abb. 3.17: Reihenschaltung zweier komplexer Widerstände

Überwiegt in der Reihenschaltung der induktive Einfluss ($X_{eL} > X_{eC}$), so ist X_e positiv, überwiegt der kapazitive Einfluss, so ist X_e negativ. Die Gesamtspannung $\underline{U}$ ergibt sich nach dem Maschensatz aus der Summe der Teilspannungen. Da auch hier jeweils die Zeiger für alle Spannungen, die an ohmschen Widerständen, induktiven oder kapazitiven Blindwiderständen abfallen, gleiche Richtung haben, dürfen sie jeweils algebraisch addiert werden, wobei zu beachten ist, dass die Blindspannungen sowohl positiv als auch negativ sein können. Eine negative Blindspannung eilt dem Strom um 90° nach, eine positive um 90° vor.

$$\underline{U} = \sum_{i=1}^{n} \underline{U}_i = \sum_{i=1}^{n} \underline{U}_{Ri} + \sum_{i=1}^{n} \underline{U}_{bi}$$

$$= \sum_{i=1}^{n} \underline{U}_{Ri} + \sum_{i=1}^{n} \underline{U}_{Li} + \sum_{i=1}^{n} \underline{U}_{Ci} = \underline{I} \cdot \underline{Z}_e = \underline{I} \cdot \sum_{i=1}^{n} \underline{Z}_i \qquad (3.38)$$

$$U_R = \sum_{i=1}^{n} U_{Ri} \qquad U_L = \sum_{i=1}^{n} U_{Li} \qquad U_C = \sum_{i=1}^{n} U_{Ci} \qquad U_b = \sum_{i=1}^{n} U_{bi}$$

Die bereits bekannte **Spannungsteilerregel** (Gleichung 3.4 in Band 1) kann auch auf komplexe Widerstände übertragen werden, da alle vom gleichen Strom durchflossen werden:

$$\frac{\underline{U}_1}{\underline{U}_2} = \frac{\underline{I} \cdot \underline{Z}_1}{\underline{I} \cdot \underline{Z}_2} = \frac{\underline{Z}_1}{\underline{Z}_2} \qquad \text{oder} \qquad \frac{\underline{U}}{\underline{U}_1} = \frac{\underline{Z}_e}{\underline{Z}_1} \qquad \text{usw.} \qquad (3.39)$$

Da nach Kap. 3.3 bei einer Gleichung komplexer Größen in Polarform sowohl die Beträge aus auch die Winkel beider Seiten gleich sein müssen, gilt die Spannungsteilerregel auch für die Effektivwerte der Spannungen und der Scheinwiderstände, an denen sie abfallen.

$$\frac{U_1}{U_2} = \frac{Z_1}{Z_2} \qquad \text{oder} \qquad \frac{U}{U_1} = \frac{Z_e}{Z_1} \qquad \text{usw.} \qquad (3.40)$$

Bei einer Reihenschaltung komplexer Widerstände verhalten sich die komplexen Spannungen wie die komplexen Widerstände, an denen sie abfallen, bzw. die Effektivwerte der Spannungen wie die Scheinwiderstände.

Beispiel:
Mit dem so genannten in Abb. 3.18 gezeigten Dreispannungsmesser-Verfahren kann man den Scheinwiderstand und Betrag des Phasenverschiebungswinkels eines unbekannten komplexen Widerstands bestimmen. Dazu schaltet man einen ohmschen Widerstand zu dem komplexen Widerstand in Reihe. Diesen ohmschen Widerstand wählt man so aus, dass die an ihm abfallende Spannung in ähnlicher Größenordnung wie die am komplexen Widerstand ist. Allerdings ist auf diese Weise nicht das Vorzeichen des Phasenverschiebungswinkels zu ermitteln, da die Voltmeter nur die Effektivwerte der Spannungen anzeigen, es ergeben sich zwei mögliche Lösungen. Ist aufgrund der Art des komplexen Widerstands nicht ersichtlich, ob er sich induktiv oder kapazitiv verhält, so müsste man mit Hilfe eines Oszilloskops den Gesamtstrom und die Gesamtspannung aufnehmen. Eilt die Spannung dem Strom voraus, so ist der Phasenverschiebungswinkel positiv, andernfalls negativ. Wollte man den Phasenverschiebungswinkel aus dem Oszilloskopbild ablesen, so ergäbe sich eine wesentlich geringere Genauigkeit.

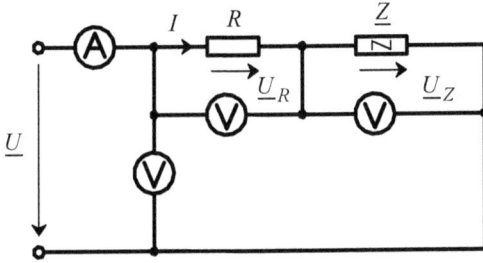

Abb. 3.18: Dreispannungsmesser-Verfahren

Gemessen wurde: $U = 120$ V, $U_R = 80$ V, $U_Z = 70$ V, $I = 1$ A. Es ergibt sich demnach mit
dem Maßstab $1\,\mathrm{cm} \mathrel{\hat=} 20$ V folgendes Zeigerdiagramm für die Schaltung in Abb. 3.18, dabei
werden die Spannungsmesser als ideal, d.h. ohne Eigenverbrauch angenommen. Als Bezugsgröße wählt man den Strom. Phasengleich mit diesem verläuft die Spannung $\underline{U}_R$. Die Summe
aus $\underline{U}_R$ und $\underline{U}_Z$ ergibt die Gesamtspannung $\underline{U}$. Schlägt man um die Spitze des Zeigers von $\underline{U}_R$
einen Kreis mit dem Betrag der Spannung $\underline{U}_Z$ als Radius und um den Fußpunkt des Zeigers
$\underline{U}_R$ einen Kreis mit dem Betrag der Spannung $\underline{U}$ als Radius, so ergeben sich zwei Schnittpunkte dieser Kreise. Für einen positiven Phasenverschiebungswinkel ergibt sich dann das in
Abb. 3.19 eingetragene Zeigerdiagramm und für einen negativen Phasenverschiebungswinkel das gestrichelt eingetragene Zeigerdiagramm.

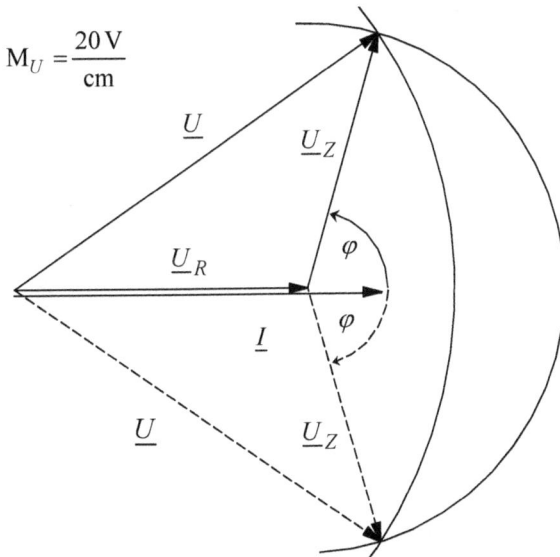

Abb. 3.19: Zeigerdiagramme für das Dreispannungsmesser-Verfahren

Aus dem Zeigerdiagramm liest man einen Phasenverschiebungswinkel für den komplexen Widerstand von $\varphi = \pm 74°$ ab. Der Scheinwiderstand ist:

$$Z = \frac{U_Z}{I} = 70\,\Omega \qquad \underline{Z} = 70\,\Omega \cdot e^{j \cdot (\pm 74°)} = (19,3 \pm j \cdot 67,3)\,\Omega$$

Den Betrag des Phasenverschiebungswinkels kann man auch mit Hilfe des Kosinussatzes ermitteln:

$$U^2 = U_R{}^2 + U_Z{}^2 - 2 \cdot U_R \cdot U_Z \cdot \cos(180° - \varphi) = U_R{}^2 + U_Z{}^2 + 2 \cdot U_R \cdot U_Z \cdot \cos\varphi$$

$$\varphi = \arccos\frac{U^2 - U_R{}^2 - U_Z{}^2}{2 \cdot U_R \cdot U_Z} = 73,9° \qquad \text{bzw.} \qquad \varphi = -73,9°$$

Es erfolgt nun die rechnerische Lösung über die Spannungsteilerregel, dabei wird der komplexe Widerstand dargestellt durch $\underline{Z} = R_Z + j \cdot X_Z$ und $R = U_R / I = 80\ \Omega$:

$$\frac{U_Z}{U_R} = \frac{Z}{R} = \frac{\sqrt{R_Z{}^2 + X_Z{}^2}}{R} \qquad\qquad \frac{U_Z{}^2}{U_R{}^2} = \frac{R_Z{}^2 + X_Z{}^2}{R^2}$$

$$\frac{U}{U_R} = \frac{Z_e}{R} = \frac{\sqrt{(R + R_Z)^2 + X_Z{}^2}}{R} \qquad \frac{U^2}{U_R{}^2} = \frac{(R + R_Z)^2 + X_Z{}^2}{R^2}$$

Man hat also zwei Gleichungen mit den beiden Unbekannten R_Z und X_Z. Da darin das Quadrat von X_Z vorkommt, erhält man nur den Betrag des Blindwiderstands, nicht das Vorzeichen.

$$R_Z = \frac{R \cdot (U^2 - U_R{}^2 - U_Z{}^2)}{2 \cdot U_R{}^2} = 19,4\,\Omega$$

$$X_Z = \pm\sqrt{\left(R \cdot \frac{U_Z}{U_R}\right)^2 - R_Z{}^2} = \pm 67,3\,\Omega \qquad \underline{Z} = (19,4 \pm j \cdot 67,3)\,\Omega$$

Der Aufwand ist hier größer als bei der zeichnerischen Lösung, und man erhält auch bei der Lösung mit Hilfe des Zeigerdiagramms eine hinreichende Genauigkeit.

Beispiel:
Für eine Reihenschaltung zweier komplexer Widerstände nach Abb. 3.17 mit $R_1 = 20\ \Omega$, $L_1 = 0,1$ H, $C_1 = 60\ \mu F$, $R_2 = 30\ \Omega$, $L_2 = 0,2$ H, $C_2 = 120\ \mu F$ und $f = 50$ Hz soll $\underline{Z}_e$ mit Hilfe des Zeigerdiagramms und komplexer Rechnung ermittelt werden.

Für das Zeigerdiagramm in Abb. 3.20 wurde der Maßstab 1 cm $\hat{=}$ 5 Ω gewählt. Um eine große Zeichengenauigkeit zu erhalten, empfiehlt es sich den Maßstab so zu wählen, dass möglichst ein Blatt DIN A4 ganz ausgenützt wird.

$$X_{L_1} = \omega \cdot L_1 = 31{,}4\,\Omega, \ X_{C_1} = \frac{1}{\omega \cdot C_1} = 53{,}1\,\Omega, \ X_{L_2} = \omega \cdot L_2 = 62{,}8\,\Omega, \ X_{C_2} = \frac{1}{\omega \cdot C_2} = 26{,}5\,\Omega$$

Abgelesen aus dem Zeigerdiagramm ergibt sich: $Z_e = 52\ \Omega$, $\varphi_e = 16°$

Die rechnerische Lösung ergibt:

$$\underline{Z}_e = \underline{Z}_1 + \underline{Z}_2 = R_1 + \text{j} \cdot \left(X_{L_1} - X_{C_1}\right) + R_2 + \text{j} \cdot \left(X_{L_2} - X_{C_2}\right)$$

$$= R_1 + R_2 + \text{j} \cdot \left[\omega \cdot L_1 + \omega \cdot L_2 - \left(\frac{1}{\omega \cdot C_1} + \frac{1}{\omega \cdot C_2}\right)\right] = (50 + \text{j} \cdot 14{,}67)\,\Omega = 52{,}1\,\Omega \cdot e^{\text{j} \cdot 16{,}4°}$$

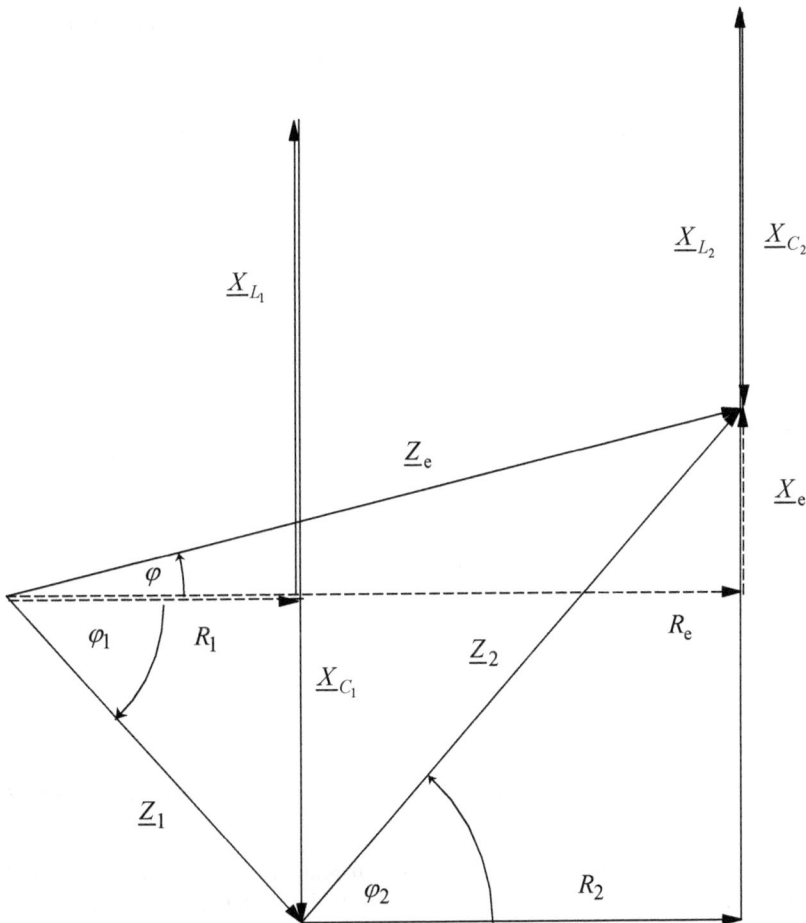

Abb. 3.20: Widerstands-Zeigerdiagramm für die Reihenschaltung zweier komplexer Widerstände

Aufgabe 3.3

Ein komplexer Widerstand $\underline{Z} = 230\,\Omega \cdot e^{j \cdot 60°}$ liegt an einer Spannung von 230 V. Welcher ohmsche Vorwiderstand R_V muss zu dem komplexen Widerstand in Reihe geschaltet werden, wenn die Spannung an dem komplexen Widerstand auf 115 V begrenzt werden soll? Die Lösung soll sowohl rechnerisch als auch mit Hilfe des Zeigerdiagramms erfolgen.

3.5.2   Parallelschaltung linearer passiver Zweipole und komplexer Widerstände, Stromteilerregel

Bei einer Parallelschaltung eines ohmschen Widerstands mit einem induktiven und kapazitiven Blindwiderstand liegen alle drei an der gleichen Spannung. Kommen in einer Parallelschaltung nur zwei lineare Zweipole vor, so muss man sich nur bei den folgenden Ausführungen die Zuleitung zu dem nicht vorkommenden ohmschen, induktiven oder kapazitiven Zweipol unterbrochen denken, d.h. R, X_L oder X_C ist dann unendlich bzw. G, B_L oder B_C ist null.

Nach dem Knotensatz (Kap. 3.1.1 in Band 1) und den Gleichungen 3.20, 3.25 und 3.29 gilt:

$$\underline{I} = \underline{I}_R + \underline{I}_L + \underline{I}_C = \underline{U} \cdot (G + \underline{B}_L + \underline{B}_C) = \underline{U} \cdot [G - j \cdot (B_L - B_C)]$$

$$= \underline{U} \cdot \left[G - j \cdot \left(\frac{1}{\omega L} - \omega C \right) \right] \tag{3.41}$$

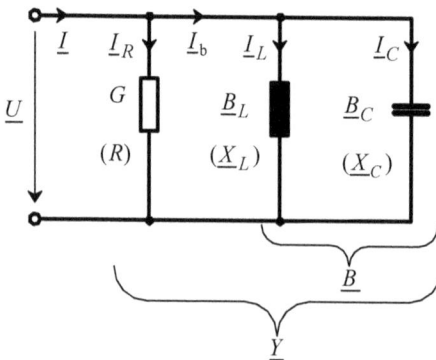

Abb. 3.21: Parallelschaltung eines ohmschen Widerstands mit einem induktiven und kapazitiven Blindwiderstand

Nach Gleichung 3.14 stellt der Ausdruck in der eckigen Klammer der Gleichung 3.41 den komplexen Leitwert $\underline{Y}$ der Parallelschaltung aus R, L und C dar. Die Parallelschaltung aus R, L und C kann man sich also durch einen komplexen Leitwert ersetzt denken, somit ist $\underline{Y}$ der komplexe Ersatzleitwert der Parallelschaltung.

$$\underline{Y} = G - \mathrm{j} \cdot B = G - \mathrm{j} \cdot (B_L - B_C) = G - \mathrm{j} \cdot \left(\frac{1}{\omega L} - \omega C \right) \qquad (3.42)$$

Der Klammerausdruck in Gleichung 3.42 ist dabei der Blindleitwert B. Ist $B_L > B_C$ oder ist nur eine Induktivität vorhanden, so ist B positiv. Ist $B_L < B_C$ oder nur eine Kapazität vorhanden, so ist B negativ. Für den Fall, dass $B_L = B_C$ und damit $B = 0$ ist, wirkt der komplexe Leitwert von seinen Anschlussklemmen aus betrachtet wie ein rein ohmscher Widerstand. Diesen Sonderfall nennt man Resonanz, er wird in Kap. 3.9 behandelt. Der komplexe Blindleitwert und der Blindleitwert sind demnach:

$$\underline{B} = \underline{B}_L + \underline{B}_C = -\mathrm{j} \cdot \frac{1}{\omega L} + \mathrm{j} \cdot \omega C = -\mathrm{j} \cdot B$$

$$B = B_L - B_C = \frac{1}{\omega L} - \omega C \qquad (3.43)$$

Bemerkung: In manchen Fachbüchern wird der komplexe Leitwert in folgender Form dargestellt:

$$\underline{Y} = G + \mathrm{j} \cdot B = G + \mathrm{j} \cdot (B_C - B_L) = G + \mathrm{j} \cdot \left(\omega C - \frac{1}{\omega L} \right) \qquad B = B_C - B_L$$

Aus formalen Gründen ist diese Schreibweise aber ungünstig, wie noch in späteren Kapiteln zu sehen sein wird. Deshalb wird hier ausschließlich die in den Gleichungen 3.42 und 3.43 dargestellte Form angewendet.

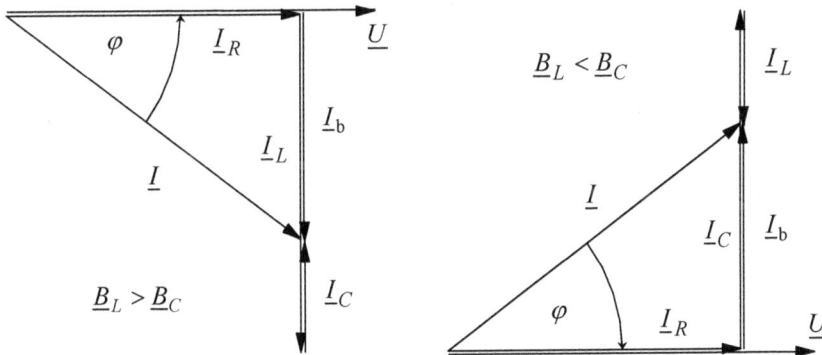

Abb. 3.22: Zeigerdiagramm der Spannung und der Ströme für eine Parallelschaltung aus R, L und C

In Abb. 3.22 ist das Zeigerdiagramm für die Ströme und die Spannung einmal für den Fall gezeigt, dass $B_L > B_C$ ist (d.h. die Schaltung verhält sich ohmsch/induktiv) und im zweiten

Fall, dass $B_L < B_C$ ist (d.h. die Schaltung verhält sich ohmsch/kapazitiv). Da für alle drei Zweipole die Spannung die gemeinsame Größe ist, wurde $\underline{U}$ als Bezugsgröße gewählt und in die reelle Achse gelegt. Allerdings könnte die Bezugsgröße auch in jede beliebige andere Lage gezeichnet werden, es würden sich dann auch die Ströme in ihrer Lage verschieben.

Entsprechend zu der Definition des komplexen Blindleitwerts und seines Betrags definiert man noch den komplexen Blindstrom $\underline{I}_b$, sein Betrag ist der Blindstrom I_b. Der Blindstrom I_b kann positiv, negativ oder null sein, je nachdem ob $B_L > B_C$, $B_L < B_C$ oder $B_L = B_C$ ist.

$$\underline{I}_b = \underline{I}_L + \underline{I}_C = \underline{U} \cdot \left(\underline{B}_L + \underline{B}_C\right) = \underline{U} \cdot \left[-j \cdot \left(B_L - B_C\right)\right] = \underline{U} \cdot \underline{B}$$
$$I_b = I_L - I_C = U \cdot \left(B_L - B_C\right) = U \cdot B \tag{3.44}$$

Für den komplexen Leitwert $\underline{Y}$ nach Gleichung 3.42 kann ebenfalls ein Zeigerdiagramm gezeichnet werden, wie es in Abb. 3.23 für die beiden Fälle, dass $B_L > B_C$ und $B_L < B_C$ ist, dargestellt wird. Hier ist die Lage der Zeiger nicht mehr frei wählbar, sondern der Zeiger für G muss immer in Richtung der positiven reellen Achse weisen, der Zeiger für B_L in Richtung der negativen imaginären Achse und für B_C in Richtung der positiven imaginären Achse. Hat man bei der Parallelschaltung passiver Zweipole den Spannungszeiger in Richtung der positiven reellen Achse aufgetragen, so schaut das Zeigerdiagramm für die Ströme genauso aus wie das für die Leitwerte. Bei geeigneter Maßstabswahl sind sie von der Lage und den Zeigerlängen her identisch.

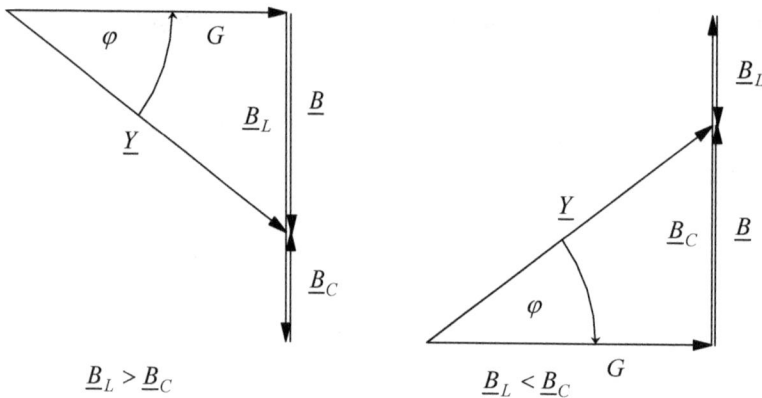

Abb. 3.23: Zeigerdiagramm für $\underline{Y}$, G, $\underline{B}_L$ und $\underline{B}_C$ für eine Parallelschaltung aus R, L und C

Entsprechend den Ausführungen in Kap. 3.4.1 kann man den Betrag des komplexen Stroms, den Scheinleitwert und Phasenverschiebungswinkel auch mit Hilfe des pythagoreischen Lehrsatzes und der trigonometrischen Funktionen ermitteln:

$$I = \sqrt{I_R{}^2 + I_b{}^2} = \sqrt{I_R{}^2 + \left(I_L - I_C\right)^2}$$

$$Y = \sqrt{G^2 + \left(B_L - B_C\right)^2} = \sqrt{G^2 + \left(\frac{1}{\omega L} - \omega C\right)^2}$$

$$\varphi = \arctan\frac{I_b}{I_R} = \arctan\frac{I_L - I_C}{I_R} = \arcsin\frac{I_L - I_C}{I} = \arccos\frac{I_R}{I}$$
$$= \arctan\frac{B}{G} = \arctan\frac{B_L - B_C}{G} = \arcsin\frac{B_L - B_C}{Y} = \arccos\frac{G}{Y}$$

$$(3.45)$$

Allerdings erhält man bei den beiden letzten Gleichungen mit dem Arkuskosinus für φ nur den Betrag, nicht das Vorzeichen des Phasenverschiebungswinkels.

Schaltet man, wie in Abb. 3.24 für zwei komplexe Leitwerte gezeigt, mehrere komplexe Leitwerte parallel, so kann man sie wie im ersten Band Kap. 3.2.2 zu einem komplexen Ersatzleitwert zusammenfassen.

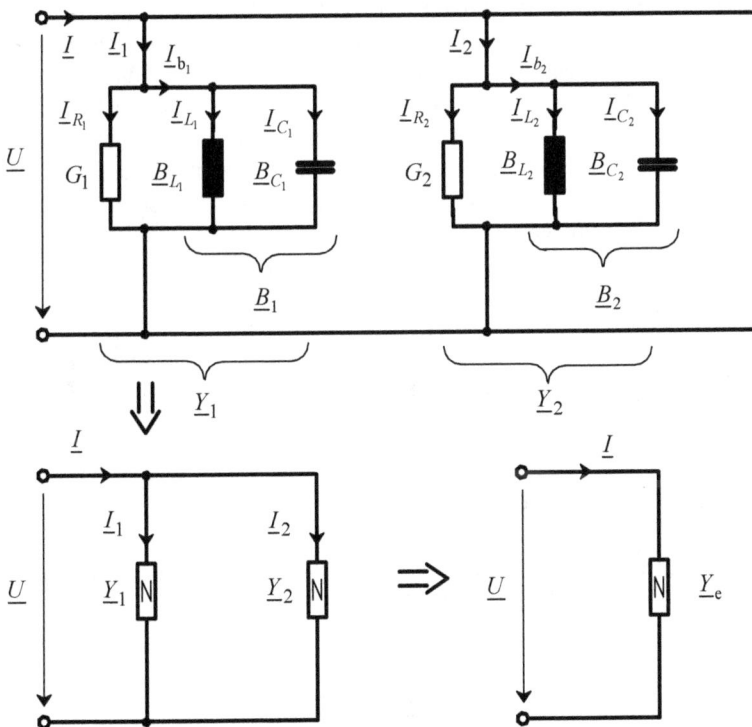

Abb. 3.24: Parallelschaltung zweier komplexer Leitwerte

Da jeder komplexe Leitwert für sich aus ohmschen Leitwerten, induktiven und kapazitiven Blindleitwerten (wobei auch nur eines oder zwei dieser Elemente vorhanden sein können) besteht, erhält man $\underline{Y}_e$, indem man alle Einzelzeiger addiert. Weil die Zeiger für G, B_L und B_C dabei jeweils die gleiche Richtung haben, dürfen gleichartige Komponenten auch algebraisch addiert werden.

$$\underline{Y}_e = \sum_{i=1}^{n} \underline{Y}_i = \sum_{i=1}^{n} G_i + \sum_{i=1}^{n} \underline{B}_i = \sum_{i=1}^{n} G_i - j \cdot \sum_{i=1}^{n} B_i$$

$$= \sum_{i=1}^{n} G_i - j \cdot \left(\sum_{i=1}^{n} B_{Li} - \sum_{i=1}^{n} B_{Ci} \right) = G_e - j \cdot \left(B_{eL} - B_{eC} \right) \qquad (3.46)$$

$$= G_e - j \cdot B_e = Y_e \cdot e^{-j \cdot \varphi_e}$$

Dabei ist:

$$G_e = \sum_{i=1}^{n} G_i \qquad B_{eL} = \sum_{i=1}^{n} B_{Li} \qquad B_{eC} = \sum_{i=1}^{n} B_{Ci} \qquad B_e = \sum_{i=1}^{n} B_i \qquad \varphi_e = \arctan \frac{B_e}{G_e}$$

Überwiegt in der Parallelschaltung der induktive Einfluss ($B_{eL} > B_{eC}$), so ist B_e positiv, überwiegt der kapazitive Einfluss, so ist B_e negativ. Der Gesamtstrom $\underline{I}$ ergibt sich nach dem Knotensatz aus der Summe der Teilströme. Da auch hier jeweils die Zeiger für alle Ströme, die durch ohmsche Widerstände, induktive oder kapazitive Blindwiderstände fließen, gleiche Richtung haben, dürfen sie jeweils algebraisch addiert werden, wobei zu beachten ist, dass die Blindströme sowohl positiv als auch negativ sein können. Ein positiver, d.h. induktiver Blindstrom eilt der Spannung um 90° nach, da $\underline{I}_b = \underline{U} \cdot \underline{B} = \underline{U} \cdot (-j \cdot B)$ ist. Ein negativer Blindstrom eilt der Spannung um 90° voraus.

$$\underline{I} = \sum_{i=1}^{n} \underline{I}_i = \sum_{i=1}^{n} \underline{I}_{Ri} + \sum_{i=1}^{n} \underline{I}_{bi}$$

$$= \sum_{i=1}^{n} \underline{I}_{Ri} + \sum_{i=1}^{n} \underline{I}_{Li} + \sum_{i=1}^{n} \underline{I}_{Ci} = \underline{U} \cdot \underline{Y}_e = \underline{U} \cdot \sum_{i=1}^{n} \underline{Y}_i \qquad (3.47)$$

$$I_R = \sum_{i=1}^{n} I_{Ri} \qquad I_L = \sum_{i=1}^{n} I_{Li} \qquad I_C = \sum_{i=1}^{n} I_{Ci} \qquad I_b = \sum_{i=1}^{n} I_{bi}$$

Die bereits bekannte **Stromteilerregel** (Gleichung 3.7 in Band 1) kann auch auf komplexe Widerstände übertragen werden, da alle an der gleichen Spannung liegen:

$$\frac{\underline{I}_1}{\underline{I}_2} = \frac{\underline{U} \cdot \underline{Y}_1}{\underline{U} \cdot \underline{Y}_2} = \frac{\underline{Y}_1}{\underline{Y}_2} = \frac{\underline{Z}_2}{\underline{Z}_1} \qquad \text{oder} \qquad \frac{\underline{I}}{\underline{I}_1} = \frac{\underline{Y}_e}{\underline{Y}_1} = \frac{\underline{Z}_1}{\underline{Z}_e} \qquad \text{usw.} \qquad (3.48)$$

Da nach Kap. 3.3 bei einer Gleichung komplexer Größen in Polarform sowohl die Beträge als auch die Winkel beider Seiten gleich sein müssen, gilt die Stromteilerregel auch für die Effektivwerte der Ströme und der Scheinleitwerte, durch die sie fließen.

$$\frac{I_1}{I_2} = \frac{Y_1}{Y_2} = \frac{Z_2}{Z_1} \quad \text{oder} \quad \frac{I}{I_1} = \frac{Y_e}{Y_1} = \frac{Z_1}{Z_e} \quad \text{usw.} \tag{3.49}$$

> Bei einer Parallelschaltung komplexer Leitwerte verhalten sich die komplexen Ströme wie die komplexen Leitwerte, durch die sie fließen, bzw. die Effektivwerte der Ströme wie die Scheinleitwerte.

In der Praxis rechnet man oft lieber mit komplexen Widerständen anstatt mit Leitwerten. $\underline{Z}_e$ kann dann jeweils als Kehrwert von $\underline{Y}_e$ ermittelt werden. Schaltet man, wie in Abb. 3.24, nur zwei komplexe Leitwerte parallel, so kann man jedoch $\underline{Z}_e$ ohne den Umweg über $\underline{Y}_e$ bestimmen.

$$\underline{Z}_e = \frac{1}{\underline{Y}_e} = \frac{1}{\underline{Y}_1 + \underline{Y}_2} = \frac{1}{\dfrac{1}{\underline{Z}_1} + \dfrac{1}{\underline{Z}_2}} = \frac{1}{\dfrac{\underline{Z}_2 + \underline{Z}_1}{\underline{Z}_1 \cdot \underline{Z}_2}} = \frac{\underline{Z}_1 \cdot \underline{Z}_2}{\underline{Z}_1 + \underline{Z}_2}$$

$$\underline{Z}_e = \frac{\underline{Z}_1 \cdot \underline{Z}_2}{\underline{Z}_1 + \underline{Z}_2} \qquad \underline{Z}_1 = \frac{\underline{Z}_e \cdot \underline{Z}_2}{\underline{Z}_2 - \underline{Z}_e} \tag{3.50}$$

Beispiel:
Ein ohmscher Widerstand und eine Kapazität sind zueinander parallelgeschaltet. Gemessen wurde $U = 10\,\text{V}$, $I_R = 0,1\,\text{A}$, $I_C = 0,2\,\text{A}$. Wie groß ist der Scheinwiderstand der Schaltung?

$$G = \frac{I_R}{U} = 10\,\text{mS} \qquad B_C = \frac{I_C}{U} = 20\,\text{mS} \qquad Z = \frac{1}{Y} = \frac{1}{\sqrt{G^2 + B_C^2}} = 44,72\,\Omega$$

Beispiel:
Mit dem so genannten in Abb. 3.25 gezeigten Dreistrommesser-Verfahren kann man den Scheinwiderstand und Betrag des Phasenverschiebungswinkels eines unbekannten komplexen Widerstands bestimmen. Dazu schaltet man einen ohmschen Widerstand zu dem komplexen Widerstand parallel. Diesen ohmschen Widerstand wählt man so aus, dass der durch ihn fließende Strom in ähnlicher Größenordnung wie der des komplexen Widerstands ist. Allerdings ist auf diese Weise nicht das Vorzeichen des Phasenverschiebungswinkels zu ermitteln, da die Amperemeter nur die Effektivwerte der Ströme anzeigen, es ergeben sich zwei mögliche Lösungen. Ist aufgrund der Art des komplexen Widerstands nicht ersichtlich, ob er sich ohmsch/induktiv oder ohmsch/kapazitiv verhält, so müsste man wie beim Drei-spannungsmesser-Verfahren mit Hilfe eines Oszilloskops das Vorzeichen des Phasenver-schiebungswinkels bestimmen.

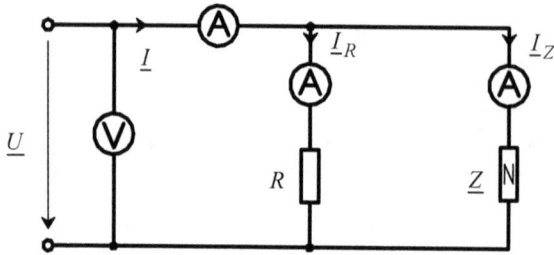

Abb. 3.25 Dreistrommesser-Verfahren

Gemessen wurde: $U = 10$ V, $I = 20$ mA, $I_R = 10$ mA, $I_Z = 16$ mA. Die Konstruktion des Zeigerdiagramms erfolgt entsprechend Kap. 3.5.1 beim Dreispannungsmesser-Verfahren. Aus dem Zeigerdiagramm in Abb. 3.26 liest man ab: $\varphi = \pm 82°$.

$$Z = \frac{U}{I} = 625 \ \Omega \qquad \underline{Z} = 625 \ \Omega \cdot e^{\pm j \cdot 82°}$$

Den Betrag des Phasenverschiebungswinkels kann man auch mit Hilfe des Kosinussatzes ermitteln:

$$\varphi = \arccos \frac{I^2 - I_R^2 - I_Z^2}{2 \cdot I_R \cdot I_Z} = 82{,}1° \qquad \text{bzw.} \qquad \varphi = -82{,}1°$$

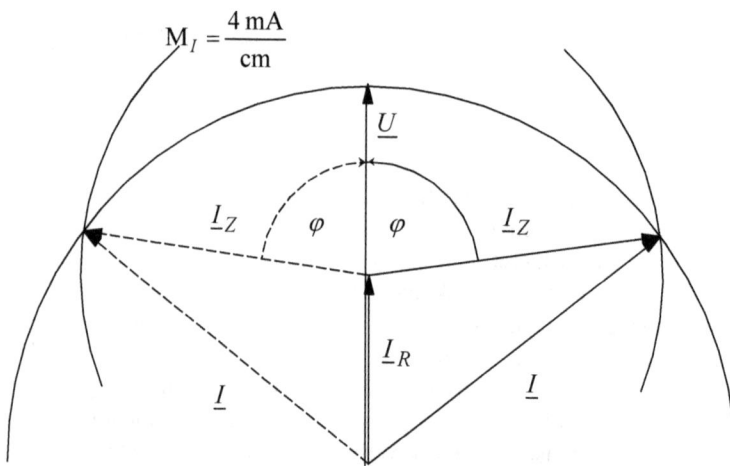

Abb. 3.26: Zeigerdiagramm für das Dreistrommesser-Verfahren

3.5.3   Äquivalente Schaltungen

Verhält sich eine Schaltung von ihren Anschlussklemmen aus gesehen unter vorgegebenen Randbedingungen wie eine andere Schaltung, so nennt man die beiden äquivalent. Bei einer angelegten Spannung $\underline{U}$ muss demnach in beiden Fällen der gleiche Strom $\underline{I}$ fließen. Für eine bestimmte Frequenz kann man die Reihenschaltung passiver Zweipole durch eine äquivalente Parallelschaltung darstellen und umgekehrt, dies kann in bestimmten Fällen die Berechnung eines Netzwerks vereinfachen.

Umwandlung einer Reihenschaltung aus R, L und C in eine äquivalente Parallelschaltung

Will man eine Reihenschaltung nach Abb. 3.14 durch eine äquivalente Parallelschaltung nach Abb. 3.21 ersetzen, so gilt:

$$\underline{Y} = \frac{1}{\underline{Z}} = \frac{1}{R + j \cdot (X_L - X_C)} = \frac{R - j \cdot (X_L - X_C)}{[R + j \cdot (X_L - X_C)] \cdot [R - j \cdot (X_L - X_C)]} = \frac{R - j \cdot (X_L - X_C)}{Z^2}$$

$$= \frac{R}{Z^2} - j \cdot \left(\frac{X_L}{Z^2} - \frac{X_C}{Z^2} \right)$$

Aus $\underline{Y} = G - j \cdot (B_L - B_C)$ folgt somit für die äquivalente Parallelschaltung:

$$G = \frac{R}{Z^2} \qquad B_L = \frac{X_L}{Z^2} \qquad B_C = \frac{X_C}{Z^2} \qquad B = \frac{X}{Z^2} \qquad\qquad (3.51)$$

Umwandlung einer Parallelschaltung aus R, L und C in eine äquivalente Reihenschaltung

Soll eine Parallelschaltung nach Abb. 3.21 durch eine äquivalente Reihenschaltung nach Abb. 3.14 ersetzt werden, so ist:

$$\underline{Z} = \frac{1}{\underline{Y}} = \frac{1}{G - j \cdot (B_L - B_C)} = \frac{G + j \cdot (B_L - B_C)}{[G - j \cdot (B_L - B_C)] \cdot [G + j \cdot (B_L - B_C)]} = \frac{G + j \cdot (B_L - B_C)}{Y^2}$$

$$= \frac{G}{Y^2} + j \cdot \left(\frac{B_L}{Y^2} - \frac{B_C}{Y^2} \right)$$

Aus $\underline{Z} = R + j \cdot (X_L - X_C)$ folgt somit für die äquivalente Reihenschaltung:

$$R = \frac{G}{Y^2} \qquad X_L = \frac{B_L}{Y^2} \qquad X_C = \frac{B_C}{Y^2} \qquad X = \frac{B}{Y^2} \qquad\qquad (3.52)$$

Beispiel:
Zur Verfügung steht ein Widerstand von $R = 100\,\Omega$. Welche Kapazität müsste zu diesem Widerstand bei einer Frequenz $f = 50\,Hz$ parallel geschaltet werden, damit der komplexe Widerstand der entstehenden Schaltung einen Wirkwiderstand bzw. einen Realteil von $60\,\Omega$ aufweist?

Zur besseren Unterscheidung werden den Widerständen und Leitwerten der Index r für die Reihenschaltung und p für die Parallelschaltung angefügt. Der Wirkwiderstand entspricht einem Reihenwiderstand $R_r = 60\,\Omega$. Man könnte jetzt die Gleichung für $\underline{Z} = 1/\underline{Y}$ aufstellen und den Realteil gleich $60\,\Omega$ setzen. Einfacher ist folgender Weg: Man hat ja eine Parallelschaltung von $R_p = 100\,\Omega$ und C_p vor sich, die durch die Forderung der Aufgabenstellung in eine äquivalente Reihenschaltung mit $R_r = 60\,\Omega$ umzuwandeln ist. Nach Gleichung 3.52 erhält man:

$$R_r = \frac{G_p}{Y_p^2} = \frac{1}{R_p \cdot Y_p^2} \qquad Y_p^2 = \frac{1}{R_r \cdot R_p} = 166{,}7\,mS^2 \qquad B_{C_p} = \sqrt{Y_p^2 - G_p^2} = 8{,}165\,mS$$

$$C_p = \frac{B_{C_p}}{\omega} = 30\,\mu F$$

Umwandlung einer Sternschaltung in eine äquivalente Dreieckschaltung
Die Umwandlung wurde bereits in Band 1, Kap. 3.2.4 ausführlich erläutert. Man kann die dort angegebenen Gleichungen direkt übernehmen, indem man für die ohmschen Widerstände einfach komplexe Widerstände einsetzt. Nach den Gleichungen 3.9 und 3.10 in Band 1 erhält man für eine Umwandlung einer Sternschaltung in eine äquivalente Dreieckschaltung, wie in Abb. 3.27 gezeigt:

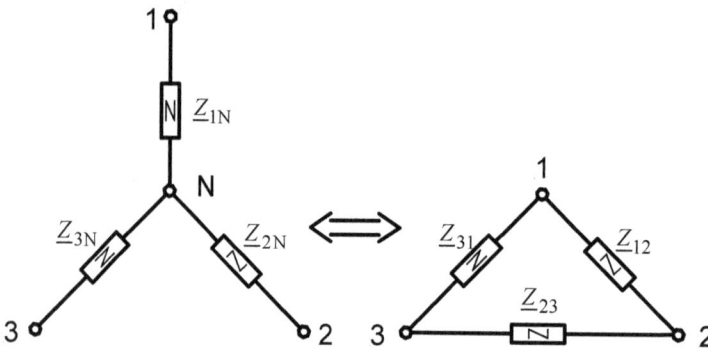

Abb. 3.27: Stern-Dreieck-Umwandlung komplexer Widerstände

$$\underline{Z}_{12} = \underline{Z}_{1N} + \underline{Z}_{2N} + \frac{\underline{Z}_{1N} \cdot \underline{Z}_{2N}}{\underline{Z}_{3N}} \qquad \underline{Y}_{12} = \frac{\underline{Y}_{1N} \cdot \underline{Y}_{2N}}{\underline{Y}_{1N} + \underline{Y}_{2N} + \underline{Y}_{3N}}$$

$$\underline{Z}_{23} = \underline{Z}_{2N} + \underline{Z}_{3N} + \frac{\underline{Z}_{2N} \cdot \underline{Z}_{3N}}{\underline{Z}_{1N}} \qquad \underline{Y}_{23} = \frac{\underline{Y}_{2N} \cdot \underline{Y}_{3N}}{\underline{Y}_{1N} + \underline{Y}_{2N} + \underline{Y}_{3N}} \qquad (3.53)$$

$$\underline{Z}_{31} = \underline{Z}_{1N} + \underline{Z}_{3N} + \frac{\underline{Z}_{1N} \cdot \underline{Z}_{3N}}{\underline{Z}_{2N}} \qquad \underline{Y}_{31} = \frac{\underline{Y}_{1N} \cdot \underline{Y}_{3N}}{\underline{Y}_{1N} + \underline{Y}_{2N} + \underline{Y}_{3N}}$$

Umwandlung einer Dreieckschaltung in eine äquivalente Sternschaltung
Nach Gleichung 3.8 in Band 1 erhält man:

$$\underline{Z}_{1N} = \frac{\underline{Z}_{12} \cdot \underline{Z}_{31}}{\underline{Z}_{12} + \underline{Z}_{23} + \underline{Z}_{31}}$$

$$\underline{Z}_{2N} = \frac{\underline{Z}_{12} \cdot \underline{Z}_{23}}{\underline{Z}_{12} + \underline{Z}_{23} + \underline{Z}_{31}} \qquad (3.54)$$

$$\underline{Z}_{3N} = \frac{\underline{Z}_{23} \cdot \underline{Z}_{31}}{\underline{Z}_{12} + \underline{Z}_{23} + \underline{Z}_{31}}$$

Beispiel:
Obwohl sich die Schaltung in Abb. 3.28 mit den noch folgenden Netzwerkberechnungsverfahren einfacher behandeln ließe, soll hier die Lösung mit Hilfe einer Dreieck-Stern-Umwandlung gezeigt werden. Gegeben ist $U = 10$ V, $f = 50$ Hz, $R_1 = R_2 = 10$ Ω, $L = 50$ mH, $C_1 = C_2 = 100$ μF, gesucht ist $\underline{U}_{R_2}$.

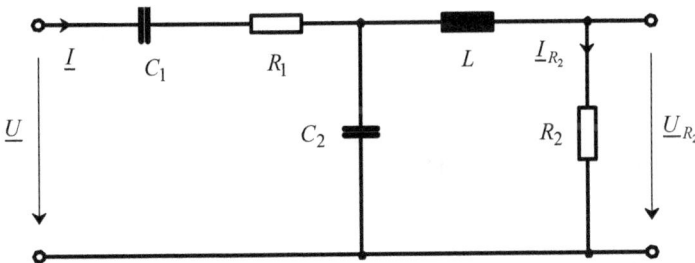

Abb. 3.28: Schaltungsbeispiel zur Dreieck-Stern-Umwandlung

Wandelt man den Schaltungsteil aus L, C_2 und R_2 in eine äquivalente Sternschaltung um, so erhält man die in Abb. 3.29 gezeigte Schaltung, die sich leicht mit Hilfe der Spannungsteilerregel oder über den Gesamtstrom berechnen lässt.

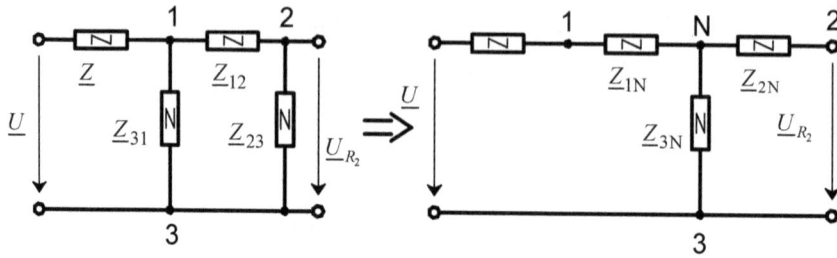

Abb. 3.29: Umgewandelte Schaltung aus Abb. 3.28

$$\underline{Z} = R_1 - j \cdot \frac{1}{\omega C_1} = (10 - j \cdot 31{,}83)\,\Omega \qquad \underline{Z}_{12} = j \cdot \omega L = j \cdot 15{,}71\,\Omega \qquad \underline{Z}_{23} = R_2 = 10\,\Omega$$

$$\underline{Z}_{31} = -j \cdot \frac{1}{\omega C_2} = -j \cdot 31{,}83\,\Omega$$

$$\underline{Z}_{1N} = \frac{j \cdot 15{,}71\,\Omega \cdot (-j \cdot 31{,}83\,\Omega)}{j \cdot 15{,}71\,\Omega + 10\,\Omega - j \cdot 31{,}83\,\Omega} = (13{,}89 + j \cdot 22{,}4)\,\Omega \qquad \underline{Z}_{3N} = (14{,}26 - j \cdot 8{,}84)\,\Omega$$

$\underline{Z}_{2N}$ muss nicht ermittelt werden, da durch diesen komplexen Widerstand kein Strom fließt, und somit an ihm auch keine Spannung abfällt. Der Gesamtstrom ergibt sich, wenn man die Spannung $\underline{U}$ als nullphasig annimmt, aus:

$$\underline{I} = \frac{\underline{U}}{\underline{Z}_e} = \frac{\underline{U}}{\underline{Z} + \underline{Z}_{1N} + \underline{Z}_{3N}} = \frac{10\,\text{V}}{42{,}3\,\Omega \cdot e^{-j \cdot 25{,}6°}} = 236{,}4\,\text{mA} \cdot e^{j \cdot 25{,}6°}$$

$$\underline{U}_{R_2} = \underline{I} \cdot \underline{Z}_{3N} = 3{,}97\,\text{V} \cdot e^{-j \cdot 6{,}2°}$$

3.6 Netzwerkberechnungen

Es werden bei Wechselstromschaltungen die bereits aus Band 1 für Gleichstrom bekannten Regeln und Verfahren angewandt, dazu kommen hier noch die zeichnerischen Verfahren mit Hilfe der Zeigerdiagramme.

3.6.1 Einfache gemischte Schaltungen

Es soll zunächst an einigen Beispielen gezeigt werden, wie durch Anwendung der bisher besprochenen Regeln einfache gemischte Schaltungen berechnet werden. Dies dient auch der Einübung der komplexen Rechnung.

Beispiel:

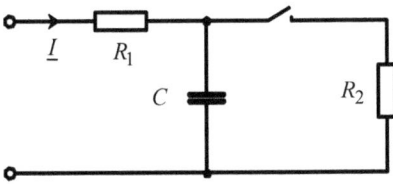

Abb. 3.30: Parallelschalten eines Widerstands R_2 zu einer Kapazität

Der Widerstand R_2 in der Schaltung der Abb. 3.30 soll so gewählt werden, dass sich der Betrag des Stroms I beim Schließen des Schalters nicht ändert. Es ist $R_1 = 100\ \Omega$, $C = 1\ \mu F$ und $\omega = 10^4\ s^{-1}$.

Der Betrag des Stroms ändert sich dann nicht, wenn sich durch das Parallelschalten von R_2 der Scheinwiderstand der Schaltung nicht ändert, d.h. $Z_1 = Z_2$. Vor dem Schließen des Schalters gilt:

$$\underline{Z}_1 = R_1 - j \cdot \frac{1}{\omega C} \qquad\qquad Z_1 = \sqrt{R_1^2 + \frac{1}{\omega^2 C^2}}$$

Nach dem Schließen des Schalters ist:

$$\underline{Z}_2 = R_1 + \underline{Z}_{C,R_2} = R_1 + \frac{1}{\underline{Y}_{C,R_2}} = R_1 + \frac{1}{G_2 + j \cdot \omega C} = R_1 + \frac{1}{\frac{1}{R_2} + j \cdot \omega C} = R_1 + \frac{R_2}{1 + j \cdot \omega C \cdot R_2}$$

$$= \frac{R_1 \cdot (1 + j \cdot \omega C \cdot R_2) + R_2}{1 + j \cdot \omega C \cdot R_2} = \frac{R_1 + R_2 + j \cdot \omega C \cdot R_1 \cdot R_2}{1 + j \cdot \omega C \cdot R_2}$$

Normalerweise würde man, um den Betrag von $\underline{Z}_2$ zu bilden, den Bruch mit dem konjugiert komplexen Nenner multiplizieren, so dass man von $\underline{Z}_2$ den Real- und Imaginärteil erhält. In diesem Fall wäre das sehr ungünstig, da man dann auf die kubische Gleichung für R_2 kommt:

$$2 \cdot \omega^2 C^2 \cdot R_1 \cdot R_2^3 - R_2^2 + 2 \cdot R_1 \cdot R_2 - \frac{1}{\omega^2 C^2} = 0$$

Diese kubische Gleichung liefert eine reelle und zwei imaginäre Lösungen, der Lösungsaufwand ist aber erheblich. Viel rascher kommt man zum Ziel, wenn man den Betrag von $\underline{Z}_2$ aus dem Quotienten des Betrags von Zähler und Nenner des Bruchs bildet, da nach Kap. 3.3 bei einer Gleichung komplexer Größen in Polarform sowohl die Beträge als auch die Winkel beider Seiten gleich sein müssen. Der Zähler stellt dabei einen komplexen Widerstand $\underline{Z}$ und der Nenner eine komplexe Zahl $\underline{A}$ dar.

$$|Z_2| = Z_2 = \frac{|Z|}{|A|} = \frac{Z}{A} = \frac{\sqrt{(R_1 + R_2)^2 + (\omega C \cdot R_1 \cdot R_2)^2}}{\sqrt{1 + (\omega C \cdot R_2)^2}}$$

Quadriert man sowohl den Scheinwiderstand Z_1 als auch Z_2 und setzt beide gleich, so erhält man:

$$R_1^2 + \frac{1}{\omega^2 C^2} = \frac{(R_1 + R_2)^2 + \omega^2 C^2 \cdot R_1^2 \cdot R_2^2}{1 + \omega^2 C^2 \cdot R_2^2} \qquad\qquad R_2 = \frac{1}{2 \cdot \omega^2 C^2 \cdot R_1} = 50\,\Omega$$

Dieses Beispiel zeigt, dass es bei der Anwendung der komplexen Rechenmethode einiger Übung bedarf, da man sonst selbst bei sehr einfachen Aufgabenstellungen u.U. einen hohen Rechenaufwand hat.

Beispiel:

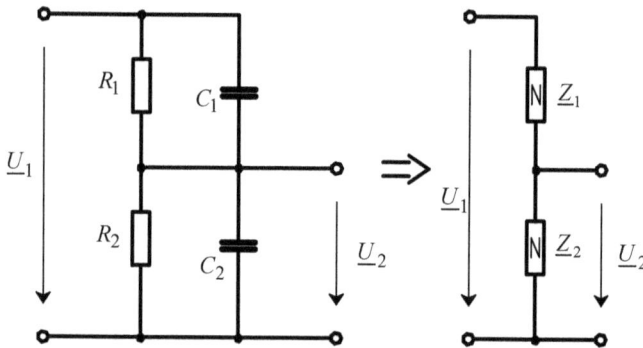

Abb. 3.31: Spannungsteiler

Die Abb. 3.31 zeigt den Eingangsspannungsteiler eines Oszilloskops. Das Spannungsteilerverhältnis U_1 / U_2 soll dabei von Gleichspannung bis zur oberen Grenzfrequenz frequenzunabhängig sein. In den Kapazitäten C_1 und C_2 sind die Leitungskapazitäten usw. bereits enthalten. Welche Bedingung muss erfüllt sein, damit das Spannungsteilerverhältnis für alle Frequenzen konstant ist?

Fasst man R_1 und C_1 zu dem komplexen Widerstand $\underline{Z}_1$ sowie R_2 und C_2 zu $\underline{Z}_2$ zusammen, so erhält man nach Gleichung 3.50:

$$\underline{Z}_1 = \frac{R_1 \cdot \dfrac{1}{j \cdot \omega C_1}}{R_1 + \dfrac{1}{j \cdot \omega C_1}} = \frac{\dfrac{R_1}{j \cdot \omega C_1}}{\dfrac{R_1 \cdot j \cdot \omega C_1 + 1}{j \cdot \omega C_1}} = \frac{R_1}{1 + j \cdot \omega C_1 \cdot R_1} \qquad\qquad \underline{Z}_2 = \frac{R_2}{1 + j \cdot \omega C_2 \cdot R_2}$$

$$\frac{\underline{U}_1}{\underline{U}_2} = \frac{\underline{Z}_1 + \underline{Z}_2}{\underline{Z}_2} = 1 + \frac{\underline{Z}_1}{\underline{Z}_2} = 1 + \frac{R_1}{R_2} \cdot \frac{1 + j \cdot \omega C_2 \cdot R_2}{1 + j \cdot \omega C_1 \cdot R_1}$$

Das Teilerverhältnis ist dann frequenzunabhängig, wenn der zweite Bruch weggekürzt werden kann, dies ist der Fall für $C_2 \cdot R_2 = C_1 \cdot R_1$. Dann wird das Teilerverhältnis:

$$\frac{\underline{U}_1}{\underline{U}_2} = 1 + \frac{R_1}{R_2}$$

Beispiel:
Es soll noch ein weiterer Weg gezeigt werden, wie man die Schaltung in Abb. 3.28 berechnen könnte. Dazu führt man als Hilfsgröße die Spannung an C_2 als $\underline{U}_H$ ein. Man kann damit die Aufgabe mit Hilfe der Spannungsteilerregel, die nur für reine Reihenschaltungen gilt, lösen. Die beiden Zweipole L und R_2 bilden einen einfachen Spannungsteiler mit $\underline{U}_H$ als Eingangsspannung. Will man die Spannungsteilerregel auch auf $\underline{U}$ als Eingangs- und $\underline{U}_H$ als Ausgangsspannung anwenden, so muss man C_2, L und R_2 zu einem Ersatzwiderstand zusammenfassen.

$$\frac{\underline{U}_{R_2}}{\underline{U}} = \frac{\underline{U}_{R_2}}{\underline{U}_H} \cdot \frac{\underline{U}_H}{\underline{U}} \quad \text{mit} \quad \frac{\underline{U}_{R_2}}{\underline{U}_H} = \frac{R_2}{R_2 + j \cdot \omega L} \quad \text{und}$$

$$\frac{\underline{U}_H}{\underline{U}} = \frac{\dfrac{(R_2 + j \cdot \omega L) \cdot \dfrac{1}{j \cdot \omega C_2}}{R_2 + j \cdot \omega L - j \cdot \dfrac{1}{\omega C_2}}}{R_1 - j \cdot \dfrac{1}{\omega C_1} + \dfrac{(R_2 + j \cdot \omega L) \cdot \dfrac{1}{j \cdot \omega C_2}}{R_2 + j \cdot \omega L - j \cdot \dfrac{1}{\omega C_2}}}$$

$$= \frac{(R_2 + j \cdot \omega L) \cdot \dfrac{1}{j \cdot \omega C_2}}{\left(R_1 - j \cdot \dfrac{1}{\omega C_1}\right) \cdot \left(R_2 + j \cdot \left(\omega L - \dfrac{1}{\omega C_2}\right)\right) + (R_2 + j \cdot \omega L) \cdot \dfrac{1}{j \cdot \omega C_2}}$$

Die Multiplikation der beiden Gleichungen ergibt dann:

$$\frac{\underline{U}_{R_2}}{\underline{U}_H} \cdot \frac{\underline{U}_H}{\underline{U}} = \frac{R_2 \cdot (R_2 + j \cdot \omega L) \cdot \dfrac{1}{j \cdot \omega C_2}}{(R_2 + j \cdot \omega L) \cdot \left[\left(R_1 - j \cdot \dfrac{1}{\omega C_1}\right) \cdot \left(R_2 + j \cdot \left(\omega L - \dfrac{1}{\omega C_2}\right)\right) + (R_2 + j \cdot \omega L) \cdot \dfrac{1}{j \cdot \omega C_2}\right]}$$

Nach Kürzen und Umstellen der Brüche ergibt sich:

$$\underline{U}_{R_2} = \underline{U} \cdot \frac{R_2 \cdot \dfrac{1}{j \cdot \omega C_2}}{\left(R_1 - j \cdot \dfrac{1}{\omega C_1}\right) \cdot \left(R_2 + j \cdot \left(\omega L - \dfrac{1}{\omega C_2}\right)\right) + \left(R_2 + j \cdot \omega L\right) \cdot \dfrac{1}{j \cdot \omega C_2}} = 3{,}97 \, \text{V} \cdot e^{-j \cdot 6{,}2°}$$

Aufgabe 3.4
Die Schaltung in Abb. 3.28 soll dadurch gelöst werden, dass man den komplexen Ersatzwiderstand durch Zusammenfassen der einzelnen Zweipole ermittelt, daraus dann den Gesamtstrom $\underline{I}$ und mit Hilfe der Stromteilerregel den Strom $\underline{I}_{R_2}$ und daraus $\underline{U}_{R_2}$ berechnet.

3.6.2   Zeigerdiagramme

Die vorangehenden Kapitel haben vor Augen geführt, welchen Aufwand rechnerische Lösungsverfahren bedeuten und wie fehlerträchtig diese dadurch sein können. Bei einer Bearbeitung einer Aufgabe mit Hilfe von Zeigerdiagrammen kann man dagegen immer leicht den Überblick behalten, die damit erzielbare Genauigkeit reicht für viele praktische Anwendungen aus.

In den vorangehenden Kapiteln wurden Zeigerdiagramme schon mehrfach angewendet. An dem Beispiel der in Abb. 3.32 gezeigten Phasendrehbrücke oder Phasenschiebeschaltung soll dieses Verfahren nochmals erläutert werden. Dabei sind die beiden Widerstände R_2 und R_3 gleich groß.

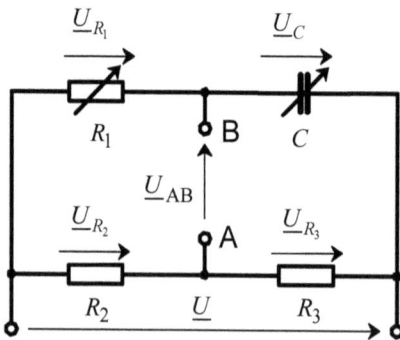

Abb. 3.32: Phasendrehbrücke

Das Zeigerdiagramm gewinnt man durch folgende Überlegungen und zeichnet es in der angegebenen Reihenfolge:

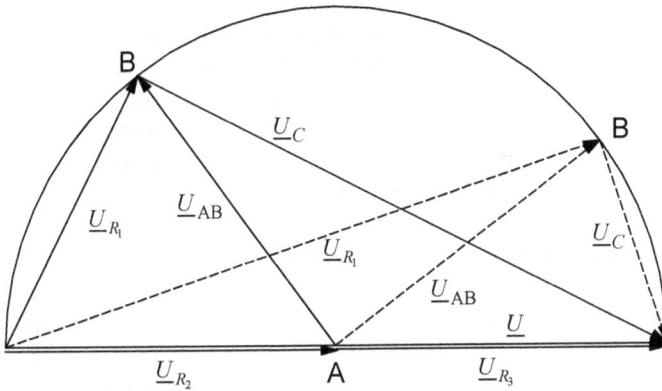

Abb. 3.33: Zeigerdiagramm für die Phasendrehbrücke

1. An R_2 und R_3 fällt jeweils die halbe Spannung $\underline{U}$ ab, da es sich hier um einen leerlaufenden Spannungsteiler handelt.

2. Die Summe aus den Spannungen an R_1 und an C muss gleich der Spannung $\underline{U}$ sein. Dabei eilt $\underline{U}_C$ um 90° gegenüber der Spannung an R_1 nach, da R_1 und C vom gleichen Strom durchflossen werden. Für jeden beliebigen Wert von R_1 und C bzw. ωC müssen deshalb die Spitze des Zeigers für die Spannung an R_1 und der Fußpunkt des Zeigers für die Spannung $\underline{U}_C$ auf einem Thaleskreis über der Spannung $\underline{U}$ liegen, da sie somit einen rechten Winkel einschließen. In Abb. 3.33 sind zwei Fälle für unterschiedliche Werte von R_1 und C bzw. ωC eingetragen.

3. $\underline{U}_{AB}$ erhält man aus einer der beiden Maschengleichungen:
   $\underline{U}_{R_1} - \underline{U}_{AB} - \underline{U}_{R_2} = 0$ oder $\underline{U}_{AB} + \underline{U}_C - \underline{U}_{R_3} = 0$, d.h. $\underline{U}_{AB} = \underline{U}_{R_1} - \underline{U}/2$ bzw.
   $\underline{U}_{AB} = \underline{U}/2 - \underline{U}_C$.

Für die drei angegebenen Sonderfälle erhält man folgende Spannung $\underline{U}_{AB}$:

Für $R_1 = 0$ und $X_C \neq 0$ erhält man $\underline{U}_{R_1} = 0$ und $\underline{U}_C = \underline{U}$ und somit wird $\underline{U}_{AB} = -\underline{U}/2$.

Für $R_1 \neq 0$ und $X_C = 0$ erhält man $\underline{U}_{R_1} = \underline{U}$ und $\underline{U}_C = 0$ und somit wird $\underline{U}_{AB} = \underline{U}/2$.

Für $R_1 = X_C$ ist $\left|\underline{U}_{R_1}\right| = \left|\underline{U}_C\right|$ und somit wird $\underline{U}_{AB} = \dfrac{\underline{U}}{2} \cdot e^{j \cdot 90°}$.

Die Spannung $\underline{U}_{AB}$ ist also betragsmäßig immer gleich groß und ändert nur in Abhängigkeit von der Wahl des Widerstandswerts von R_1 und/oder dem Wert von C bzw. ωC ihren Nullphasenwinkel.

Manchmal scheitert die zeichnerische Lösung mit Hilfe des Zeigerdiagramms daran, dass der Betrag und die Phasenlage des Bezugszeigers, mit dem das Zeigerdiagramm begonnen werden müsste, unbekannt sind. In diesem Fall kann man bei Netzwerken mit nur einer Spannungs- oder Stromquelle und linearen Zweipolen das so genannte **rekursive Lösungsverfahren** anwenden, es ist mit dem in Band 1, Kap. 3.2.5 angegebenen Verfahren verwandt. Man geht dabei so vor, dass man die unbekannte Größe in der Schaltung willkürlich annimmt, von der ausgehend dann das Zeigerdiagramm entwickelt werden kann. Zum Zeichnen des Zeigerdiagramms wählt man einen geeigneten Maßstab. Ist das Zeigerdiagramm fertig, so ist auch die gegebene Größe darin enthalten – meist ist dies die Eingangsspannung – die aber natürlich kaum mit der wahren Größe übereinstimmen wird, es sei denn, man hat zufälligerweise den richtigen Wert für die Ausgangsgröße erraten. In der Praxis interessieren dabei meist nur die Beträge der Größen. In diesem Fall müssen am Ende alle Ergebnisse mit einem Faktor multipliziert werden, den man aus dem Verhältnis der gegebenen Größe zur zeichnerisch ermittelten erhält oder man ändert nachträglich den gewählten Maßstab so, dass sich die richtigen Werte ergeben. Ist auch der Nullphasenwinkel der gegebenen Größe von Belang, so muss das Zeigerdiagramm insgesamt so gedreht werden, dass der zeichnerisch ermittelte Nullphasenwinkel mit dem echten übereinstimmt.

Ein einfaches Beispiel soll das Verfahren erläutern. Für die in Abb. 3.34 gezeigte Schaltung mit $R = 30\,\Omega$, $L = 30\,$mH, $C = 15\,\mu$F, $\omega = 1000\,$s^{-1} und $U = 24\,$V sollen die Effektivwerte der Spannungen und Ströme, der Ersatzscheinwiderstand und der Phasenverschiebungswinkel zwischen $\underline{U}$ und $\underline{I}$ ermittelt werden. Um die mit dem angenommen Wert ermittelten Größen von den echten zu unterscheiden, werden erstere mit einem Auslassungszeichen versehen.

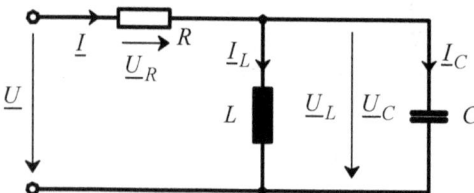

Abb. 3.34: Schaltung zur Erläuterung des rekursiven Lösungsverfahrens

Um das Zeigerdiagramm konstruieren zu können, müsste in diesem Fall $\underline{U}_L$ bzw. $\underline{U}_C$ bekannt sein. Deshalb wird hier willkürlich $U_L' = U_C' = 15\,$V gewählt. Damit ergeben sich:

$$I_L' = \frac{U_L'}{\omega L} = 500\,\text{mA} \qquad\qquad I_C' = U_C' \cdot \omega C = 225\,\text{mA}$$

Das Zeigerdiagramm wird in der folgenden Reihenfolge entwickelt: Zunächst trägt man $\underline{U}_L'$ an, hier willkürlich in Richtung der positiven imaginären Achse. $\underline{I}_L'$ eilt $\underline{U}_L'$ um 90° nach und $\underline{I}_C'$ eilt $\underline{U}_L'$ um 90° voraus. Damit gewinnt man $\underline{I}' = \underline{I}_L' + \underline{I}_C'$. Da in diesem Fall $\underline{I}_C'$ und $\underline{I}_L'$ zueinander um 180° phasenverschoben sind, ist $I' = I_L' - I_C' = 275\,$mA. Daraus folgt $U_R' = I' \cdot R = 8{,}25\,$V. Die Gesamtspannung erhält man aus $\underline{U}' = \underline{U}_L' + \underline{U}_R'$. Der Winkel zwischen $\underline{I}'$ und $\underline{U}'$ ist der Phasenverschiebungswinkel φ.

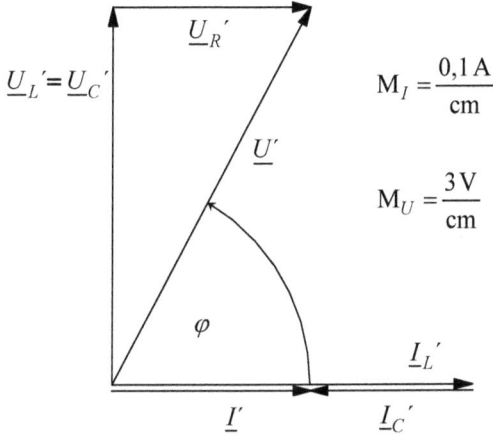

Abb. 3.35: Zeigerdiagramm für die Schaltung aus Abb. 3.34

Aus dem Zeigerdiagramm liest man folgende Werte ab: $U' = 17,1$ V, $\varphi = 61°$. Damit ergibt sich ein Umrechnungsfaktor zur Ermittlung der echten Werte von:

$$\frac{U}{U'} = \frac{24\,\text{V}}{17,1\,\text{V}} = 1,4 \qquad U_L = U_L' \cdot 1,4 = 21\,\text{V} \qquad U_R = U_R' \cdot 1,4 = 11,55\,\text{V}$$

$$I_L = I_L' \cdot 1,4 = 700\,\text{mA} \qquad I_C = I_C' \cdot 1,4 = 315\,\text{mA} \qquad I = I' \cdot 1,4 = 385\,\text{mA}$$

$$Z = \frac{U}{I} = 62,3\,\Omega$$

Eine Nachrechnung ergibt eine gute Übereinstimmung mit den zeichnerisch ermittelten Werten. Für diese Nachrechnung muss $\underline{Z}_e$ ermittelt werden, was in diesem Fall keinen großen Aufwand bedeutet, bei etwas komplexeren Schaltungen aber schon.

Aufgabe 3.5

Mit Hilfe des rekursiven Lösungsverfahrens soll für die Schaltung in Abb. 3.28 die Spannung am Widerstand R_2 ermittelt werden.

Aufgabe 3.6

In der in Abb. 3.36 wiedergegebenen Schaltung soll die Spannung $U_a = 5$ V sein. Mit Hilfe eines Zeigerdiagramms ist der dazu notwendige Effektivwert der Quellenspannung zu ermitteln. $R_i = 4\,\Omega$, $R_a = 10\,\Omega$, $L = 1$ mH, $C = 10\,\mu\text{F}$ und $\omega = 10000\,\text{s}^{-1}$.

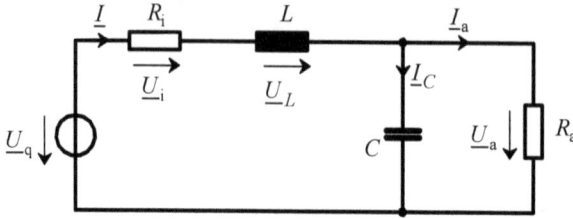

Abb. 3.36: Schaltung zu Aufgabe 3.6

3.6.3   Maschenstromverfahren

Das Maschenstromverfahren ist bereits aus Band 1, Kap. 3.5 bekannt. Es ist auch unter den dort genannten Voraussetzungen auf Wechselstromschaltungen anwendbar. Dies soll an zwei Beispielen demonstriert werden.

Beispiel:
In Abb. 3.37 ist ein kapazitiver Spannungsteiler mit vier gleichgroßen Kapazitäten gezeigt. In welchem Verhältnis steht die Ausgangsspannung zur Eingangsspannung?

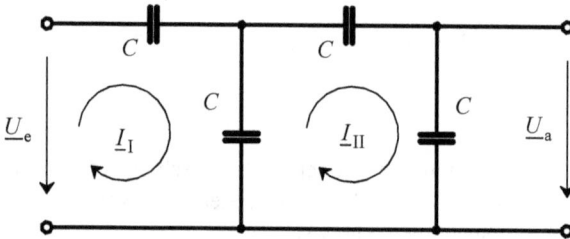

Abb. 3.37: Kapazitiver Spannungsteiler

Für die beiden fiktiven Maschenströme $\underline{I}_I$ und $\underline{I}_{II}$ werden die Maschengleichungen aufgestellt. Ermittelt werden muss nur $\underline{I}_{II}$, da er in der letzten Kapazität den Spannungsabfall $\underline{U}_a$ hervorruft.

$$\underline{I}_I \cdot \left(\frac{1}{j \cdot \omega C} + \frac{1}{j \cdot \omega C} \right) - \underline{I}_{II} \cdot \frac{1}{j \cdot \omega C} = \underline{U}_e$$

$$-\underline{I}_I \cdot \frac{1}{j \cdot \omega C} + \underline{I}_{II} \cdot \left(\frac{1}{j \cdot \omega C} + \frac{1}{j \cdot \omega C} + \frac{1}{j \cdot \omega C} \right) = 0$$

$$\begin{bmatrix} \dfrac{2}{j \cdot \omega C} & -\dfrac{1}{j \cdot \omega C} \\[2ex] -\dfrac{1}{j \cdot \omega C} & \dfrac{3}{j \cdot \omega C} \end{bmatrix} \cdot \begin{bmatrix} \underline{I}_{\mathrm{I}} \\[2ex] \underline{I}_{\mathrm{II}} \end{bmatrix} = \begin{bmatrix} \underline{U}_e \\[2ex] 0 \end{bmatrix} \qquad \underline{I}_{\mathrm{II}} = j \cdot \dfrac{\underline{U}_e \cdot \omega C}{5} \qquad \underline{U}_a = -j \cdot \dfrac{1}{\omega C} \cdot \underline{I}_{\mathrm{II}} = \dfrac{\underline{U}_e}{5}$$

Die Ausgangsspannung ist also phasengleich mit der Eingangsspannung, hat aber nur den 0,2fachen Betrag.

Beispiel:

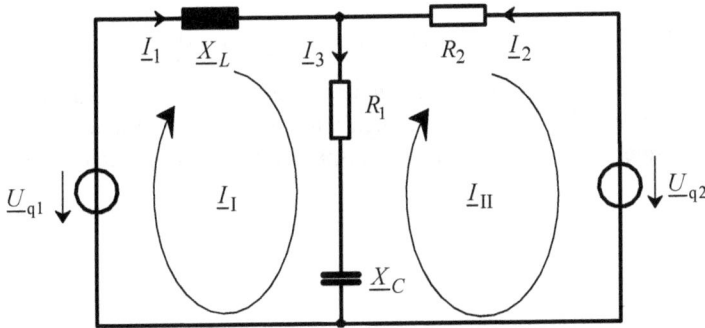

Abb. 3.38: Schaltungsbeispiel zum Maschenstromverfahren

In der in Abb. 3.38 gezeigten Schaltung ist der Strom $\underline{I}_3$ gesucht.

$R_1 = 10\,\Omega$, $R_2 = 5\,\Omega$, $X_L = 5\,\Omega$, $X_C = 10\,\Omega$, $\underline{U}_{q1} = 5\,\mathrm{V}$, $\underline{U}_{q2} = 5\,\mathrm{V} \cdot e^{j \cdot 30°}$

Wählt man, wie in Abb. 3.38 eingetragen, die beiden Innenmaschen, so müssen hier beide Maschenströme ermittelt werden, denn $\underline{I}_3 = \underline{I}_{\mathrm{I}} - \underline{I}_{\mathrm{II}}$.

$$\underline{I}_{\mathrm{I}} \cdot \left(R_1 + j \cdot (X_L - X_C)\right) - \underline{I}_{\mathrm{II}} \cdot \left(R_1 - j \cdot X_C\right) = \underline{U}_{q1}$$
$$-\underline{I}_{\mathrm{I}} \cdot \left(R_1 - j \cdot X_C\right) + \underline{I}_{\mathrm{II}} \cdot \left(R_1 + R_2 - j \cdot X_C\right) = -\underline{U}_{q2}$$

$$\begin{bmatrix} R_1 + j \cdot (X_L - X_C) & -(R_1 - j \cdot X_C) \\[2ex] -(R_1 - j \cdot X_C) & R_1 + R_2 - j \cdot X_C \end{bmatrix} \cdot \begin{bmatrix} \underline{I}_{\mathrm{I}} \\[2ex] \underline{I}_{\mathrm{II}} \end{bmatrix} = \begin{bmatrix} \underline{U}_{q1} \\[2ex] -\underline{U}_{q2} \end{bmatrix}$$

Als Ergebnis erhält man: $\underline{I}_{\mathrm{I}} = 314,3\,\mathrm{mA} \cdot e^{-j \cdot 92,1°} = (-11,5 - j \cdot 314,1)\,\mathrm{mA}$

$\underline{I}_{\mathrm{II}} = 520,6\,\mathrm{mA} \cdot e^{-j \cdot 110,2°} = (-180,1 - j \cdot 488,5)\,\mathrm{mA}$

$\underline{I}_3 = \underline{I}_{\mathrm{I}} - \underline{I}_{\mathrm{II}} = (168,6 + j \cdot 174,4)\,\mathrm{mA} = 242,6\,\mathrm{mA} \cdot e^{j \cdot 46°}$

Aufgabe 3.7
Die Schaltung in Abb. 3.28 soll mit Hilfe des Maschenstromverfahrens gelöst werden.

3.6.4   Knotenpotenzialverfahren

Auch dieses Verfahren ist aus Band 1, Kap. 3.6 bekannt. An einem Beispiel soll die Lösung mit diesem Berechnungsverfahren vorgeführt werden.

Beispiel:
Für die Schaltung in Abb. 3.39 soll die Spannung $\underline{U}_3$ mit Hilfe des Knotenpotenzialverfahrens ermittelt werden.

$R_1 = R_2 = 1$ kΩ, $R_3 = 10$ MΩ, $L_1 = 8$ mH, $L_2 = 12$ mH, $\underline{U}_N = 5$ V, $f = 10$ kHz.

Da hier das Verfahren auf ein Netzwerk mit einer Spannungsquelle angewandt wird, ist nach Kap. 3.6.2 in Band 1 vorzugehen. Es werden die Knoten durchnummeriert und dem Knoten 0 das Potenzial null zugeordnet. Die Knoten- und Zweigspannungen ergeben sich dann wie folgt:

$$\underline{U}_{10} = \underline{U}_N \qquad\qquad \underline{U}_{12} = \underline{U}_{10} - \underline{U}_{20}$$
$$\underline{U}_{20} = \underline{\phi}_2 - \underline{\phi}_0 = \underline{\phi}_2 \qquad\qquad \underline{U}_{13} = \underline{U}_{10} - \underline{U}_{30}$$
$$\underline{U}_{30} = \underline{\phi}_3 - \underline{\phi}_0 = \underline{\phi}_3 \qquad\qquad \underline{U}_{23} = \underline{U}_{20} - \underline{U}_{30}$$

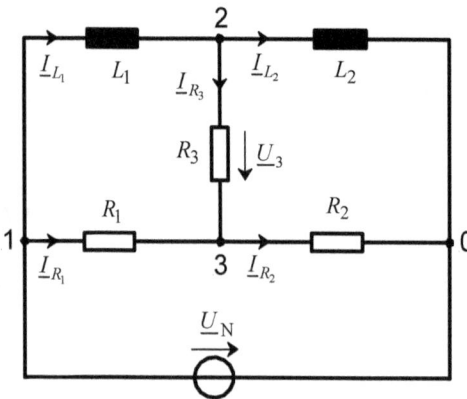

Abb. 3.39: Brückenschaltung

Für den Knoten 1 darf keine Knotengleichung aufgestellt werden, da $\underline{U}_{10} = \underline{U}_N$ bekannt ist.

Für den Knoten 2 erhält man: $\underline{I}_{L_1} - \underline{I}_{L_2} - \underline{I}_{R_3} = 0$

Für den Knoten 3 erhält man: $\underline{I}_{R_1} + \underline{I}_{R_3} - \underline{I}_{R_2} = 0$

Die Knotengleichung für den Knoten 2 lautet somit:

$$\underline{U}_{12} \cdot \frac{1}{j \cdot \omega L_1} - \underline{U}_{20} \cdot \frac{1}{j \cdot \omega L_2} - \underline{U}_{23} \cdot G_3 = 0$$

$$\left(\underline{U}_N - \underline{U}_{20}\right) \cdot \frac{1}{j \cdot \omega L_1} - \underline{U}_{20} \cdot \frac{1}{j \cdot \omega L_2} - \left(\underline{U}_{20} - \underline{U}_{30}\right) \cdot G_3 = 0$$

$$-\underline{U}_{20} \cdot \left(G_3 - j \cdot \left(\frac{1}{\omega L_1} + \frac{1}{\omega L_2}\right)\right) + \underline{U}_{30} \cdot G_3 = \underline{U}_N \cdot j \cdot \frac{1}{\omega L_1}$$

Die Knotengleichung für den Knoten 3 lautet somit:

$$\underline{U}_{13} \cdot G_1 + \underline{U}_{23} \cdot G_3 - \underline{U}_{30} \cdot G_2 = 0$$

$$\left(\underline{U}_N - \underline{U}_{30}\right) \cdot G_1 + \left(\underline{U}_{20} - \underline{U}_{30}\right) \cdot G_3 - \underline{U}_{30} \cdot G_2 = 0$$

$$\underline{U}_{20} \cdot G_3 - \underline{U}_{30} \cdot \left(G_1 + G_2 + G_3\right) = -\underline{U}_N \cdot G_1$$

Damit erhält man die beiden Knotenspannungen $\underline{U}_{20}$ und $\underline{U}_{30}$:

$$\begin{bmatrix} -\left(G_3 - j \cdot \left(\dfrac{1}{\omega L_1} + \dfrac{1}{\omega L_2}\right)\right) & G_3 \\ G_3 & -\left(G_1 + G_2 + G_3\right) \end{bmatrix} \cdot \begin{bmatrix} \underline{U}_{20} \\ \underline{U}_{30} \end{bmatrix} = \begin{bmatrix} \underline{U}_N \cdot j \cdot \dfrac{1}{\omega L_1} \\ -\underline{U}_N \cdot G_1 \end{bmatrix}$$

$$\underline{U}_{20} = \left(3 - j \cdot 1{,}5 \cdot 10^{-5}\right) V \approx 3\,V \qquad \underline{U}_{30} = \left(2{,}5 - j \cdot 7{,}5 \cdot 10^{-10}\right) V \approx 2{,}5\,V$$

$$\underline{U}_3 = \underline{U}_{23} = \underline{U}_{20} - \underline{U}_{30} = 0{,}5\,V$$

3.6.5   Überlagerungsverfahren

Das ebenfalls aus Band 1, Kap. 3.7 bekannte Überlagerungsverfahren wird hauptsächlich zur Berechnung von Netzwerken mit nichtsinusförmigen Spannungen und Strömen herangezogen. Hat man z.B. eine nichtsinusförmige Spannung wie die in Abb. 3.6 dargestellte resultierende Spannung u bzw. $\underline{U}$, so kann man sich diese erzeugt vorstellen aus der Reihenschaltung zweier sinusförmiger Spannungsquellen mit den Quellenspannungen $\underline{U}_1$ und $\underline{U}_2$. Man berechnet dann das Netzwerk, indem man die Wirkung der ersten Quelle berechnet und die zweite kurzschließt und anschließend die erste kurzschließt und nur die zweite wirken lässt. Die Gesamtwirkung erhält man aus der Überlagerung der beiden Einzelwirkungen. Der Vorteil ist, dass auch bei nichtsinusförmigen Spannungen oder Strömen alle Lösungsverfahren für sinusförmige Größen einschließlich der komplexen Rechenmethode angewendet werden können, andernfalls müsste mit Augenblickswerten gerechnet werden.

Im Folgenden wird ein Beispiel für die Berechnung eines Netzwerks mit sinusförmigen Spannungen gezeigt.

Beispiel:
Zwei gleichfrequente Quellen mit den komplexen Innenwiderständen $\underline{Z}_{i1}$ und $\underline{Z}_{i2}$ werden parallelgeschaltet. Es soll der Kurzschlussstrom in der Verbindung der Klemmen A und B für die Schaltung in Abb. 3.40 ermittelt werden.

$$\underline{U}_{q1} = 100\,\text{V}, \ \underline{U}_{q2} = 50\,\text{V} \cdot e^{j \cdot 30°}, \ \underline{Z}_{i1} = 2\,\Omega \cdot e^{j \cdot 45°}, \ \underline{Z}_{i2} = 1\,\Omega$$

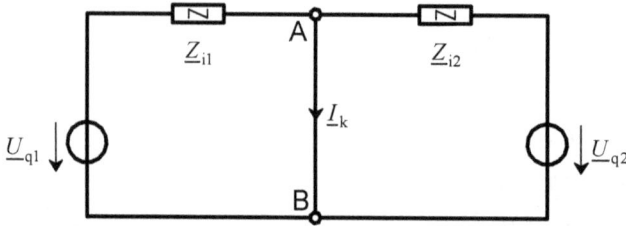

Abb. 3.40: Parallelschaltung zweier Spannungsquellen

Zunächst wirkt allein die Quelle 1, die Spannungsquelle 2 – jedoch nicht deren Innenwiderstand – wird kurzgeschlossen bzw. die Quellenspannung der Quelle 2 null gesetzt. Durch die Kurzschlussverbindung zwischen den Klemmen A und B ist aber auch $\underline{Z}_{i2}$ kurzgeschlossen. Anschließend betrachtet man allein die Quelle zwei als wirksam und überlagert dann die beiden Ergebnisse. Somit ergeben sich $\underline{I}_k{'}$, $\underline{I}_k{''}$ und $\underline{I}_k$:

$$\underline{I}_k{'} = \frac{\underline{U}_{q1}}{\underline{Z}_{i1}} = 50\,\text{A} \cdot e^{-j \cdot 45°} \qquad \underline{I}_k{''} = \frac{\underline{U}_{q2}}{\underline{Z}_{i2}} = 50\,\text{A} \cdot e^{j \cdot 30°} \qquad \underline{I}_k = \underline{I}_k{'} + \underline{I}_k{''} = 79,34\,\text{A} \cdot e^{-j \cdot 7,5°}$$

3.6.6   Zweipoltheorie

Auch dieses Verfahren ist aus Band 1, Kap. 3.8 hinlänglich bekannt und wird nur an einem einfachen Beispiel gezeigt.

Die beiden in Abb. 3.40 parallelgeschalteten Spannungsquellen sollen durch eine Ersatzspannungsquelle und eine Ersatzstromquelle dargestellt werden.

Da der Kurzschlussstrom der beiden Quellen bereits ermittelt wurde, genügt die Berechnung des Ersatzsinnenwiderstands. Betrachtet man die Schaltung von den Klemmen A und B aus und schließt die beiden Spannungsquellen – ohne die Innenwiderstände – kurz, so erhält man:

$$\underline{Z}_{ei} = \frac{\underline{Z}_{i1} \cdot \underline{Z}_{i2}}{\underline{Z}_{i1} + \underline{Z}_{i2}} = 0,71\,\Omega \cdot e^{j \cdot 14,6°} \quad \underline{U}_{eq} = \underline{I}_k \cdot \underline{Z}_{ei} = 56,7\,\text{V} \cdot e^{j \cdot 7,1°} \quad \underline{I}_{eq} = \underline{I}_k = 79,34\,\text{A} \cdot e^{-j \cdot 7,5°}$$

Man erhält damit die beiden in Abb. 3.41 gezeigten Ersatzschaltungen.

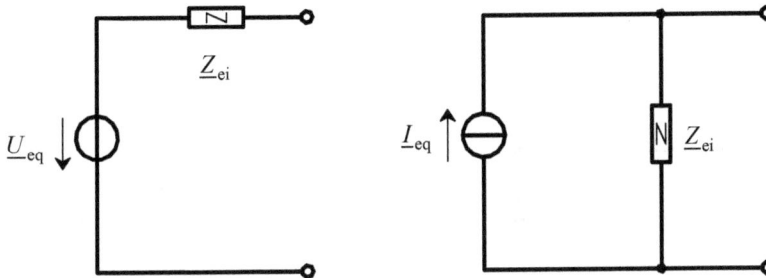

Abb. 3.41: Ersatzquellen für die Schaltung in Abb. 3.40

Möchte man jetzt die Spannung $\underline{U}_{AB}$ für den Fall ermitteln, dass man zwischen die Klemmen A und B in Abb. 3.40 einen komplexen Widerstand $\underline{Z}_{AB} = (20 + j \cdot 10)\,\Omega$ anschließt, so erhält man mit Hilfe der Spannungsteilerregel:

$$\underline{U}_{AB} = \underline{U}_{eq} \cdot \frac{\underline{Z}_{AB}}{\underline{Z}_{AB} + \underline{Z}_{ei}} = 54{,}9\,\text{V} \cdot e^{j \cdot 7{,}5°}$$

Aufgabe 3.8
Die Ersatzquellenspannung für die Schaltung in Abb. 3.40 soll ohne Benutzung des vorher bestimmten Kurzschlussstroms ermittelt werden.

3.6.7   Wechselstrombrücken

In diesem Kapitel soll auf ein Sonderthema eingegangen werden, an dem gleichzeitig nochmals die Regeln der komplexen Rechenmethode und der bisher besprochenen Berechnungsverfahren geübt werden können (vgl. dazu Kap. 3.2.3 in Band 1).

Abgleichbedingungen für Abgleichbrücken
Man bezeichnet die Brückenschaltung in Abb. 3.42 als abgeglichen, wenn die Spannung $\underline{U}_{AB}$ null geworden ist.

Man erhält die Abgleichbedingungen, indem man den Maschensatz z.B. für die linke Innenmasche, für die auch die Spannungszählpfeile in Abb. 3.42 eingetragen sind, anwendet und die beiden Spannungen $\underline{U}_1$ und $\underline{U}_3$ mit Hilfe der Spannungsteilerregel durch die bekannte Spannung $\underline{U}$ und die komplexen Widerstände ersetzt.

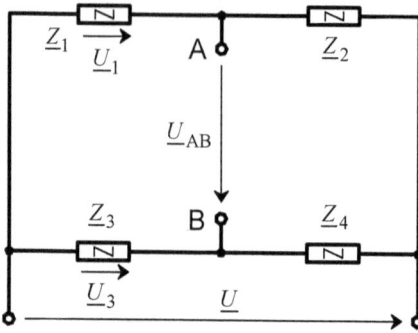

Abb. 3.42: Wechselstrom-Abgleichbrücke

$$\underline{U}_1 + \underline{U}_{AB} - \underline{U}_3 = 0$$

$$\underline{U}_{AB} = \underline{U}_3 - \underline{U}_1 = \underline{U} \cdot \left(\frac{\underline{Z}_3}{\underline{Z}_3 + \underline{Z}_4} - \frac{\underline{Z}_1}{\underline{Z}_1 + \underline{Z}_2} \right) = \underline{U} \cdot \frac{\underline{Z}_3 \cdot \left(\underline{Z}_1 + \underline{Z}_2 \right) - \underline{Z}_1 \cdot \left(\underline{Z}_3 + \underline{Z}_4 \right)}{\left(\underline{Z}_3 + \underline{Z}_4 \right) \cdot \left(\underline{Z}_1 + \underline{Z}_2 \right)}$$

U_{AB} ist dann null, wenn der Zähler null wird.

$$\underline{Z}_1 \cdot \underline{Z}_3 + \underline{Z}_2 \cdot \underline{Z}_3 = \underline{Z}_1 \cdot \underline{Z}_3 + \underline{Z}_1 \cdot \underline{Z}_4$$

$$\underline{Z}_2 \cdot \underline{Z}_3 = \underline{Z}_1 \cdot \underline{Z}_4 \tag{3.55}$$

Bei Schreibweise in Polarform erhält man, da sowohl der Betrag als auch der Phasenwinkel beider Seiten gleich sein müssen:

$$Z_2 \cdot e^{j \cdot \varphi_2} \cdot Z_3 \cdot e^{j \cdot \varphi_3} = Z_1 \cdot e^{j \cdot \varphi_1} \cdot Z_4 \cdot e^{j \cdot \varphi_4}$$
$$Z_2 \cdot Z_3 = Z_1 \cdot Z_4 \quad \text{und} \quad \varphi_2 + \varphi_3 = \varphi_1 + \varphi_4 \tag{3.56}$$

Bei Schreibweise in Komponentenform erhält man, da sowohl der Real- als auch der Imaginärteil beider Seiten gleich sein müssen:

$$\left(R_2 + j \cdot X_2 \right) \cdot \left(R_3 + j \cdot X_3 \right) = \left(R_1 + j \cdot X_1 \right) \cdot \left(R_4 + j \cdot X_4 \right)$$
$$R_2 \cdot R_3 - X_2 \cdot X_3 + j \cdot \left(R_2 \cdot X_3 + R_3 \cdot X_2 \right) = R_1 \cdot R_4 - X_1 \cdot X_4 + j \cdot \left(R_1 \cdot X_4 + R_4 \cdot X_1 \right)$$

$$R_2 \cdot R_3 - X_2 \cdot X_3 = R_1 \cdot R_4 - X_1 \cdot X_4$$
$$R_2 \cdot X_3 + R_3 \cdot X_2 = R_1 \cdot X_4 + R_4 \cdot X_1 \tag{3.57}$$

Beim Abgleich einer Wechselstrombrücke sind also zwei Bedingungen zu erfüllen. Dementsprechend müssen mindestens zwei unabhängige Eingriffsmöglichkeiten, d.h. voneinander unabhängig einstellbare Komponenten, vorhanden sein.

Beispiel:

In Abb. 3.43 ist eine Abgleichbrücke zur Messung sehr hochohmiger ohmscher Widerstände gezeigt. Wie in Aufgabe 3.9 gilt auch hier, dass Kapazitätsnormale, d.h. Kapazitäten mit einem sehr genauen Kapazitätswert, leichter herzustellen sind als Referenzwiderstände, d.h. hier sehr hochohmige Widerstandsnormale. Der Abgleichfall, d.h. $\underline{U}_{AB} = 0$, ist für folgende Werte in der Schaltung gegeben: $R_1 = 100\,\Omega$, $C_1 = 100\,\text{pF}$, $C_2 = C_4 = 1\,\mu\text{F}$, $C_3 = 30\,\text{nF}$. Es soll R_x bestimmt werden.

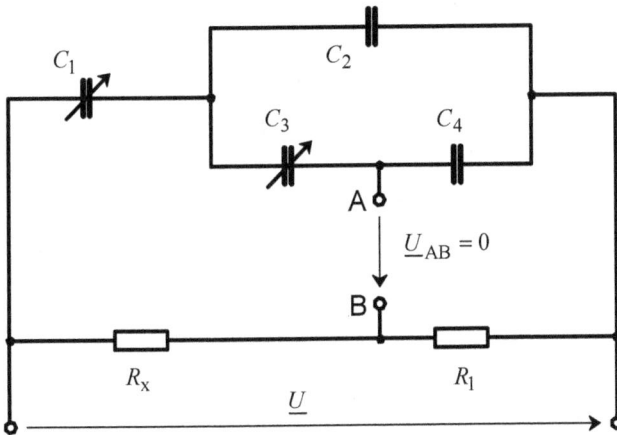

Abb. 3.43: Abgleichbrücke zur Messung sehr hochohmiger Widerstände

Zur Lösung ist es vorteilhaft die Dreieckschaltung aus C_2, C_3 und C_4 in eine äquivalente Sternschaltung umzuwandeln. Damit geht die Schaltung in die Form über, wie sie in Abb. 3.44 gezeigt ist.

Die transformierten Kapazitätswerte erhält man aus den Gleichungen 3.54:

$$\underline{Z}_{IN} = \frac{\underline{Z}_{III} \cdot \underline{Z}_{IIII}}{\underline{Z}_{III} + \underline{Z}_{IIIII} + \underline{Z}_{IIII}} \qquad -j \cdot \frac{1}{\omega C_{IN}} = \frac{\left(-j \cdot \dfrac{1}{\omega C_2}\right) \cdot \left(-j \cdot \dfrac{1}{\omega C_3}\right)}{-j \cdot \dfrac{1}{\omega C_2} - j \cdot \dfrac{1}{\omega C_3} - j \cdot \dfrac{1}{\omega C_4}}$$

$$\frac{1}{C_{IN}} = \frac{\dfrac{1}{C_2} \cdot \dfrac{1}{C_3}}{\dfrac{1}{C_2} + \dfrac{1}{C_3} + \dfrac{1}{C_4}} \qquad C_{IN} = 1{,}06\,\mu\text{F}$$

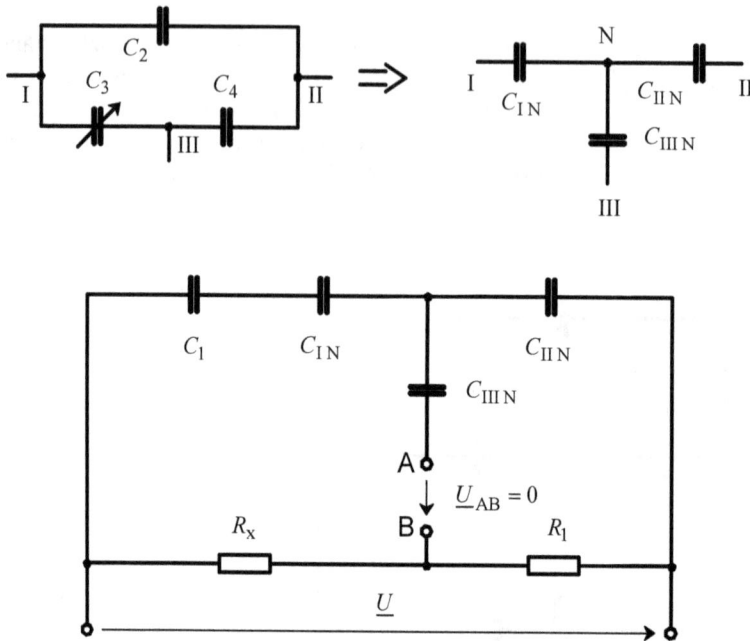

Abb. 3.44: Umwandlung der Schaltung in Abb. 3.43 in eine äquivalente Schaltung

Auf dem gleichen Weg erhält man $C_{\mathrm{II\,N}} = 35{,}33$ μF. $C_{\mathrm{III\,N}}$ wird nicht benötigt, da bei $\underline{U}_{\mathrm{AB}} = 0$ auch der Strom durch diese Kapazität null wird. Die Abgleichbedingung lautet:

$$R_{\mathrm{x}} = \underline{Z}_1 \cdot \frac{\underline{Z}_4}{\underline{Z}_2} = -\mathrm{j} \cdot \left(\frac{1}{\omega C_1} + \frac{1}{\omega C_{\mathrm{IN}}} \right) \cdot \frac{R_1}{-\mathrm{j} \cdot \dfrac{1}{\omega C_{\mathrm{II\,N}}}} = \left(\frac{1}{\omega C_1} + \frac{1}{\omega C_{\mathrm{IN}}} \right) \cdot R_1 \cdot \omega C_{\mathrm{II\,N}}$$

$$= \left(\frac{1}{C_1} + \frac{1}{C_{\mathrm{IN}}} \right) \cdot R_1 \cdot C_{\mathrm{II\,N}} = 35{,}337 \ \mathrm{M}\Omega$$

Die Angabe erfolgt hier mit so vielen Stellen, da man diese Brückenschaltungen nur anwendet, wenn die Widerstandswerte mit einer hohen Genauigkeit ermittelt werden sollen.

Aufgabe 3.9

Bei der Induktivitätsmessbrücke nach Maxwell-Wien werden die Induktivität und der Ersatzwiderstand einer verlustbehafteten Spule, die in Abb. 3.45 durch die Reihenschaltung aus R_2 und L_2 dargestellt ist, mit Hilfe einer Kapazitätsnormalen C_3 und den Widerstandsnormalen R_1, R_3 und R_4 bestimmt. Kapazitätsnormale sind leichter herzustellen als entsprechende

Referenzinduktivitäten. Es sollen L_2 und R_2 als Funktion der anderen passiven Zweipole in der Brückenschaltung für den Abgleichfall, d.h. $\underline{U}_{AB} = 0$, ermittelt werden.

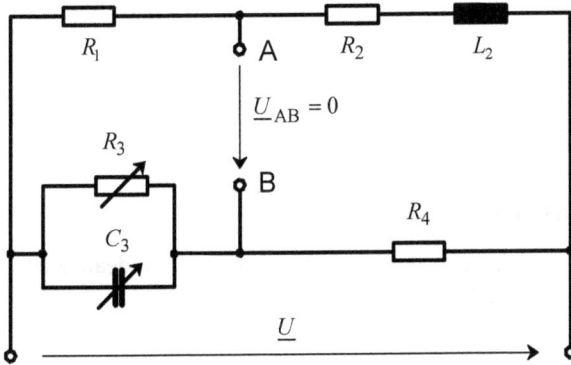

Abb. 3.45: Induktivitätsmessbrücke nach Maxwell-Wien

Ausschlagbrücken

Als Beispiel dient hier eine Messbrücke zur induktiven Wegmessung. In Abb. 3.46 sind zwei Spulen gezeigt, in denen sich ein ferromagnetischer Kern bewegt. In der Mittelstellung des Kerns (wie in Abb. 3.46 gezeigt) soll die Induktivität $L_1 = L_2$ sein, dann ist auch $\underline{U}_{AB}$ null, da $R_3 = R_4$ ist. Es wird die sich einstellende Spannung $\underline{U}_{AB}$ berechnet, wenn sich aufgrund der Verstellung des ferromagnetischen Kerns $L_1 = 8$ mH und $L_2 = 12$ mH eingestellt hat. Die anderen Werte sind: $R_3 = R_4 = 1$ kΩ, $\underline{U} = 5$ V, $f = 10$ kHz.

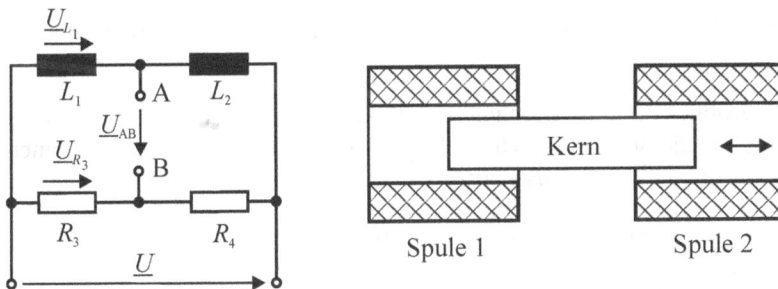

Abb. 3.46: Ausschlagbrücke zur induktiven Wegmessung

$$\underline{U}_{L_1} + \underline{U}_{AB} - \underline{U}_{R_3} = 0$$

$$\underline{U}_{AB} = \underline{U}_{R_3} - \underline{U}_{L_1} = \underline{U} \cdot \left(\frac{R_3}{R_3 + R_4} - \frac{j \cdot \omega L_1}{j \cdot (\omega L_1 + \omega L_2)} \right) = \underline{U} \cdot \left(\frac{1}{2} - \frac{L_1}{L_1 + L_2} \right) = 0,5 \, \text{V}$$

3.7   Leistung

3.7.1   Leistung der Grundzweipole

Es wird für die Grundzweipole ohmscher Widerstand, ideale Induktivität und ideale Kapazität untersucht, welche Leistung in ihnen umgesetzt wird.

Ohmscher Widerstand

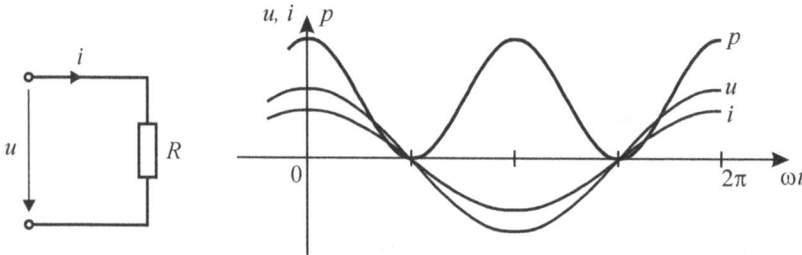

Abb. 3.47: Augenblickswert der Leistung bei einem ohmschen Widerstand

Hier sind Spannung und Strom phasengleich, d.h. $u = \hat{u} \cdot \cos(\omega t + \varphi_u)$, $i = \hat{i} \cdot \cos(\omega t + \varphi_i)$ mit $\varphi_u = \varphi_i$ sowie $\varphi = \varphi_u - \varphi_i$.

Ersetzt man beim Augenblickswert der Leistung p als Produkt aus dem Augenblickswert der Spannung und des Stroms die Scheitel- durch die Effektivwerte und wendet die trigonometrische Beziehung $\cos \alpha \cdot \cos \beta = (\cos(\alpha - \beta) + \cos(\alpha + \beta))/2$ an, so wird:

$$p = u \cdot i = \hat{u} \cdot \cos(\omega t + \varphi_u) \cdot \hat{i} \cdot \cos(\omega t + \varphi_i) = \hat{u} \cdot \cos(\omega t + \varphi_u) \cdot \hat{i} \cdot \cos(\omega t + \varphi_u)$$

$$= \sqrt{2} \cdot U \cdot \sqrt{2} \cdot I \cdot \cos^2(\omega t + \varphi_u) = 2 \cdot U \cdot I \cdot \frac{1}{2} \cdot \left[\cos 0 + \cos(2 \cdot \omega t + 2 \cdot \varphi_u) \right]$$

$$= U \cdot I \cdot \left[1 + \cos(2 \cdot \omega t + 2 \cdot \varphi_u) \right]$$

Der Augenblickswert der Leistung hat also die doppelte Netzfrequenz und ist stets positiv, man könnte den Verlauf auch aus der punktweisen Multiplikation von u und i im Liniendiagramm erhalten.

Die von dem Zweipol während einer Periodendauer aus dem Netz aufgenommene und in Wärme umgewandelte Energie ist:

$$W_T = \int_0^T U \cdot I \cdot [1 + \cos(2 \cdot \omega t + 2 \cdot \varphi_u)] \cdot dt = \left[U \cdot I \cdot t + \frac{U \cdot I}{2 \cdot \omega} \cdot \sin(2 \cdot \omega t + 2 \cdot \varphi_u) \right]_0^T = U \cdot I \cdot T$$

Der Mittelwert der aufgenommenen Leistung ist demnach:

$$P = \frac{W_T}{T} = U \cdot I$$

Die von einem ohmschen Widerstand aufgenommene Leistung nennt man **Wirkleistung**, die Einheit ist **Watt**. Unter Anwendung des ohmschen Gesetzes $U = I \cdot R$ bzw. $I = U \cdot G$ erhält man:

$$P = R \cdot I^2 = \frac{U^2}{R} = U^2 \cdot G \qquad\qquad (3.58)$$

$$[P] = 1\,\text{W} \quad \text{(Watt)}$$

Ideale Induktivität

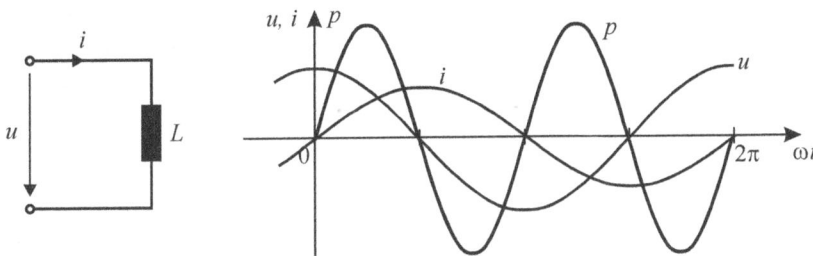

Abb. 3.48: Augenblickswert der Leistung bei einer idealen Induktivität

Bei einer idealen Induktivität eilt die Spannung dem Strom um 90° voraus, d.h. $\varphi = 90°$ und $\varphi_i = \varphi_u - \varphi = \varphi_u - 90°$. Mit der gleichen trigonometrischen Beziehung wie beim ohmschen Widerstand erhält man dann:

$$p = \hat{u} \cdot \cos(\omega t + \varphi_u) \cdot \hat{i} \cdot \cos(\omega t + \varphi_i) = \sqrt{2} \cdot U \cdot \cos(\omega t + \varphi_u) \cdot \sqrt{2} \cdot I \cdot \cos(\omega t + \varphi_u - 90°)$$

$$= 2 \cdot U \cdot I \cdot \frac{1}{2} \cdot [\cos 90° + \cos(2 \cdot \omega t + 2 \cdot \varphi_u - 90°)] = U \cdot I \cdot \sin(2 \cdot \omega t + 2 \cdot \varphi_u)$$

Während der ersten Viertelperiode des Stroms nimmt der Strom ständig zu und somit nach Gleichung 6.43 in Band 1 die im magnetischen Feld gespeicherte Energie W_m. Der Zweipol nimmt also während dieser Zeit Energie von der Quelle auf bzw. bezieht von der Quelle

Leistung. Während der folgenden Viertelperiode wird der Strom und damit die im magnetischen Feld gespeicherte Energie kleiner. Der Zweipol gibt demnach während dieser Zeit Energie an die Quelle ab bzw. liefert Leistung, deshalb ist nach der Definition in Band 1, Kap. 2.11.2 die Leistung innerhalb dieses Zeitintervalls negativ. Während der nächsten Viertelperiode nimmt der Betrag des Stroms wieder zu und damit wird wieder gelieferte elektrische Energie in magnetische umgewandelt und im magnetischen Feld gespeichert usw. Während einer Periode der Spannung oder des Stroms ist die Energie und damit der zeitliche Mittelwert der aufgenommenen Leistung null. Die Leistung pendelt mit doppelter Netzfrequenz zwischen dem Netz und der Induktivität.

Den Scheitelwert der pendelnden Leistung nennt man **induktive Blindleistung** Q_L. Da der Blindwiderstand $X = X_L - X_C = X_L$ bei einer Induktivität positiv ist, ordnet man einer induktiven Blindleistung auch ein positives Vorzeichen zu.

Die Blindleistung einer Induktivität ist:

$$Q_L = X_L \cdot I^2 = \frac{U^2}{X_L} = U^2 \cdot B_L$$

$$[Q] = 1\,\text{var} \quad \text{(volt-ampere-reactive)}$$

(3.59)

Zur Unterscheidung der Blindleistung von der Wirkleistung und der noch zu behandelnden Scheinleistung verwendet man für Q die Einheit var als Abkürzung von **volt-ampere-reactive**. Nach DIN 1301 ist eigentlich die Dimension der Leistungseinheit 1 W, es sind aber auch 1 var und 1 VA zulässig.

Ideale Kapazität

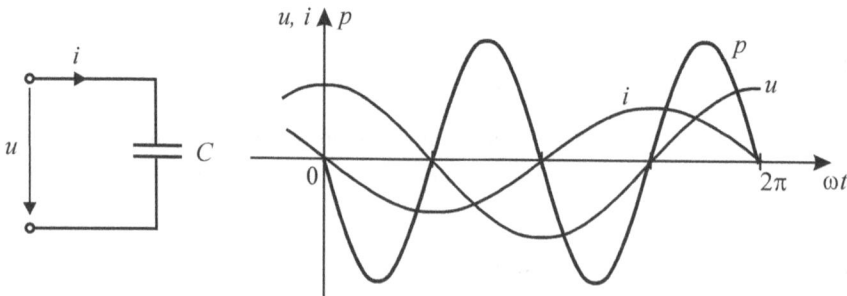

Abb. 3.49: Augenblickswert der Leistung bei einer idealen Kapazität

Hier eilt der Strom der Spannung um 90° voraus, d.h. $\varphi = -90°$ und $\varphi_i = \varphi_u + 90°$. Entsprechend der Ableitung im vorigen Abschnitt ergibt sich für den Augenblickswert der Leistung:

$$p = \hat{u} \cdot \cos(\omega t + \varphi_u) \cdot \hat{i} \cdot \cos(\omega t + \varphi_i) = \sqrt{2} \cdot U \cdot \cos(\omega t + \varphi_u) \cdot \sqrt{2} \cdot I \cdot \cos(\omega t + \varphi_u + 90°)$$

$$= 2 \cdot U \cdot I \cdot \frac{1}{2} \cdot [\cos 90° + \cos(2 \cdot \omega t + 2 \cdot \varphi_u + 90°)] = -U \cdot I \cdot \sin(2 \cdot \omega t + 2 \cdot \varphi_u)$$

Während der ersten Viertelperiode in Abb. 3.49 nimmt die Spannung ständig ab und damit nach Gleichung 4.40 in Band 1 die im elektrischen Feld gespeicherte Energie. Diese Energie – die natürlich in einer vorhergehenden Viertelperiode zunächst vom Netz geliefert und im elektrischen Feld der Kapazität gespeichert worden ist – wird an das Netz abgegeben. In der nächsten Viertelperiode nimmt der Betrag der Spannung zu, damit nimmt die Kapazität Leistung auf und speichert die gelieferte Energie als elektrische Feldenergie usw. Während einer Periode der Spannung oder des Stroms ist die Energie und damit der zeitliche Mittelwert der aufgenommenen Leistung null. Die Leistung pendelt mit doppelter Netzfrequenz zwischen dem Netz und der Kapazität.

> Den Scheitelwert der pendelnden Leistung nennt man **kapazitive Blindleistung** Q_C. Da der Blindwiderstand $X = X_L - X_C = -X_C$ bei einer Kapazität negativ ist, ordnet man einer kapazitiven Blindleistung auch ein negatives Vorzeichen zu.

Die Blindleistung einer Kapazität ist:

$$Q_C = -X_C \cdot I^2 = -\frac{U^2}{X_C} = -U^2 \cdot B_C$$

(3.60)

$$[Q] = 1\,\text{var} \quad \text{(volt-ampere-reactive)}$$

3.7.2   Wirkleistung

Für einen Zweipol gilt ganz allgemein, dass die **Wirkleistung** der zeitliche arithmetische Mittelwert der Klemmenleistung ist. Allgemein gilt:

$$\varphi = \varphi_u - \varphi_i \qquad \varphi_i = \varphi_u - \varphi$$

$$u = \hat{u} \cdot \cos(\omega t + \varphi_u) = \sqrt{2} \cdot U \cdot \cos(\omega t + \varphi_u)$$

$$i = \hat{i} \cdot \cos(\omega t + \varphi_i) = \sqrt{2} \cdot I \cdot \cos(\omega t + \varphi_u - \varphi)$$

$$p = u \cdot i = 2 \cdot U \cdot I \cdot \cos(\omega t + \varphi_u) \cdot \cos(\omega t + \varphi_u - \varphi) = U \cdot I \cdot [\cos \varphi + \cos(2 \cdot \omega t + 2 \cdot \varphi_u - \varphi)]$$

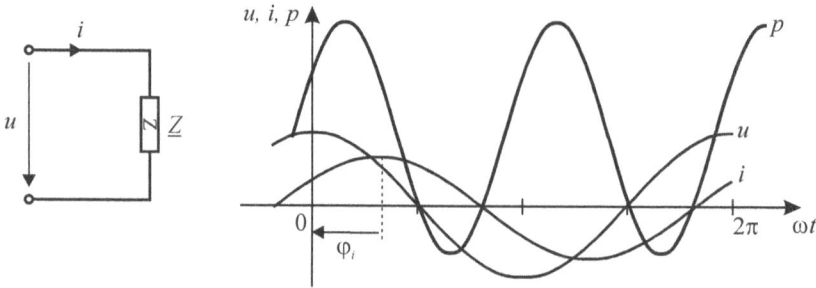

Abb. 3.50: Wirkleistung bei einem passiven Zweipol

Der Augenblickswert der Leistung schwingt mit doppelter Netzfrequenz um den zeitlich konstanten Mittelwert $U \cdot I \cdot \cos \varphi$. Den Mittelwert kann man auch durch die Integration von p über eine Periodendauer erhalten.

$$P = \frac{1}{T} \cdot \int_0^T p \cdot dt = \frac{U \cdot I}{T} \cdot \left(\int_0^T \cos \varphi \cdot dt + \int_0^T \cos(2 \cdot \omega t + 2 \cdot \varphi_u - \varphi) \cdot dt \right) = U \cdot I \cdot \cos \varphi$$

Um auch hier wieder sofort unterscheiden zu können, ob die elektrische Leistung von dem Zweipol verbraucht oder geliefert wird, definiert man, dass positive Leistung von einem Zweipol verbraucht (passiver Zweipol) und negative (aktiver Zweipol) geliefert wird (vgl. Band 1, Kap. 2.11.1 und 2.11.2). In der folgenden Gleichung gilt deshalb das positive Vorzeichen für ein Verbraucherzählpfeilsystem und das negative für ein Erzeugerzählpfeilsystem. Da üblicherweise bei einem Zweipol das Verbraucherzählpfeilsystem angewendet wird, ist in der Fachliteratur die Gleichung fast immer nur mit dem positiven Vorzeichen angegeben. Allerdings wird die Wirkleistung bei einem Verbraucherzählpfeilsystem auch dann negativ, wenn der Kosinus des Phasenverschiebungswinkels φ negativ wird, das ist für $90° < \varphi < 270°$ oder $-270° < \varphi < -90°$ der Fall.

$$P = \pm U \cdot I \cdot \cos \varphi \qquad \begin{cases} + \text{ für Verbraucherzählpfeilsystem} \\ - \text{ für Erzeugerzählpfeilsystem} \end{cases}$$

$$P = R \cdot I_R^2 = \frac{U_R^2}{R} = G \cdot U_R^2 \tag{3.61}$$

Wirkleistung wird nur im ohmschen Anteil eines Zweipols umgesetzt. Da bei einer Reihenschaltung eines ohmschen Widerstands mit Blindwiderständen alle vom gleichen Strom durchflossen werden, verwendet man hier vorteilhaft die Gleichung $P = R \cdot I_R^2$, außer man hat auch die Spannung am ohmschen Widerstand messtechnisch erfasst. Bei einer Parallelschaltung eines ohmschen Widerstands mit Blindwiderständen liegen alle an der gleichen Spannung, deshalb ist hier die Gleichung $P = G \cdot U_R^2$ vorteilhafter, es sei denn, man hat auch den durch R fließenden Strom messtechnisch erfasst.

3.7.3   Blindleistung

Ein passiver Zweipol kann nur **Blindleistung** verursachen, wenn er mindestens einen Energiespeicher enthält. Die Formel für den Augenblickswert der Leistung aus Kap. 3.7.2 wird mit Hilfe der trigonometrischen Beziehung $\cos(\alpha - \beta) = \cos\alpha \cdot \cos\beta + \sin\alpha \cdot \sin\beta$ umgeformt. Damit kann man den Augenblickswert der Leistung in mehrere Teile zerlegen, von denen aber nur zwei technische Bedeutung haben.

$$p = U \cdot I \cdot \left[\cos\varphi + \cos\left(\underbrace{2 \cdot \omega t + 2 \cdot \varphi_u}_{\alpha} - \underbrace{\varphi}_{\beta} \right) \right]$$

$$= U \cdot I \cdot \left[\cos\varphi + \cos(2 \cdot \omega t + 2 \cdot \varphi_u) \cdot \cos\varphi + \sin(2 \cdot \omega t + 2 \cdot \varphi_u) \cdot \sin\varphi \right]$$

$$= \underbrace{U \cdot I \cdot \cos\varphi}_{P} + \underbrace{U \cdot I \cdot \cos\varphi \cdot \cos(2 \cdot \omega t + 2 \cdot \varphi_u)}_{\tilde{p}_W} + \underbrace{U \cdot I \cdot \sin\varphi \cdot \sin(2 \cdot \omega t + 2 \cdot \varphi_u)}_{Q}$$

$$\underbrace{\qquad\qquad\qquad\qquad\qquad\qquad}_{\text{Augenblickswert der Wirkleistung } p_W} \qquad \underbrace{\qquad\qquad\qquad\qquad\qquad}_{\text{Augenblickswert der Blindleistung } q}$$

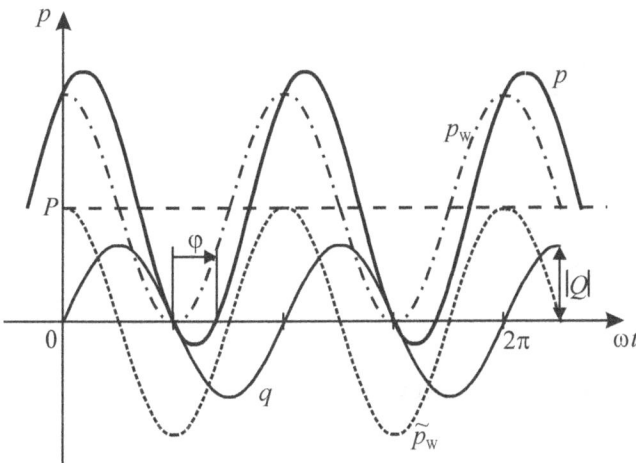

Abb. 3.51: Augenblickswert der Leistung, zerlegt in seine Schwingungsanteile

Die einzelnen Leistungsanteile sind in Abb. 3.51 gezeigt. Der Betrag der Amplitude des Augenblickswerts der Blindleistung q, die mit doppelter Netzfrequenz zwischen Netz und Verbraucher pendelt, wird als Blindleistung Q definiert. Der arithmetische Mittelwert von q ist null.

$$Q = U \cdot I \cdot \sin\varphi = X \cdot I_b^2 = \frac{U_b^2}{X} = B \cdot U_b^2 \qquad (3.62)$$

In der Energietechnik ist es von Interesse, ob eine Quelle dem Verbraucher induktive oder kapazitive Blindleistung zur Verfügung stellen muss, z.B. hängt davon der Erregerstrom einer Synchronmaschine ab. Es ist jedoch nicht üblich wie bei der Wirkleistung durch ein Vorzeichen zwischen gelieferter und aufgenommener Blindleistung zu unterscheiden.

3.7.4   Scheinleistung und Leistungsfaktor

Die Wirkleistung P als Mittelwert der Klemmenleistung und die Blindleistung Q als Scheitelwert des zwischen Zweipol und Netz pendelnden Leistungsanteils haben unmittelbare physikalische Bedeutung. Da elektrische Maschinen unabhängig vom jeweiligen Belastungsfall und damit vom Phasenverschiebungswinkel für eine bestimmte Nennspannung und einen Nennstrom ausgelegt sein müssen, bestimmen diese wesentlich die Dimensionierung und Baugröße. Mit zunehmender Spannung wachsen z.B. der Isolationsaufwand, die Abmessungen magnetischer Kreise oder die Windungszahl und bei größeren Strömen nehmen z.B. die Leiterquerschnitte, die Erwärmung und damit der Kühlaufwand oder die magnetischen Kräfte zu. Es ist deshalb sinnvoll eine weitere Leistungsgröße einzuführen. Als **Scheinleistung** bezeichnet man das Produkt aus den Effektivwerten der Spannung und des Stroms. Es ist dabei nicht üblich, wie bei der Wirkleistung durch das Vorzeichen zwischen aufgenommener oder abgegebener Scheinleistung zu unterscheiden, da Scheinleistungen nur in Sonderfällen algebraisch addiert werden dürfen (siehe Kap. 3.7.6) und dadurch keine Leistungsbilanz aufgestellt werden kann. Um die Scheinleistung nicht mit der Wirk- oder Blindleistung zu verwechseln, erhält sie als Einheit **Voltampere**.

$$S = U \cdot I$$
$$[S] = 1\,\text{VA} \quad \text{(Voltampere)} \tag{3.63}$$

Mit dieser Definition können nun eine Reihe von Beziehungen zwischen den Leistungsangaben hergestellt werden, wobei hier immer ein Verbraucherzählpfeilsystem unterstellt wird:

$$\frac{Q}{P} = \frac{U \cdot I \cdot \sin\varphi}{U \cdot I \cdot \cos\varphi} = \tan\varphi \qquad P^2 + Q^2 = (U \cdot I)^2 \cdot (\cos^2\varphi + \sin^2\varphi) = S^2$$

$$P = S \cdot \cos\varphi = \frac{Q}{\tan\varphi} \qquad Q = S \cdot \sin\varphi = P \cdot \tan\varphi$$

$$S = \sqrt{P^2 + Q^2} = \frac{P}{\cos\varphi} = \frac{Q}{\sin\varphi} \tag{3.64}$$

$$\varphi = \arctan\frac{Q}{P} = \arcsin\frac{Q}{S} = \arccos\frac{P}{S}$$

Bei der letzten Beziehung von Gleichung 3.64 erhält man mit dem Arkuskosinus allerdings nur den Betrag des Phasenverschiebungswinkels, nicht dessen Vorzeichen.

Als Leistungsfaktor λ (lambda) definiert man das Verhältnis der Wirk- zur Scheinleistung, bei sinusförmigen Spannungen und Strömen ist $\lambda = \cos \varphi$.

$$\lambda = \frac{P}{S} = \cos \varphi \qquad (3.65)$$

3.7.5 Leistungsmessung im Einphasennetz

Es soll hier nicht auf die Funktionsweise von Leistungsmessern eingegangen werden, auch nicht auf die Fehlerkorrektur. Leistungsmesser werden hier, wie auch Spannungs- oder Strommesser, in der Regel als verlustlos angesehen. Da aber in den folgenden Beispielen und Übungsaufgaben oft Leistungsmesser gezeigt werden, mit denen die Wirk- oder Blindleistung eines Zweipols bestimmt wird, muss hier kurz auf deren Anwendung eingegangen werden.

Ein Messgerät zur Wirk- oder Blindleistungsmessung hat vier Anschlussklemmen, zwei für den Strompfad und zwei für den Spannungspfad. Für eine richtige Anzeige ist auf den richtigen Anschluss des Messgeräts in der Schaltung zu achten. Aufgrund seiner physikalischen Funktion zeigt ein elektrodynamisches Messwerk, das hier als Beispiel für ein Messgerät zur Leistungsmessung herangezogen werden soll, das Produkt aus dem Effektivwert der angelegten Spannung, dem Effektivwert des durch das Messgerät fließenden Stroms und dem Phasenverschiebungswinkel zwischen den beiden an. Dies entspricht der Wirkleistung. In Abb. 3.52 ist der richtige Anschluss eines Wirkleistungsmessers bei direkter Messung gezeigt. Wird der Strom nicht direkt, sondern über einen Stromwandler, aufgenommen, so wird die Klemme 1 des Leistungsmessers mit der Klemme k des Stromwandlers und die Klemme 3 des Leistungsmessers mit der Klemme l des Stromwandlers verbunden. Bei Einsatz eines Spannungswandlers wird die Klemme 2 des Leistungsmessers mit der Klemme u des Spannungswandlers und die Klemme 5 des Leistungsmessers mit der Klemme v des Spannungswandlers verbunden.

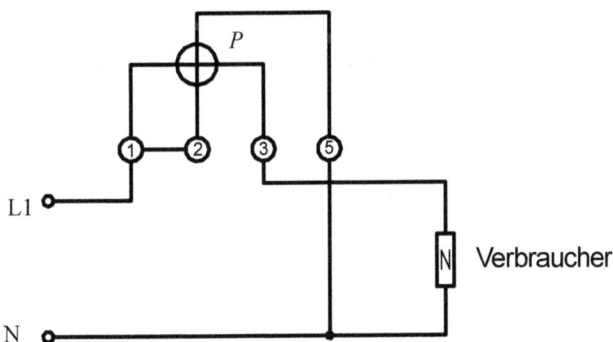

Abb. 3.52: Direkte Leistungsmesserschaltung mit Klemmenbezeichnung zur Wirkleistungsmessung

Um die Blindleistung direkt zu messen, muss der durch die Spannungsspule des Messgeräts fließende Messstrom um 90° gegenüber der Spannung am Prüfling nacheilen. Man erreicht dies durch eine Kunstschaltung, z.B. eine **Hummelschaltung**. Bei Drehstrom ist noch eine andere Möglichkeit gegeben, die im Kapitel 4.4.2 beschrieben wird. Man misst direkt die Blindleistung, da $U \cdot I \cdot \cos(90° - \varphi) = U \cdot I \cdot \sin \varphi$ ist. Ist die Blindleistung negativ, so würde das Instrument nach links ausschlagen, somit wäre keine Ablesung möglich. In diesem Fall vertauscht man die Klemmen am Spannungspfad und muss nun den abgelesenen Leistungswert negativ werten, d.h. man hat eine kapazitive Blindleistung vor sich. Auf die Klemmenbezeichnung wird bei den folgenden Abbildungen verzichtet, Wirk- und Blindleistungsmesser sollen immer so angeschlossen sein, dass die in den Angaben gegebenen Werte die richtigen Leistungswerte sind.

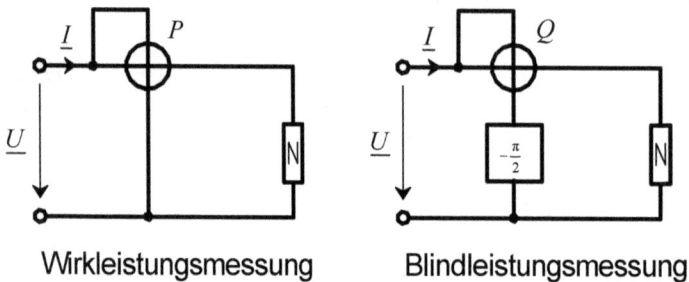

Abb. 3.53: Messung der Wirk- und Blindleistung

Beispiel:
In den Schaltungen der Abb. 3.54 wurden folgende Werte gemessen: $U = 231$ V, $f = 50$ Hz, $P = 50$ W, $Q = 40$ var. Gesucht sind R und L.

Für die Reihenschaltung erhält man:

$$S = \sqrt{P^2 + Q^2} = 64\,\text{VA} \qquad I = \frac{S}{U} = 277\,\text{mA} \qquad R = \frac{P}{I^2} = 650,7\,\Omega \qquad L = \frac{Q}{\omega \cdot I^2} = 1,66\,\text{H}$$

Für die Parallelschaltung erhält man:

$$R = \frac{U^2}{P} = 1067\,\Omega \qquad X_L = \frac{U^2}{Q} = 1334\,\Omega \qquad L = \frac{X_L}{\omega} = 4,25\,\text{H}$$

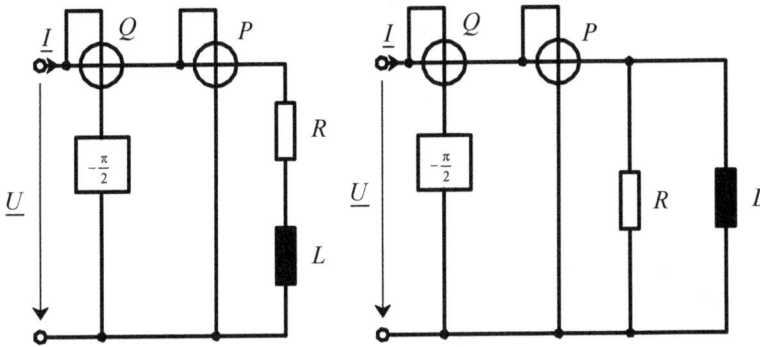

Abb. 3.54: Leistungsmessung an zwei komplexen Widerständen

Beispiel:
Für die Reihenschaltung der beiden ohmsch/induktiven Verbraucher in Abb. 3.55 ist bekannt: $P_{ges} = 5$ kW, $\cos\varphi_1 = 0,5$, $\cos\varphi_2 = 0,8$, $U = 400$ V, $I = 20$ A. Gesucht sind die Spannungen U_1 und U_2.

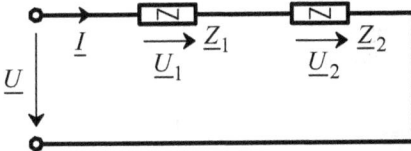

Abb. 3.55: Reihenschaltung zweier ohmsch/induktiver Verbraucher

Da zwei Größen gesucht sind, müssen auch zwei voneinander unabhängige Gleichungen aufgestellt werden. Als erste Gleichung wählt man:

$$P_{ges} = P_1 + P_2 = U_1 \cdot I \cdot \cos\varphi_1 + U_2 \cdot I \cdot \cos\varphi_2$$

Als zweite Gleichung kann man wählen:

$$U = \sqrt{U_R^2 + U_b^2} = \sqrt{\left(U_{R_1} + U_{R_2}\right)^2 + \left(U_{L_1} + U_{L_2}\right)^2}$$

$$= \sqrt{\left(U_1 \cdot \cos\varphi_1 + U_2 \cdot \cos\varphi_2\right)^2 + \left(U_1 \cdot \sin\varphi_1 + U_2 \cdot \sin\varphi_2\right)^2} \qquad \text{oder}$$

$$\tan\varphi = \frac{U_b}{U_R} = \frac{U_1 \cdot \sin\varphi_1 + U_2 \cdot \sin\varphi_2}{U_1 \cdot \cos\varphi_1 + U_2 \cdot \cos\varphi_2} \qquad \text{mit} \qquad \varphi = \arccos\frac{P_{ges}}{S_{ges}} = \arccos\frac{P_{ges}}{U \cdot I} = 51{,}3°$$

Aus der ersten Gleichung erhält man: $U_2 = 312,5\,\text{V} - 0,625 \cdot U_1$. Eingesetzt in die zweite Gleichung ergibt dies:

$$\tan \varphi = 1,249 = \frac{0,866 \cdot U_1 + 0,6 \cdot (312,5\,\text{V} - 0,625 \cdot U_1)}{0,5 \cdot U_1 + 0,8 \cdot (312,5\,\text{V} - 0,625 \cdot U_1)} \qquad U_1 = 254,1\,\text{V} \qquad U_2 = 153,7\,\text{V}$$

Aufgabe 3.10

An einem passiven Zweipol wurden mit der rechten Schaltung in Abb. 3.53 bei $U = 100$ V ein Strom $I = 1$ A und eine Blindleistung $Q = -50$ var gemessen. Es sollen der Scheinwiderstand, Phasenverschiebungswinkel und die aufgenommene Wirkleistung bestimmt werden.

3.7.6   Komplexe Leistung

Formal haben die Gleichungen 3.64 Ähnlichkeit mit den Gleichungen 3.36 für den Scheinwiderstand und den Phasenverschiebungswinkel. Es liegt also nahe, wie bei den Widerständen mit dem komplexen Widerstand oder Widerstandsoperator, die Scheinleistung durch eine komplexe Leistung oder einen Leistungsoperator darzustellen. Anders als bei den Widerständen, die wirklich stillstehende Zeiger sind, sind die Wirk-, Blind- und Scheinleistung in ihrer Zeigerdarstellung eigentlich Zeiger, die mit doppelter Kreisfrequenz rotieren. Die Darstellung als stillstehender Zeiger oder Operator ist demnach eine Vereinfachung, die vereinbart wird. Der Zeiger für die Wirkleistung weist nach dieser Vereinbarung in Richtung der positiven reellen Achse, der Zeiger der Blindleistung je nach Vorzeichen in Richtung der positiven oder negativen imaginären Achse, und der Zeiger der Scheinleistung ist die geometrische Summe aus beiden.

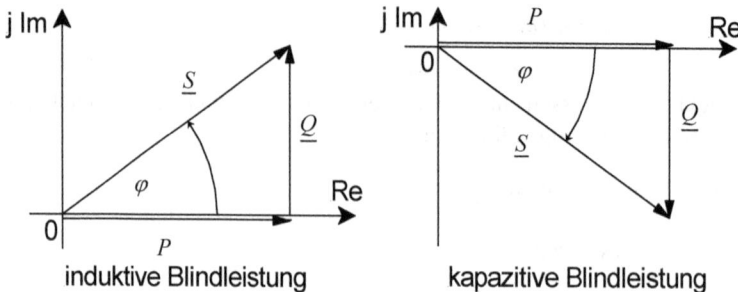

induktive Blindleistung   kapazitive Blindleistung

Abb. 3.56: Komplexe Leistungen

Die komplexe Leistung ist danach:

$$\underline{S} = P + \text{j} \cdot Q = S \cdot (\cos \varphi + \text{j} \cdot \sin \varphi) = S \cdot \text{e}^{\text{j} \cdot \varphi} \tag{3.66}$$

Möchte man die komplexe Leistung aus der komplexen Spannung und dem komplexen Strom ermitteln, so ist zu beachten, dass das Produkt aus den beiden nicht das formal richtige Ergebnis liefert:

$$\underline{U} \cdot \underline{I} = U \cdot e^{j \cdot \varphi_u} \cdot I \cdot e^{j \cdot \varphi_i} = U \cdot I \cdot e^{j \cdot (\varphi_u + \varphi_i)}$$

Der Phasenverschiebungswinkel ist aber definiert als $\varphi = \varphi_u - \varphi_i$, demnach muss die komplexe Spannung mit dem konjugiert komplexen Strom multipliziert werden.

$$\begin{aligned} \underline{S} &= \underline{U} \cdot \underline{I}^* = \underline{Z} \cdot \underline{I} \cdot \underline{I}^* = \underline{Z} \cdot I^2 \\ &= U \cdot I \cdot e^{j \cdot \varphi} = U^2 \cdot Y \cdot e^{j \cdot \varphi} = U^2 \cdot \underline{Y}^* \end{aligned} \qquad (3.67)$$

Soll die gesamte komplexe Leistung $\underline{S}$ bzw. die gesamte Scheinleistung S mehrerer passiver Zweipole ermittelt werden, so erhält man sie aus:

$$\begin{aligned} \underline{S} &= \sum_{i=1}^{n} \underline{S}_i = \sum_{i=1}^{n} P_i + j \cdot \sum_{i=1}^{n} Q_i \\ S &= \sqrt{\left(\sum_{i=1}^{n} P_i \right)^2 + \left(\sum_{i=1}^{n} Q_i \right)^2} \end{aligned} \qquad (3.68)$$

Scheinleistungen dürfen demnach nur in dem Sonderfall algebraisch addiert werden, wenn alle passiven Zweipole den gleichen $\cos\varphi$ haben.

Beispiel:
Für einen Zweipol mit Verbraucherzählpfeilsystem ist $\underline{U} = 100\,\text{V} \cdot e^{j \cdot 70°}$ und $\underline{I} = 1\,\text{A} \cdot e^{-j \cdot 45°}$. Es sollen sämtliche Leistungen berechnet werden.

$$\underline{S} = \underline{U} \cdot \underline{I}^* = 100\,\text{V} \cdot e^{j \cdot 70°} \cdot 1\,\text{A} \cdot e^{j \cdot 45°} = 100\,\text{VA} \cdot e^{j \cdot 115°} = -42{,}26\,\text{W} + j \cdot 90{,}63\,\text{var}$$

$$S = 100\,\text{VA} \qquad P = -42{,}26\,\text{W} \qquad Q = 90{,}63\,\text{var}$$

Es handelt sich demnach um einen Erzeuger, der eine Wirkleistung liefert und eine induktive Blindleistung aufnimmt bzw. eine kapazitive Blindleistung liefert.

Aufgabe 3.11
Für die Schaltung aus Abb. 3.34 sollen mit Hilfe der komplexen Rechnung die Leistungen ermittelt und das Ergebnis durch die Berechnung der Leistungen der einzelnen Komponenten in der Schaltung kontrolliert werden. Es sollen die mit Hilfe des rekursiven Verfahrens in Kap. 3.6.2 ermittelten Werte zur Berechnung herangezogen werden, auch wenn sich durch die begrenzte Genauigkeit des Zeigerdiagramms kleinere Abweichungen in den Ergebnissen ergeben werden.

3.7.7   Blindleistungskompensation

Der einem Verbraucher zuzuführende Strom hängt von dessen Scheinleistung ab. Je größer die Blindleistung ist, desto größer sind die durch den Strom hervorgerufenen Verluste auf der Leitung und in der Quelle. Aus diesem Grund soll die Blindleistung am Ort des Verbrauchers möglichst weitgehend kompensiert werden. Dies geschieht bei einem induktiven Verbraucher durch Zuschalten von Kapazitäten. Die beiden tauschen dabei ihre Blindleistung aus ohne damit das Netz zu belasten. Seltener kommen kapazitive Verbraucher vor, diese könnten durch Zuschalten von Induktivitäten kompensiert werden. Die Kompensation könnte in beiden Fällen auch durch so genannte Phasenschieber erfolgen, dies sind speziell zur Blindleistungskompensation ausgelegte Synchronmaschinen. Hier soll nur auf die weitverbreitete Kompensation mittels Kondensatoren eingegangen werden.

Man könnte die Kompensation der Blindleistung sowohl dadurch erreichen, dass man eine Kapazität in Reihe oder parallel zu einem Verbraucher schaltet. Bei der Reihenschaltung fällt jedoch an der Kapazität eine lastabhängige Spannung ab, so dass der Verbraucher nicht mit einer konstanten Klemmenspannung versorgt würde. Außerdem würde der Strom auf der Zuleitung noch größer (siehe Kap. 3.9.1). Aus diesen Gründen wird ausschließlich die Parallelschaltung angewendet. Bezeichnet man den Anteil der induktiven Blindleistung, der durch eine kapazitive kompensiert werden soll, mit Q_{komp}, so folgt für die dazu notwendige Kapazität C_{komp} mit $Q_{komp} = -Q_C$ aus Gleichung 3.60:

$$C_{komp} = \frac{Q_{komp}}{\omega \cdot U^2} \tag{3.69}$$

Beispiel:

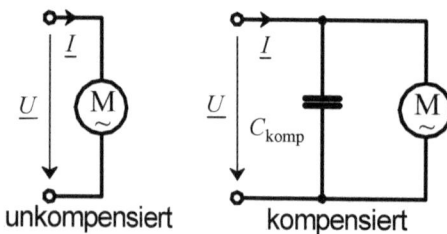

Abb. 3.57: Kompensationsschaltung

Ein einphasiger Wechselstrommotor (er stellt einen ohmsch/induktiven Verbraucher dar) mit $P_N = 5$ kW, $U = 230$ V, $f = 50$ Hz, $\cos \varphi = 0{,}6$ und $\eta = 0{,}9$ soll bei seiner Nennleistung auf $\cos \varphi = 0{,}9$ und auf $\cos \varphi = 1$ kompensiert werden. Welche Kapazität muss dazu jeweils parallel zum Motor geschaltet werden?

Die Leistungsschildangabe bezieht sich auf die an der Welle des Motors abgegebene Wirkleistung. Die dem Motor zugeführte Wirkleistung (siehe Gleichung 2.25 in Band 1), seine Blind- und Scheinleistung und der Strom sind:

$$P_{zu} = \frac{P_{ab}}{\eta} = \frac{P_N}{\eta} = P = 5{,}56\,\text{kW} \qquad S = \frac{P}{\cos\varphi} = 9{,}26\,\text{kVA} \qquad Q = P \cdot \tan\varphi = 7{,}41\,\text{kvar}$$

$$I = \frac{P}{U \cdot \cos\varphi} = 40{,}3\,\text{A}$$

Durch die Kompensation ändert sich die Wirkleistung nicht. Um auf $\cos\varphi = 1$ zu kommen, muss die gesamte Blindleistung kompensiert werden, d.h. $Q_{komp} = Q$. Dazu erforderlich ist:

$$C_{komp} = \frac{Q_{komp}}{\omega \cdot U^2} = 446\,\mu\text{F}$$

Für den Motor samt dem parallelgeschalteten Kondensator sind die Scheinleistung und der Strom:

$$S = P = 5{,}56\,\text{kVA} \qquad I = \frac{P}{U \cdot \cos\varphi} = 24{,}2\,\text{A}$$

Bei $\cos\varphi = 0{,}9$ ist die verbleibende Blindleistung für den Motor samt Kompensationskapazität $Q = P \cdot \tan\varphi = 2{,}69\,\text{kvar}$. Somit sind die zu kompensierende Blindleistung, die dazu erforderliche Kapazität, die Scheinleistung und der Strom:

$$Q_{komp} = 7{,}41\,\text{kvar} - 2{,}69\,\text{kvar} = 4{,}72\,\text{kvar} \qquad C_{komp} = \frac{Q_{komp}}{\omega \cdot U^2} = 284\,\mu\text{F}$$

$$S = \frac{P}{\cos\varphi} = 6{,}17\,\text{kVA} \qquad I = \frac{S}{U} = 26{,}8\,\text{A}$$

> Für die Praxis ist eine Kompensation auf $\cos\varphi = 0{,}9$ meist ausreichend.

3.7.8 Leistungsanpassung

Wie in Kap. 2.11.4 in Band 1 wird untersucht, unter welchen Bedingungen eine Quelle an einen Verbraucher die maximal mögliche Wirkleistung abgibt, man spricht dann von einer Wirkleistungsanpassung. Man kann aber ebenso eine Anpassung für eine Übertragung der maximal möglichen Scheinleistung durchführen, in diesem Fall spricht man von einer Scheinleistungsanpassung.

In Abb. 3.58 ist eine lineare Spannungsquelle gezeigt, die mit einem komplexen Widerstand abgeschlossen ist. Es wird untersucht, bei welchem Abschlusswiderstand $\underline{Z}_a$ sich das Wirkleistungsmaximum einstellt.

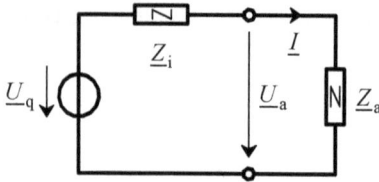

Abb. 3.58: Leistungsanpassung

Der Innenwiderstand $\underline{Z}_i = R_i + j \cdot X_i$ der Quelle und $\underline{U}_q$ werden als gegeben betrachtet. Das Maximum der Wirkleistung im Abschlusswiderstand $\underline{Z}_a = R_a + j \cdot X_a$ hängt dabei sowohl von R_a als auch von X_a ab, da beide Einfluss auf den sich einstellenden Strom I haben. Das Wirkleistungsmaximum stellt sich bei dem größtmöglichen Strom ein, denn $P_a = R_a \cdot I^2$. Da es sich hier um ein lineares Netzwerk und somit lineare Zusammenhänge handelt, kann man den jeweiligen Einfluss von R_a und X_a auf P_a getrennt betrachten. Um zunächst den Einfluss von X_a festzustellen wird R_a als gegeben betrachtet, dadurch erhält man zwar noch nicht das mögliche Wirkleistungsmaximum, aber das für diesen gegebenen Fall mögliche Wirkleistungsoptimum. Fasst man den Innen- und Abschlusswiderstand zu Z_e zusammen, so ist:

$$P_a = R_a \cdot I^2 = R_a \cdot \frac{U_q^{\,2}}{Z_e^{\,2}} = R_a \cdot \frac{U_q^{\,2}}{\left(R_i + R_a\right)^2 + \left(X_i + X_a\right)^2}$$

Außer X_a sind alle Variablen im rechten Teil der Gleichung vorgegeben. Das Optimum der Leistung erhält man, wenn der Nenner am kleinsten wird, dies ist für $X_i + X_a = 0$ bzw. für $X_a = -X_i$ der Fall. Das entspricht dem Resonanzfall, der aber erst in Kap. 3.9 behandelt wird. Untersucht man nun, bei welchem Widerstand R_a sich nach Erfüllung der ersten Voraussetzung das Leistungsmaximum einstellt, so muss man die verbliebene Gleichung $P_a = f(R_a)$ nach R_a ableiten und null setzen.

$$P_a = U_q^{\,2} \cdot \frac{R_a}{\left(R_i + R_a\right)^2} \qquad \frac{dP_a}{dR_a} = 0 = U_q^{\,2} \cdot \frac{\left(R_i + R_a\right)^2 - R_a \cdot 2 \cdot \left(R_i + R_a\right)}{\left(R_i + R_a\right)^4}$$

Die Gleichung wird null, wenn der Zähler des Bruchs null wird.

$$\left(R_i + R_a\right)^2 - R_a \cdot 2 \cdot \left(R_i + R_a\right) = 0 \qquad R_i = R_a$$

Somit lauten die beiden Bedingungen für Wirkleistungsanpassung:

$$R_a = R_i \quad \text{und} \quad X_a = -X_i \quad \text{bzw.} \quad \underline{Z}_a = \underline{Z}_i^{\,*} \qquad\qquad (3.70)$$

Die maximale Wirkleistung ist dann wie bei Gleichstrom:

$$P_{max} = \frac{U_q^{\,2}}{4 \cdot R_i} \quad \text{bzw.} \quad P_{max} = I_q^{\,2} \cdot \frac{R_i}{4}$$

Bei der Erfüllung nur einer der beiden Bedingungen liegt ein Wirkleistungsoptimum vor.

Da die Blindwiderstände sich mit der Frequenz ändern, ist Wirkleistungsanpassung nur für eine bestimmte Frequenz zu erreichen. Um Leistungsanpassung in einem großen Frequenzbereich zu erreichen, wie dies z.B. in der Nachrichtentechnik gefordert wird, wählt man in diesem Fall die Scheinleistungsanpassung. Die maximal mögliche Scheinleistung wird übertragen, wenn der komplexe Abschlusswiderstand gleich dem Innenwiderstand ist.

$$\underline{Z}_a = \underline{Z}_i \tag{3.71}$$

Ist zudem $R_a \gg X_a$, so unterscheidet sich das Scheinleistungsmaximum nur unwesentlich vom Wirkleistungsmaximum, ist aber frequenzunabhängig.

Aufgabe 3.12
Wie groß muss der Abschlusswiderstand $\underline{Z}_a$ in Abb. 3.59 für Wirkleistungsanpassung gemacht werden und wie groß ist die maximale Wirkleistung?

$\underline{U}_{q1} = 100\,\text{V}, \ \underline{U}_{q2} = 100\,\text{V} \cdot e^{j \cdot 60°}, \ \underline{Z}_{i1} = 8\,\Omega \cdot e^{j \cdot 60°}, \ \underline{Z}_{i2} = 8\,\Omega \cdot e^{j \cdot 30°}$

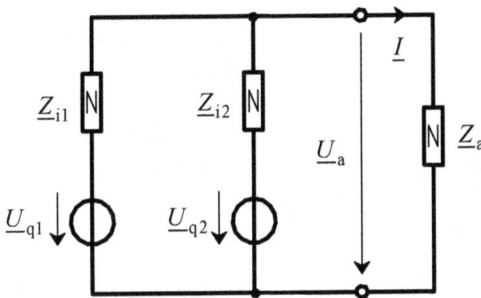

Abb. 3.59: Schaltung zu Aufgabe 3.12

3.8   Technische Wechselstromwiderstände

Bisher wurden alle Grundzweipole als ideal angesehen, bei realen Bauelementen ist dies jedoch nicht der Fall. Die Behandlung technischer Wechselstromwiderstände ist eigentlich das Thema einer Vorlesung über Bauelemente. Sie werden deshalb hier nur sehr kurz angesprochen und insoweit behandelt, wie es für die folgenden Kapitel notwendig erscheint.

3.8.1 Widerstand

Reale ohmsche Widerstände haben nicht nur die bisher unterstellte ideale Eigenschaft. Sie unterliegen Abweichungen durch ihre Temperatur- und Frequenzabhängigkeit sowie Einflüssen durch Verschiebungsströme und induktive Spannungen. Durch die gewählte Bauform können einzelne Einflüsse klein gehalten werden. Lässt man die Verwirklichung ohmscher Widerstände in integrierten Schaltungen und Hybridschaltungen außer Acht und betrachtet nur separate Bauelemente, so sind die wichtigsten Bauformen **Draht-**, **Schicht-** und **Massewiderstände**.

Bei Drahtwiderständen wird ein Metalldraht mit möglichst hohem spezifischem Widerstand auf einen Isolierkörper aufgewickelt. Um die sich dadurch ergebende Induktivität klein zu halten, kann man den Draht in der Mitte falten und gemeinsam so aufwickeln, dass jeweils gleich viele Windungen vom Strom in entgegengesetzter Richtung durchflossen werden, allerdings nehmen dadurch die kapazitiven Einflüsse zu. Man nennt dies eine **bifilare Wicklung**. Bei der **Chaperonwicklung** und Wicklung nach **Wertheim-Winkler** werden zur Verminderung der induktiven und kapazitiven Einflüsse Teilwicklungen mit wechselndem Wicklungssinn voneinander isoliert und in Reihe geschaltet. Drahtwiderstände werden in der Regel für kleinere Widerstandswerte aber für Verlustleistungen bis einige Kilowatt hergestellt und bei niedrigen Frequenzen eingesetzt. Die entstehende Wärme kann gut abgeführt werden.

Bei den Schichtwiderständen wird ein Isolierkörper mit einer dünnen Leiterschicht mit Schichtdicken zwischen 1 nm und 20 µm überzogen, man unterscheidet nach dem Leitermaterial **Metall-** und **Kohleschichtwiderstände**. Bei Widerstandswerten über 10 kΩ wird die Widerstandsschicht meist gewendelt aufgebracht bzw. nachträglich eine Wendelung in die Leiterschicht eingebrannt. Schichtwiderstände eignen sich für Hochfrequenz. Durch die Anbringung der Leiterschicht auf der Oberfläche des Isolierkörpers kann die entstehende Wärme gut abgeführt werden, die Leistungswerte sind meist kleiner als 10 W.

Massewiderstände werden aus einem pulvrigen, mit Bindemittel vermischten Widerstandsmaterial hergestellt, das in die Widerstandsform gepresst wird. Sie sind sehr preiswert und haben nur geringe Abmessungen, können aber die Wärme nur schlecht abführen und haben deshalb nur kleine Nennleistungen. Sie eignen sich für Hochfrequenz.

Die **Temperaturabhängigkeit** wird durch die aus Band 1 bekannte Gleichung 2.15 beschrieben: $R_\vartheta = R_{20} \cdot \left[1 + \alpha_{20} \cdot \left(\vartheta - 20°C \right) \right]$.

Die **Frequenzabhängigkeit** hat ihre Ursache in der **Stromverdrängung**, dem so genannten **Skineffekt**, der sich meist erst bei höheren Frequenzen bemerkbar macht, bei weitgehend in Eisen eingebetteten Leitern jedoch auch schon bei 50 Hz auftritt (Käfigläufer von Asynchronmotoren). Durch die bei hohen Frequenzen und damit großen Stromänderungsgeschwindigkeiten induzierten Wirbelströme i_W wird der Strom aus der Leitermitte an die Leiteroberfläche verdrängt, was einer Widerstandserhöhung gleichkommt. Dadurch nimmt die Stromdichte von der Oberfläche aus zur Leitermitte mit einer e-Funktion ab und wird bei höheren Frequenzen vollständig an die Oberfläche verdrängt.

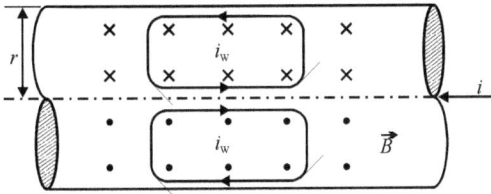

Abb. 3.60: Stromverdrängung im Inneren eines Leiters

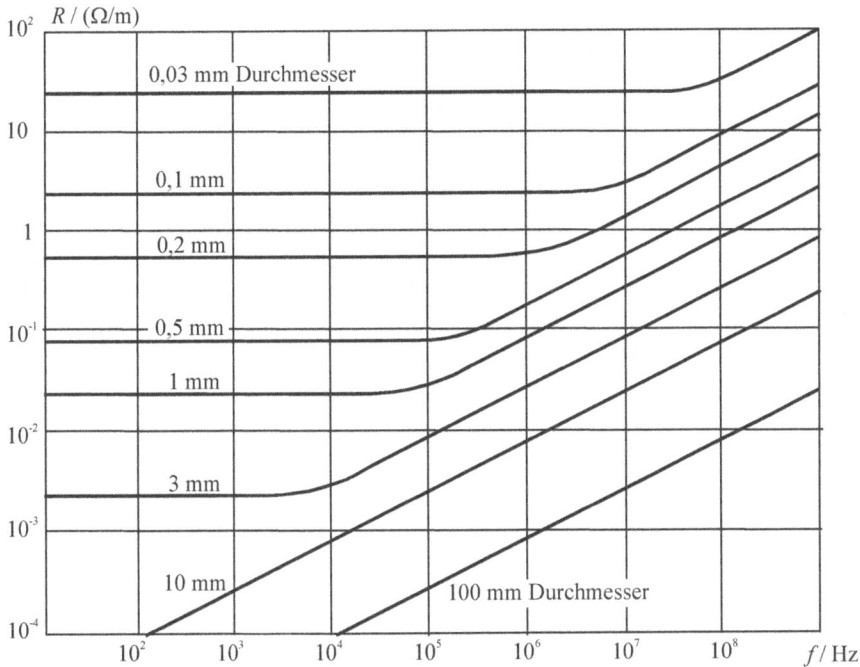

Abb. 3.61: Wirkwiderstand pro Meter Leiterlänge in Abhängigkeit von der Frequenz.

Zur Berechnung des Wechselstromwiderstands $R_\sim$ gegenüber Gleichstrom $R_=$ führt man einen Erhöhungsfaktor $k \geq 1$ ein.

$$R_\sim = k \cdot R_= \tag{3.72}$$

Es gibt jedoch für unterschiedliche Querschnittsformen keine allgemeingültige Formel für k. Außerdem spielen Materialeigenschaften und die Frequenz f eine Rolle, so dass man Näherungsformeln oder graphische Darstellungen wie in Abb. 3.61 verwendet. Abb. 3.61 gilt für runden Kupferdraht. Eine gängige Näherungsformel für kreisrunde Querschnitte lautet mit der dimensionslosen Hilfsgröße X, die aus dem Leiterdurchmesser d, der Leitfähigkeit γ, der Permeabilität des Leiters μ und der Frequenz f gebildet wird:

$$X = \frac{d}{4} \cdot \sqrt{\pi \cdot \gamma \cdot \mu \cdot f}$$

$$\text{Für } X < 1 \text{ ist}: \; k \approx 1 + \frac{X^4}{3} - \frac{4 \cdot X^8}{45} \tag{3.73}$$

$$\text{Für } X > 1 \text{ ist}: \; k \approx X + \frac{1}{4} + \frac{3}{64 \cdot X}$$

Man sieht aus Abb. 3.61, dass der Skineffekt bei dünnen Leitern wesentlich später in Erscheinung tritt. Deshalb verwendet man in der Hochfrequenztechnik oft Leiter aus dünnen, von einander isolierten Litzendrähten oder auch Hohlleiter. Bei Massewiderständen muss in der Regel für höhere Frequenzen der Skineffekt berücksichtigt werden, bei Schichtwiderständen ist er dagegen vernachlässigbar.

Ersatzschaltbild für Widerstände

An einem realen ohmschen Widerstand fällt eine Spannung ab, ebenso wird eine Selbstinduktionsspannung hervorgerufen. In einem einfachen Ersatzschaltbild stellt man demnach den realen Widerstand durch eine Reihenschaltung des ohmschen und induktiven Anteils dar. Durch das erzeugte elektrische Feld tritt neben dem Strom durch den Widerstand noch ein Verschiebungsstrom auf, sein Einfluss wird durch eine parallelgeschaltete Kapazität dargestellt.

Je nach Bauform überwiegt meist der Einfluss der induktiven Spannung oder des Verschiebungsstroms, so dass man das Ersatzschaltbild weiter vereinfachen kann.

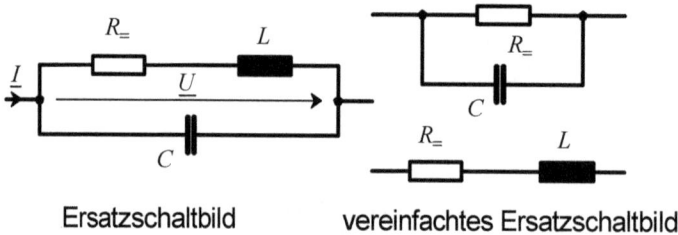

Ersatzschaltbild   vereinfachtes Ersatzschaltbild

Abb. 3.62: Ersatzschaltbild und vereinfachtes Ersatzschaltbild eines Widerstands bei Wechselstrom

Der komplexe Ersatzwiderstand ist demnach:

$$\underline{Z} = \frac{-\,\mathrm{j}\cdot\dfrac{1}{\omega C}\cdot\left(R_= + \mathrm{j}\cdot\omega L\right)}{R_= + \mathrm{j}\cdot\omega L - \mathrm{j}\cdot\dfrac{1}{\omega C}} = \frac{R_= + \mathrm{j}\cdot\omega\cdot\left(L - (\omega L)^2\cdot C - C\cdot R_=^{\,2}\right)}{(\omega C)^2\cdot\left[R_=^{\,2} + \left(\omega L - \dfrac{1}{\omega C}\right)^2\right]}$$

Den Phasenverschiebungswinkel zwischen $\underline{U}$ und $\underline{I}$ bzw. des komplexen Widerstands bezeichnet man als **Fehlwinkel** ε (epsilon), da er bei einem idealen ohmschen Widerstand ja null ist.

$$\varepsilon = \arctan\left[\omega\cdot\left(\frac{L}{R_=} - \frac{(\omega L)^2\cdot C}{R_=} - C\cdot R_=\right)\right] \qquad (3.74)$$

Bei bifilar gewickelten Drahtwiderständen, ungewendelten Schichtwiderständen und Massewiderständen überwiegt in der Regel der kapazitive Einfluss. Für diese Widerstände vereinfacht sich der Ausdruck für $\underline{Z}$ und ε:

$$\underline{Z} = \frac{-\,\mathrm{j}\cdot\dfrac{R_=}{\omega C}}{R_= - \mathrm{j}\cdot\dfrac{1}{\omega C}} = \frac{R_= - \mathrm{j}\cdot\omega C\cdot R_=^{\,2}}{1 + (\omega C\cdot R_=)^2} \qquad (3.75)$$

$$\varepsilon = \arctan\left(-\,\omega C\cdot R_=\right)$$

Für Drahtwiderstände und gewendelte Schichtwiderstände überwiegt in der Regel der induktive Einfluss. Für diese Widerstände vereinfacht sich der Ausdruck für $\underline{Z}$ und ε:

$$\underline{Z} = R_= + \mathrm{j}\cdot\omega L$$

$$\varepsilon = \arctan\frac{\omega L}{R_=} \qquad (3.76)$$

Im praktischen Einsatz soll der Wirkwiderstand größer als der Betrag des Blindwiderstands des Bauelements sein. Bei der **Grenzfrequenz** f_g bzw. **Grenzkreisfrequenz** ω_g ist $\varepsilon = \pm\,45°$, d.h. der Wirkwiderstand und Betrag des Blindwiderstands sind gleich groß. Die Bauelemente müssen also möglichst unterhalb ihrer Grenzfrequenz bzw. Grenzkreisfrequenz betrieben werden. Für die vereinfachten Ersatzschaltungen ergeben sich demnach die Grenzkreisfrequenzen zu:

$$\omega_g = \frac{1}{C\cdot R_=} \qquad \text{bzw.} \qquad \omega_g = \frac{R_=}{L} \qquad (3.77)$$

Beispiel:

Ein Schichtwiderstand von 68 kΩ hat eine Eigenkapazität von 2,2 pF, die Induktivität ist vernachlässigbar. Wie groß ist die Grenzfrequenz, und wie groß sind bei $f = 500$ kHz der Scheinwiderstand und Fehlwinkel? Mit den Gleichungen 3.77 und 3.75 ergibt sich:

$$f_g = \frac{1}{2 \cdot \pi \cdot C \cdot R_=} = 1{,}06\,\text{MHz} \qquad Z = \sqrt{\frac{R_=^2 + (\omega C)^2 \cdot R_=^4}{\left(1 + (\omega C \cdot R_=)^2\right)^2}} = 61{,}5\,\text{k}\Omega$$

$$\varepsilon = \arctan(-\omega C \cdot R_=) = -25°$$

3.8.2   Induktivität

Eine Induktivität besteht aus einem Spulenkörper, auf den eine Drahtwicklung aufgebracht wird. Bei den Spulen muss zwischen Luftspulen und solchen mit einem Ferrit- oder Eisenkern unterschieden werden. Man kann allerdings die Betrachtung gemeinsam durchführen, wenn man bedenkt, dass bei den Luftspulen keine Kernverluste auftreten können. Bei Spulen für Frequenzen $f < 100$ MHz wird in der Regel ein Ferrit- oder Eisenkern mit einstellbarem Luftspalt verwendet, da sich dadurch wesentlich höhere Induktivitäten als bei reinen Luftspulen erzielen lassen (vgl. Band 1, Kap. 6.22).

Durch den ohmschen Widerstand des Spulendrahts treten zwangsläufig Verluste auf. Da die Wicklung praktisch ausschließlich durch Kupferdrähte realisiert wird, nennt man diese **Kupferverluste.** Sie werden in dem Ersatzschaltbild für eine Spule durch einen ohmschen Widerstand R_{Cu} in Reihe zur Induktivität berücksichtigt. Weiter treten Verschiebungsströme durch die Kapazität der nebeneinander liegenden Windungen auf, die sich aber meist erst bei höheren Frequenzen bemerkbar machen, und die durch konstruktive Maßnahmen, wie eine Kreuzwicklung oder Kammerwicklung, klein gehalten werden können. Für eine Luftspule ergibt sich somit das gleiche Ersatzschaltbild wie für den Widerstand in Abb. 3.62. Allerdings sollen hier die Induktivität möglichst groß und der Widerstand möglichst klein sein.

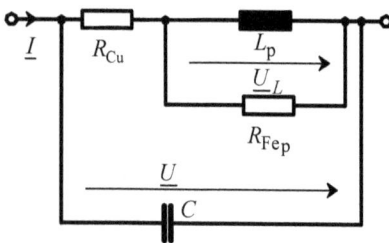

Abb. 3.63: Ersatzschaltbild für eine Spule mit Ferrit- oder Eisenkern

Bei ferromagnetischen Kernen treten aber noch weitere Verluste auf. Es sind dies **Hystereseverluste,** die der Frequenz und dem Quadrat der magnetischen Flussdichte proportional sind (vgl. Band 1, Kap. 6.6.3) und **Wirbelstromverluste**, die dem Quadrat der Frequenz und dem Quadrat der magnetischen Flussdichte proportional und dem Widerstand des Kernmaterials umgekehrt proportional sind (vgl. Band 1, Kap. 6.5). Diese **Kern-** oder **Eisenverluste** sind reine Wirkverluste, durch die der Spulenkern erwärmt wird. Sie werden durch einen Widerstand R_{Fe_p} parallel zur Induktivität berücksichtigt.

Spulen werden meist weit unterhalb ihrer Resonanzfrequenz (siehe Kap. 3.9) betrieben, bei diesen Frequenzen kann die Wicklungskapazität in der Regel vernachlässigt werden. Oberhalb ihrer Resonanzfrequenz würde sich eine Spule kapazitiv verhalten.

Zu beachten ist insbesondere in der Energietechnik bei Kernen ohne Luftspalt, dass im Falle eines Betriebs im Sättigungsbereich des Eisens die Induktivität nicht mehr als konstant angesehen werden kann, und sich beim Magnetisierungsstrom I_μ Abweichungen von der Sinusform ergeben. Oft werden jedoch Luftspalte zur Linearisierung der Magnetisierungskennlinie eingebaut. Außerdem werden in der Energietechnik in der Regel die Eisenverluste vom Hersteller angegeben, dann ist:

$$R_{Fe} = \frac{U_L^2}{P_{Fe}} \approx \frac{U^2}{P_{Fe}} \qquad \cos\varphi = \frac{P_{Cu} + P_{Fe}}{S} = \frac{R_{Cu} \cdot I^2 + P_{Fe}}{U \cdot I} \qquad (3.78)$$

Üblicher ist jedoch die Angabe eines so genannten **Verlustwinkels** δ_L (delta) oder der **Güte** Q_L. Die Wicklungskapazität wird bei den folgenden Betrachtungen wieder vernachlässigt. Um die Güte zu ermitteln, wird zunächst eine Umwandlung der Parallelschaltung von L_p und R_{Fe_p} in eine äquivalente Reihenschaltung mit L_r und R_{Fe_r} vorgenommen.

Nach Gleichung 3.52 ist:

$$R_{Fe_r} = \frac{\dfrac{1}{R_{Fe_p}}}{\dfrac{1}{R_{Fe_p}^2} + \dfrac{1}{(\omega L_p)^2}} = R_{Fe_p} \cdot \frac{1}{1 + \dfrac{R_{Fe_p}^2}{(\omega L_p)^2}}$$

$$\omega L_r = \frac{\dfrac{1}{\omega L_p}}{\dfrac{1}{R_{Fe_p}^2} + \dfrac{1}{(\omega L_p)^2}} \qquad L_r = L_p \cdot \frac{1}{1 + \dfrac{(\omega L_p)^2}{R_{Fe_p}^2}}$$

Diese Umwandlung gilt jeweils für eine bestimmte Frequenz und muss für jede andere Frequenz wiederholt werden. Wie in der Abbildung 3.64 gezeigt, werden die beiden Verlustwiderstände R_{Cu} und R_{Fe_p} zu einem gemeinsamen Verlustwiderstand R_V zusammengefasst.

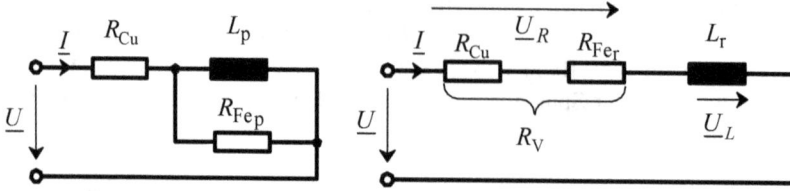

Abb. 3.64: Ersatzschaltbild einer Spule

Der Verlustwinkel δ_L ergibt sich nach dem Zeigerdiagramm in Abb. 3.65:

$$\delta_L = 90° - \varphi$$

$$\tan \delta_L = \frac{U_R}{U_L} = \frac{P_V}{Q_L} = \frac{I^2 \cdot R_V}{I^2 \cdot \omega L_r} = \frac{R_V}{\omega L_r} \tag{3.79}$$

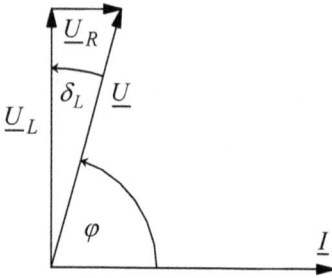

Abb. 3.65: Zeigerdiagramm für die Ersatzschaltung einer Spule

Der $\tan \delta_L$ einer Spule wird als **Verlustfaktor** d_L bezeichnet und der Kehrwert davon als **Güte** Q_L der Spule (nicht zu verwechseln mit der Blindleistung der Spule, die den gleichen Formelbuchstaben hat). Beide sind, wie auch der Verlustwinkel, frequenzabhängig. Zu berücksichtigen ist u.U. auch, dass die Kupferverluste temperaturabhängig sind. Kleine Spulen mit Ferritkern können Gütewerte von weit über 100 erreichen.

$$d_L = \tan \delta_L = \frac{R_V}{\omega L_r}$$

$$Q_L = \frac{1}{d_L} = \frac{\omega L_r}{R_V} \tag{3.80}$$

Für Verlustwinkel $\delta_L < 5°$ ist $d_L \approx \delta_L$ mit δ_L im Bogenmaß.

Beispiel:
Eine Drossel wird bei ihrer Betriebsfrequenz $f = 50$ Hz vermessen. Dabei ergeben sich folgende Werte: $U = 230$ V, $I = 1$ A, $P = 22$ W. Damit erhält man:

$$Z = \frac{U}{I} = 230\,\Omega \qquad R_V = \frac{P}{I^2} = 22\,\Omega \qquad \omega L_r = \sqrt{Z^2 - R_V^2} = 229\,\Omega \qquad Q_L = \frac{\omega L_r}{R_V} = 10{,}4$$

$$\varphi = \arccos\frac{R_V}{Z} = 84{,}5° \qquad \delta_L = 90° - \varphi = 5{,}5° \qquad d_L = \tan\delta_L = \frac{1}{Q_L} = 96\cdot10^{-3}$$

3.8.3   Kapazität

Bei einem realen Kondensator treten ebenfalls Wirkverluste auf. Alle als Dielektrika eingesetzten Isolierstoffe haben einen endlichen Widerstand, deshalb fließt im Dielektrikum eines Kondensators wie auch über seine Oberfläche ein Strom. Die sich dadurch ergebenden Verluste können durch einen Isolationswiderstand R_{iso} parallel zur Kapazität dargestellt werden. Trennt man einen Kondensator, nachdem er auf die Ladung Q_0 aufgeladen wurde, von der Quelle, so entlädt er sich über diesen Widerstand (vgl. Band 1, Kap. 4.7.2). Diese **Isolationsverluste** ergeben sich sowohl bei Gleich- als auch bei Wechselspannungsbetrieb. Die Ladung nimmt exponentiell mit der **Entladezeitkonstante** τ ab.

$$Q = Q_0 \cdot e^{-\frac{t}{\tau}} \qquad \text{mit} \qquad \tau = R_{iso} \cdot C \tag{3.81}$$

Bei Wechselspannungsbetrieb treten dazu so genannte **Polarisationsverluste** (vgl. Band 1, Kap. 4.3.1) auf, die mit steigender Frequenz zunehmen. Auch sie sind reine Wirkverluste, da sich dadurch das Dielektrikum erwärmt. Sie werden durch einen weiteren, allerdings frequenzabhängigen Widerstand R_{pol} parallel zur Kapazität dargestellt. R_{iso} und R_{pol} können zu einem gemeinsamen Verlustwiderstand R_V zusammengefasst werden. Bei hohen Frequenzen müssen auch der Widerstand R_L und die innere Induktivität (vgl. Band 1, Kap. 6.6.1) der Zuleitung und der Elektroden durch die Reihenschaltung eines Widerstands und einer Induktivität zur Kapazität berücksichtigt werden. R_L kann dann für jede Frequenz in einen äquivalenten Parallelwiderstand umgerechnet und ebenfalls R_V zugeschlagen werden.

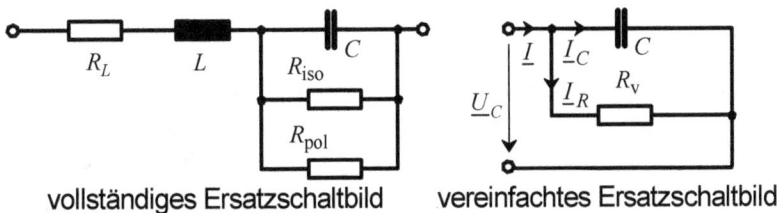

vollständiges Ersatzschaltbild   vereinfachtes Ersatzschaltbild

Abb. 3.66: Ersatzschaltbilder eines Kondensators

Das Zeigerdiagramm soll für das Ersatzschaltbild bei Frequenzen angegeben werden, bei denen L und R_L noch vernachlässigt werden können, dabei ist der Strom $\underline{I}_R$ bei realen Kondensatoren gegenüber $\underline{I}_C$ viel kleiner als im Zeigerdiagramm angetragen.

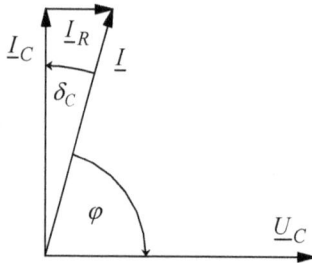

Abb. 3.67: Zeigerdiagramm für die vereinfachte Ersatzschaltung eines Kondensators

Der Verlustwinkel δ_C ergibt sich nach dem Zeigerdiagramm in Abb. 3.67:

$$\delta_C = 90° - |\varphi|$$

$$\tan \delta_C = \frac{I_R}{I_C} = \frac{P_V}{|Q_C|} = \frac{U_C^2/R_V}{U_C^2/X_C} = \frac{X_C}{R_V} = \frac{1}{\omega C \cdot R_V} \tag{3.82}$$

Der $\tan \delta_C$ eines Kondensators wird als **Verlustfaktor** d_C bezeichnet und der Kehrwert davon als **Güte** Q_C (nicht zu verwechseln mit der Blindleistung des Kondensators, die den gleichen Formelbuchstaben hat). Beide sind wie auch der Verlustwinkel frequenzabhängig. Zu berücksichtigen ist u.U. auch, dass die Kapazität temperaturabhängig ist (vgl. Band 1, Kap. 4.4.4).

$$d_C = \tan \delta_C = \frac{1}{\omega C \cdot R_V}$$

$$Q_C = \frac{1}{d_C} = \omega C \cdot R_V \tag{3.83}$$

Da der Verlustwinkel δ_C meist kleiner als 5° ist, gilt $d_C = \tan \delta_C \approx \delta_C$ mit δ_C im Bogenmaß.

Beim Verlustfaktor nimmt mit steigendem ω der Widerstand R_{pol} und damit R_V ab, somit ergibt sich kein einfacher Zusammenhang für $\tan \delta_C = \mathrm{f}(f)$. Für die Kondensatoren sind die Verlustfaktoren als Funktion der Frequenz meist in Form von Kennlinien gegeben, wie in Abb. 3.68 gezeigt.

Ab einer bestimmten sehr hohen Frequenz, die vom Kondensatortyp und seiner Kapazität abhängt, tritt Resonanz (siehe Kap. 3.9) auf, und über dieser Frequenz verhält sich ein technischer Kondensator wie eine verlustbehaftete Induktivität.

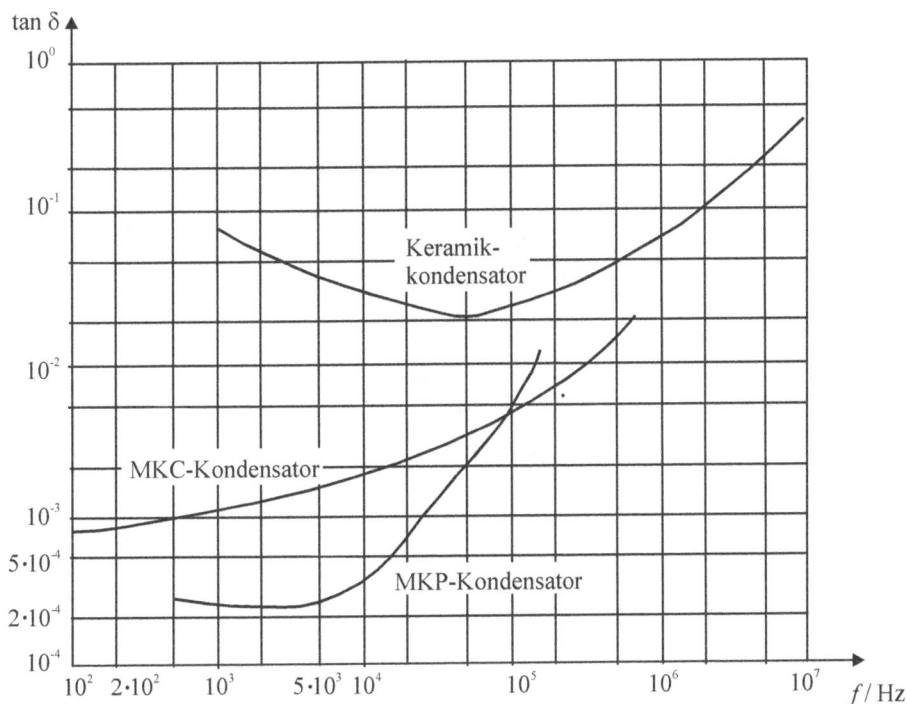

Abb. 3.68: Verlustfaktor als Funktion der Frequenz für zwei Metall-Kunststoff-Kondensatoren und einen Keramik-Kondensator

Beispiel:
Ein MKP-Kondensator (er hat den Kunststoff Polypropylen als Dielektrikum) mit 680 nF soll bei einer Frequenz von 50 kHz betrieben werden. Den Wert für R_V bestimmt man aus Gleichung 3.83, dabei liest man für $\tan \delta_C$ aus Abb. 3.68 den Wert $2 \cdot 10^{-3}$ ab. Somit ergibt sich $R_V = 1 / (\omega C \cdot \tan \delta_C) = 2{,}34 \text{ k}\Omega$.

3.9   Resonanz

Der komplexe Widerstand $\underline{Z}$ und Leitwert $\underline{Y}$ eines Netzwerks werden durch die Grundzweipole R, L und C in dem Netzwerk und die Frequenz bestimmt. Durch die Änderung einer dieser Größen ändern sich auch $\underline{Z}$ und $\underline{Y}$. Tritt der Sonderfall ein, dass bei einer Frequenz $f > 0$ der Imaginärteil null wird, so spricht man von **Resonanz** und nennt die zugehörige Frequenz **Resonanzfrequenz** f_0 bzw. die Kreisfrequenz **Resonanzkreisfrequenz** ω_0 und die Schaltung einen **Schwingkreis**.

Bei Resonanz wird der Imaginärteil des komplexen Widerstands und Leitwerts null. Für jede Art von Resonanz sind mindestens zwei Energiespeicher erforderlich, die ihre Energie periodisch austauschen können.

Zunächst werden Netzwerke betrachtet, bei denen nur zwei unterschiedliche Energiespeicher vorkommen, d.h. eine Induktivität und eine Kapazität. Dann kann auch nur eine Resonanzfrequenz auftreten. Netzwerke mit mehr als zwei unterschiedlichen Energiespeichern werden in Kap. 3.9.4 behandelt.

Beispiel:
Für das linke Netzwerk in Abb. 3.69 soll ermittelt werden, bei welcher Kapazität sich Resonanz einstellt. $R = 1\,\text{k}\Omega$, $L = 0,5\,\text{H}$, $f = 1\,\text{kHz}$.

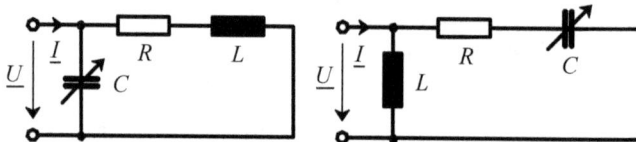

Abb. 3.69: Schwingkreise

$$\underline{Z} = \frac{-j \cdot X_C \cdot (R + j \cdot X_L)}{R + j \cdot (X_L - X_C)} = \frac{(X_L \cdot X_C - j \cdot X_C \cdot R) \cdot (R - j \cdot (X_L - X_C))}{R^2 + (X_L - X_C)^2}$$

$$= \frac{X_L \cdot X_C \cdot R - X_C \cdot R \cdot (X_L - X_C) - j \cdot (X_C \cdot R^2 + X_L \cdot X_C \cdot (X_L - X_C))}{R^2 + (X_L - X_C)^2}$$

Der Imaginärteil wird null, wenn sein Zähler null wird.

$$-X_L \cdot X_C^2 + (X_L^2 + R^2) \cdot X_C = 0 \qquad X_{C_1} = 0$$

$$X_{C_2} = \frac{X_L^2 + R^2}{X_L} = 3,5\,\text{k}\Omega \qquad C_2 = \frac{1}{\omega \cdot X_{C_2}} = 46\,\text{nF}$$

Die erste Lösung ist trivial, da ein Kurzschluss der Schaltung vorliegt und dabei natürlich auch der Imaginärteil null wird.

Aufgabe 3.13
Für das rechte Netzwerk in Abb. 3.69 soll ermittelt werden, bei welcher Kapazität sich Resonanz einstellt. $R = 1\,\text{k}\Omega$, $L = 0,5\,\text{H}$, $f = 1\,\text{kHz}$.

Aufgabe 3.14

Für welchen Wert von R der beiden gleich großen Widerstände in der Schaltung Abb. 3.70 tritt bei jeder Frequenz Resonanz auf?

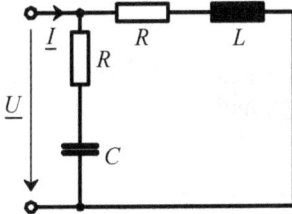

Abb. 3.70 Schwingkreis

Oft liegen jedoch die Werte der Zweipole in einer Schaltung fest und die Frequenz ist variabel. Es sollen die zwei Sonderfälle untersucht werden, dass die drei Grundzweipole einmal zueinander in Reihe und einmal parallel geschaltet sind.

3.9.1   Reihenresonanz

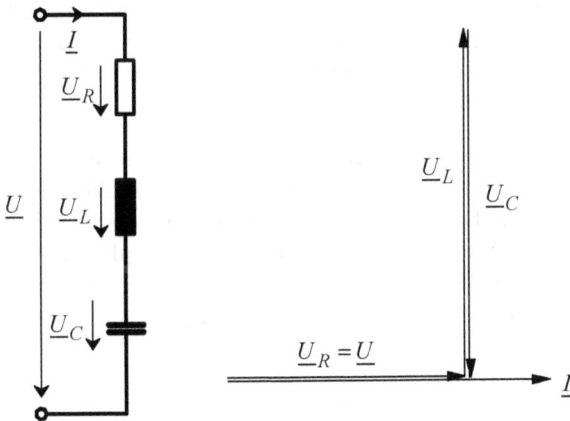

Abb. 3.71: Reihenschwingkreis mit Zeigerdiagramm der Spannungen und des Stroms

Sind R, L und C in Reihe geschaltet und sind bei einer bestimmten Frequenz X_L und X_C gleich groß, so zeigt der so genannte **Reihenschwingkreis** ein charakteristisches Verhalten, er befindet sich im Zustand der **Reihenresonanz**. Bei Resonanz ist:

$$\underline{Z} = R + \text{j} \cdot \left(\omega L - \frac{1}{\omega C} \right) = R + \text{j} \cdot 0 = R \qquad \varphi = \arctan \frac{\omega L - \dfrac{1}{\omega C}}{R} = \arctan 0 = 0$$

$$\underline{U} = \underline{U}_R + \underline{U}_L + \underline{U}_C = \underline{I} \cdot \left(R + \text{j} \cdot \left(\omega L - \frac{1}{\omega C} \right) \right) = \underline{I} \cdot R = \underline{U}_R$$

Der Schwingkreis verhält sich wie ein Wirkwiderstand. Die Spannungen $\underline{U}_L$ und $\underline{U}_C$ sind betragsmäßig gleich groß und damit wird die Blindspannung $\underline{U}_b$ null. Abb. 3.71 zeigt die Schaltung und das Zeigerdiagramm der Spannungen und des Stroms bei Resonanz.

Für den Resonanzfall werden Größen durch den Index null gekennzeichnet. Die Resonanz-kreisfrequenz und Resonanzfrequenz für einen Reihenschwingkreis erhält man aus der Bedingung, dass der Imaginärteil von $\underline{Z}$ null werden muss.

$$\omega_{0r} L - \frac{1}{\omega_{0r} C} = 0$$

$$\omega_{0r} = \frac{1}{\sqrt{L \cdot C}} \qquad f_{0r} = \frac{1}{2 \cdot \pi \cdot \sqrt{L \cdot C}} \qquad\qquad (3.84)$$

Diese Beziehung wird auch als **Thomsonsche Schwingungsgleichung** bezeichnet. Die Energie des magnetischen und elektrischen Felds wird nicht vom Netz zugeführt, sondern pendelt als Blindenergie zwischen Kapazität und Induktivität. Der Scheinwiderstand Z hat bei Resonanz sein Minimum. Da bei praktischen Anwendungen Z bei Resonanz sehr klein wird, und damit der Reihenschwingkreis fast wie ein Kurzschluss wirkt, wird er auch als Saugkreis bezeichnet.

In den folgenden Abbildungen werden für einen Reihenschwingkreis nach Abb. 3.71 die Frequenzabhängigkeiten der Größen gezeigt. Die Darstellung der Frequenzabhängigkeit einer Schaltung nennt man **Frequenzgang**. Der Schwingkreis liegt an einer idealen Spannungsquelle variabler Frequenz, es ist $\underline{U} = \underline{U}_q = 10$ V, $L = 15{,}9$ mH, $C = 1{,}59$ µF und R einmal 10 Ω und einmal 50 Ω. Mit den Werten von L und C erhält man eine Resonanzfrequenz $f_0 = 1$ kHz. In den Abbildungen sind bereits einige Kenngrößen eingetragen, die erst im weiteren Verlauf erläutert werden.

Man erkennt in Abb. 3.72, dass sich bei Resonanz ein ausgeprägtes Maximum für den Strom ergibt, man bezeichnet dieses als **Resonanzüberhöhung**. Ebenso ergibt sich ein ausgeprägtes Minimum für den Scheinwiderstand bei Resonanz, man spricht von einer **Resonanzabschwächung**.

Aus Abb. 3.73 erkennt man, dass sich ein Reihenschwingkreis unterhalb seiner Resonanzfrequenz ohmsch/kapazitiv verhält und oberhalb von f_0 ohmsch/induktiv.

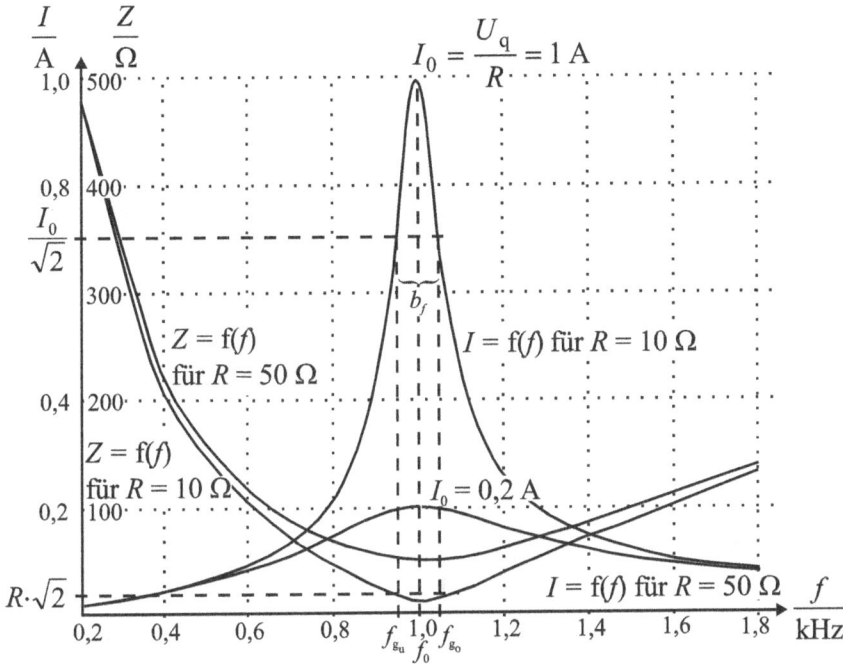

Abb. 3.72: Frequenzabhängigkeit des Stroms und Scheinwiderstands bei einem Reihenschwingkreis

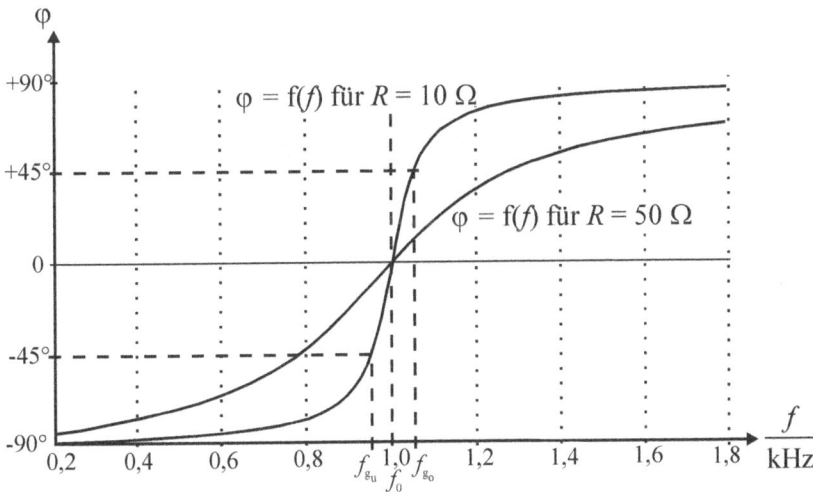

Abb. 3.73: Frequenzabhängigkeit des Phasenverschiebungswinkels bei einem Reihenschwingkreis

Abb. 3.74 zeigt die Resonanzüberhöhung für die Spannungen U_L und U_C, sie ist bei $R = 10\ \Omega$ sehr ausgeprägt. Der Betrag von $\underline{U}_L$ und $\underline{U}_C$ kann wesentlich höher als die angelegte Quellenspannung werden. Die Bauelemente müssen für die Resonanzüberhöhung ausgelegt sein. Ist der ohmsche Widerstand gegenüber dem Blindwiderstand der Induktivität oder der Kapazität bei der Resonanzfrequenz klein, so fällt das Maximum der Spannungen U_L und U_C praktisch zusammen und wird bei der Resonanzfrequenz erreicht. Ist R nicht klein gegenüber dem Blindwiderstand von L oder C bei der Resonanzfrequenz, so sind zwar die Beträge der beiden Blindspannungen bei Resonanz gleich, ihr Maximum fällt aber nicht zusammen. Bei Resonanz wird $U_L = U_{L_0}$ und $U_C = U_{C_0}$.

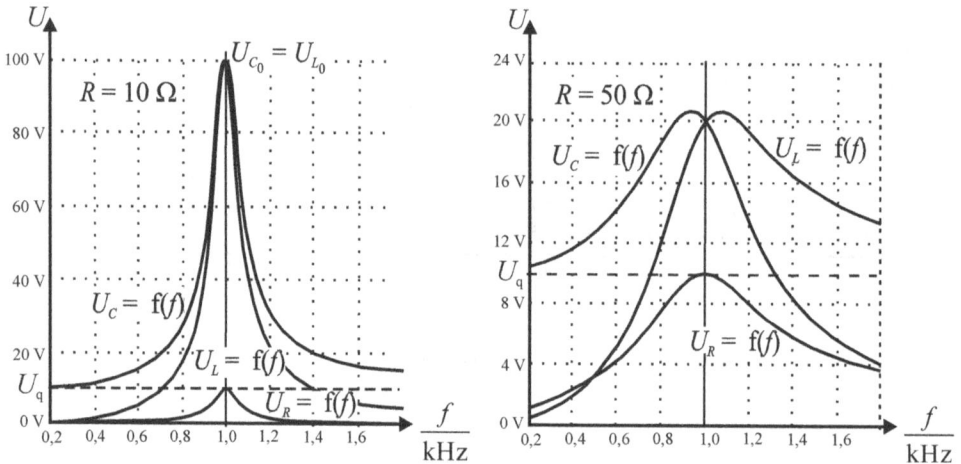

Abb. 3.74: Frequenzabhängigkeit der Spannungen U_L, U_C und U_R bei einem Reihenschwingkreis

Um die Eigenschaften von Schwingkreisen rasch beurteilen und miteinander vergleichen zu können, werden eine Reihe von Kenngrößen definiert.

Güte, Dämpfung und Dämpfungsgrad

Bei Resonanz sind die Beträge der beiden Blindwiderstände $\omega_{0r} L$ und $1 / (\omega_{0r} C)$ gleich groß. Die Güte Q ist definiert als das Verhältnis eines der beiden Blindwiderstände bei Resonanz zum Wirkwiderstand, die Dämpfung d als Kehrwert der Güte und der Dämpfungsgrad ϑ (theta) als der halbe Wert der Dämpfung.

$$Q = \frac{\omega_{0r} L}{R} = \frac{1}{\omega_{0r} C \cdot R} = \frac{1}{R} \sqrt{\frac{L}{C}}$$

$$d = \frac{1}{Q} = R \cdot \sqrt{\frac{C}{L}} \qquad \vartheta = \frac{d}{2} = \frac{1}{2 \cdot Q}$$

$$(3.85)$$

Die Güte gibt ferner an, wie groß bei der Resonanzfrequenz das Verhältnis der in der Induktivität oder Kapazität gespeicherten Energie W_L oder W_C zu der im ohmschen Widerstand pro Periodendauer verbrauchten Verlustenergie W_{V_T} ist:

$$Q = \frac{2 \cdot \pi \cdot W_L}{W_{V_T}} = \frac{2 \cdot \pi \cdot W_C}{W_{V_T}}$$

Für den Schwingkreis der Abb. 3.72 bis 3.74 ergibt sich nach Gleichung 3.85 bei $R = 10\,\Omega$ eine Güte $Q = 10$ und bei $R = 50\,\Omega$ eine Güte $Q = 2$. Bei $R = 10\,\Omega$ ist:

$$W_L = \frac{1}{2} \cdot L \cdot \hat{i}^2 = L \cdot I^2 = 15{,}9\,\text{mW} \cdot \text{s} \qquad W_{V_T} = R \cdot I^2 \cdot T = 10\,\text{mW} \cdot \text{s} \qquad Q = \frac{2 \cdot \pi \cdot W_L}{W_{V_T}} = 10$$

Die Spannungsüberhöhung an L und C kann ebenfalls durch die Güte ausgedrückt werden:

$$U_{L_0} = U_{C_0} = I_0 \cdot \omega_{0r}\,L = \frac{I_0}{\omega_{0r}\,C} = \frac{U}{R} \cdot \omega_{0r}\,L = Q \cdot U$$

Besteht ein Reihenschwingkreis nur aus einer verlustbehafteten Spule mit dem Verlustfaktor d_L und einem verlustbehafteten Kondensator mit dem Verlustfaktor d_C, so ist die Dämpfung des Schwingkreises $d = d_L + d_C$.

Betrachtet man einen Schaltkreis aus einer Spannungsquelle, einem Reihenschwingkreis und einem Abschlusswiderstand wie in Abb. 3.75, so kann man bei Resonanz eine Erzeugerdämpfung d_i und eine Verbraucherdämpfung d_a sowie eine Dämpfung des Schaltkreises d_S definieren. Die Güte des Schaltkreises Q_S ist der Kehrwert der Dämpfung d_S.

$$d_i = \frac{R_i}{\omega_{0r}\,L} \qquad d_a = \frac{R_a}{\omega_{0r}\,L} \qquad d_S = d_i + d + d_a = \frac{R_i + R + R_a}{\omega_{0r}\,L} \qquad Q_S = \frac{1}{R_i + R + R_a} \cdot \sqrt{\frac{L}{C}}$$

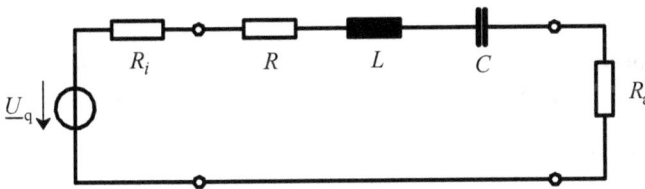

Abb. 3.75: Schaltkreis mit Reihenschwingkreis

Die Spannungsüberhöhung an der Induktivität und Kapazität in dem Schaltkreis hängt von der Güte des Kreises ab, sie ist um so größer, je größer die Güte Q_S ist.

Bei Resonanz ist:

$$U_{L_0} = U_{C_0} = I_0 \cdot \omega_{0r} L = \frac{I_0}{\omega_{0r} C} = \frac{U_q}{R_i + R + R_a} \cdot \omega_{0r} L = Q_S \cdot U_q$$

Bandbreite, Grenz- und Grenzkreisfrequenz, relative Frequenz und Verstimmung

Die Grenzkreisfrequenzen sind so definiert, dass bei ihnen der Betrag einer Größe, die eine Resonanzüberhöhung erfährt, den $1/\sqrt{2}$-fachen Wert des Maximums bzw. bei einer Größe, die eine Resonanzabschwächung erfährt, den $\sqrt{2}$-fachen Wert des Minimums erreicht hat. Dies tritt jeweils bei einem Phasenverschiebungswinkel von $\pm 45°$ ein. Durch das Absinken des Stroms auf den $1/\sqrt{2}$-fachen Wert des Maximums sinkt auch die Wirkleistung bei der Grenzkreisfrequenz auf den halben Wert gegenüber der maximalen Wirkleistung ab (vgl. Kap. 7.1.5, Gleichung 7.11).

Es soll dies am Beispiel des Scheinwiderstands erläutert werden. Bei Resonanz hat Z sein Minimum erreicht, es ist $Z = R$. Bei $\varphi = \pm 45°$ ist $|X| = R$. Dann ist:

$$Z = \sqrt{R^2 + X^2} = \sqrt{2 \cdot R^2} = \sqrt{2} \cdot R$$

Bei der unteren Grenzkreisfrequenz muss der Phasenverschiebungswinkel bei einem Reihenschwingkreis negativ sein (vgl. Abb. 3.73), bei der oberen positiv. Demnach sind die untere Grenzkreisfrequenz ω_{g_u} und die obere ω_{g_o} (negative Werte für ω_g machen keinen Sinn):

$$\omega_{g_u} L - \frac{1}{\omega_{g_u} C} = -R \qquad \omega_{g_u}^2 \cdot L + \omega_{g_u} \cdot R - \frac{1}{C} = 0 \qquad \omega_{g_u} = \frac{-R + \sqrt{R^2 + 4 \cdot \frac{L}{C}}}{2 \cdot L}$$

$$\omega_{g_o} L - \frac{1}{\omega_{g_o} C} = R \qquad \omega_{g_o}^2 \cdot L - \omega_{g_o} \cdot R - \frac{1}{C} = 0 \qquad \omega_{g_o} = \frac{R + \sqrt{R^2 + 4 \cdot \frac{L}{C}}}{2 \cdot L}$$

Die zugehörige untere und obere Grenzfrequenz erhält man bei Division der jeweiligen Grenzkreisfrequenz durch $2 \cdot \pi$. Die Bandbreite b_ω bzw. b_f ist dann wie folgt definiert:

$$b_\omega = \omega_{g_o} - \omega_{g_u} \qquad b_f = f_{g_o} - f_{g_u} \qquad (3.86)$$

Die auf die Resonanzfrequenz bzw. Resonanzkreisfrequenz bezogenen Frequenzen bzw. Kreisfrequenzen bezeichnet man als relative Frequenz Ω (Omega):

$$\Omega = \frac{f}{f_{0r}} = \frac{\omega}{\omega_{0r}} \qquad (3.87)$$

Die Verstimmung v ist wie folgt definiert:

$$v = \frac{\omega}{\omega_{0r}} - \frac{\omega_{0r}}{\omega} = \Omega - \frac{1}{\Omega} \qquad\qquad (3.88)$$

Mit dieser Definition lassen sich noch einige weitere Zusammenhänge angeben. Dabei soll noch für den Blindwiderstand eines der beiden Blindelemente L oder C bei Resonanz die Abkürzung X_0 eingeführt werden. $X_0 = \omega_{0r} L = 1/(\omega_{0r} C)$, d.h. X_0 ist nicht der Blindwiderstand bei Resonanz, denn dieser ist null.

Den komplexen Widerstand $\underline{Z}$ kann man dann wie folgt ausdrücken:

$$\underline{Z} = R + \mathrm{j} \cdot \left(\omega L - \frac{1}{\omega C} \right) = R + \mathrm{j} \cdot X_0 \cdot \left(\frac{\omega}{\omega_{0r}} - \frac{\omega_{0r}}{\omega} \right) = R + \mathrm{j} \cdot X_0 \cdot v$$

Mit den gleichen Überlegungen wie bei der Bestimmung der unteren und oberen Grenzkreisfrequenz und mit der Einführung von X_0 in Gleichung 3.85, d.h. $Q = X_0 / R$ erhält man noch eine andere wichtige Gleichung für die Grenzkreisfrequenzen und die Bandbreite. Dazu setzt man in Gleichung 3.88 für ω zunächst die untere und dann die obere Grenzkreisfrequenz ein, man erhält dann die Verstimmung bei der unteren bzw. oberen Grenzkreisfrequenz:

$$\frac{\omega_{g_u}}{\omega_{0r}} - \frac{\omega_{0r}}{\omega_{g_u}} = v_{g_u} = -\frac{R}{X_0} = -\frac{1}{Q} \qquad\qquad \frac{\omega_{g_o}}{\omega_{0r}} - \frac{\omega_{0r}}{\omega_{g_o}} = v_{g_o} = \frac{R}{X_0} = \frac{1}{Q}$$

Formt man beide Gleichungen um, so wird (negative Werte für ω_g machen keinen Sinn):

$$\omega_{g_u}{}^2 + \omega_{g_u} \cdot \frac{\omega_{0r}}{Q} - \omega_{0r}{}^2 = 0 \qquad\qquad \omega_{g_u} = -\frac{\omega_{0r}}{2 \cdot Q} + \sqrt{\frac{\omega_{0r}{}^2}{4 \cdot Q^2} + \omega_{0r}{}^2}$$

$$\omega_{g_o}{}^2 - \omega_{g_o} \cdot \frac{\omega_{0r}}{Q} - \omega_{0r}{}^2 = 0 \qquad\qquad \omega_{g_o} = \frac{\omega_{0r}}{2 \cdot Q} + \sqrt{\frac{\omega_{0r}{}^2}{4 \cdot Q^2} + \omega_{0r}{}^2}$$

Damit wird die Bandbreite:

$$b_\omega = \omega_{g_o} - \omega_{g_u} = \frac{\omega_{0r}}{2 \cdot Q} + \frac{\omega_{0r}}{2 \cdot Q} = \frac{\omega_{0r}}{Q} \qquad\qquad b_f = \frac{f_{0r}}{Q} \qquad\qquad (3.89)$$

Beispiel:
Für einen Reihenschwingkreis mit unbekannten Werten für R, L und C wurde an einer Konstantspannungsquelle mit $U_q = 10$ V und variabler Frequenz die in Abb. 3.72 gezeigte Stromkurve gemessen, die bei 1 A ihr Maximum hat. Es sollen R, L und C bestimmt werden.

R ergibt sich aus dem Scheitelwert von I, denn bei Resonanz ist $R = Z$.

$$R = \frac{U_q}{I_0} = 10\,\Omega$$

Aus der Kurve $I = \mathrm{f}(f)$ liest man die Bandbreite $b_f = 100$ Hz ab. Damit erhält man die Güte und den Blindwiderstand X_0 jedes der beiden Blindelemente bei Resonanz:

$$Q = \frac{f_{0r}}{b_f} = 10 \qquad X_0 = \omega_{0r}\, L = \frac{1}{\omega_{0r}\, C} = Q \cdot R = 100\,\Omega$$

$$L = \frac{X_0}{\omega_{0r}} = 15{,}9\,\mathrm{mH} \qquad C = \frac{1}{\omega_{0r} \cdot X_0} = 1{,}59\,\mu\mathrm{F}$$

An diesem Beispiel sieht man deutlich den Vorteil, der sich durch die Einführung der Kenngrößen ergibt. Ohne diese Kenngrößen wäre diese Aufgabe nur sehr aufwändig und umständlich zu lösen.

Aufgabe 3.15
Die Aufgabenstellung aus dem vorigen Beispiel soll ohne Zuhilfenahme der Kenngrößen gelöst werden.

Normierter Scheinwiderstand oder nominale Resonanzschärfefunktion
Als letzter Kennwert wird der normierte Scheinwiderstand ρ (rho) bzw. die nominale Resonanzschärfefunktion für einen Schwingkreis allein und einen Schaltkreis nach Abb. 3.75 definiert. Dieser Kennwert ist ein Maß für die Schärfe der Resonanz bzw. die Steilheit der Resonanzkurve und damit ein Auswahlkriterium für die Anwendung eines Schwingkreises.

$$\rho = \frac{Z}{R} = \frac{\sqrt{R^2 + X_0^{\,2} \cdot v^2}}{R} = \sqrt{1 + \frac{X_0^{\,2}}{R^2} \cdot v^2} = \sqrt{1 + Q^2 \cdot v^2}$$

$$\rho_S = \frac{Z}{R_i + R + R_a} = \sqrt{1 + Q_S^{\,2} \cdot v^2} \tag{3.90}$$

In Abb. 3.76 ist der normierte Scheinwiderstand $\rho = \mathrm{f}(f)$ für den Schwingkreis aus den Abb. 3.72 bis 3.74 dargestellt.

Ist bei gegebener Spannung der Strom I_0 für den Resonanzfall und der Verlauf von $\rho = \mathrm{f}(f)$ bekannt, so kann daraus leicht der Frequenzgang des Stroms, Scheinwiderstands oder Phasenverschiebungswinkels bzw. ihr Wert bei einer bestimmten Frequenz ermittelt werden:

$$I = \frac{U}{Z} = \frac{I_0 \cdot R}{Z} = \frac{I_0}{\rho} \qquad Z = \rho \cdot R = \rho \cdot \frac{U}{I_0} \qquad \varphi = \arccos\frac{R}{Z} = \arccos\frac{1}{\rho}$$

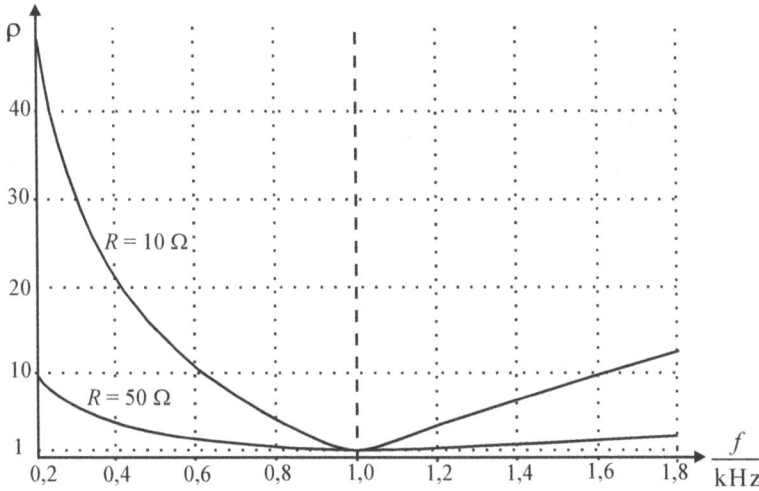

Abb. 3.76: Frequenzabhängigkeit des normierten Scheinwiderstands bei einem Reihenschwingkreis

3.9.2   Parallelresonanz

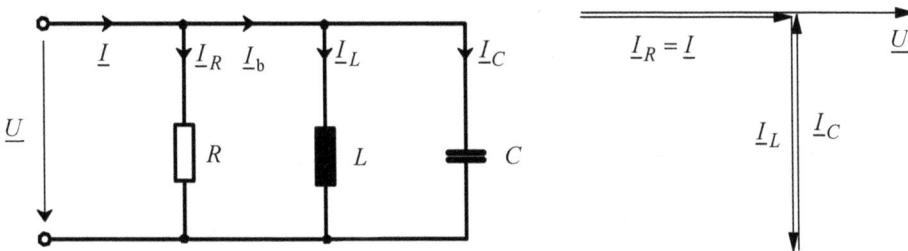

Abb. 3.77: Parallelschwingkreis mit Zeigerdiagramm der Ströme und der Spannung

Ausgangspunkt der Betrachtung soll die Parallelschaltung der drei idealen Zweipole R, L und C in Abb. 3.77 sein. Sind bei einer bestimmten Frequenz B_L und B_C gleich groß, so zeigt der so genannte **Parallelschwingkreis** ein charakteristisches Verhalten, er befindet sich im Zustand der **Parallelresonanz**. Bei Resonanz ist:

$$\underline{Y} = G - \mathrm{j} \cdot \left(\frac{1}{\omega L} - \omega C \right) = G - \mathrm{j} \cdot 0 = G \qquad \varphi = \arctan \frac{\frac{1}{\omega L} - \omega C}{G} = \arctan 0 = 0$$

$$\underline{I} = \underline{I}_R + \underline{I}_L + \underline{I}_C = \underline{U} \cdot \left(G - \mathrm{j} \cdot \left(\frac{1}{\omega L} - \omega C \right) \right) = \underline{U} \cdot G = \underline{I}_R$$

Der Schwingkreis verhält sich wie ein Wirkleitwert. Die Ströme $\underline{I}_L$ und $\underline{I}_C$ sind betragsmäßig gleich groß und damit wird der Blindstrom $\underline{I}_b$ null. Abb. 3.77 zeigt die Schaltung und das Zeigerdiagramm der Ströme und der Spannung bei Resonanz. Für den Resonanzfall werden Größen wieder durch den Index null gekennzeichnet.

Die Resonanzkreisfrequenz und Resonanzfrequenz für den Parallelschwingkreis in Abb. 3.77 erhält man aus der Bedingung, dass der Imaginärteil von $\underline{Y}$ null werden muss.

$$\frac{1}{\omega_{0\mathrm{p}} L} - \omega_{0\mathrm{p}} C = 0$$

$$\omega_{0\mathrm{p}} = \frac{1}{\sqrt{L \cdot C}} \qquad f_{0\mathrm{p}} = \frac{1}{2 \pi \cdot \sqrt{L \cdot C}} \qquad\qquad (3.91)$$

Für diesen Sonderfall erhält man die gleiche **Thomsonsche Schwingungsgleichung** wie für den Reihenschwingkreis.

In der Praxis wird jedoch ein Parallelschwingkreis durch das Parallelschalten einer realen, verlustbehafteten Spule mit einem verlustbehafteten Kondensator realisiert. Stellt man beide durch ihre vereinfachte Ersatzschaltung nach Abb. 3.64 bzw. 3.66 dar, so erhält man die in Abb. 3.78 gezeigten Schaltungen. Bei der rechten Schaltung ist dabei die Parallelschaltung aus C und R_{V_C} in eine äquivalente Reihenschaltung umgewandelt.

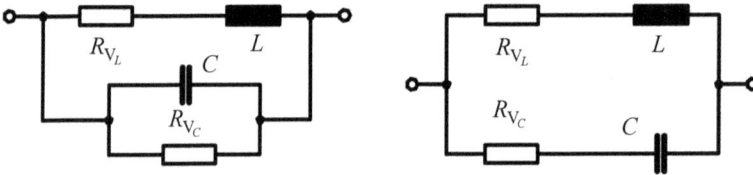

Abb. 3.78: Parallelschwingkreis aus einer verlustbehafteten Induktivität und Kapazität

Bestimmt man für den linken Parallelschwingkreis in Abb. 3.78 die Resonanzkreisfrequenz, so erhält man:

$$\underline{Y} = \frac{1}{R_{V_L} + \mathrm{j} \cdot \omega L} + \frac{1}{R_{V_C}} + \mathrm{j} \cdot \omega C = \frac{R_{V_L} - \mathrm{j} \cdot \omega L}{R_{V_L}{}^2 + (\omega L)^2} + \frac{1}{R_{V_C}} + \mathrm{j} \cdot \omega C$$

$$= \frac{R_{V_L}}{R_{V_L}^{\;2} + (\omega L)^2} + \frac{1}{R_{V_C}} + j \cdot \left(\omega C - \frac{\omega L}{R_{V_L}^{\;2} + (\omega L)^2} \right)$$

Die Resonanzkreisfrequenz erhält man durch Nullsetzen des Imaginärteils:

$$\omega_{0p} = \sqrt{\frac{L - C \cdot R_{V_L}^{\;2}}{L^2 \cdot C}} = \frac{1}{\sqrt{L \cdot C}} \cdot \sqrt{1 - \frac{C \cdot R_{V_L}^{\;2}}{L}} \qquad (3.92)$$

Resonanz stellt sich nur ein, wenn der Ausdruck unter der zweiten Wurzel größer null ist, da sich andernfalls keine reelle Lösung ergibt, d.h. für $R_{V_L}^{\;2} < L/C$. Ist $R_{V_L}^{\;2} \ll L/C$, so geht Gleichung 3.92 in 3.91 über, man spricht dann von einer schwachen Dämpfung (vgl. Dämpfung beim Parallelschwingkreis).

Manchmal ist der Verlustwiderstand des Kondensators als Reihenwiderstand gegeben. Für die rechte Schaltung in Abb. 3.78 ergibt sich durch Aufstellen der Gleichung für $\underline{Y}$ oder $\underline{Z}$ und Nullsetzen des Imaginärteils folgende Gleichung für die Resonanzkreisfrequenz:

$$\omega_{0p} = \sqrt{\frac{C \cdot R_{V_L}^{\;2} - L}{L \cdot C^2 \cdot R_{V_C}^{\;2} - C \cdot L^2}} = \frac{1}{\sqrt{L \cdot C}} \cdot \sqrt{\frac{1 - \frac{C}{L} \cdot R_{V_L}^{\;2}}{1 - \frac{C}{L} \cdot R_{V_C}^{\;2}}} \qquad (3.93)$$

Auch hier stellt sich nur dann Resonanz ein, wenn der Ausdruck unter der zweiten Wurzel größer null ist. Wird der Ausdruck null, so entspräche das ja einem Gleichstrom. Bei Gleichstrom kann aber keine Resonanz auftreten.

Im Resonanzfall hat der Scheinleitwert Y sein Minimum bzw. der Scheinwiderstand Z sein Maximum. Da bei praktischen Anwendungen der Scheinwiderstand bei Resonanz sehr groß wird und damit fast wie eine Unterbrechung wirkt, nennt man den Parallelschwingkreis auch Sperrkreis.

In den Abbildungen 3.79 und 3.80 werden für einen Parallelschwingkreis nach Abb. 3.77 die Frequenzabhängigkeiten bzw. der Frequenzgang von Y, U und φ dargestellt. Der Schwingkreis liegt an einer idealen Stromquelle variabler Frequenz, es ist $\underline{I} = \underline{I}_q = 10$ mA, $L = 1$ mH, $C = 100$ nF und $R = 10$ kΩ. Mit den Werten von L und C erhält man eine Resonanzkreisfrequenz $\omega_0 = 100 \cdot 10^3$ s^{-1}.

Bei Resonanz ergibt sich ein ausgeprägtes Maximum für die Spannung, man bezeichnet dieses als **Resonanzüberhöhung**. Ebenso ergibt sich ein ausgeprägtes Minimum für den Scheinleitwert bei Resonanz, man spricht von einer **Resonanzabschwächung**. Aus Abb. 3.80 erkennt man, dass sich ein Parallelschwingkreis unterhalb seiner Resonanzfrequenz ohmsch/induktiv verhält und oberhalb von f_0 ohmsch/kapazitiv.

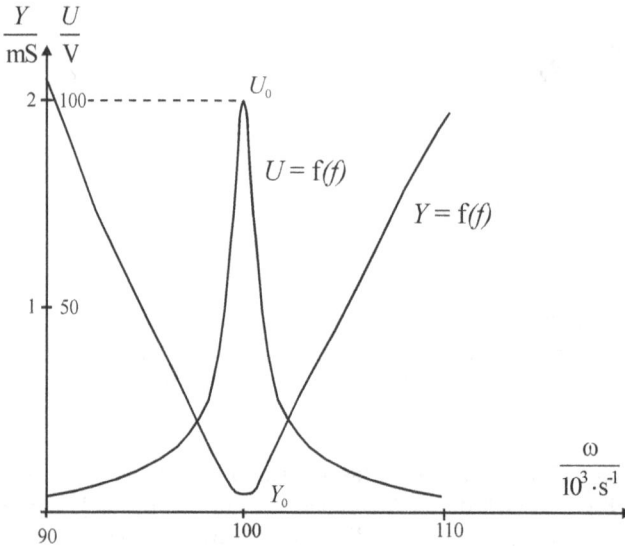

Abb. 3.79: Frequenzabhängigkeit der Spannung und des Scheinleitwerts bei einem Parallelschwingkreis

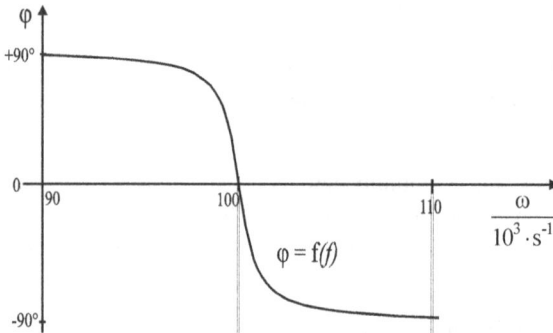

Abb. 3.80: Frequenzabhängigkeit des Phasenverschiebungswinkels bei einem Parallelschwingkreis

Die Kenngrößen **Bandbreite, Grenz- und Grenzkreisfrequenz, relative Frequenz und Verstimmung** sind bei einem Parallelschwingkreis genauso definiert wie beim Reihenschwingkreis, d.h. die Gleichungen 3.86, 3.87 und 3.88 gelten hier ebenfalls, es ist lediglich der Index r für Reihenschwingkreis durch ein p für Parallelschwingkreis zu ersetzen. Man führt analog zum Reihenschwingkreis für den Blindleitwert eines der beiden Blindelemente L oder C bei Resonanz die Abkürzung B_0 ein. $B_0 = 1/(\omega_{0p}L) = \omega_{0p}C$, d.h. B_0 ist nicht der Blindleitwert bei Resonanz, denn dieser ist null. Mit der Verstimmung kann der komplexe Leitwert wie folgt ausgedrückt werden:

$$\underline{Y} = G - \mathrm{j} \cdot \left(\frac{1}{\omega L} - \omega C \right) = G - \mathrm{j} \cdot B_0 \cdot \left(\frac{\omega_{0p}}{\omega} - \frac{\omega}{\omega_{0p}} \right) = G - \mathrm{j} \cdot B_0 \cdot (-v) = G + \mathrm{j} \cdot B_0 \cdot v$$

Güte, Dämpfung und Dämpfungsgrad

Als Güte definiert man den Betrag des Leitwerts einer der beiden Blindkomponenten bei Resonanz zum Wirkleitwert, die Dämpfung ist der Kehrwert der Güte und der Dämpfungsgrad gleich der halben Dämpfung. Bei kleinen Werten von d spricht man von einer schwachen Dämpfung.

$$Q = \frac{B_0}{G} = \frac{\omega_{0p} C}{G} = \frac{1}{\omega_{0p} L \cdot G} = R \cdot \sqrt{\frac{C}{L}}$$

$$\tag{3.94}$$

$$d = \frac{1}{Q} = G \cdot \sqrt{\frac{L}{C}} \qquad \vartheta = \frac{d}{2} = \frac{1}{2 \cdot Q}$$

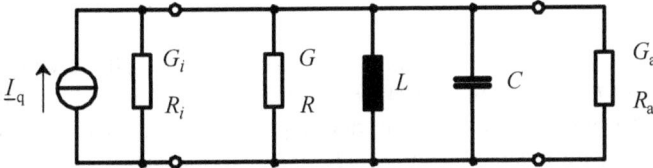

Abb. 3.81: Schaltkreis mit Parallelschwingkreis

Bei einem Schaltkreis aus einer Stromquelle, einem Parallelschwingkreis und einem Abschlusswiderstand wie in Abb. 3.81 kann man bei Resonanz eine Erzeugerdämpfung d_i und eine Verbraucherdämpfung d_a sowie eine Dämpfung des Schaltkreises d_S definieren. Die Güte des Schaltkreises Q_S ist der Kehrwert der Dämpfung d_S.

$$d_i = \omega_{0p} L \cdot G_i \qquad d_a = \omega_{0p} L \cdot G_a \qquad d_S = d_i + d + d_a = \omega_{0p} L \cdot (G_i + G + G_a)$$

$$Q_S = \frac{1}{d_S} = \frac{1}{G_i + G + G_a} \cdot \sqrt{\frac{C}{L}}$$

Es tritt hier eine Stromüberhöhung bei Resonanz an L und C auf, sie hängt von der Güte des Schaltkreises ab. Bei Resonanz ist $U = U_0$.

$$I_{L_0} = I_{C_0} = \frac{U_0}{\omega_{0p} L} = U_0 \cdot \omega_{0p} C = \frac{I_q}{G_i + G + G_a} \cdot \omega_{0p} C = I_q \cdot Q_S$$

Normierter Scheinleitwert oder nominale Resonanzschärfefunktion

Als letzter Kennwert wird der normierte Scheinleitwert ρ (rho) bzw. die nominale Resonanz-schärfefunktion für einen Parallelschwingkreis allein und einen Schaltkreis nach Abb. 3.81 definiert:

$$\rho = \frac{Y}{G} = \frac{\sqrt{G^2 + B_0^2 \cdot v^2}}{G} = \sqrt{1 + \frac{B_0^2}{G^2} \cdot v^2} = \sqrt{1 + Q^2 \cdot v^2}$$

$$\rho_S = \frac{Y}{G_i + G + G_a} = \sqrt{1 + Q_S^2 \cdot v^2} \qquad\qquad (3.95)$$

Ist bei gegebenem Strom die Spannung U_0 für den Resonanzfall und der Verlauf von $\rho = \mathrm{f}(f)$ bekannt, so kann daraus leicht der Frequenzgang der Spannung, des Scheinleitwerts oder Phasenverschiebungswinkels bzw. ihr Wert bei einer bestimmten Frequenz ermittelt werden:

$$U = \frac{I}{Y} = \frac{U_0 \cdot G}{Y} = \frac{U_0}{\rho} \qquad\qquad Y = \rho \cdot G = \rho \cdot \frac{I}{U_0} \qquad\qquad \varphi = \arccos\frac{G}{Y} = \arccos\frac{1}{\rho}$$

Aufgabe 3.16

Ein Parallelschwingkreis nach Abb. 3.77 mit $L = 1$ mH, $C = 100$ nF und $R = 10$ kΩ wird an eine ideale Spannungsquelle mit $U_q = 10$ V und variabler Frequenz gelegt. Wie groß sind die Effektivwerte für den Gesamtstrom und den Strom in der Kapazität bei Resonanz und bei einer Frequenz, die 10 % über der Resonanzfrequenz liegt?

3.9.3 Widerstandstransformation

Betrachtet man die Schaltungen in den Abb. 3.82 und 3.83 im Resonanzfall von den Klem-men aus, so erscheinen sie als reine Wirkzweipole. Der Wert ihres ohmschen Widerstands ist für die beiden Schaltungen in Abb. 3.82 kleiner als der Wert für den Widerstand R in der Schaltung und für die beiden Schaltungen in Abb. 3.83 größer als der Wert für R. Man nennt diesen Effekt **Widerstandstransformation**. Dieses Verfahren kann z.B. zur Leistungsanpas-sung verwendet werden. Der Nachteil gegenüber einem Übertrager (Kap. 9.2.4) besteht da-rin, dass die Transformation nur für eine ganz bestimmte Frequenz gilt.

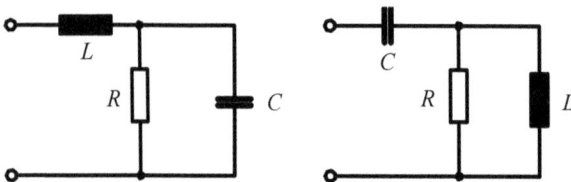

Abb. 3.82: Widerstandstransformation zur Verkleinerung des Widerstands

Für die linke Schaltung in Abb. 3.82 sollen die Resonanzkreisfrequenz und der Wirkwiderstand R_W der Schaltung bei Resonanz ermittelt werden. Dazu muss die Gleichung für den komplexen Widerstand oder Leitwert aufgestellt werden:

$$\underline{Z} = j \cdot \omega L + \frac{-j \cdot \frac{1}{\omega C} \cdot R}{R - j \cdot \frac{1}{\omega C}} = \frac{\frac{R}{(\omega C)^2} + j \cdot \left(\omega L \cdot \left(R^2 + \frac{1}{(\omega C)^2} \right) - \frac{R^2}{\omega C} \right)}{R^2 + \frac{1}{(\omega C)^2}}$$

Die Resonanzkreisfrequenz erhält man durch Nullsetzen des Imaginärteils. Dieser wird null, wenn der Zähler des Imaginärteils null wird.

$$\omega L \cdot R^2 + \frac{L}{\omega \cdot C^2} - \frac{R^2}{\omega C} = \omega^2 \cdot L \cdot R^2 \cdot C^2 + L - R^2 \cdot C = 0$$

$$\omega_0 = \sqrt{\frac{R^2 \cdot C - L}{L \cdot R^2 \cdot C^2}} = \frac{1}{\sqrt{LC}} \cdot \sqrt{1 - \frac{L}{R^2 \cdot C}}$$

Resonanz stellt sich demnach nur ein, wenn $L < R^2 \cdot C$ ist, da sich andernfalls keine reelle Lösung der Wurzel ergibt. Den Wirkwiderstand bei Resonanz erhält man aus dem Realteil von $\underline{Z}$, wenn man für ω den Wert von ω_0 einsetzt. Bei Resonanz ist:

$$\underline{Z} = R_W = \frac{\frac{R}{(\omega C)^2}}{R^2 + \frac{1}{(\omega C)^2}} = \frac{R}{(\omega C \cdot R)^2 + 1} \qquad R_W = \frac{L}{R \cdot C}$$

Für die rechte Schaltung in Abb. 3.82 ermittelt man ω_0 und R_W auf dem gleichen Weg, es ergibt sich:

$$\omega_0 = \frac{1}{\sqrt{L \cdot C}} \cdot \sqrt{\frac{1}{1 - \frac{L}{R^2 \cdot C}}} \qquad R_W = \frac{L}{R \cdot C}$$

Resonanz stellt sich nur für $L < R^2 \cdot C$ ein.

Für die linke Schaltung in Abb. 3.83 ergibt sich nach der gleichen Methode wie vorher:

$$\omega_0 = \frac{1}{\sqrt{L \cdot C}} \cdot \sqrt{1 - \frac{R^2 \cdot C}{L}} \qquad R_W = \frac{L}{R \cdot C}$$

Resonanz stellt sich nur für $R^2 \cdot C < L$ ein.

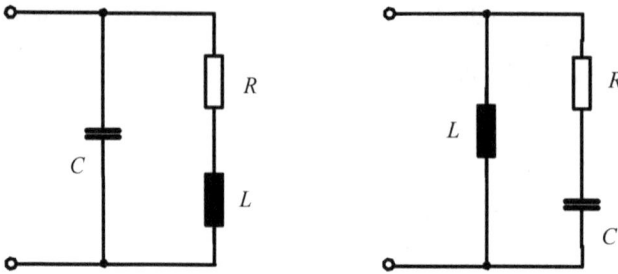

Abb. 3.83: Widerstandstransformation zur Vergrößerung des Widerstands

Für die rechte Schaltung in Abb. 3.83 erhält man:

$$\omega_0 = \frac{1}{\sqrt{L \cdot C}} \cdot \sqrt{\frac{1}{1 - \dfrac{R^2 \cdot C}{L}}} \qquad R_\mathrm{W} = \frac{L}{R \cdot C}$$

Resonanz stellt sich nur für $R^2 \cdot C < L$ ein.

Den im Resonanzfall wirkenden Widerstand R_W kann man auch durch Umwandlung der jeweiligen Schaltung bei ω_0 in eine äquivalente Schaltung (vgl. Kap. 3.5.3) erhalten. Bei einer sich ergebenden Reihenschaltung wird dann bei Resonanz $X = 0$ und bei einer Parallelschaltung $B = 0$ bzw. $X \to \infty$, so dass in beiden Fällen allein der ohmsche Widerstand wirkt.

Aufgabe 3.17
Für die rechte Schaltung in Abb. 3.83 soll das Ergebnis nachgeprüft werden.

Aufgabe 3.18
Für die rechte Schaltung in Abb. 3.82 sei $R = 10\ \mathrm{k\Omega}$. Wie groß müssen L und C gewählt werden, damit bei einer Kreisfrequenz $\omega = 100 \cdot 10^3\ \mathrm{s^{-1}}$ Resonanz auftritt, und der Wirkwiderstand der Schaltung $100\ \Omega$ hat?

3.9.4   Netzwerke mit mehreren Resonanzfrequenzen

Bei den bisherigen Schwingkreisen kamen nur jeweils eine Kapazität und eine Induktivität vor. Sie haben deshalb nur eine Resonanzfrequenz. Hat ein Netzwerk mehr als zwei Blindwiderstände, wobei jeweils gleichartige Blindwiderstände nicht einfach zueinander in Reihe oder parallel liegen und somit zu einem Ersatzblindwiderstand zusammengefasst werden können, so ergeben sich mehrere Resonanzfrequenzen. Die Betrachtungen sollen hier nur für Netzwerke mit verlustlosen Blindwiderständen durchgeführt werden und zunächst für das Netzwerk in Abb. 3.84 erfolgen.

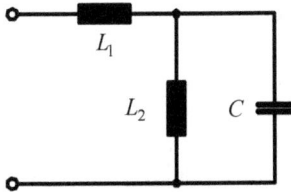

Abb. 3.84: Netzwerk mit zwei Resonanzfrequenzen

Ein Resonanzpunkt ergibt sich für die Parallelschaltung aus L_2 und C. Für diesen Fall wird $B = 1/\omega_0 L_2 - \omega_0 C = 0$ bzw. $X \to \infty$, d.h. unabhängig vom Wert $\omega_0 L_1$ geht der Blindwiderstand der gesamten Schaltung gegen unendlich. Für diesen einen Resonanzpunkt erhält man mit Gleichung 3.91:

$$\omega_{0p} = \frac{1}{\sqrt{L_2 \cdot C}}$$

Zur Bestimmung des zweiten Resonanzpunktes wandelt man die Parallelschaltung aus L_2 und C in eine äquivalente Reihenschaltung um. Zur Unterscheidung zwischen den jeweiligen Größen in Parallel- oder Reihenschaltung wird ihnen der Index p oder r zugefügt. Mit Gleichung 3.52 erhält man:

$$X_{L_{2r}} = \frac{B_{L_2}}{Y^2} = \frac{\frac{1}{X_{L_{2p}}}}{Y^2} \qquad X_{C_r} = \frac{B_C}{Y^2} = \frac{\frac{1}{X_{C_p}}}{Y^2} \qquad Y^2 = \left(B_{L_2} - B_C\right)^2 = \left(\frac{X_{C_p} - X_{L_{2p}}}{X_{L_{2p}} \cdot X_{C_p}}\right)^2$$

Damit erhält man den Ersatzblindwiderstand X_e des Netzwerks, der bei Resonanz null werden muss, d.h. der Zähler des Bruchs muss null werden:

$$X_e = X_{L_1} + \frac{\frac{1}{X_{L_{2p}}}}{Y^2} - \frac{\frac{1}{X_{C_p}}}{Y^2} = X_{L_1} + \frac{\dfrac{X_{C_p} - X_{L_{2p}}}{X_{L_{2p}} \cdot X_{C_p}}}{\left(\dfrac{X_{C_p} - X_{L_{2p}}}{X_{L_{2p}} \cdot X_{C_p}}\right)^2} = \frac{X_{L_1} \cdot X_{C_p} - X_{L_1} \cdot X_{L_{2p}} + X_{L_{2p}} \cdot X_{C_p}}{X_{C_p} - X_{L_{2p}}}$$

$$\omega_0 L_1 \cdot \frac{1}{\omega_0 C_p} - \omega_0 L_1 \cdot \omega_0 L_{2p} + \omega_0 L_{2p} \cdot \frac{1}{\omega_0 C_p} = 0 \qquad \frac{L_1}{C_p} - \omega_0^2 \cdot L_1 \cdot L_{2p} + \frac{L_{2p}}{C_p} = 0$$

Damit ergibt sich für den zweiten Resonanzpunkt:

$$\omega_{0r} = \sqrt{\frac{L_1 + L_{2p}}{L_1 \cdot L_{2p} \cdot C_p}} = \sqrt{\frac{L_1 + L_2}{L_1 \cdot L_2 \cdot C}}$$

Will man feststellen, welcher der beiden Resonanzpunkte zuerst erreicht wird, so muss man sich an die Aussagen für den Reihen- und Parallelschwingkreis erinnern, die hier ideal, d.h. ohne ohmsche Anteile angenommen werden. Ein Reihenschwingkreis verhält sich unterhalb seiner Resonanzfrequenz kapazitiv, d.h. X ist negativ. Bei $\omega = 0$ ist X_L null, X_C geht gegen unendlich und somit $X = X_L - X_C$ gegen minus unendlich. Bei Resonanz wird X null. Bei Frequenzen über der Resonanzfrequenz verhält sich der Schwingkreis induktiv, d.h. X wird positiv. Ein Parallelschwingkreis verhält sich unterhalb seiner Resonanzfrequenz induktiv, d.h. X ist positiv. Bei $\omega = 0$ ist X_L und somit auch X null (Kurzschluss). Bei Resonanz geht X gegen plus unendlich. Über der Resonanzfrequenz verhält sich der Schwingkreis kapazitiv, d.h. X wird negativ und geht von minus unendlich bei Resonanz gegen immer kleinere Werte. Aus diesen Überlegungen sieht man, dass der Differenzialquotient $dX/d\omega$ stets positiv sein muss. Es muss somit nur festgestellt werden, wie sich die Schaltung bei Gleichstrom verhält. Im Fall der Abb. 3.84 wirken die Induktivitäten L_1 und L_2 wie ein Kurzschluss, somit ist für $\omega = 0$ auch $X = 0$, der erste Resonanzpunkt muss zwangsläufig der für Parallelresonanz sein. Für gegen unendlich gehende Frequenzen geht auch ωL_1 und damit X gegen unendlich. In Abb. 3.85 ist der Verlauf von $X = f(\omega)$ für den Schwingkreis in Abb. 3.84 gezeigt.

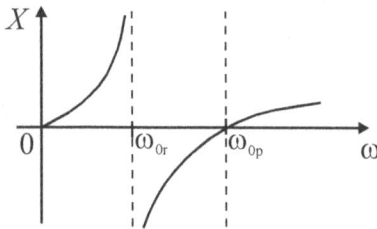

Abb. 3.85: Blindwiderstand in Abhängigkeit der Kreisfrequenz für den Schwingkreis von Abb. 3.84

In Abb. 3.86 sind drei weitere Schwingkreise mit jeweils drei Blindelementen und die zugehörigen Verläufe von $X = f(\omega)$ gezeigt.

Für den ersten Schwingkreis in Abb. 3.86 stellt C_1 bei $\omega = 0$ eine Unterbrechung und L einen Kurzschluss dar, der Blindwiderstand für C_1 geht gegen unendlich und damit geht X gegen minus unendlich. Die Resonanzkreisfrequenzen für den ersten Schwingkreis sind:

$$\omega_{0p} = \frac{1}{\sqrt{L \cdot C_2}} \qquad \omega_{0r} = \frac{1}{\sqrt{L \cdot (C_1 + C_2)}}$$

Die Resonanzkreisfrequenzen für den zweiten Schwingkreis in Abb. 3.86 sind:

$$\omega_{0r} = \frac{1}{\sqrt{L_2 \cdot C}} \qquad \omega_{0p} = \frac{1}{\sqrt{C \cdot (L_1 + L_2)}}$$

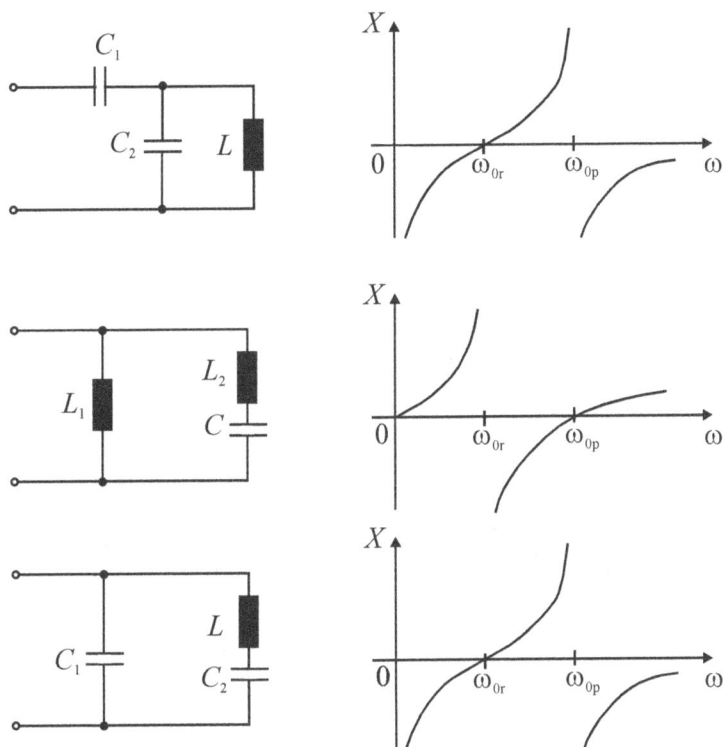

Abb. 3.86: Schwingkreise mit jeweils zwei Resonanzkreisfrequenzen

Die Resonanzkreisfrequenzen für den dritten Schwingkreis in Abb. 3.86 sind:

$$\omega_{0r} = \frac{1}{\sqrt{L \cdot C_2}} \qquad \omega_{0p} = \sqrt{\frac{C_1 + C_2}{L \cdot C_1 \cdot C_2}}$$

Bei mehr als drei voneinander unabhängigen Blindelementen gibt es auch entsprechend mehr Resonanzpunkte, bei denen sich immer die Resonanzpunkte für Reihen- und Parallelresonanz bzw. umgekehrt abwechseln müssen.

3.10   Vierpole

Die komplexe Rechenmethode kann nur auf lineare Vierpole bzw. Zweitore angewendet werden, in denen gleichfrequente sinusförmige Wechselspannungen und -ströme auftreten. Aus den gleichen Gründen wie in Band 1, Kap. 3.9 werden hier nur passive Vierpole betrachtet, dadurch ist automatisch die Bedingung erfüllt, dass die sinusförmigen Wechselgrößen gleiche Frequenz haben. Das Zählpfeilsystem wird wieder so gewählt, dass sich für beide Tore des Vierpols ein Verbraucherzählpfeilsystem ergibt.

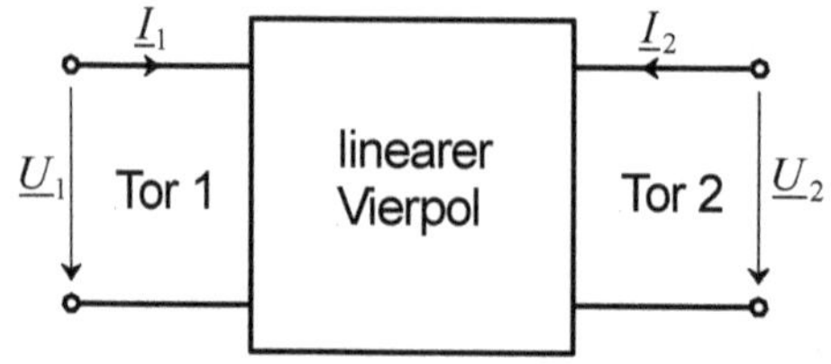

Abb. 3.87: Vierpol mit Strom- und Spannungszählpfeilen nach DIN 40148

Durch die Vierpolgleichungen werden die gegenseitigen Abhängigkeiten der Ströme und Spannungen an den Toren des linearen passiven Vierpols beschrieben. Dabei sind die Vierpolparameter meist komplex und dazu frequenzabhängig. Die Berechnung der Vierpolparameter erfolgt nach der gleichen Methode wie in Band 1, Kap. 3.9.1 beschrieben. Da oft aus einer einmal ermittelten Form einer Vierpolgleichung in eine andere Form umgerechnet wird, sind in Tabelle 3.2 die Umrechnungen für die Vierpolparameter zusammengefasst. Diese Umwandlung kann leicht mit den Erläuterungen in Band 1 nachvollzogen werden, dabei werden für die Determinanten der Widerstands- oder Leitwertsmatrix usw. die Abkürzungen det$\underline{Z} = \underline{Z}_{11} \cdot \underline{Z}_{22} - \underline{Z}_{12} \cdot \underline{Z}_{21}$, det$\underline{Y} = \underline{Y}_{11} \cdot \underline{Y}_{22} - \underline{Y}_{12} \cdot \underline{Y}_{21}$, det$\underline{H} = \underline{H}_{11} \cdot \underline{H}_{22} - \underline{H}_{12} \cdot \underline{H}_{21}$ usw. verwendet.

Passive Vierpole werden meist am Tor 1 mit einer linearen Quelle und am Tor 2 mit einem linearen komplexen Widerstand oder umgekehrt beschaltet. In diesen Fällen eignet sich zur Beschreibung des Vierpols besonders die Widerstandsform. Zwei Sonderfälle der Beschaltung sind der Leerlauf und der Kurzschluss an einem der beiden Tore. Wird das Tor 2 leerlaufend betrieben, so ist nach der ersten Vierpolgleichung in Widerstandsform der Leerlaufwiderstand $\underline{Z}_{L1}$ am Tor 1 mit $\underline{I}_2 = 0$ (da bei Leerlauf kein Strom $\underline{I}_2$ fließt):

$$\underline{U}_1 = \underline{Z}_{11} \cdot \underline{I}_1 + \underline{Z}_{12} \cdot \underline{I}_2 = \underline{Z}_{11} \cdot \underline{I}_1 \qquad \underline{Z}_{L1} = \frac{\underline{U}_1}{\underline{I}_1} = \underline{Z}_{11}$$

Schließt man das Tor 2 kurz, so ist $\underline{U}_2 = 0$, und man erhält den Kurzschlusswiderstand $\underline{Z}_{K1}$ vom Tor 1 aus betrachtet aus den Vierpolgleichungen in Widerstandsform:

$$\underline{U}_2 = 0 = \underline{Z}_{21} \cdot \underline{I}_1 + \underline{Z}_{22} \cdot \underline{I}_2 \qquad \underline{I}_2 = -\underline{I}_1 \cdot \frac{\underline{Z}_{21}}{\underline{Z}_{22}} \qquad \underline{U}_1 = \underline{I}_1 \cdot \left(\underline{Z}_{11} - \frac{\underline{Z}_{12} \cdot \underline{Z}_{21}}{\underline{Z}_{22}} \right)$$

$$\frac{\underline{U}_1}{\underline{I}_1} = \underline{Z}_{K1} = \underline{Z}_{11} - \frac{\underline{Z}_{12} \cdot \underline{Z}_{21}}{\underline{Z}_{22}}$$

Tab. 3.2: Beziehungen zwischen den verschiedenen Formen der Vierpolparameter

Form	$\underline{Z}$		$\underline{Y}$		$\underline{H}$		$\underline{A}$	
$\underline{Z}$	$\underline{Z}_{11}$	$\underline{Z}_{12}$	$\dfrac{\underline{Y}_{22}}{\det \underline{Y}}$	$\dfrac{-\underline{Y}_{12}}{\det \underline{Y}}$	$\dfrac{\det \underline{H}}{\underline{H}_{22}}$	$\dfrac{\underline{H}_{12}}{\underline{H}_{22}}$	$\dfrac{\underline{A}_{11}}{\underline{A}_{21}}$	$\dfrac{\det \underline{A}}{\underline{A}_{21}}$
	$\underline{Z}_{21}$	$\underline{Z}_{22}$	$\dfrac{-\underline{Y}_{21}}{\det \underline{Y}}$	$\dfrac{\underline{Y}_{11}}{\det \underline{Y}}$	$\dfrac{-\underline{H}_{21}}{\underline{H}_{22}}$	$\dfrac{1}{\underline{H}_{22}}$	$\dfrac{1}{\underline{A}_{21}}$	$\dfrac{\underline{A}_{22}}{\underline{A}_{21}}$
$\underline{Y}$	$\dfrac{\underline{Z}_{22}}{\det \underline{Z}}$	$\dfrac{-\underline{Z}_{12}}{\det \underline{Z}}$	$\underline{Y}_{11}$	$\underline{Y}_{12}$	$\dfrac{1}{\underline{H}_{11}}$	$\dfrac{-\underline{H}_{12}}{\underline{H}_{11}}$	$\dfrac{\underline{A}_{22}}{\underline{A}_{12}}$	$\dfrac{-\det \underline{A}}{\underline{A}_{12}}$
	$\dfrac{-\underline{Z}_{21}}{\det \underline{Z}}$	$\dfrac{\underline{Z}_{11}}{\det \underline{Z}}$	$\underline{Y}_{21}$	$\underline{Y}_{22}$	$\dfrac{\underline{H}_{21}}{\underline{H}_{11}}$	$\dfrac{\det \underline{H}}{\underline{H}_{11}}$	$\dfrac{-1}{\underline{A}_{12}}$	$\dfrac{\underline{A}_{11}}{\underline{A}_{12}}$
$\underline{H}$	$\dfrac{\det \underline{Z}}{\underline{Z}_{22}}$	$\dfrac{\underline{Z}_{12}}{\underline{Z}_{22}}$	$\dfrac{1}{\underline{Y}_{11}}$	$\dfrac{-\underline{Y}_{12}}{\underline{Y}_{11}}$	$\underline{H}_{11}$	$\underline{H}_{12}$	$\dfrac{\underline{A}_{12}}{\underline{A}_{22}}$	$\dfrac{\det \underline{A}}{\underline{A}_{22}}$
	$\dfrac{-\underline{Z}_{21}}{\underline{Z}_{22}}$	$\dfrac{1}{\underline{Z}_{22}}$	$\dfrac{\underline{Y}_{21}}{\underline{Y}_{11}}$	$\dfrac{\det \underline{Y}}{\underline{Y}_{11}}$	$\underline{H}_{21}$	$\underline{H}_{22}$	$\dfrac{-1}{\underline{A}_{22}}$	$\dfrac{\underline{A}_{21}}{\underline{A}_{22}}$
$\underline{D}$	$\dfrac{1}{\underline{Z}_{11}}$	$\dfrac{-\underline{Z}_{12}}{\underline{Z}_{11}}$	$\dfrac{\det \underline{Y}}{\underline{Y}_{22}}$	$\dfrac{\underline{Y}_{12}}{\underline{Y}_{22}}$	$\dfrac{\underline{H}_{22}}{\det \underline{H}}$	$\dfrac{-\underline{H}_{12}}{\det \underline{H}}$	$\dfrac{\underline{A}_{21}}{\underline{A}_{11}}$	$\dfrac{-\det \underline{A}}{\underline{A}_{11}}$
	$\dfrac{\underline{Z}_{21}}{\underline{Z}_{11}}$	$\dfrac{\det \underline{Z}}{\underline{Z}_{11}}$	$\dfrac{-\underline{Y}_{21}}{\underline{Y}_{22}}$	$\dfrac{1}{\underline{Y}_{22}}$	$\dfrac{-\underline{H}_{21}}{\det \underline{H}}$	$\dfrac{\underline{H}_{11}}{\det \underline{H}}$	$\dfrac{1}{\underline{A}_{11}}$	$\dfrac{\underline{A}_{12}}{\underline{A}_{11}}$
$\underline{A}$	$\dfrac{\underline{Z}_{11}}{\underline{Z}_{21}}$	$\dfrac{\det \underline{Z}}{\underline{Z}_{21}}$	$\dfrac{-\underline{Y}_{22}}{\underline{Y}_{21}}$	$\dfrac{-1}{\underline{Y}_{21}}$	$\dfrac{-\det \underline{H}}{\underline{H}_{21}}$	$\dfrac{-\underline{H}_{11}}{\underline{H}_{21}}$	$\underline{A}_{11}$	$\underline{A}_{12}$
	$\dfrac{1}{\underline{Z}_{21}}$	$\dfrac{\underline{Z}_{22}}{\underline{Z}_{21}}$	$\dfrac{-\det \underline{Y}}{\underline{Y}_{21}}$	$\dfrac{-\underline{Y}_{11}}{\underline{Y}_{21}}$	$\dfrac{-\underline{H}_{22}}{\underline{H}_{21}}$	$\dfrac{-1}{\underline{H}_{21}}$	$\underline{A}_{21}$	$\underline{A}_{22}$

Das geometrische Mittel aus dem Leerlauf- und Kurzschlusswiderstand wird **Wellenwiderstand** $\underline{Z}_W$ genannt.

$$\underline{Z}_W = \sqrt{\underline{Z}_L \cdot \underline{Z}_K} \qquad\qquad (3.96)$$

Jeder Vierpol hat demnach zwei Wellenwiderstände, einen eingangsseitigen $\underline{Z}_{W1}$, d.h. vom Tor 1 aus betrachtet, und einen ausgangsseitigen $\underline{Z}_{W2}$, d.h. vom Tor 2 aus betrachtet. Der eingangsseitige Wellenwiderstand ist demnach:

$$\underline{Z}_{W1} = \sqrt{\underline{Z}_{L1} \cdot \underline{Z}_{K1}} = \sqrt{\underline{Z}_{11} \cdot \left(\underline{Z}_{11} - \frac{\underline{Z}_{12} \cdot \underline{Z}_{21}}{\underline{Z}_{22}} \right)} = \sqrt{\frac{\underline{Z}_{11}}{\underline{Z}_{22}} \cdot \left(\underline{Z}_{11} \cdot \underline{Z}_{22} - \underline{Z}_{12} \cdot \underline{Z}_{21} \right)} = \sqrt{\frac{\underline{Z}_{11}}{\underline{Z}_{22}} \cdot \det \underline{Z}}$$

Betrachtet man nun den Vierpol vom Tor 2 aus und betreibt ihn eingangsseitig zunächst im Leerlauf ($\underline{I}_1 = 0$) und dann im Kurzschluss ($\underline{U}_1 = 0$), so erhält man:

$$\underline{U}_2 = \underline{Z}_{21} \cdot \underline{I}_1 + \underline{Z}_{22} \cdot \underline{I}_2 = \underline{Z}_{22} \cdot \underline{I}_2 \qquad \underline{Z}_{L2} = \frac{\underline{U}_2}{\underline{I}_2} = \underline{Z}_{22}$$

$$\underline{U}_1 = 0 = \underline{Z}_{11} \cdot \underline{I}_1 + \underline{Z}_{12} \cdot \underline{I}_2 \qquad \underline{I}_1 = -\underline{I}_2 \cdot \frac{\underline{Z}_{12}}{\underline{Z}_{11}} \qquad \underline{U}_2 = \underline{I}_2 \cdot \left(\underline{Z}_{22} - \frac{\underline{Z}_{12} \cdot \underline{Z}_{21}}{\underline{Z}_{11}} \right)$$

$$\underline{Z}_{K2} = \frac{\underline{U}_2}{\underline{I}_2} = \underline{Z}_{22} - \frac{\underline{Z}_{12} \cdot \underline{Z}_{21}}{\underline{Z}_{11}}$$

$$\underline{Z}_{W2} = \sqrt{\underline{Z}_{L2} \cdot \underline{Z}_{K2}} = \sqrt{\underline{Z}_{22} \cdot \left(\underline{Z}_{22} - \frac{\underline{Z}_{12} \cdot \underline{Z}_{21}}{\underline{Z}_{11}} \right)} = \sqrt{\frac{\underline{Z}_{22}}{\underline{Z}_{11}} \cdot (\underline{Z}_{11} \cdot \underline{Z}_{22} - \underline{Z}_{12} \cdot \underline{Z}_{21})} = \sqrt{\frac{\underline{Z}_{22}}{\underline{Z}_{11}} \cdot \det \underline{Z}}$$

Soll der Wellenwiderstand durch andere Vierpolparameter ausgedrückt werden, so können die gleichen Betrachtungen für die jeweiligen Vierpolgleichungen durchgeführt werden oder die Umformung mit Hilfe der Tab. 3.2 erfolgen. Für die häufig verwendeten Kettenparameter ergibt sich dann:

$$\underline{Z}_{W1} = \sqrt{\frac{\underline{A}_{11} \cdot \underline{A}_{12}}{\underline{A}_{21} \cdot \underline{A}_{22}}} \qquad \underline{Z}_{W2} = \sqrt{\frac{\underline{A}_{12} \cdot \underline{A}_{22}}{\underline{A}_{11} \cdot \underline{A}_{21}}}$$

Das Verhalten eines Vierpols ist von seiner Beschaltung abhängig. Beschaltet man einen Vierpol am Tor 2 mit einem komplexen Widerstand $\underline{Z}_a$, so liegt für diesen ein Erzeugerzählpfeilsystem vor. Mit den Vierpolgleichungen und $\underline{U}_2 = -\underline{Z}_a \cdot \underline{I}_2$ erhält man dann den eingangsseitigen Widerstand $\underline{Z}_{e1}$:

$$-\underline{Z}_a \cdot \underline{I}_2 = \underline{Z}_{21} \cdot \underline{I}_1 + \underline{Z}_{22} \cdot \underline{I}_2 \qquad \underline{I}_2 = -\underline{I}_1 \cdot \frac{\underline{Z}_{21}}{\underline{Z}_{22} + \underline{Z}_a} \qquad \underline{U}_1 = \underline{Z}_{11} \cdot \underline{I}_1 - \underline{I}_1 \cdot \frac{\underline{Z}_{12} \cdot \underline{Z}_{21}}{\underline{Z}_{22} + \underline{Z}_a}$$

$$\frac{\underline{U}_1}{\underline{I}_1} = \underline{Z}_{e1} = \underline{Z}_{11} - \frac{\underline{Z}_{12} \cdot \underline{Z}_{21}}{\underline{Z}_{22} + \underline{Z}_a}$$

Auf dem gleichen Weg kann man auch bei Beschaltung des Tors 1 mit einem $\underline{Z}_a$ den komplexen Widerstand $\underline{Z}_{e2}$ bestimmen:

$$\underline{Z}_{e2} = \underline{Z}_{22} - \frac{\underline{Z}_{12} \cdot \underline{Z}_{21}}{\underline{Z}_{11} + \underline{Z}_a}$$

Für die Sonderfälle, dass man einen Vierpol am Tor 2 mit $\underline{Z}_a = \underline{Z}_{W2}$ beschaltet, hat er vom Tor 1 aus betrachtet den Widerstand $\underline{Z}_{e1} = \underline{Z}_{W1}$ und bei Beschaltung des Eingangstors mit $\underline{Z}_{W1}$ wird $\underline{Z}_{e2} = \underline{Z}_{W2}$. Dies kann leicht anhand der vorher aufgestellten Beziehungen überprüft werden, es wird hier für den ersten Fall gezeigt. Nach der obigen Gleichung ist:

$$\underline{Z}_{el} = \underline{Z}_{W1} = \underline{Z}_{11} - \frac{\underline{Z}_{12} \cdot \underline{Z}_{21}}{\underline{Z}_{22} + \underline{Z}_{W2}} = \frac{\underline{Z}_{11} \cdot \underline{Z}_{22} + \underline{Z}_{11} \cdot \underline{Z}_{W2} - \underline{Z}_{12} \cdot \underline{Z}_{21}}{\underline{Z}_{22} + \underline{Z}_{W2}} = \frac{\underline{Z}_{11} \cdot \underline{Z}_{W2} + \det \underline{Z}}{\underline{Z}_{22} + \underline{Z}_{W2}}$$

$$\underline{Z}_{W1} \cdot \left(\underline{Z}_{22} + \underline{Z}_{W2} \right) = \underline{Z}_{11} \cdot \underline{Z}_{W2} + \det \underline{Z}$$

Setzt man nun für $\underline{Z}_{W1}$ und $\underline{Z}_{W2}$ die vorher gefundenen Beziehungen ein, so muss sich für beide Seiten der Gleichung der gleiche Ausdruck ergeben. Dies ist auch der Fall. Für die linke Seite der Gleichung wird:

$$\sqrt{\frac{\underline{Z}_{11}}{\underline{Z}_{22}} \cdot \det \underline{Z}} \cdot \underline{Z}_{22} + \sqrt{\frac{\underline{Z}_{11}}{\underline{Z}_{22}} \cdot \det \underline{Z}} \cdot \sqrt{\frac{\underline{Z}_{22}}{\underline{Z}_{11}} \cdot \det \underline{Z}} = \sqrt{\underline{Z}_{11} \cdot \underline{Z}_{22} \cdot \det \underline{Z}} + \sqrt{\left(\det \underline{Z} \right)^2}$$

$$= \sqrt{\underline{Z}_{11} \cdot \underline{Z}_{22} \cdot \det \underline{Z}} + \det \underline{Z}$$

Für die rechte Seite der Gleichung wird:

$$\underline{Z}_{11} \cdot \sqrt{\frac{\underline{Z}_{22}}{\underline{Z}_{11}} \cdot \det \underline{Z}} + \det \underline{Z} = \sqrt{\underline{Z}_{11} \cdot \underline{Z}_{22} \cdot \det \underline{Z}} + \det \underline{Z}$$

Wird demnach ein Vierpol ausgangsseitig mit dem Wellenwiderstand $\underline{Z}_{W2}$ beschaltet und hat die eingangsseitig speisende Quelle den Innenwiderstand $\underline{Z}_{W1}$, so liegt Scheinleistungsanpassung vor (vgl. Kap. 3.7.8).

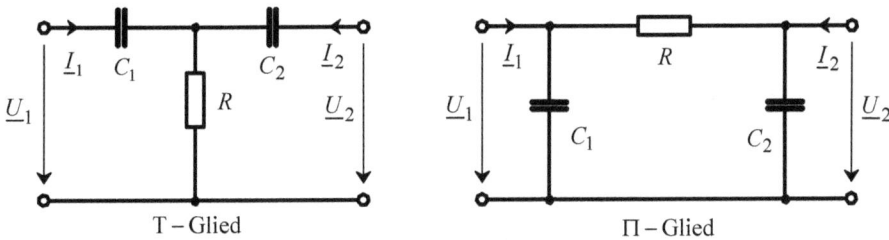

Abb. 3.88: T-Schaltung und Π-Schaltung

Anhand dreier häufig vorkommender Schaltungen sollen die bisher erläuterten Zusammenhänge vertieft werden. In Abb. 3.88 sind eine so genannte T-Schaltung und eine Π(Pi)-Schaltung gezeigt. Für die T-Schaltung sollen die Wellenwiderstände, für die Π-Schaltung die Leitwertparameter und Wellenwiderstände ermittelt werden. In den beiden Schaltungen sei $C_1 = C_2$, zur besseren Verfolgung werden jedoch die Indizes zunächst verwendet, auch wenn dann gleiche Ausdrücke, in denen C_1 und C_2 vorkommen, gekürzt werden.

Für die T-Schaltung werden die Wellenwiderstände mit Hilfe der Gleichung 3.96 bestimmt:

$$\underline{Z}_{W1} = \sqrt{\underline{Z}_{L1} \cdot \underline{Z}_{K1}} = \sqrt{\left(R - j \cdot \frac{1}{\omega C_1}\right) \cdot \left(-j \cdot \frac{1}{\omega C_1} + \frac{R \cdot \left(-j \cdot \frac{1}{\omega C_2}\right)}{R - j \cdot \frac{1}{\omega C_2}}\right)}$$

$$= \sqrt{\left(R - j \cdot \frac{1}{\omega C_1}\right) \cdot \frac{\left(-j \cdot \frac{1}{\omega C_1}\right) \cdot \left(R - j \cdot \frac{1}{\omega C_2}\right) - j \cdot \frac{R}{\omega C_2}}{\left(R - j \cdot \frac{1}{\omega C_2}\right)}} = \sqrt{-j \cdot \frac{2 \cdot R}{\omega C} - \frac{1}{(\omega C)^2}}$$

$$\underline{Z}_{W2} = \sqrt{\left(R - j \cdot \frac{1}{\omega C_2}\right) \cdot \left(-j \cdot \frac{1}{\omega C_2} + \frac{R \cdot \left(-j \cdot \frac{1}{\omega C_1}\right)}{R - j \cdot \frac{1}{\omega C_1}}\right)} = \sqrt{-j \cdot \frac{2 \cdot R}{\omega C} - \frac{1}{(\omega C)^2}}$$

Hier sind also beide Wellenwiderstände gleich.

Für die Π-Schaltung geht man nach der in Band 1, Kap. 3.9.1 beschriebenen Methode vor. Für $\underline{U}_2 = 0$ (Kurzschluss an Tor 2) erhält man mit Hilfe des Überlagerungssatzes (Band 1, Kap. 3.7), wenn also zunächst nur $\underline{U}_1$ wirksam ist:

$$\underline{I}_1' = \frac{R - j \cdot \frac{1}{\omega C_1}}{-j \cdot \frac{R}{\omega C_1}} \cdot \underline{U}_1 \qquad \underline{I}_2' = -\frac{1}{R} \cdot \underline{U}_1$$

Das Minuszeichen bei $\underline{I}_2'$ rührt vom Zählpfeilsystem her, das $\underline{I}_2$ und $\underline{U}_1$ miteinander bilden.

Ist nur $\underline{U}_2$ wirksam, d.h. $\underline{U}_1 = 0$ (Kurzschluss an Tor 1), so wird:

$$\underline{I}_1'' = -\frac{1}{R} \cdot \underline{U}_2 \qquad \underline{I}_2'' = \frac{R - j \cdot \frac{1}{\omega C_2}}{-j \cdot \frac{R}{\omega C_2}} \cdot \underline{U}_2$$

$$\underline{I}_1 = \underline{I}_1' + \underline{I}_1'' = \frac{R - j \cdot \frac{1}{\omega C_1}}{-j \cdot \frac{R}{\omega C_1}} \cdot \underline{U}_1 - \frac{1}{R} \cdot \underline{U}_2 \qquad \underline{I}_2 = \underline{I}_2' + \underline{I}_2'' = -\frac{1}{R} \cdot \underline{U}_1 + \frac{R - j \cdot \frac{1}{\omega C_2}}{-j \cdot \frac{R}{\omega C_2}} \cdot \underline{U}_2$$

$$\underline{Y}_{11} = \frac{R - j \cdot \dfrac{1}{\omega C_1}}{-j \cdot \dfrac{R}{\omega C_1}} = \underline{Y}_{C_1} + \underline{Y}_R \qquad \underline{Y}_{12} = -\frac{1}{R} = -\underline{Y}_R \qquad \underline{Y}_{21} = -\frac{1}{R} = -\underline{Y}_R$$

$$\underline{Y}_{22} = \frac{R - j \cdot \dfrac{1}{\omega C_2}}{-j \cdot \dfrac{R}{\omega C_2}} = \underline{Y}_R + \underline{Y}_{C_2}$$

Damit ergeben sich die beiden Wellenwiderstände, wobei die Umwandlung der Widerstands-
in die Leitwertparameter mit Hilfe von Tab. 3.2 erfolgt. $\underline{Y}_{11}$ kann gegen $\underline{Y}_{22}$ gekürzt werden,
da $C_1 = C_2$ ist.

$$\underline{Z}_{W1} = \sqrt{\frac{\underline{Z}_{11}}{\underline{Z}_{22}} \cdot \det \underline{Z}} = \sqrt{\frac{\underline{Y}_{22}}{\underline{Y}_{11} \cdot \det \underline{Y}}} = \sqrt{\frac{1}{\det \underline{Y}}}$$

$$\underline{Z}_{W2} = \sqrt{\frac{\underline{Z}_{22}}{\underline{Z}_{11}} \cdot \det \underline{Z}} = \sqrt{\frac{\underline{Y}_{11}}{\underline{Y}_{22} \cdot \det \underline{Y}}} = \sqrt{\frac{1}{\det \underline{Y}}}$$

Auch für diese Schaltung sind die beiden Wellenwiderstände gleich, da $C_1 = C_2$ ist.

Aufgabe 3.19

Für ein so genanntes Halbglied oder eine Γ(Gamma)-Schaltung, wie es in Abb. 3.89 gezeigt
ist, sollen die Kettenparameter und Wellenwiderstände ermittelt werden. Der Ausdruck
Halbglied rührt daher, dass sich die Schaltung vom Tor 1 aus betrachtet wie eine „halbe"
T-Schaltung und vom Tor 2 aus wie eine „halbe" Π-Schaltung darstellt.

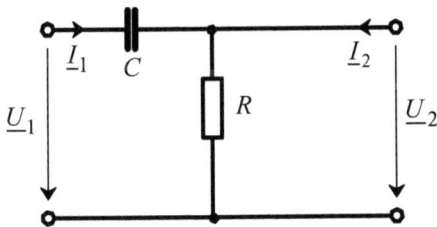

Abb. 3.89: Halbglied oder Γ-Schaltung

4 Drehstrom

4.1 Drehstromsystem

4.1.1 Grundbegriffe

Anders als bei Einphasensystemen werden hier drei gleichfrequente sinusförmige Spannungen wirksam, die gegeneinander um einen gleichbleibenden Winkel phasenverschoben sind und einen gleichen Scheitelwert haben. Ein solches System bezeichnet man als symmetrisches Drehstrom- oder Dreiphasensystem. Es gibt auch Mehrphasensysteme, bei denen mehr als drei Spannungen miteinander verknüpft sind. Die größte wirtschaftliche und technische Bedeutung haben jedoch Drehstromsysteme, deshalb werden auch nur diese hier behandelt. Mit den vermittelten Kenntnissen lassen sich aber auch andere Mehrphasensysteme leicht verstehen und berechnen.

In Band 1, Kap. 6.1.6 wurde gezeigt, wie eine in einem homogenen Magnetfeld rotierende Leiterschleife eine sinusförmige Spannung induziert. Ein Drehstromsystem könnte also dadurch aufgebaut werden, dass man drei getrennte Leiterschleifen mit gleicher Winkelgeschwindigkeit benutzt, die jeweils um 120° räumlich zueinander versetzt sind. Natürlich würde eine solche Anordnung praktisch nicht funktionieren, da die geringste Abweichung die räumliche Lage zueinander verändert und somit das System unsymmetrisch macht. Montiert man dagegen alle drei Leiterschleifen jeweils um 120° verschoben auf eine gemeinsame Achse, so bleiben auch die Spannungen zeitlich zueinander um 120° versetzt. Die Differenz der Nullphasenwinkel zwischen zwei aufeinander folgenden Spannungen ist somit:

$$\varphi_{u_1} - \varphi_{u_2} = \varphi_{u_2} - \varphi_{u_3} = \varphi_{u_3} - \varphi_{u_1} = \frac{2\pi}{3} = 120° \qquad (4.1)$$

In Abb. 4.1 sind die drei Leiterschleifen für den Zeitpunkt $t = 0$ gezeigt, wobei sie jeweils an ihrem Leiteranfang bezeichnet sind. In Abb. 4.2 sind das zugehörige Linien- und Zeigerdiagramm der Spannungen der drei Leiterschleifen dargestellt. Das Zeigerdiagramm gilt für die Effektivwerte.

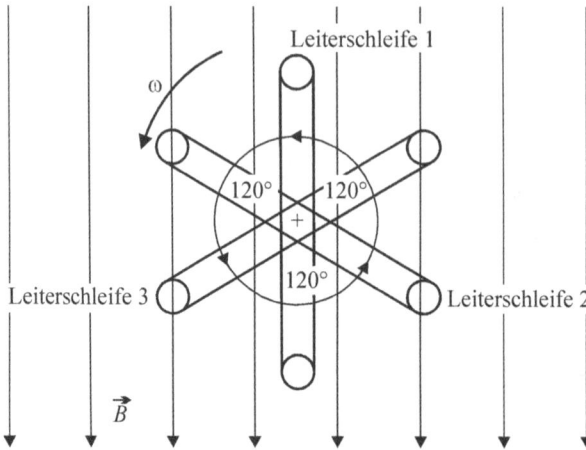

Abb. 4.1: Drei rotierende, um 120° versetzte Leiterschleifen im homogenen Magnetfeld

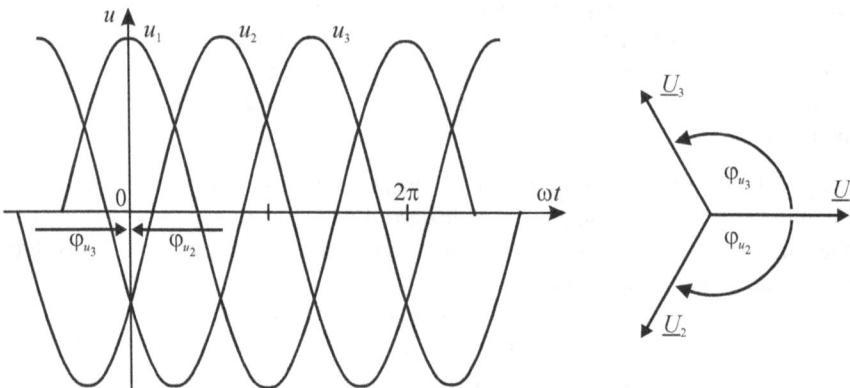

Abb. 4.2: Linien- und Zeigerdiagramm der Spannungen der drei Leiterschleifen aus Abb. 4.1

Die Spannung $\underline{U}_1$ eilt gegenüber der Spannung $\underline{U}_2$ um 120° voraus, d.h. sie erreicht ihr Maximum entsprechend früher, und sie eilt gegenüber $\underline{U}_3$ um 120° nach. Demnach gilt:

$$\underline{U}_1 = U \cdot e^{j \cdot \varphi_{u_1}} \qquad \underline{U}_2 = U \cdot e^{j \cdot \varphi_{u_2}} = U \cdot e^{j \cdot \left(\varphi_{u_1} - 120°\right)} = \underline{U}_1 \cdot e^{-j \cdot 120°}$$

$$\underline{U}_3 = U \cdot e^{j \cdot \varphi_{u_3}} = U \cdot e^{j \cdot \left(\varphi_{u_2} - 120°\right)} = U \cdot e^{j \cdot \left(\varphi_{u_1} + 120°\right)} = \underline{U}_1 \cdot e^{j \cdot 120°}$$

Technische Generatoren werden allerdings in der Regel so aufgebaut, dass sich die Leiterschleifen bzw. Wicklungen auf dem ortsfesten Teil des Generators, dem Ständer befinden.

Das Magnetfeld rotiert. Dazu wird in der Regel auf dem Läufer oder Rotor eine Gleich-
stromwicklung aufgebracht, durch die ein in seiner Stärke veränderbares Magnetfeld aufgebaut wird. An dem Spannungsverlauf ändert sich dadurch nichts, solange die Flussänderung
einer Sinusfunktion folgt.

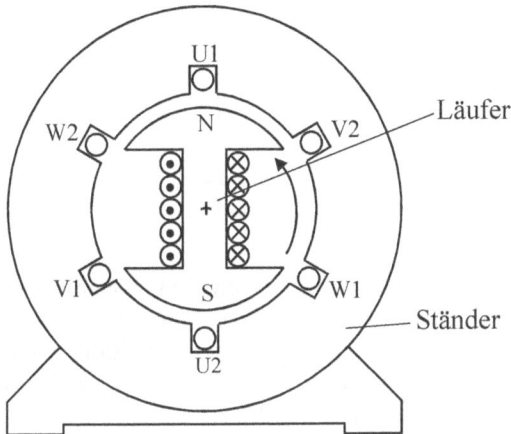

Abb. 4.3: Prinzipieller Aufbau eines Innenpol-Drehstrom-Synchrongenerators

Jeder Teil beim Erzeuger, Verbraucher und der Leitungsverbindung zwischen beiden, in dem
ein einheitlicher Strom I fließt, wird **Strang** oder **Phase** genannt. Bei elektrischen Maschinen
gibt es die drei Stränge U, V und W. Der Anfang eines Strangs wird mit U1, V1 bzw. W1
und das jeweils zugehörige Ende mit U2, V2 und W2 bezeichnet. Die Spannungen in dem
Linien- und Zeigerdiagramm der Abb. 4.2 nennt man entsprechend **Strangspannungen**. An
die Anfangspunkte jedes Strangs werden die **Außenleiter** angeschlossen, die man mit L1, L2
und L3 bezeichnet (vgl. Abb. 4.5 oder 4.6). Die frühere Bezeichnung dafür war R, S und T.
Die Spannung zwischen zwei Außenleitern nennt man entsprechend **Außenleiterspannung**
oder kurz **Leiterspannung**. Hat ein Erzeuger oder Verbraucher drei gleiche, d.h. symmetrische, Stränge und verbindet man die Enden derselben zu einem gemeinsamen Knotenpunkt,
so bezeichnet man diesen als **Sternpunkt** N (früher M oder Mp). An diesen Sternpunkt kann
ein so genannter **Sternpunktleiter, Neutralleiter** oder **Nullleiter** N angeschlossen werden
(vgl. Abb. 4.5). Bei einem unsymmetrischen Verbraucher (unsymmetrische Erzeuger kommen
praktisch nicht vor) heißt der gemeinsame Knotenpunkt K.

4.1.2   Möglichkeiten des Zusammenschaltens der Stränge

Die Abb. 4.4 zeigt ein so genanntes offenes Drehstrom- oder Dreiphasensystem. Man benötigt hier für jeden Strang eine eigene Hin- und Rückleitung. Wegen des hohen Materialauf-
wands für die Leitungen wird diese Schaltung praktisch nicht eingesetzt.

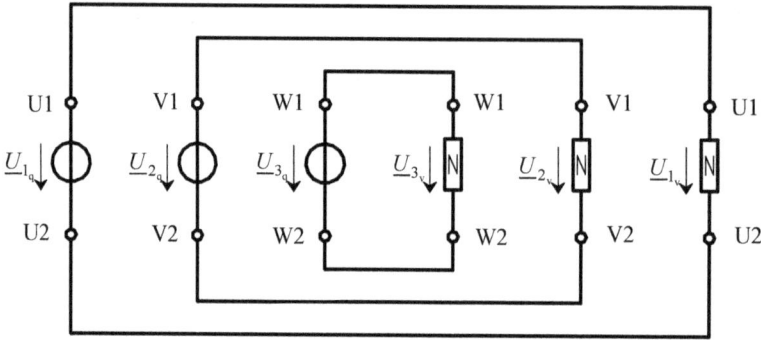

Abb. 4.4: Offenes Drehstromsystem

Werden die drei Strangenden des Erzeugers und des Verbrauchers jeweils in einem gemeinsamen Sternpunkt (bzw. bei einem unsymmetrischen Verbraucher in einem gemeinsamen
Knotenpunkt) miteinander verbunden, so erhält man für beide eine **Sternschaltung**, die mit
dem Kurzzeichen $\perp$ symbolisiert wird. Die Strangspannungen werden bei Symmetrie mit
$\underline{U}_{1N}$, $\underline{U}_{2N}$ und $\underline{U}_{3N}$ bezeichnet, bei Unsymmetrie mit $\underline{U}_{1K}$, $\underline{U}_{2K}$ und $\underline{U}_{3K}$.

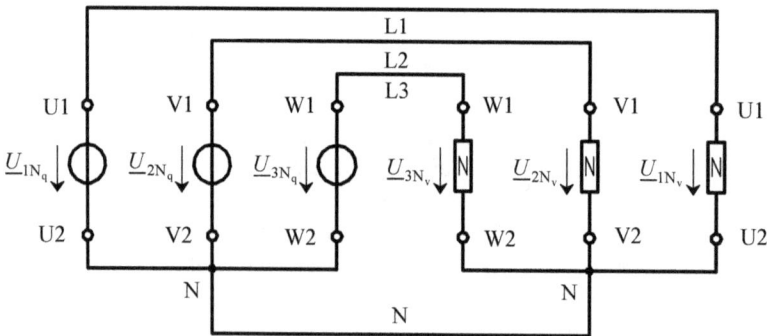

Abb. 4.5: Sternschaltung für den Erzeuger und Verbraucher

Ein System mit drei Außenleitern L1, L2 und L3 und einem Sternpunktleiter N nennt man
ein **Vierleitersystem**. Wird auf den Sternpunktleiter verzichtet, weil z.B. eine symmetrische
Belastung vorliegt, so erhält man ein **Dreileitersystem**. An eine Sternschaltung kann sowohl
ein Drei- als auch ein Vierleitersystem angeschlossen werden.

Wird jedes Ende eines Strangs mit dem Anfang des nächsten Strangs verbunden, so erhält
man eine Dreieckschaltung, sie wird durch das Kurzzeichen $\triangle$ symbolisiert. An eine Dreieckschaltung kann nur ein Dreileitersystem angeschlossen werden. Die Strangspannungen
sind hier gleich den Außenleiterspannungen und werden mit $\underline{U}_{12}$, $\underline{U}_{23}$ und $\underline{U}_{31}$ bezeichnet.

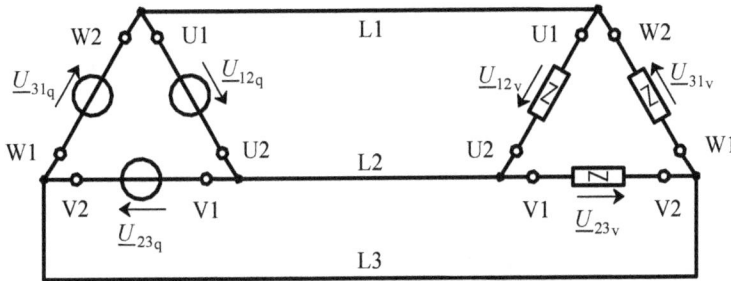

Abb. 4.6: Dreieckschaltung für den Erzeuger und Verbraucher

Da die Erzeugerseite (Index q) bzw. das Drehstromnetz in der Regel als symmetrisch angesehen werden kann, d.h. die Spannungen haben alle den gleichen Effektivwert und sind gegeneinander um jeweils 120° phasenverschoben, erfolgt die nähere Betrachtung der Stern-
und Dreieckschaltung in den folgenden Kapiteln mit einer Ausnahme nur für Verbraucher
(Index v).

4.2   Sternschaltung

Die Sternschaltung für einen Drehstromverbraucher ist nochmals mit allen Spannungen und
Strömen in Abb. 4.7 dargestellt. Die Strangspannungen sind dabei zweimal angetragen.

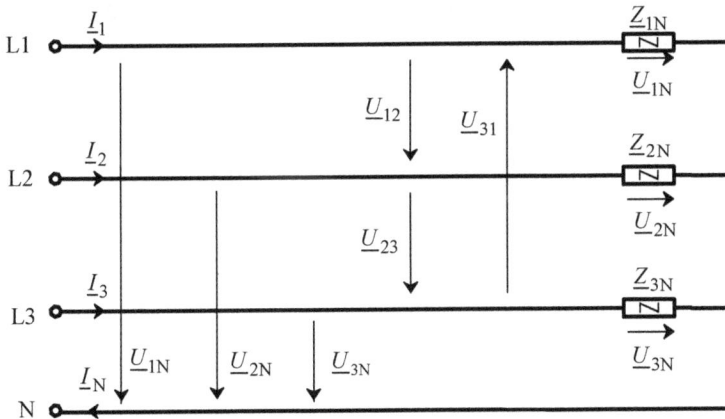

Abb. 4.7: Sternschaltung eines Drehstromverbrauchers

Die Strangspannungen, ausgedrückt als Augenblickswerte, lauten hier:

$$u_{1N} = \sqrt{2} \cdot U \cdot \cos\left(\omega t + \varphi_{u_{1N}}\right) \qquad u_{2N} = \sqrt{2} \cdot U \cdot \cos\left(\omega t + \underbrace{\varphi_{u_{1N}} - 120°}_{\varphi_{u_{2N}}}\right)$$

$$u_{3N} = \sqrt{2} \cdot U \cdot \cos\left(\omega t + \underbrace{\varphi_{u_{1N}} + 120°}_{\varphi_{u_{3N}}}\right)$$

In komplexer Form für die Effektivwertzeiger lauten die Strangspannungen bei Sternschaltung:

$$\underline{U}_{1N} = U \cdot e^{j \cdot \varphi_{u1N}}$$
$$\underline{U}_{2N} = U \cdot e^{j \cdot \varphi_{u2N}} = U \cdot e^{j \cdot \left(\varphi_{u1N} - 120°\right)} = \underline{U}_{1N} \cdot e^{-j \cdot 120°} \tag{4.2}$$
$$\underline{U}_{3N} = U \cdot e^{j \cdot \varphi_{u3N}} = U \cdot e^{j \cdot \left(\varphi_{u2N} - 120°\right)} = U \cdot e^{j \cdot \left(\varphi_{u1N} + 120°\right)} = \underline{U}_{1N} \cdot e^{j \cdot 120°}$$

Bildet man die Summe der drei komplexen Spannungen, wobei hier der Nullphasenwinkel der Spannung $\underline{U}_{1N}$ mit null angenommen wurde, so erhält man:

$$\underline{U}_{1N} + \underline{U}_{2N} + \underline{U}_{3N} = U + U \cdot \left(\cos(-120°) + j \cdot \sin(-120°)\right) + U \cdot \left(\cos 120° + j \cdot \sin 120°\right)$$
$$= U + U \cdot \left(-0.5 - j \cdot 0.866\right) + U \cdot \left(-0.5 + j \cdot 0.866\right) = 0$$

$$\underline{U}_{1N} + \underline{U}_{2N} + \underline{U}_{3N} = 0 \tag{4.3}$$

Die Leiterspannungen erhält man, indem man die Maschengleichungen bildet. Zum Beispiel erhält man für die oberste Masche in Abb. 4.7 $\underline{U}_{12} + \underline{U}_{2N} - \underline{U}_{1N} = 0$.

$$\underline{U}_{12} = \underline{U}_{1N} - \underline{U}_{2N}$$
$$\underline{U}_{23} = \underline{U}_{2N} - \underline{U}_{3N}$$
$$\underline{U}_{31} = \underline{U}_{3N} - \underline{U}_{1N} \tag{4.4}$$
$$\underline{U}_{12} + \underline{U}_{23} + \underline{U}_{31} = 0$$

Die Summe der Leiterspannungen ist ebenfalls null, denn

$$\underline{U}_{12} + \underline{U}_{23} + \underline{U}_{31} = \underline{U}_{1N} - \underline{U}_{2N} + \underline{U}_{2N} - \underline{U}_{3N} + \underline{U}_{3N} - \underline{U}_{1N} = 0 .$$

Die Strangströme ergeben sich aus dem Quotienten der jeweiligen Strangspannung und dem Strangwiderstand. Die Strangströme sind gleich den Außenleiterströmen.

> Bei der Sternschaltung sind die Leiterströme gleich den Strangströmen.

Ist nur der Effektivwert eines Stromes von Interesse, so werden in diesem Buch Leiterströme mit I_L und Strangströme mit I bezeichnet, d.h. bei Sternschaltung ist $I_L = I$. Für die Ströme gilt nach dem Knotensatz:

$$\underline{I}_N = \underline{I}_1 + \underline{I}_2 + \underline{I}_3 \tag{4.5}$$

Will man die Leiterspannungen auf graphischem Weg bestimmen, so muss man jeweils zu den Strangspannungen den Zeiger der negativen zugehörigen Strangspannung, d.h. den um 180° verschobenen Zeiger der Spannung, addieren. Es sei nochmals darauf hingewiesen, dass aus Gründen der Übersichtlichkeit bei den Zeigerdiagrammen auf die Eintragung des Achsenkreuzes mit der reellen und imaginären Achse verzichtet wird. Alle waagerecht verlaufenden und von links nach rechts weisenden Zeiger liegen in Richtung der positiven reellen Achse und alle senkrecht verlaufenden und von unten nach oben weisenden Zeiger in Richtung der positiven imaginären Achse. Auch die Angabe der Rotation der Zeiger entfällt (vgl. Kap. 3.5.1).

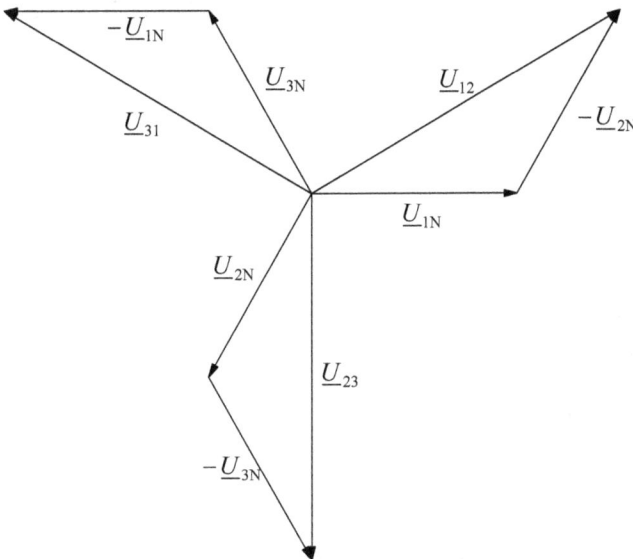

Abb. 4.8: Zeigerdiagramm der symmetrischen Strang- und Leiterspannung

Aus der Definitionsgleichung für die Leiterspannungen oder den geometrischen Beziehungen im Zeigerdiagramm kann man feststellen, um welchen Winkel die jeweiligen Leiterspannungen gegenüber den Strangspannungen verschoben sind und um welchen Faktor die Effektivwerte der Leiterspannungen größer sind als die der Strangspannungen.

$$\underline{U}_{12} = \underline{U}_{1N} - \underline{U}_{2N} = \underline{U}_{1N} - \underline{U}_{1N} \cdot e^{-j \cdot 120°} = \underline{U}_{1N} \cdot (1 - (\cos 120° - j \cdot \sin 120°))$$
$$= \underline{U}_{1N} \cdot \sqrt{3} \cdot e^{j \cdot 30°}$$

In einem symmetrischen Netz sind die Leiterspannungen um den Faktor $\sqrt{3}$ größer als die Strangspannungen, und die Leiterspannungen eilen den jeweiligen Strangspannungen um 30° voraus. Die Spannungsangabe bei einem Drehstromsystem bezieht sich stets auf die Außenleiterspannung.

Ein Drehstromsystem mit Sternpunkt oder Sternpunktleiter ist ein System mit zwei Spannungen. Hier kann die Angabe für die Strang- und Außenleiterspannung erfolgen, z.B. dass es sich um ein 400/231 V-Netz handelt. Es genügt jedoch allein die Angabe der Außenleiterspannung. Ist nur der Effektivwert der Spannungen von Interesse, so werden in diesem Buch Leiterspannungen mit U_L und Strangspannungen mit U bezeichnet.

Das Zeigerdiagramm für die Spannungen kann jedoch günstiger als in Abb. 4.8 dargestellt werden, indem man die einzelnen Spannungen zueinander parallel verschiebt. In Abhängigkeit von dem gegebenen Nullphasenwinkel einer Spannung ergibt sich dann eine Darstellung wie in Abb. 4.9 gezeigt. In Zukunft wird diese Zeigerdiagrammdarstellung bevorzugt. In Abb. 4.9 ist $\varphi_{u_{1N}} = 0$.

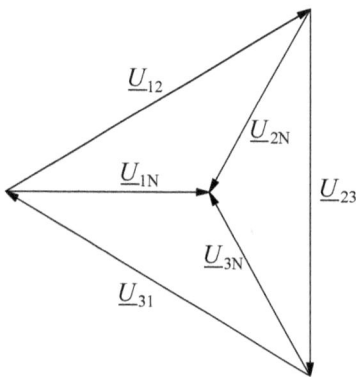

Abb. 4.9: Zeigerdiagramm der symmetrischen Strang- und Leiterspannungen

4.2.1 Sternschaltung bei symmetrischer Belastung am Vier- und Dreileiternetz

Bei symmetrischer Belastung, die in der Praxis sehr oft vorkommt, ist $\underline{Z}_{1N} = \underline{Z}_{2N} = \underline{Z}_{3N}$. Damit werden:

$$\underline{I}_1 = \frac{\underline{U}_{1N}}{\underline{Z}_{1N}} = \frac{U \cdot e^{j\varphi_{u_{1N}}}}{Z \cdot e^{j(\varphi_{u_{1N}} - \varphi_{i_1})}} = \frac{U}{Z} \cdot e^{j\varphi_{i_1}} = I \cdot e^{j\varphi_{i_1}}$$

$$\underline{I}_2 = \frac{\underline{U}_{2N}}{\underline{Z}_{2N}} = \frac{\underline{U}_{1N} \cdot e^{-j \cdot 120°}}{\underline{Z}_{1N}} = \underline{I}_1 \cdot e^{-j \cdot 120°}$$

$$\underline{I}_3 = \frac{\underline{U}_{3N}}{\underline{Z}_{3N}} = \frac{\underline{U}_{1N} \cdot e^{j \cdot 120°}}{\underline{Z}_{1N}} = \underline{I}_1 \cdot e^{j \cdot 120°}$$

Nimmt man z.B. an, dass der Nullphasenwinkel von $\underline{I}_1$ null ist, so ergibt sich für $\underline{I}_N$:

$$\underline{I}_N = \underline{I}_1 + \underline{I}_2 + \underline{I}_3 = I_1 + I_1 \cdot (\cos(-120°) + j \cdot \sin(-120°)) + I_1 \cdot (\cos 120° + j \cdot \sin 120°)$$
$$= I_1 + I_1 \cdot (-0{,}5 - j \cdot 0{,}866) + I_1 \cdot (-0{,}5 + j \cdot 0{,}866) = 0$$

Der Strom $\underline{I}_N$ im Sternpunktleiter ist bei Symmetrie null. Die Leiterströme I_L sind gleich den Strangströmen I und haben alle den gleichen Effektivwert, den gleichen Phasenverschiebungswinkel φ gegenüber ihren zugehörigen Strangspannungen und sind zueinander um 120° phasenverschoben.

Beispiel:
In Abb. 4.10 ist das Zeigerdiagramm aller Spannungen und Ströme für einen symmetrischen Drehstromverbraucher nach Abb. 4.7 mit $\underline{Z} = Z \cdot e^{j \cdot 50°}$ gezeigt. Die Strangströme sind dabei gegenüber den zugehörigen Strangspannungen um jeweils 50° nacheilend. Der Nullphasenwinkel der Spannung $\underline{U}_{12}$ ist $\varphi_{u_{12}} = 0$.

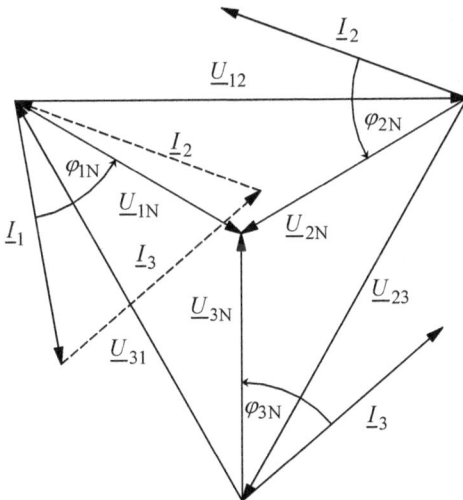

Abb. 4.10: Zeigerdiagramm aller Spannungen und Ströme eines symmetrischen Drehstromverbrauchers

In Abb. 4.10 ist auch die Summe aus $\underline{I}_1 + \underline{I}_3 + \underline{I}_2 = 0$ gestrichelt eingetragen.

4.2.2 Sternschaltung bei unsymmetrischer Belastung am Vierleiternetz

In Abb. 4.11 ist ein Vierleiternetz mit symmetrischen Strang- und Leiterspannungen auf der Erzeugerseite und unsymmetrischen Verbrauchern gezeigt. Nach DIN 40108 darf der Knotenpunkt auf der Verbraucherseite nicht mehr Sternpunkt genannt werden, er wird deshalb mit K gekennzeichnet, dementsprechend heißen die Strangspannungen des Verbrauchers nun $\underline{U}_{1K}$, $\underline{U}_{2K}$ und $\underline{U}_{3K}$. Um dem Erzeugersternpunkt ein festes Potenzial zuzuordnen, wird er geerdet und $\underline{Z}_N$ ist der komplexe Ersatzwiderstand des Sternpunktleiters. Würde man den Sternpunktleiter auch als ideal, d.h. widerstandslos, annehmen, so lägen der Sternpunkt N und Knotenpunkt K trotz des Fließens eines Stroms $\underline{I}_N$ auf gleichem Potenzial, bilden also einen gemeinsamen Knotenpunkt. Für diesen Fall, den man für die Praxis oft näherungsweise annehmen kann, bleiben die Strangspannungen des Verbrauchers symmetrisch. Es ist dann $\underline{U}_{1K} = \underline{U}_{1N}$, $\underline{U}_{2K} = \underline{U}_{2N}$ und $\underline{U}_{3K} = \underline{U}_{3N}$. Die folgenden Ableitungen gelten für den Fall, dass $\underline{Z}_N$ nicht vernachlässigbar ist. Die anderen Leiter werden weiterhin als widerstandslos angenommen bzw. sei ihr Ersatzwiderstand den komplexen Strangwiderständen $\underline{Z}_{1K}$, $\underline{Z}_{2K}$ und $\underline{Z}_{3K}$ zugeschlagen.

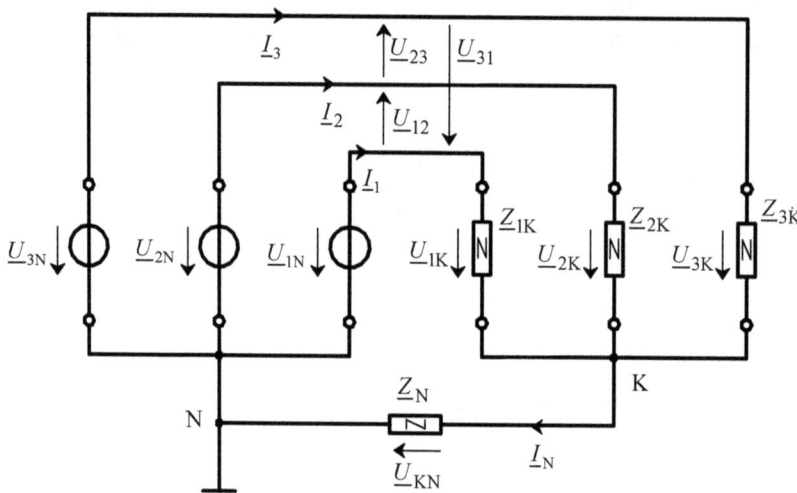

Abb. 4.11: Unsymmetrischer Verbraucher in Sternschaltung an einem Vierleiternetz

Gegeben sind die symmetrischen Spannungen der Erzeugerseite bzw. die symmetrischen Leiterspannungen, wie die Widerstände $\underline{Z}_N$, $\underline{Z}_{1K}$, $\underline{Z}_{2K}$ und $\underline{Z}_{3K}$. Gesucht sind die Spannungen $\underline{U}_{1K}$, $\underline{U}_{2K}$, $\underline{U}_{3K}$ und $\underline{U}_{KN}$ sowie die Ströme $\underline{I}_1$, $\underline{I}_2$, $\underline{I}_3$ und $\underline{I}_N$. Aus den Maschen erhält man die Spannungsgleichungen:

$$\underline{U}_{1K} = \underline{U}_{1N} - \underline{U}_{KN}$$
$$\underline{U}_{2K} = \underline{U}_{2N} - \underline{U}_{KN} \qquad\qquad\qquad (4.6)$$
$$\underline{U}_{3K} = \underline{U}_{3N} - \underline{U}_{KN}$$

Es genügt also die Ermittlung von $\underline{U}_{KN}$. Dann erhält man aus den obigen Gleichungen die Strangspannungen an den Verbrauchersträngen und daraus die Ströme:

$$\underline{I}_1 = \frac{\underline{U}_{1K}}{\underline{Z}_{1K}} = \frac{\underline{U}_{1N} - \underline{U}_{KN}}{\underline{Z}_{1K}} = \underline{Y}_{1K} \cdot \left(\underline{U}_{1N} - \underline{U}_{KN}\right)$$

$$\underline{I}_2 = \frac{\underline{U}_{2K}}{\underline{Z}_{2K}} = \frac{\underline{U}_{2N} - \underline{U}_{KN}}{\underline{Z}_{2K}} = \underline{Y}_{2K} \cdot \left(\underline{U}_{2N} - \underline{U}_{KN}\right)$$

$$\underline{I}_3 = \frac{\underline{U}_{3K}}{\underline{Z}_{3K}} = \frac{\underline{U}_{3N} - \underline{U}_{KN}}{\underline{Z}_{3K}} = \underline{Y}_{3K} \cdot \left(\underline{U}_{3N} - \underline{U}_{KN}\right) \qquad (4.7)$$

$$\underline{I}_N = \frac{\underline{U}_{KN}}{\underline{Z}_N} = \underline{Y}_N \cdot \underline{U}_{KN} = \underline{I}_1 + \underline{I}_2 + \underline{I}_3$$

Normalerweise ist I_N kleiner als die Außenleiterströme, bei unsymmetrischer Belastung am Vierleiternetz kann der Strom im Sternpunktleiter aber in Ausnahmefällen wesentlich größer als die Strangströme werden (vgl. Aufgabe 4.1), dies kann zu einer Leitungsüberlastung führen.

Aus der Knotengleichung von Gleichung 4.7 kann man $\underline{U}_{KN}$ ermitteln.

$$\underline{Y}_N \cdot \underline{U}_{KN} = \underline{Y}_{1K} \cdot \left(\underline{U}_{1N} - \underline{U}_{KN}\right) + \underline{Y}_{2K} \cdot \left(\underline{U}_{2N} - \underline{U}_{KN}\right) + \underline{Y}_{3K} \cdot \left(\underline{U}_{3N} - \underline{U}_{KN}\right)$$
$$\underline{U}_{KN} \cdot \left(\underline{Y}_{1K} + \underline{Y}_{2K} + \underline{Y}_{3K} + \underline{Y}_N\right) = \underline{Y}_{1K} \cdot \underline{U}_{1N} + \underline{Y}_{2K} \cdot \underline{U}_{2N} + \underline{Y}_{3K} \cdot \underline{U}_{3N}$$

$$\underline{U}_{KN} = \frac{\underline{Y}_{1K} \cdot \underline{U}_{1N} + \underline{Y}_{2K} \cdot \underline{U}_{2N} + \underline{Y}_{3K} \cdot \underline{U}_{3N}}{\underline{Y}_{1K} + \underline{Y}_{2K} + \underline{Y}_{3K} + \underline{Y}_N}$$

$$= \underline{U}_{1N} \cdot \frac{\underline{Y}_{1K} + \underline{Y}_{2K} \cdot e^{-j \cdot 120°} + \underline{Y}_{3K} \cdot e^{j \cdot 120°}}{\underline{Y}_{1K} + \underline{Y}_{2K} + \underline{Y}_{3K} + \underline{Y}_N} \qquad (4.8)$$

$$= \underline{U}_{1N} \cdot \frac{1 + \dfrac{\underline{Z}_{1K}}{\underline{Z}_{2K}} \cdot e^{-j \cdot 120°} + \dfrac{\underline{Z}_{1K}}{\underline{Z}_{3K}} \cdot e^{j \cdot 120°}}{1 + \dfrac{\underline{Z}_{1K}}{\underline{Z}_{2K}} + \dfrac{\underline{Z}_{1K}}{\underline{Z}_{3K}} + \dfrac{\underline{Z}_{1K}}{\underline{Z}_N}}$$

Die **Sternpunktspannung** $\underline{U}_{KN}$ kennzeichnet die Verlagerung des Verbraucherknotenpunkts in Bezug auf den Erzeugersternpunkt.

Es ergeben sich also am Verbraucher unsymmetrische Strangspannungen trotz der symmetrischen Erzeugerstrangspannungen und Leiterspannungen. Für den Sonderfall, dass
Z_N gegen null geht, geht auch $\underline{U}_{KN}$ gegen null, und die Strangspannungen des Verbrauchers bleiben symmetrisch. Es gibt aber auch Sonderfälle, bei denen trotz der unsymmetrischen Strangströme der Strom $\underline{I}_N$ im Sternpunktleiter null wird, und damit auch bei
$\underline{Z}_N \neq 0$ die Spannung $\underline{U}_{KN}$ null wird. Aus $\underline{I}_N = 0$ bzw. $\underline{U}_{KN} = 0$ darf nicht auf Symmetrie
geschlossen werden.

Beispiel:
An ein symmetrisches Drehstromnetz werden zwei Widerstände wie in Abb. 4.12 gezeigt
angeschlossen, der dritte Außenleiter wird demnach gar nicht belastet. $U_{1N} = U_{2N} = 230$ V,
$\underline{Z}_N = 0$, $\underline{Z}_{1K} = 23$ Ω, $\underline{Z}_{2K} = 23$ Ω $\cdot\, e^{j\cdot 60°}$. Gesucht sind die Ströme $\underline{I}_1$, $\underline{I}_2$ und $\underline{I}_N$. Da $\underline{Z}_N$ null ist,
bleiben die Strangspannungen symmetrisch! Der Nullphasenwinkel der Spannung $\underline{U}_{1N}$ sei
null.

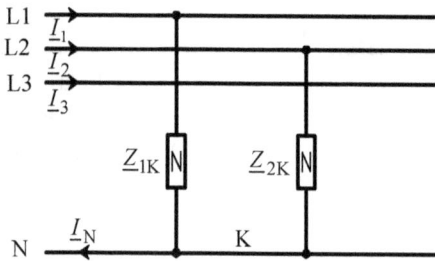

Abb. 4.12: Unsymmetrische Sternschaltung am Vierleiternetz

$$\underline{I}_1 = \frac{\underline{U}_{1N}}{\underline{Z}_{1K}} = \frac{230\,\text{V}}{23\,\Omega} = 10\,\text{A} \qquad \underline{I}_2 = \frac{\underline{U}_{2N}}{\underline{Z}_{2K}} = \frac{230\,\text{V}\cdot e^{-j\cdot 120°}}{23\,\Omega\cdot e^{j\cdot 60°}} = 10\,\text{A}\cdot e^{-j\cdot 180°} = -10\,\text{A}$$

$$\underline{I}_3 = 0 \qquad \underline{I}_N = \underline{I}_1 + \underline{I}_2 + \underline{I}_3 = 10\,\text{A} - 10\,\text{A} + 0 = 0$$

D.h. auch bei $\underline{Z}_N \neq 0$ würden in diesem Fall wegen $\underline{I}_N = 0$ die Strangspannungen symmetrisch bleiben.

Wollte man die Aufgabe auf graphischem Wege mit Hilfe des Zeigerdiagramms lösen, so
müssten nur die Beträge der beiden Ströme ermittelt werden. Abb. 4.13 zeigt das Zeigerdiagramm. Der Maßstab für die Spannungen ist hier gleichgültig, allein die Richtung der Span-
nungszeiger ist maßgeblich. $\underline{I}_1$ ist phasengleich mit $\underline{U}_{1K} = \underline{U}_{1N}$, $\underline{I}_2$ eilt $\underline{U}_{2K} = \underline{U}_{2N}$ um 60° nach.
Für die Stromzeiger wurde gewählt: $1\,\text{cm} \mathrel{\hat=} 4\,\text{A}$.

Aus dem Zeigerdiagramm sieht man sofort, dass die beiden betragsmäßig gleichgroßen
Ströme gegenphasig sind.

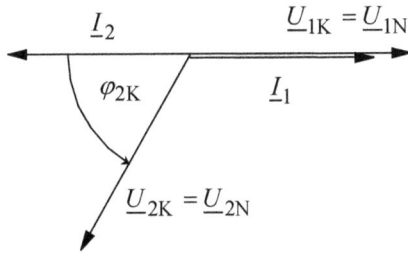

Abb. 4.13: Zeigerdiagramm der Spannungen und Ströme für die Schaltung in Abb. 4.12

Ein Beispiel dafür, wann $\underline{Z}_N$ nicht mehr vernachlässigt werden darf, zeigt das folgende Kapitel.

4.2.3 Sternschaltung bei unsymmetrischer Belastung am Dreileiternetz

Dies ist ein Sonderfall von Kap. 4.2.2. Ist kein Sternpunktleiter vorhanden, so geht $\underline{Z}_N$ gegen unendlich und $\underline{Y}_N$ ist null. Der Fall tritt dann auf, wenn z.B. der Sternpunktleiter aufgrund eines Fehlers unterbrochen ist oder man bewusst auf ihn verzichtete, da bei symmetrischer Last kein Strom in ihm fließt und man so einen Leiter einspart. Hochspannungsnetze sind z.B. typische Dreileiternetze. Ist der Sternpunktleiter N nicht vorhanden, so kann in ihm auch kein Strom fließen, d.h. zwangsläufig wird $\underline{I}_N$ null. Die Gleichung 4.8 geht mit $\underline{Y}_N = 0$ über in die folgende Form:

$$\underline{U}_{KN} = \frac{\underline{Y}_{1K} \cdot \underline{U}_{1N} + \underline{Y}_{2K} \cdot \underline{U}_{2N} + \underline{Y}_{3K} \cdot \underline{U}_{3N}}{\underline{Y}_{1K} + \underline{Y}_{2K} + \underline{Y}_{3K}}$$

$$= \underline{U}_{1N} \cdot \frac{1 + \dfrac{\underline{Z}_{1K}}{\underline{Z}_{2K}} \cdot e^{-j \cdot 120°} + \dfrac{\underline{Z}_{1K}}{\underline{Z}_{3K}} \cdot e^{j \cdot 120°}}{1 + \dfrac{\underline{Z}_{1K}}{\underline{Z}_{2K}} + \dfrac{\underline{Z}_{1K}}{\underline{Z}_{3K}}} \qquad (4.9)$$

$$\underline{I}_1 + \underline{I}_2 + \underline{I}_3 = 0 \qquad (4.10)$$

Es ist hier noch ein anderer Lösungsweg möglich. Bei fehlendem Sternpunktleiter ist:

$$\underline{U}_{12} = \underline{U}_{1K} - \underline{U}_{2K} = \underline{Z}_{1K} \cdot \underline{I}_1 - \underline{Z}_{2K} \cdot \underline{I}_2 \qquad \underline{I}_2 = \frac{\underline{Z}_{1K} \cdot \underline{I}_1 - \underline{U}_{12}}{\underline{Z}_{2K}}$$

$$\underline{U}_{31} = \underline{U}_{12} \cdot e^{j \cdot 120°} = \underline{U}_{3K} - \underline{U}_{1K} = \underline{Z}_{3K} \cdot \underline{I}_3 - \underline{Z}_{1K} \cdot \underline{I}_1 \qquad \underline{I}_3 = \frac{\underline{Z}_{1K} \cdot \underline{I}_1 + \underline{U}_{12} \cdot e^{j \cdot 120°}}{\underline{Z}_{3K}}$$

Mit Gleichung 4.10 folgt dann:

$$\underline{I}_1 + \frac{\underline{Z}_{1K} \cdot \underline{I}_1 - \underline{U}_{12}}{\underline{Z}_{2K}} + \frac{\underline{Z}_{1K} \cdot \underline{I}_1 + \underline{U}_{12} \cdot e^{j \cdot 120°}}{\underline{Z}_{3K}} = 0$$

$$\underline{I}_1 = \underline{U}_{12} \cdot \frac{\dfrac{1}{\underline{Z}_{2K}} - \dfrac{e^{j \cdot 120°}}{\underline{Z}_{3K}}}{1 + \dfrac{\underline{Z}_{1K}}{\underline{Z}_{2K}} + \dfrac{\underline{Z}_{1K}}{\underline{Z}_{3K}}} \qquad (4.11)$$

$$\underline{U}_{KN} = \underline{U}_{1N} - \underline{U}_{1K} = \underline{U}_{1N} - \underline{Z}_{1K} \cdot \underline{I}_1$$

Beispiel:
An ein Dreileiternetz mit symmetrischen Leiterspannungen wird ein Verbraucher, wie in Abb. 4.14 gezeigt, angeschlossen. Dieser Fall könnte z.B. dadurch eingetreten sein, dass die Sicherung vor dem Verbraucher des dritten Strangs angesprochen und diesen abgeschaltet hat. $U_L = 400$ V, $R = 10$ Ω, $\varphi_{u_{12}} = 0$. Gesucht sind $\underline{I}_1$, $\underline{I}_2$, $\underline{I}_3$, $\underline{U}_{1K}$, $\underline{U}_{2K}$, $\underline{U}_{3K}$ und $\underline{U}_{KN}$.

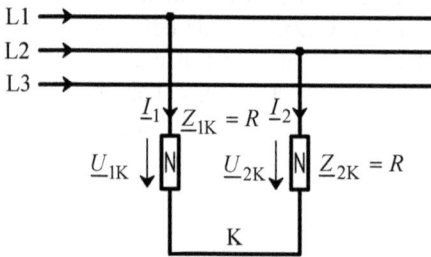

Abb. 4.14: Sternschaltung bei unsymmetrischer Belastung am Dreileiternetz

$$\underline{I}_1 = \underline{U}_{12} \cdot \frac{\dfrac{1}{\underline{Z}_{2K}} - \dfrac{e^{j \cdot 120°}}{\underline{Z}_{3K}}}{1 + \dfrac{\underline{Z}_{1K}}{\underline{Z}_{2K}} + \dfrac{\underline{Z}_{1K}}{\underline{Z}_{3K}}_1} = \underline{U}_{12} \cdot \frac{\dfrac{1}{R} - 0}{1 + \dfrac{R}{R} + 0} = \frac{\underline{U}_{12}}{2 \cdot R} = \frac{400\,\text{V}}{20\,\Omega} = 20\,\text{A}$$

Dieses Ergebnis hätte auch einfacher gefunden werden können, da die Reihenschaltung der beiden Widerstände an der Leiterspannung $\underline{U}_{12}$ liegt.

$$\underline{I}_1 = \frac{\underline{U}_{12}}{\underline{Z}_{1K} + \underline{Z}_{2K}} = \frac{\underline{U}_{12}}{2 \cdot R} = 20\,\text{A} \qquad \underline{I}_2 = -\underline{I}_1 = -20\,\text{A} \qquad \underline{I}_3 = 0$$

$$\underline{U}_{1K} = \underline{Z}_{1K} \cdot \underline{I}_1 = \frac{\underline{U}_{12}}{2} = 200\,\text{V} \qquad \underline{U}_{2K} = \underline{Z}_{2K} \cdot \underline{I}_2 = -\frac{\underline{U}_{12}}{2} = -200\,\text{V}$$

$\underline{U}_{3K}$ lässt sich auf diesem Weg nicht ermitteln, denn $\infty \cdot 0$ ist ein unbestimmter Ausdruck. Deshalb wird zunächst $\underline{U}_{KN}$ berechnet.

$$\underline{U}_{KN} = \underline{U}_{1N} - \underline{U}_{1K} = \frac{U_{12}}{\sqrt{3}} \cdot e^{-j \cdot 30°} - \frac{U_{12}}{2} = \underline{U}_{12} \cdot \left(\frac{1}{\sqrt{3}} \cdot \left(\cos 30° - j \cdot \sin 30° \right) - \frac{1}{2} \right)$$

$$= -j \cdot \frac{U_{12}}{2 \cdot \sqrt{3}} = -j \cdot 115,5 \, V$$

$$\underline{U}_{3K} = \underline{U}_{3N} - \underline{U}_{KN} = \underline{U}_{1N} \cdot e^{j \cdot 120°} - \underline{U}_{KN} = \frac{U_{12}}{\sqrt{3}} \cdot e^{-j \cdot 30°} \cdot e^{j \cdot 120°} + j \cdot \frac{U_{12}}{2 \cdot \sqrt{3}}$$

$$= \frac{U_{12}}{\sqrt{3}} \cdot e^{j \cdot 90°} + j \cdot \frac{U_{12}}{2 \cdot \sqrt{3}} = j \cdot \frac{3}{2} \cdot \frac{U_{12}}{\sqrt{3}} = j \cdot 346,4 \, V$$

Einfacher und übersichtlicher ist die Lösung mit Hilfe des Zeigerdiagramms. Dazu zeichnet man zunächst die symmetrischen Leiterspannungen $\underline{U}_{12}$ usw. und evtl. die gestrichelt gezeichneten symmetrischen Erzeugerstrangspannungen $\underline{U}_{1N}$ usw. Aus der Maschengleichung $\underline{U}_{12} + \underline{U}_{2K} - \underline{U}_{1K} = 0$, wobei wegen $\underline{Z}_{1K} = \underline{Z}_{2K}$ auch $U_{2K} = U_{1K} = U_{12}/2$ sein muss, kann dann sofort die Lage des Knotenpunkts K ermittelt werden und daraus dann $\underline{U}_{KN}$ und $\underline{U}_{3K}$. Die Ströme müssen phasengleich mit den Strangspannungen sein. Als Maßstab wurde in Abb. 4.15 gewählt: $1 \, cm \mathrel{\hat{=}} 50 \, V$ und $1 \, cm \mathrel{\hat{=}} 20 \, A$.

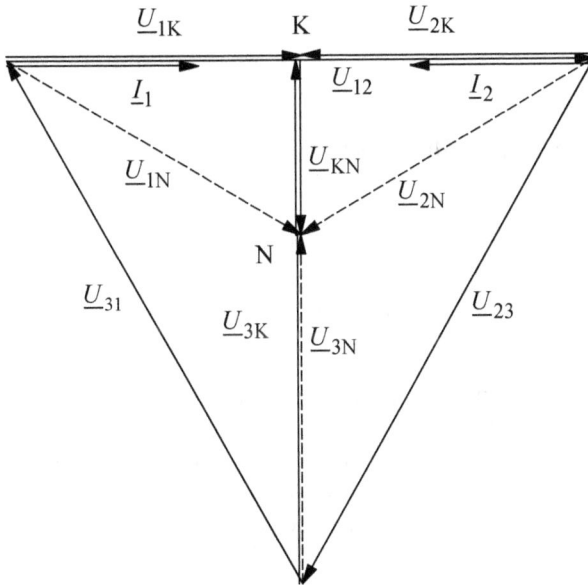

Abb. 4.15: Zeigerdiagramm der Spannungen und Ströme zu der Schaltung in Abb. 4.14

Beispiel:

Die unsymmetrische Sternschaltung in Abb. 4.16 besteht aus zwei gleichen Glühlampen mit $R_1 = R_2 = 2000\,\Omega$ und einem Kondensator mit $C = 3{,}18\,\mu F$. Die Frequenz ist 50 Hz, die Leiterspannung beträgt 400 V und der Nullphasenwinkel von $\underline{U}_{12}$ sei null. Gesucht sind $\underline{I}_1$, $\underline{I}_2$, $\underline{I}_3$ und $\underline{U}_{KN}$.

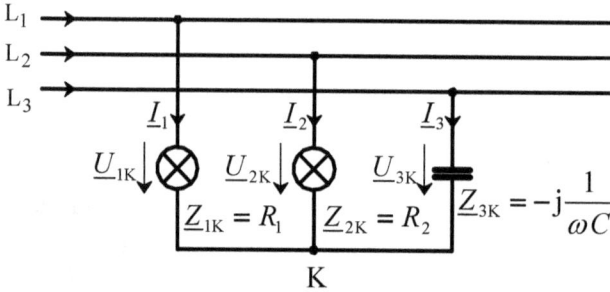

Abb. 4.16: Schaltung zur Bestimmung der Phasenfolge in einem Drehstromnetz

$$\underline{I}_1 = \underline{U}_{12} \cdot \frac{\dfrac{1}{\underline{Z}_{2K}} - \dfrac{e^{j \cdot 120°}}{\underline{Z}_{3K}}}{1 + \dfrac{\underline{Z}_{1K}}{\underline{Z}_{2K}} + \dfrac{\underline{Z}_{1K}}{\underline{Z}_{3K}}} = (187 - j \cdot 86{,}6)\,\text{mA} = 206\,\text{mA} \cdot e^{-j \cdot 24{,}9°}$$

$$\underline{I}_2 = \frac{\underline{Z}_{1K} \cdot \underline{I}_1 - \underline{U}_{12}}{\underline{Z}_{2K}} = \underline{I}_1 - \frac{\underline{U}_{12}}{R_2} = (-13{,}4 - j \cdot 86{,}6)\,\text{mA} = 87{,}6\,\text{mA} \cdot e^{-j \cdot 98{,}5°}$$

$$\underline{I}_3 = -(\underline{I}_1 + \underline{I}_2) = (-173 + j \cdot 173)\,\text{mA} = 245\,\text{mA} \cdot e^{j \cdot 135°}$$

$$\underline{U}_{KN} = \underline{U}_{1N} - \underline{U}_{1K} = \frac{\underline{U}_{12} \cdot e^{-j \cdot 30°}}{\sqrt{3}} - \underline{Z}_{1K} \cdot \underline{I}_1 = (-173 + j \cdot 58)\,\text{V} = 182{,}5\,\text{V} \cdot e^{j \cdot 161{,}5°}$$

Zum Zeichnen des Zeigerdiagramms in Abb. 4.17 wurden die Maßstäbe $1\,\text{cm} \,\hat{=}\, 50\,\text{V}$ und $1\,\text{cm} \,\hat{=}\, 50\,\text{mA}$ gewählt und folgendermaßen vorgegangen: Zuerst zeichnet man die Leiterspannungen und trägt den Sternpunkt N ein. Ausgehend von N kann man die Spannung $\underline{U}_{KN}$ antragen mit $\underline{U}_{NK} = -\underline{U}_{KN}$ und erhält somit die Lage des Knotenpunkts K. Damit lassen sich sofort die Spannungen $\underline{U}_{1K}$, $\underline{U}_{2K}$ und $\underline{U}_{3K}$ einzeichnen, deren Zeiger jeweils bei L1, L2 bzw. L3 beginnt und bei K endet. Die Ströme $\underline{I}_1$ und $\underline{I}_2$ müssen dabei phasengleich mit $\underline{U}_{1K}$ bzw. $\underline{U}_{2K}$ sein und der Strom $\underline{I}_3$ der Spannung $\underline{U}_{3K}$ um 90° voreilen. Aus diesen berechneten Strömen liegen auch umgekehrt die Richtungen der Strangspannungen fest, und man hätte aus deren Schnittpunkt ebenfalls den Knotenpunkt K konstruieren können.

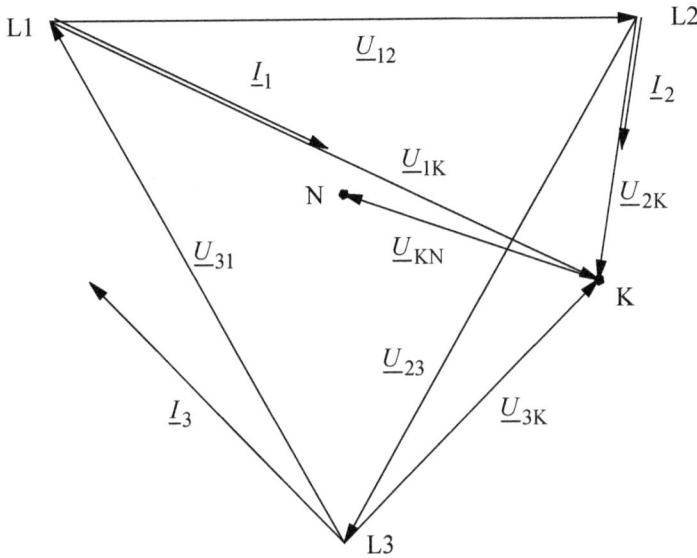

Abb. 4.17: Zeigerdiagramm der Spannungen und Ströme für die Schaltung in Abb. 4.16

Aus der Rechnung bzw. dem Zeigerdiagramm erkennt man, dass die Glühlampe im Strang 1 heller brennt als die im Strang 2. Dies gilt unabhängig von C immer, wenn $R_1 = R_2$ ist. Man kann mit der Schaltung die Phasenfolge eines Drehstromnetzes bestimmen, bei dem z.B. die Kennzeichnung der Phasen nicht sicher ist. Die heller brennende Glühlampe zeigt stets an, dass ihre Netzstrangspannung gegenüber der dunkler brennenden voreilt.

Aus dem Ergebnis der folgenden Aufgabe 4.1 kann man noch eine weitere wichtige Schlussfolgerung ziehen:

> Bei unsymmetrischer Belastung am Dreileiternetz können die Strangspannungen und Strangströme erheblich größer werden als bei gleicher Belastung am Vierleiternetz. Dies kann evtl. zu Überlastungen führen.

Aufgabe 4.1
Eine unsymmetrische Sternschaltung mit $U_L = 400\,\text{V}$, $\underline{Z}_{1K} = 46{,}2\,\Omega$, $\underline{Z}_{2K} = 46{,}2\,\Omega \cdot e^{-j \cdot 70°}$, $\underline{Z}_{3K} = 46{,}2\,\Omega \cdot e^{j \cdot 80°}$ ist an ein Vierleiternetz mit $\underline{Z}_N \approx 0$ angeschlossen. Mit Hilfe eines maßstäblichen Zeigerdiagramms soll der Betrag des Stroms $\underline{I}_N$ ermittelt werden.

Es soll berechnet werden, wie groß die Spannungen $\underline{U}_{KN}$, $\underline{U}_{1K}$, $\underline{U}_{2K}$ und $\underline{U}_{3K}$ sowie die Ströme I_1, I_2 und I_3 (nur die Effektivwerte der Ströme) für den Fall werden, dass der Sternpunktleiter unterbrochen wird?

4.3   Dreieckschaltung

4.3.1   Dreieckschaltung auf der Erzeugerseite

Vor der eigentlichen Behandlung der Dreieckschaltung auf der Verbraucherseite soll zunächst die Dreieckschaltung auf der Erzeugerseite betrachtet werden, da hier eine Besonderheit vorliegt. Bei der Dreieckschaltung sind, wie auch in Abb. 4.18 zu sehen, die Strangspannungen gleich den Leiterspannungen.

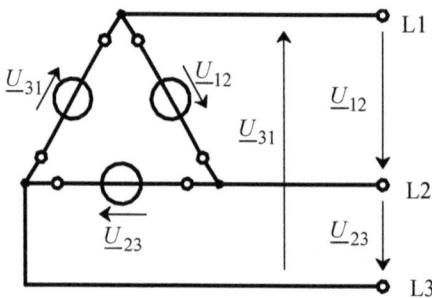

Abb. 4.18: Dreieckschaltung auf der Erzeugerseite

Nach Gleichung 4.4 ist die Summe der Leiterspannungen null. In dem geschlossenen Dreieck fließt demnach, wenn an die Außenleiter keine Verbraucher angeschlossen sind, auch kein Strom. Bei Belastung werden die Erzeugerstrangströme allein von den angeschlossenen Verbrauchern bestimmt.

Enthält jedoch die in den Strängen induzierte Spannung eine Spannungskomponente mit der dreifachen Frequenz der Strangspannung, was bei Drehstromgeneratoren vorkommen kann, so ergibt sich das in Abb. 4.19 gezeigte Liniendiagramm für die Augenblickswerte der so genannten Grundwellen oder Grundschwingungen, das sind die sinusförmigen Strangspannungen bzw. Leiterspannungen, und den so genannten dritten Oberschwingungen oder dritten Harmonischen (diese sind in Abb. 4.19 zur Verdeutlichung mit wesentlich größerer Amplitude gezeichnet, als sie meist in der Praxis auftreten), das sind Spannungen mit dreifacher Frequenz der Grundwelle. Die Augenblickswerte der Grundwelle tragen dabei den tiefer stehenden Index 1 und die der dritten Oberwelle den tiefer stehenden Index 3. Wie bereits in Abb. 3.6 des Kap. 3.2.2 gezeigt, ergibt sich dadurch ein insgesamt nichtsinusförmiger Spannungsverlauf für die drei Strangspannungen.

Für die Grundwelle sieht man, dass für jeden Augenblickswert gilt:

$$u_{12_1} + u_{23_1} + u_{31_1} = 0$$

Die dritten Oberschwingungen dagegen sind phasengleich und addieren sich somit:

$$u_{12_3} + u_{23_3} + u_{31_3} \neq 0$$

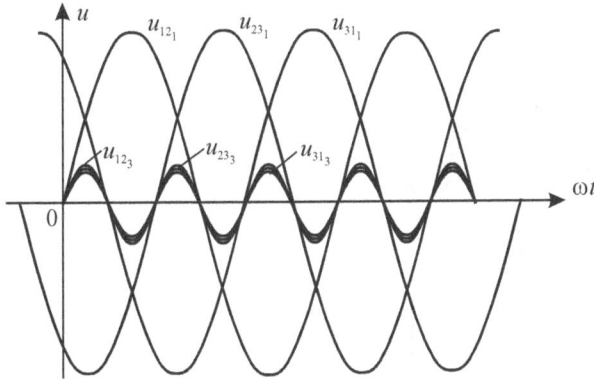

Abb. 4.19: Sinusförmige Leiterspannungen mit überlagerten dritten Oberschwingungen

Ist also eine Oberschwingung mit dreifacher Frequenz der Grundschwingung vorhanden, so fließt in der Dreieckschaltung auf der Erzeugerseite ein Strom dreifacher Grundfrequenz. Da die Widerstände der Quellen meist sehr klein sind, kann der Strom sehr groß werden und zu unzulässigen Erwärmungen führen. Generatoren werden deshalb eigentlich nie in Dreieck geschaltet, sondern in Stern; bei Transformatoren sind dagegen sowohl Stern- als auch Dreieckschaltung üblich. Schaltet man die drei Stränge eines Generators, bei dem eine dritte Oberwelle auftritt, in Stern, so gilt für die Leiterspannungen:

$$u_{12_1} = u_{1N_1} - u_{2N_1} \qquad u_{23_1} = u_{2N_1} - u_{3N_1} \qquad u_{31_1} = u_{3N_1} - u_{1N_1}$$

$$u_{12_3} = u_{1N_3} - u_{2N_3} = 0 \qquad u_{23_3} = u_{2N_3} - u_{3N_3} = 0 \qquad u_{31_3} = u_{3N_3} - u_{1N_3} = 0$$

Trotz nichtsinusförmiger Strangspannungen ergeben sich hier also sinusförmige Leiterspannungen, da sich die dritten Oberwellen gegenseitig aufheben!

4.3.2 Dreieckschaltung bei symmetrischer und unsymmetrischer Belastung

Abb. 4.20 zeigt die Dreieckschaltung eines Drehstromverbrauchers, wobei weiterhin die bereits in Kap. 4.2 aufgeführte Gleichung 4.4 gilt:

$$\underline{U}_{12} + \underline{U}_{23} + \underline{U}_{31} = 0$$

Für die Ströme gilt, unabhängig davon, ob eine symmetrische oder unsymmetrische Belastung vorliegt:

$$\underline{I}_{12} = \frac{\underline{U}_{12}}{\underline{Z}_{12}} \qquad \underline{I}_{23} = \frac{\underline{U}_{23}}{\underline{Z}_{23}} \qquad \underline{I}_{31} = \frac{\underline{U}_{31}}{\underline{Z}_{31}}$$

$$\underline{I}_1 = \underline{I}_{12} - \underline{I}_{31} \qquad \underline{I}_2 = \underline{I}_{23} - \underline{I}_{12} \qquad \underline{I}_3 = \underline{I}_{31} - \underline{I}_{23} \qquad\qquad (4.12)$$

$$\underline{I}_1 + \underline{I}_2 + \underline{I}_3 = 0$$

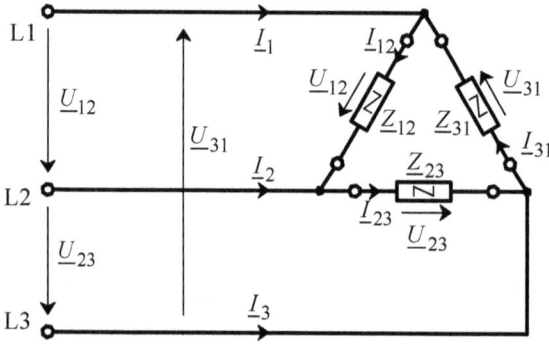

Abb. 4.20: Dreieckschaltung eines Drehstromverbrauchers

Bei der Dreieckschaltung sind die Strangspannungen gleich den Leiterspannungen. Die Leiterströme sind verkettete Ströme, ihre Summe ist null.

Bei einem symmetrischen Verbraucher haben die drei Strangströme gleichen Betrag und sind gegenüber den zugehörigen Strangspannungen um den jeweils gleichen Phasenverschiebungswinkel vor- bzw. nacheilend bzw. bei ohmscher Belastung phasengleich mit ihnen. Bei Symmetrie ist:

$$\underline{Z}_{12} = \underline{Z}_{23} = \underline{Z}_{31} = \underline{Z} = Z \cdot e^{j \cdot \varphi} \qquad I_{12} = I_{23} = I_{31} = I \qquad \underline{I}_{12} = \frac{\underline{U}_{12}}{\underline{Z}}$$

$$\underline{I}_{23} = \frac{\underline{U}_{23}}{\underline{Z}} = \frac{\underline{U}_{12} \cdot e^{-j \cdot 120°}}{\underline{Z}} = \underline{I}_{12} \cdot e^{-j \cdot 120°} \qquad \underline{I}_{31} = \frac{\underline{U}_{31}}{\underline{Z}} = \frac{\underline{U}_{12} \cdot e^{j \cdot 120°}}{\underline{Z}} = \underline{I}_{12} \cdot e^{j \cdot 120°}$$

Will man den Strom $\underline{I}_1$ durch $\underline{I}_{12}$ ausdrücken, so erhält man bei symmetrischer Belastung:

$$\underline{I}_1 = \underline{I}_{12} - \underline{I}_{31} = \underline{I}_{12} \cdot \left(1 - e^{j \cdot 120°}\right) = \underline{I}_{12} \cdot \left(1 - \left(\cos 120° + j \cdot \sin 120°\right)\right) = \underline{I}_{12} \cdot \sqrt{3} \cdot e^{-j \cdot 30°}$$

Für die anderen Leiterströme erhält man entsprechend:

$$\underline{I}_2 = \underline{I}_{23} \cdot \sqrt{3} \cdot e^{-j \cdot 30°} = \underline{I}_1 \cdot e^{-j \cdot 120°} \qquad \underline{I}_3 = \underline{I}_{31} \cdot \sqrt{3} \cdot e^{-j \cdot 30°} = \underline{I}_1 \cdot e^{j \cdot 120°}$$

> Bei symmetrischer Belastung sind die Leiterströme um den Faktor $\sqrt{3}$ größer als die Strangströme und eilen den jeweiligen Strangströmen um 30° nach.

Bei einer unsymmetrischen Belastung müssen die Strangströme berechnet und daraus die Leiterströme rechnerisch oder mit Hilfe des Zeigerdiagramms nach Gleichung 4.12 bestimmt werden.

Beispiel:
Für eine Dreieckschaltung mit $U_L = 400$ V, $\underline{Z}_{12} = 20\ \Omega$, $\underline{Z}_{23} = (16 - j \cdot 12)\ \Omega$ und $\underline{Z}_{31} = 40\ \Omega$ sollen mit Hilfe des Zeigerdiagramms die Beträge der Leiterströme ermittelt werden.

Durch die graphische Lösung müssen nur die Beträge der Ströme berechnet werden. $\underline{I}_{12}$ und $\underline{I}_{31}$ sind jeweils phasengleich mit ihren Strangspannungen, $\underline{I}_{23}$ eilt $\underline{U}_{23}$ um 36,9° vor.

$$I_{12} = \frac{U_{12}}{Z_{12}} = 20\,\text{A} \qquad I_{23} = \frac{U_{23}}{Z_{23}} = \frac{U_{23}}{\sqrt{(16\,\Omega)^2 + (12\,\Omega)^2}} = 20\,\text{A} \qquad I_{31} = \frac{U_{31}}{Z_{31}} = 10\,\text{A}$$

Als Maßstab für das folgende Zeigerdiagramm wurde gewählt: $1\,\text{cm} \mathrel{\hat{=}} 50\,\text{V}$ und $1\,\text{cm} \mathrel{\hat{=}} 5\,\text{A}$

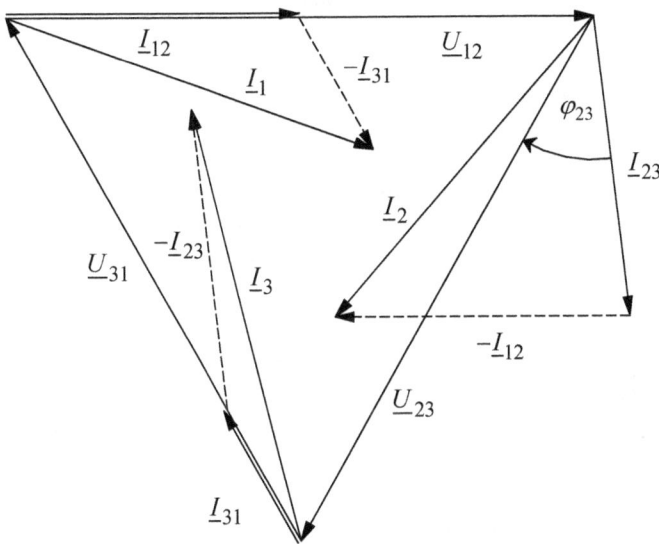

Abb. 4.21: Zeigerdiagramm der Ströme und Spannungen für die unsymmetrische Dreieckschaltung

Abgelesen aus dem Zeigerdiagramm erhält man: $I_1 = 26{,}5$ A, $I_2 = 26{,}5$ A, $I_3 = 29{,}5$ A.

Aufgabe 4.2

Die symmetrische Dreieckschaltung in Abb. 4.22 mit $\underline{Z}_{12} = \underline{Z}_{23} = \underline{Z}_{31} = 33\ \Omega \cdot e^{j \cdot 30°}$ liegt an einer langen Leitung mit $R_{L1} = R_{L2} = R_{L3} = 8\ \Omega$ und $X_{L1} = X_{L2} = X_{L3} = 1\ \Omega$. Am Leitungsende soll am Verbraucher eine Spannung $U_L = 660$ V anliegen. Welche Leiterspannung muss demnach am Leitungsanfang anliegen, damit dies gewährleistet ist? Da eine symmetrische Belastung vorliegt, genügt die Betrachtung einer der drei Leiterspannungen.

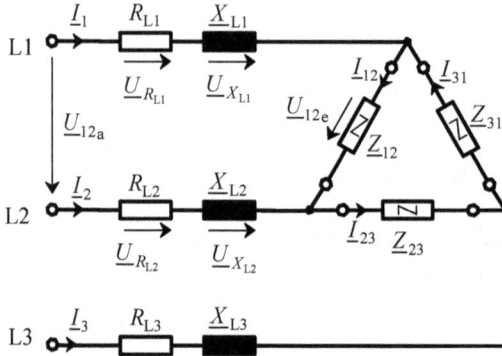

Abb. 4.22: Symmetrische Dreieckschaltung an einer verlustbehafteten Drehstromleitung

4.3.3   Stern- und Dreieckschaltung am Drehstromnetz

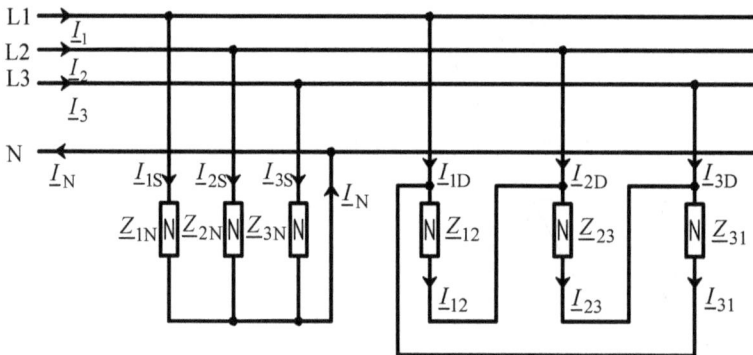

Abb. 4.23: Drehstromnetz, belastet mit einer Stern- und Dreieckschaltung

Drehstromnetze sind meist mit mehreren Verbrauchern belastet, die jeweils in Stern oder Dreieck geschaltet sein können. In Abb. 4.23 ist dies für ein einfaches Beispiel gezeigt. Es sollen die Leiterströme bestimmt werden, wenn $U_L = 400\,\text{V}$ und $\underline{Z}_{1N} = \underline{Z}_{2N} = \underline{Z}_{3N} = 23{,}1\,\Omega$ und $\underline{Z}_{12} = \underline{Z}_{23} = \underline{Z}_{31} = 40\,\Omega$ sind.

Die Lösung über das Zeigerdiagramm ist wieder sehr übersichtlich. Da die Sternschaltung symmetrisch ist, ist auch der Strom im Sternpunktleiter $\underline{I}_N$ null. Weil auch die Dreieckschaltung symmetrisch ist, genügt die Ermittlung eines Leiterstroms, die beiden anderen sind dann um jeweils 120° phasenverschoben. Wenn man mit dem Zeigerdiagramm arbeitet, genügt die Ermittlung des Betrags der Strangströme. Alle Strangströme sind phasengleich mit den zugehörigen Strangspannungen.

$$I_{1S} = I_{2S} = I_{3S} = \frac{U_{1N}}{Z_{1N}} = \frac{U_L}{\sqrt{3}\cdot Z_{1N}} = 10\,\text{A} \qquad I_{12} = I_{23} = I_{31} = \frac{U_L}{Z_{12}} = 10\,\text{A}$$

Es wird mit Hilfe der Beziehung $\underline{I}_{1D} = \underline{I}_{12} - \underline{I}_{31}$ der Leiterstrom der Dreieckschaltung ermittelt und der Gesamtstrom $\underline{I}_1$ im Leiter L1 als Summe von $\underline{I}_{1S}$ und $\underline{I}_{1D}$. Als Maßstäbe werden gewählt: $1\,\text{cm} \,\hat{=}\, 50\,\text{V}$ und $1\,\text{cm} \,\hat{=}\, 2\,\text{A}$

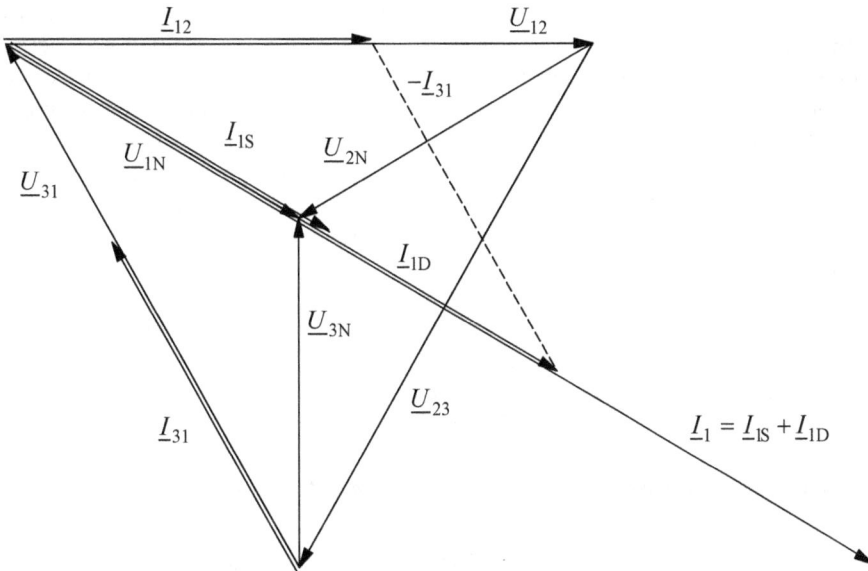

Abb. 4.24: Zeigerdiagramm für die Schaltung in Abb. 4.23

Aus dem Zeigerdiagramm liest man für I_1 einen Wert von 27,3 A ab. Rechnerisch erhält man: $I_{1D} = \sqrt{3}\cdot I_{12} = 17{,}3\,\text{A}$. Dieser Strom eilt dem Strangstrom $\underline{I}_{12}$ um 30° nach, ist also phasengleich mit der Spannung $\underline{U}_{1N}$ und damit auch dem Strom $\underline{I}_{1S}$. Somit ergibt sich I_1 aus der algebraischen Summe von I_{1D} und I_{1S} zu 27,3 A.

4.4   Leistungen bei Drehstrom

Grundsätzlich kann man in einem Drehstromsystem die Wirk-, Blind- und Scheinleistung jedes Strangs nach den in Kap. 3.7 besprochenen Methoden berechnen und dann die Gesamt-leistungen und den Gesamtleistungsfaktor eines Drehstromsystems ermitteln aus:

$$P = \sum P_{\text{Strang}} \qquad Q = \sum Q_{\text{Strang}}$$

$$S = \sqrt{\left(\sum P_{\text{Strang}}\right)^2 + \left(\sum Q_{\text{Strang}}\right)^2} \quad \text{bzw.} \quad \underline{S} = \sum \underline{S}_{\text{Strang}} \qquad (4.13)$$

$$\lambda = \cos\varphi = \frac{P}{S}$$

Bei unsymmetrischen Schaltungen ist dies auch der einzige Lösungsweg. Für die sehr häufig vorkommenden symmetrischen Schaltungen lässt sich aber eine einfachere Beziehung ablei-ten. Strangspannungen und -ströme werden dabei wieder ohne Index geschrieben, Leiter-spannungen und -ströme erhalten den Index L.

Nach Gleichung 4.13 würde man die gesamte Wirkleistung eines symmetrischen Drehstrom-verbrauchers erhalten, indem man für einen Strang die Wirkleistung ermittelt und diese mit drei multipliziert. Handelt es sich dabei um eine Sternschaltung, so kann man in der Glei-chung die Strangspannung durch die Leiterspannung ersetzen, die Strangströme entsprechen den Leiterströmen. Bei einer Dreieckschaltung entsprechen die Strangspannungen den Lei-terspannungen, und man könnte den Strangstrom durch den Leiterstrom ersetzen. In beiden Fällen erhält man die gleiche Formel. Für die gesamte Blindleistung gilt das Gleiche. Hier dürfen auch die Scheinleistungen algebraisch addiert werden, da sie alle die gleiche Richtung in der komplexen Zahlenebene haben.

$$P = 3 \cdot U \cdot I \cdot \cos\varphi$$

Bei Sternschaltung wird daraus: $P = 3 \cdot \dfrac{U_L}{\sqrt{3}} \cdot I_L \cdot \cos\varphi = \sqrt{3} \cdot U_L \cdot I_L \cdot \cos\varphi$

Bei Dreieckschaltung wird daraus: $P = 3 \cdot U_L \cdot \dfrac{I_L}{\sqrt{3}} \cdot \cos\varphi = \sqrt{3} \cdot U_L \cdot I_L \cdot \cos\varphi$

Somit gilt bei symmetrischen Belastungen unabhängig davon, ob die Verbraucher in Stern oder Dreieck geschaltet sind:

$$P = 3 \cdot U \cdot I \cdot \cos\varphi = \sqrt{3} \cdot U_L \cdot I_L \cdot \cos\varphi$$

$$Q = 3 \cdot U \cdot I \cdot \sin\varphi = \sqrt{3} \cdot U_L \cdot I_L \cdot \sin\varphi \qquad (4.14)$$

$$S = 3 \cdot U \cdot I = \sqrt{3} \cdot U_L \cdot I_L = \sqrt{P^2 + Q^2}$$

Dabei ist zu beachten, dass der Phasenverschiebungswinkel φ der Winkel zwischen einem Strangstrom und der zugehörigen Strangspannung ist, nicht jedoch der Winkel zwischen dem Leiterstrom und der Leiterspannung.

Beispiel:
Von einem Drehstrom-Asynchronmotor sind folgende Daten (Nenndaten) bekannt: Nennleistung $P_N = 11$ kW, Nenndrehzahl $n_N = 2910$ min^{-1}, Nennspannung $U_N = 400$ V, Nennstrom $I_N = 20,9$ A, Leistungsfaktor bei Nennbetrieb $\cos \varphi_N = 0,88$.
Berechnet werden sollen die aufgenommen Wirk-, Blind- und Scheinleistung des Motors, sein Wirkungsgrad und das an der Welle abgegebene Drehmoment M.

Die auf dem Typenschild eines Motors angegebene Wirkleistung ist immer die an der Welle abgegebene Leistung!
Somit ergibt sich:

$$P = \sqrt{3} \cdot U_N \cdot I_N \cdot \cos \varphi_N = 12,74 \text{ kW} \qquad \varphi_N = \arccos 0,88 = 28,36°$$

$$Q = \sqrt{3} \cdot U_N \cdot I_N \cdot \sin \varphi_N = 6,88 \text{ k var}$$

$$S = \sqrt{3} \cdot U_L \cdot I_L = \sqrt{P^2 + Q^2} = 14,48 \text{ kVA}$$

$$\eta = \frac{P_{ab}}{P_{zu}} = \frac{11 \text{ kW}}{12,74 \text{ kW}} = 0,863 \qquad \text{(Siehe Gleichung 2.25 in Band 1)}$$

$$P_N = M_N \cdot \omega_N = M_N \cdot 2 \cdot \pi \cdot n_N \qquad M_N = \frac{P_N}{2 \cdot \pi \cdot n_N} = \frac{11 \text{ kW}}{2 \cdot \pi \cdot 48,5 \text{ s}^{-1}} = 36,1 \text{ Nm}$$

Dabei ist ω_N die Winkelgeschwindigkeit.
Rein rechnerisch könnte sich übrigens auch eine negative Blindleistung ergeben, da bei der Ermittlung des Phasenverschiebungswinkels nur der Betrag richtig gefunden wird. Ein Drehstrommotor ist aber eindeutig ein ohmsch/induktiver Verbraucher.

Beispiel:
Zwei symmetrische Drehstromverbraucher sind an ein Drehstromnetz mit $U_L = 400$ V angeschlossen. Für sie sind folgende Daten bekannt:
Verbraucher 1: $I_L = 10$ A, $\cos\varphi = 0,5$ induktiv
Verbraucher 2: Drehstrommotor mit $P_N = 5,5$ kW, $\cos\varphi_N = 0,88$, $\eta = 0,83$
Es sollen die Wirk-, Blind- und Scheinleistung für den Verbraucher 1, 2 und die beiden Verbraucher zusammen sowie der gesamte Leiterstrom bestimmt werden.

Es können zwar die Wirk- und Blindleistung der einzelnen Verbraucher algebraisch addiert werden, nicht jedoch die Scheinleistungen, da beide Verbraucher einen unterschiedlichen Leistungsfaktor haben.

Für den Verbraucher 1 ergibt sich:

$$P_1 = \sqrt{3} \cdot U_L \cdot I_{L_1} \cdot \cos\varphi_1 = \sqrt{3} \cdot 400\,\text{V} \cdot 10\,\text{A} \cdot 0{,}5 = 3{,}46\,\text{kW}$$

$$\sin\varphi_1 = \sin(\arccos 0{,}5) = 0{,}866$$

$$Q_1 = \sqrt{3} \cdot U_L \cdot I_{L_1} \cdot \sin\varphi_1 = 6\,\text{kvar}$$

$$S_1 = \sqrt{3} \cdot U_L \cdot I_{L_1} = 6{,}93\,\text{kVA}$$

Für den Verbraucher 2 ergibt sich die vom Motor aufgenommene Wirkleistung zu:

$$P_2 = \frac{P_{2ab}}{\eta} = \frac{5{,}5\,\text{kW}}{0{,}83} = 6{,}63\,\text{kW}$$

Entweder können nun der Leiterstrom und daraus die Leistungen berechnet werden oder man rechnet mit den Winkelbeziehungen:

$$I_{L_2} = \frac{P_2}{\sqrt{3} \cdot U_L \cdot \cos\varphi_2} = 10{,}9\,\text{A}$$

$$S_2 = \sqrt{3} \cdot U_L \cdot I_{L_2} = 7{,}53\,\text{kVA} \quad \text{oder} \quad S_2 = \frac{P_2}{\cos\varphi_2} = 7{,}53\,\text{kVA}$$

$$Q_2 = \sqrt{3} \cdot U_L \cdot I_{L_2} \cdot \sin\varphi_2 = 3{,}58\,\text{kvar} \quad \text{oder} \quad Q_2 = S_2 \cdot \sin\varphi_2 = P_2 \cdot \tan\varphi_2 = 3{,}58\,\text{kvar}$$

Die gesamte Wirk-, Blind- und Scheinleistung und der gesamte Leiterstrom sind somit:

$$P_{ges} = P_1 + P_2 = 10{,}09\,\text{kW} \qquad Q_{ges} = Q_1 + Q_2 = 9{,}58\,\text{kvar}$$

$$S_{ges} = \sqrt{P_{ges}^{\,2} + Q_{ges}^{\,2}} = 13{,}91\,\text{kVA}$$

$$I_{L_{ges}} = \frac{S_{ges}}{\sqrt{3} \cdot U_L} = 20{,}1\,\text{A}$$

4.4.1 Messung der Wirkleistung bei Drehstrom

Wie in Kap. 3.7.5 bereits erwähnt, soll auf die Klemmenbezeichnung der Wirkleistungsmesser hier verzichtet werden. Die Leistungsmesser werden in den Schaltbildern immer so eingezeichnet, dass beim Strompfad rechts die Klemme 1 und links 3 liegt und beim Spannungspfad oben die Anschlussklemme 2 und unten 5. Ergibt sich dann ein negativer Ausschlag der Leistungsmesser, so muss der Spannungspfad zur Ablesung umgepolt und der jeweilige Leistungswert negativ gewertet werden.

Unabhängig davon, ob der Verbraucher in Stern oder Dreieck geschaltet ist, kann die gesamte Wirkleistung mit einer der in Abb. 4.25 gezeigten Schaltungen gemessen werden. Bei der linken Schaltung am Vierleiternetz kann der Sternpunktleiter natürlich bei einer Dreieckschaltung im Verbraucher selbst nicht angeschlossen sein, trotzdem steht er bei Niederspannungsnetzen meist zur Verfügung. Bei der rechten Schaltung mit dem künstlich gebildeten Sternpunkt müssen alle drei Spannungspfade den gleichen ohmschen Widerstand haben, d.h. die Leistungsmesser auf denselben Spannungsmessbereich gestellt sein.

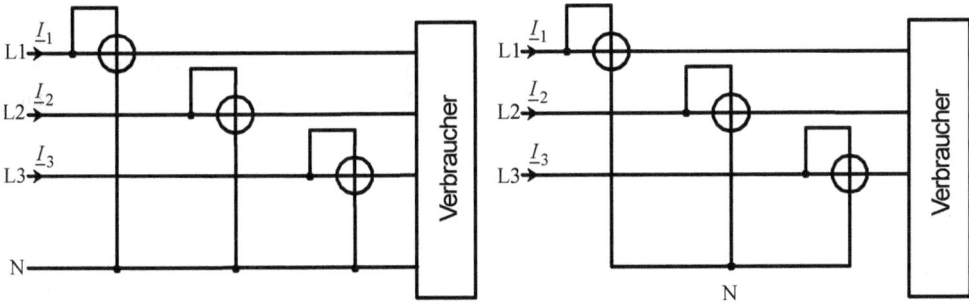

Abb. 4.25: Wirkleistungsmessung am Vier- und Dreileiternetz

Der Beweis, dass sowohl bei Stern- als auch bei Dreieckschaltung die Summe der drei ange-
zeigten Leistungswerte die gesamte Wirkleistung darstellt, soll mit Hilfe der Augenblickswerte geführt werden. Gemessen wird:

$$p = i_1 \cdot u_{1N} + i_2 \cdot u_{2N} + i_3 \cdot u_{3N} = p_1 + p_2 + p_3$$

Für eine symmetrische oder unsymmetrische Sternschaltung am Vierleiternetz erhält man
demnach für die linke Schaltung in Abb. 4.25 jeweils die drei Strangwirkleistungen, für die
rechte Schaltung allerdings nur bei einer symmetrischen Sternschaltung, da andernfalls die
Strangspannungen des Verbrauchers nicht gleich denen am Spannungspfad der Wattmeter
sind (siehe Kap. 4.2.3). Wäre eine Dreieckschaltung angeschlossen, so kann man die Spannungen und Ströme mit Hilfe der Gleichungen 4.4 und 4.12 durch die Stranggrößen der
Dreieckschaltung ausdrücken.

$$p = i_1 \cdot u_{1N} + i_2 \cdot u_{2N} + i_3 \cdot u_{3N} = i_1 \cdot \left(u_{12} + u_{2N}\right) + i_2 \cdot \left(u_{23} + u_{3N}\right) + i_3 \cdot \left(u_{31} + u_{1N}\right)$$

$$= \left(i_{12} - i_{31}\right) \cdot \left(u_{12} + u_{2N}\right) + \left(i_{23} - i_{12}\right) \cdot \left(u_{23} + u_{3N}\right) + \left(i_{31} - i_{23}\right) \cdot \left(u_{31} + u_{1N}\right)$$

$$= i_{12} \cdot u_{12} + i_{12} \cdot u_{2N} - i_{31} \cdot u_{12} - i_{31} \cdot u_{2N} + i_{23} \cdot u_{23} + i_{23} \cdot u_{3N} - i_{12} \cdot u_{23} - i_{12} \cdot u_{3N} +$$

$$i_{31} \cdot u_{31} + i_{31} \cdot u_{1N} - i_{23} \cdot u_{31} - i_{23} \cdot u_{1N}$$

Ersetzt man $i_{31} \cdot u_{12}$ durch $i_{31} \cdot \left(u_{1N} - u_{2N}\right)$, $i_{12} \cdot u_{23}$ durch $i_{12} \cdot \left(u_{2N} - u_{3N}\right)$ und $i_{23} \cdot u_{31}$
durch $i_{23} \cdot \left(u_{3N} - u_{1N}\right)$, so vereinfacht sich die obige Gleichung zu:

$$p = i_{12} \cdot u_{12} + i_{23} \cdot u_{23} + i_{31} \cdot u_{31} = p_{12} + p_{23} + p_{31}$$

Man misst also als Summe die Wirkleistung der drei Strangwirkleistungen, obwohl die einzelnen Wirkleistungsmesser nicht die Strangwirkleistungen anzeigen, außer es handelt sich
um eine symmetrische Dreieckschaltung. Auf ähnliche Weise kann man nachweisen, dass
bei einer unsymmetrischen Sternschaltung am Dreileiternetz die Summe der drei Leistungs-
messeranzeigen der gesamten Wirkleistung entspricht, obwohl auch hier die einzelnen
Wirkleistungsmesser nicht die Strangwirkleistungen anzeigen.

$$p = i_1 \cdot u_{1K} + i_2 \cdot u_{2K} + i_3 \cdot u_{3K}$$

Wollte man direkt die Strangleistungen bei einer unsymmetrischen Sternschaltung am Drei-leiternetz oder einer Dreieckschaltung messen, so müsste man die Leistungsmesser nach Abb. 4.26 anschließen.

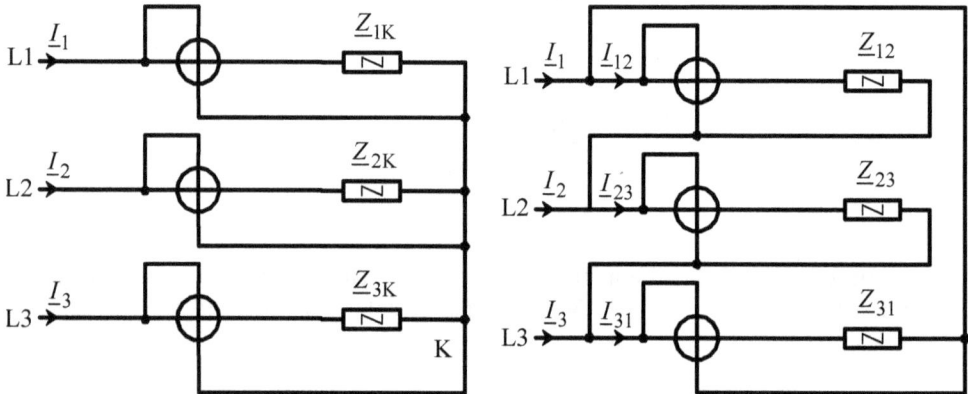

Abb. 4.26: Messung der Strangwirkleistungen bei einer unsymmetrischen Sternschaltung und Dreieckschaltung

Beispiel:
Eine Dreieckschaltung mit $\underline{Z}_{12} = 80\,\Omega$, $\underline{Z}_{23} = 40\,\Omega$ und $\underline{Z}_{31} = j \cdot 80\,\Omega$ wird entsprechend der rechten Schaltung in Abb. 4.25 an ein Drehstromnetz mit $U_L = 400\,V$ angeschlossen. Es soll berechnet werden, welche Werte die drei Leistungsmesser anzeigen und dieses Ergebnis mit Hilfe des Zeigerdiagramms überprüft werden. Der Nullphasenwinkel $\varphi_{u_{12}}$ sei $-60°$.

Die Strangwirkleistungen sollen zunächst berechnet werden, um das Ergebnis überprüfen zu können:

$$P_{12} = \frac{U_{12}^{\,2}}{Z_{12}} = 2\,kW \qquad P_{23} = \frac{U_{23}^{\,2}}{Z_{23}} = 4\,kW \qquad P_{31} = 0 \qquad P = P_{12} + P_{23} + P_{31} = 6\,kW$$

$$\underline{I}_{12} = \frac{\underline{U}_{12}}{\underline{Z}_{12}} = 5\,A \cdot e^{-j \cdot 60°} \qquad \underline{I}_{23} = \frac{\underline{U}_{23}}{\underline{Z}_{23}} = 10\,A \cdot e^{-j \cdot 180°} = -10\,A \qquad \underline{I}_{31} = \frac{\underline{U}_{31}}{\underline{Z}_{31}} = 5\,A \cdot e^{-j \cdot 30°}$$

$$\underline{I}_1 = \underline{I}_{12} - \underline{I}_{31} = 2{,}59\,A \cdot e^{-j \cdot 135°} \qquad \underline{I}_2 = \underline{I}_{23} - \underline{I}_{12} = 13{,}23\,A \cdot e^{-j \cdot 160{,}9°}$$

$$\underline{I}_3 = \underline{I}_{31} - \underline{I}_{23} = 14{,}55\,A \cdot e^{-j \cdot 9{,}9°}$$

Der erste Leistungsmesser, dessen Strompfad in L1 liegt, zeigt das Produkt aus dem Effek-tivwert des Stroms $\underline{I}_1$, der Spannung $\underline{U}_{1N}$ und dem Kosinus des Winkels zwischen den beiden an. Die Spannung $\underline{U}_{1N}$ eilt $\underline{U}_{12}$ um 30° nach, somit ist der Nullphasenwinkel $\varphi_{u_{1N}} = -90°$.

$$P_1 = U_{1\mathrm{N}} \cdot I_1 \cdot \cos\!\left(\varphi_{u_{1\mathrm{N}}} - \varphi_{i_1}\right) = 231\,\mathrm{V} \cdot 2{,}59\,\mathrm{A} \cdot \cos 45° = 423\ \mathrm{W}$$

Entsprechend erhält man P_2 und P_3:

$$P_2 = U_{2\mathrm{N}} \cdot I_2 \cdot \cos\!\left(\varphi_{u_{2\mathrm{N}}} - \varphi_{i_2}\right) = 231\,\mathrm{V} \cdot 13{,}23\,\mathrm{A} \cdot \cos(-10{,}9°) = 3001\ \mathrm{W}$$

$$P_3 = U_{3\mathrm{N}} \cdot I_3 \cdot \cos\!\left(\varphi_{u_{3\mathrm{N}}} - \varphi_{i_3}\right) = 231\,\mathrm{V} \cdot 14{,}55\,\mathrm{A} \cdot \cos 39{,}9° = 2578\ \mathrm{W}$$

$$P = P_1 + P_2 + P_3 = 6002\,\mathrm{W} \approx 6\,\mathrm{kW}$$

Übersichtlicher ist die Lösung mit Hilfe des Zeigerdiagramms. Dazu müsste man die Beträge der Strangströme berechnen. Da diese schon bekannt sind, wird die Berechnung nicht extra durchgeführt. $\underline{I}_{12}$ ist dann phasengleich mit $\underline{U}_{12}$, $\underline{I}_{23}$ mit $\underline{U}_{23}$ und $\underline{I}_{31}$ eilt $\underline{U}_{31}$ um 90° nach. Aus den Strangströmen konstruiert man die Leiterströme und liest dann die Winkel zwischen den Leiterströmen und den an den Leistungsmessern anliegenden Spannungen ab. Diese sind im Zeigerdiagramm in Abb. 4.27 mit φ_1, φ_2 und φ_3 bezeichnet. Die Berechnung der Leistungen erfolgt dann auf die gleiche Weise wie vorher und liefert bei ausreichender Zeichengenauigkeit auch die gleichen Ergebnisse. Die Lösung mit Hilfe eines Zeigerdiagramms ist in der Regel der komplexen Rechnung vorzuziehen.

Als Maßstäbe in Abb. 4.27 wurden gewählt: $1\,\mathrm{cm} \mathrel{\widehat{=}} 50\,\mathrm{V}$ und $1\,\mathrm{cm} \mathrel{\widehat{=}} 2\,\mathrm{A}$

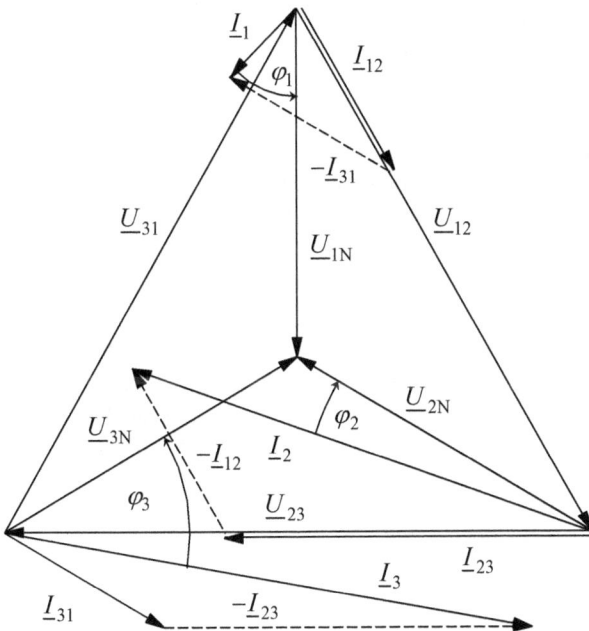

Abb. 4.27: Zeigerdiagramm für das Beispiel der unsymmetrischen Dreieckschaltung

Aufgabe 4.3

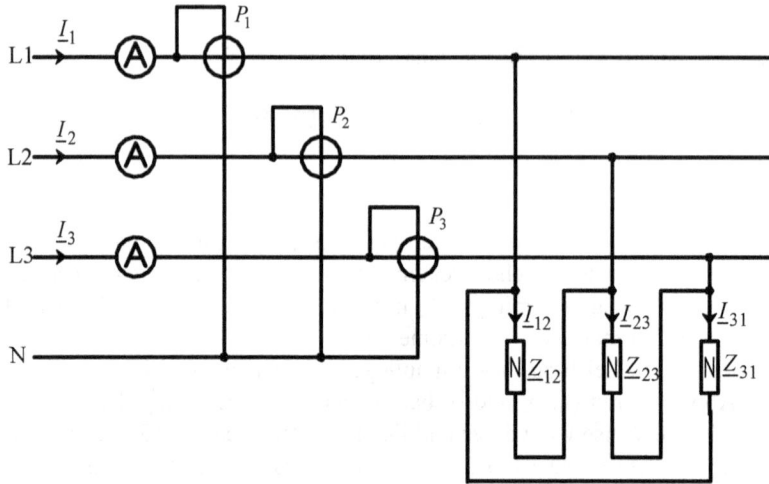

Abb. 4.28: Leistungs- und Strommessung bei einer unsymmetrischen Dreieckschaltung

Für die Dreieckschaltung in Abb. 4.28 sind die Strangwirk- und Strangblindleistungen bekannt. Da hier eine unsymmetrische Schaltung vorliegt, entsprechen die Anzeigen der Wirkleistungsmesser nicht den Strangwirkleistungen, allerdings muss deren Summe gleich der Summe der Strangwirkleistungen sein. Gegeben sind die Spannung und folgende Leistungen: $U_L = 400$ V, $P_{12} = P_{31} = 1$ kW, $P_{23} = 0{,}8$ kW, $Q_{12} = 0$, $Q_{23} = 1$ kvar, $Q_{31} = -500$ var. Wie groß sind $\underline{Z}_{12}$, $\underline{Z}_{23}$ und $\underline{Z}_{31}$? Die komplexen Strangwiderstände sollen dabei als Reihenschaltung von ohmschen Widerständen und Blindwiderständen aufgefasst werden. Welche Werte zeigen jeweils die drei Leistungs- und Strommesser an?

Bei einer symmetrischen Belastung kann die Schaltung in Abb. 4.25 vereinfacht werden, indem man nur einen der drei Leistungsmesser anschließt und den abgelesenen Wert mit drei multipliziert. Für die rechte Schaltung mit dem künstlichen Sternpunkt schließt man anstatt der Spannungspfade für die beiden fehlenden Leistungsmesser zwei ohmsche Widerstände an, deren Widerstandswert dem des Spannungspfades des verbleibenden Wattmeters entsprechen muss.

Für ein Dreileiternetz gibt es noch eine Sonderschaltung, die sowohl für symmetrische als auch unsymmetrische Belastung anwendbar ist. Es ist dies die so genannte **Zweiwattmetermethode** oder **Aronschaltung**. Wie in Abb. 4.29 für zwei Varianten gezeigt, werden dabei nur zwei Leistungsmesser mit ihrem Strompfad in zwei der drei Leiter geschaltet. Der Eingang des Spannungspfads wird jeweils an dem Strang abgegriffen, in dem der Strompfad des

Leistungsmessers liegt, und die Ausgänge beider Spannungspfade an den Außenleiter angeschlossen, in dem kein Leistungsmesser hängt.

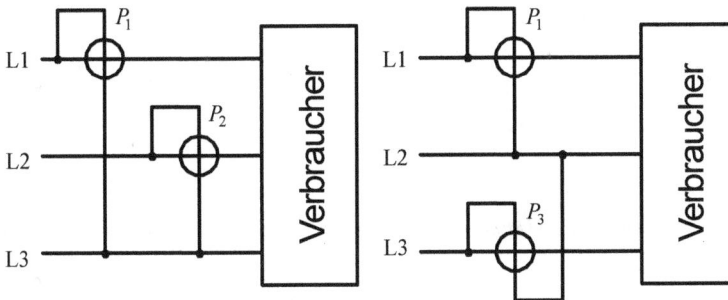

Abb. 4.29: Aronschaltung zur Leistungsmessung am Dreileiternetz

Für die rechte der beiden Schaltungen soll der Beweis mit Hilfe der Augenblickswerte geführt werden, dass die Summe der Anzeige der beiden Leistungsmesser der Gesamtwirkleis-
tung des Drehstromverbrauchers entspricht. Schlägt einer der beiden Leistungsmesser negativ aus, so muss sein Spannungspfad umgepolt werden und ab diesem Augenblick seine
Anzeige von der des anderen Leistungsmessers abgezogen werden. Gemessen wird:

$$u_{12} \cdot i_1 + u_{32} \cdot i_3 = u_{12} \cdot i_1 - u_{23} \cdot i_3 = \left(u_{1N} - u_{2N}\right) \cdot i_1 - \left(u_{2N} - u_{3N}\right) \cdot i_3$$

$$= u_{1N} \cdot i_1 - u_{2N} \cdot \underbrace{\left(i_1 + i_3\right)}_{-i_2} + u_{3N} \cdot i_3 = u_{1N} \cdot i_1 + u_{2N} \cdot i_2 + u_{3N} \cdot i_3 = p_1 + p_2 + p_3 = p$$

Der Beweis, dass dies auch der gesamten Wirkleistung für eine Dreieckschaltung entspricht,
wurde bereits weiter vorn geführt.

Nimmt man an, dass in der rechten Schaltung von Abb. 4.29 ein symmetrischer Verbraucher
in Sternschaltung angeschlossen ist, so ergeben sich für $\cos \varphi = 1$, $\cos \varphi = 0{,}5$ und $\cos \varphi = 0$
die drei in Abb. 4.30 gezeigten Zeigerdiagramme.

Bei $\cos \varphi = 1$ des Verbrauchers sind die Strangströme $\underline{I}_1$ und $\underline{I}_3$ phasengleich mit den (nicht
eingezeichneten) Strangspannungen $\underline{U}_{1N}$ bzw. $\underline{U}_{3N}$. Die Leistungsmesser 1 und 3 zeigen
demnach folgende Werte an:

$$P_1 = I_1 \cdot U_{12} \cdot \cos \varphi_1 = I_1 \cdot U_{12} \cdot \cos 30° \qquad P_3 = I_3 \cdot U_{32} \cdot \cos \varphi_3 = I_3 \cdot U_{32} \cdot \cos\left(-30°\right)$$

Beide Ausschläge sind positiv und betragsmäßig gleich groß.

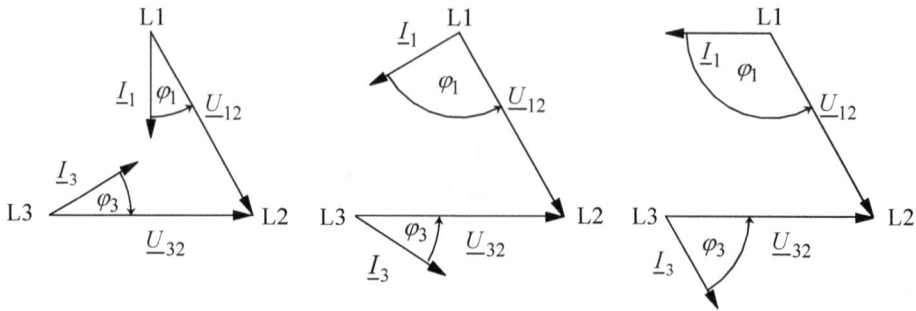

Abb. 4.30: Zeigerdiagramme der Spannungen und Ströme der Aronschaltung für cos φ = 1, cos φ = 0,5, cos φ = 0

Bei $\cos\varphi = 0{,}5$ des Verbrauchers eilen die Strangströme $\underline{I}_1$ und $\underline{I}_3$ den Strangspannungen $\underline{U}_{1N}$ bzw. $\underline{U}_{3N}$ um 60° nach. Die Leistungsmesser 1 und 3 zeigen demnach folgende Werte an:

$$P_1 = I_1 \cdot U_{12} \cdot \cos\varphi_1 = I_1 \cdot U_{12} \cdot \cos 90° = 0 \qquad P_3 = I_3 \cdot U_{32} \cdot \cos\varphi_3 = I_3 \cdot U_{32} \cdot \cos 30°$$

Ein Ausschlag wird somit null und der zweite ist positiv.

Bei $\cos\varphi = 0$ des Verbrauchers eilen die Strangströme $\underline{I}_1$ und $\underline{I}_3$ den Strangspannungen $\underline{U}_{1N}$ bzw. $\underline{U}_{3N}$ um 90° nach. Die Leistungsmesser 1 und 3 zeigen demnach folgende Werte an:

$$P_1 = I_1 \cdot U_{12} \cdot \cos\varphi_1 = I_1 \cdot U_{12} \cdot \cos 120° \qquad P_3 = I_3 \cdot U_{32} \cdot \cos\varphi_3 = I_3 \cdot U_{32} \cdot \cos 60°$$

Betragsmäßig sind beide Ausschläge gleich groß, aber sie haben entgegengesetztes Vorzeichen. Folglich ist die Summe beider Ausschläge null, es ist ja auch keine Wirkleistung, sondern nur Blindleistung vorhanden. Ein kleiner Messfehler würde hier zu sehr großen relativen Messfehlern führen. Deshalb ist die Aronschaltung für einen $\cos\varphi < 0{,}3$ des Verbrauchers problematisch und für $\cos\varphi < 0{,}1$ unbrauchbar.

Beispiel:
Ein ohmscher Widerstand soll nach Abb. 4.31 so mit zwei Blindwiderständen verschaltet werden, dass sich von außen gesehen eine rein ohmsche symmetrische Belastung wie für eine Sternschaltung ergibt. Zu bestimmen sind die Kapazität C_{23} und Induktivität L_{31} sowie die Anzeigen der beiden Leistungsmesser. $R_{12} = 10\ \Omega$, $U_L = 400\ V$, $f = 50\ Hz$.

Hier ist die Lösung mit Hilfe des Zeigerdiagramms sehr einfach und übersichtlich. In das Zeigerdiagramm der Spannungen (Abb. 4.32) kann man zunächst den Strom $\underline{I}_{12}$ phasengleich mit $\underline{U}_{12}$ eintragen. $I_{12} = U_{12}/R_{12} = 40\ A$. Ebenso wurden die Richtungen der Spannungen $\underline{U}_{1N}$, $\underline{U}_{2N}$ und $\underline{U}_{3N}$ gestrichelt eingezeichnet, denn in diese Richtung müssen ja die Ströme $\underline{I}_1$, $\underline{I}_2$ und $\underline{I}_3$ weisen, wenn eine rein ohmsche symmetrische Belastung vorliegen soll. Weiter wurde die Richtung der Strangströme $\underline{I}_{23}$ um 90° voreilend gegenüber $\underline{U}_{23}$ und $\underline{I}_{31}$ und um 90° nacheilend gegenüber $\underline{U}_{31}$ gestrichelt eingetragen.

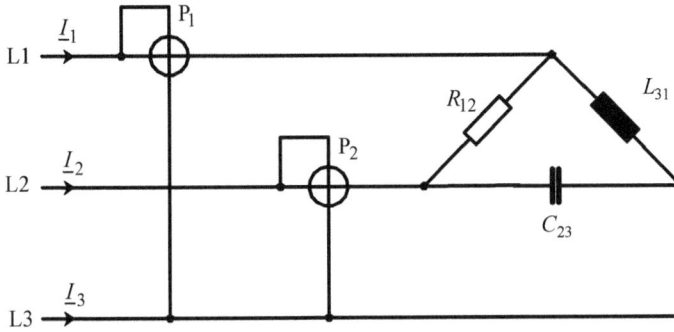

Abb. 4.31: Unsymmetrische Dreieckschaltung

Verschiebt man nun parallel zu $\underline{I}_{31}$ bzw. $-\underline{I}_{31}$ eine Gerade in die Spitze des Zeigers von $\underline{I}_{12}$, so ergibt sich aus dem Schnittpunkt dieser Geraden mit der Linie für die Richtung von $\underline{U}_{1N}$ der Stromzeiger $-\underline{I}_{31}$. Ebenso konstruiert man den Leiterstrom $\underline{I}_1 = \underline{I}_{12} - \underline{I}_{31}$ und liest für dessen Effektivwert 23 A ab. Nun kann man entweder den Leiterstrom $\underline{I}_2$ oder $\underline{I}_3$ finden. Möchte man zunächst $\underline{I}_3$ ermitteln, so zeichnet man $\underline{I}_{31}$ ein, indem man die Länge des Zeigers von $-\underline{I}_{31}$ überträgt und in die Spitze dieses Zeigers eine Gerade parallel zur Richtung von $\underline{I}_{23}$ einzeichnet. Der Schnittpunkt dieser Geraden mit der Linie für die Richtung von $\underline{U}_{3N}$ legt zugleich $-\underline{I}_{23}$ als auch $\underline{I}_3$ fest. Somit kann auch $\underline{I}_{23}$ angetragen und $\underline{I}_2 = \underline{I}_{23} - \underline{I}_{12}$ graphisch ermittelt werden. Möchte man vor $\underline{I}_3$ den Strom $\underline{I}_2$ ermitteln, so verschiebt man den Zeiger $-\underline{I}_{12}$ so parallel, dass seine Spitze mit der Richtungslinie für $\underline{U}_{2N}$ zusammentrifft. Sein Fußpunkt auf der Richtungslinie für $\underline{I}_{23}$ markiert dann die Spitze des Zeigers $\underline{I}_{23}$ und seine Spitze auf der Richtungslinie für $\underline{U}_{2N}$ die Spitze des Zeigers $\underline{I}_2$.

Für das Zeigerdiagramm in der Abb. 4.32 gelten die folgenden Maßstäbe: $1\,\text{cm} \,\hat{=}\, 50\,\text{V}$ und $1\,\text{cm} \,\hat{=}\, 10\,\text{A}$. Damit liest man ab: $I_{23} = I_{31} = I_2 = I_3 = 23\,\text{A}$. Der Vorteil dieser Schaltung für große, einphasige, ohmsche Belastungen besteht darin, dass das Netz symmetrisch belastet wird und die Strangströme kleiner als bei einphasiger Belastung sind. Dadurch werden die Spannungsabfälle auf der Leitung geringer bzw. man kann kleinere Leitungsquerschnitte wählen.

Somit können die Blindwiderstände berechnet werden:

$$X_{31} = \frac{U_{31}}{I_{31}} = 17,39\,\Omega \qquad\qquad C_{23} = \frac{1}{\omega \cdot X_{31}} = 183\,\mu\text{F}$$

$$X_{23} = \frac{U_{23}}{I_{23}} = 17,39\,\Omega \qquad\qquad L_{31} = \frac{X_{23}}{\omega} = 55,4\,\text{mH}$$

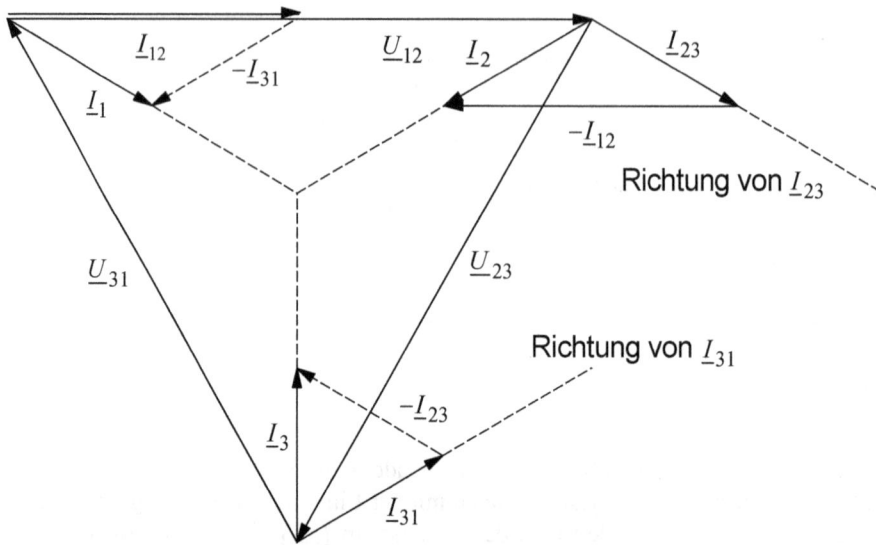

Abb. 4.32: Zeigerdiagramm der Spannungen und Ströme für die Schaltung in Abb. 4.31

Der Leistungsmesser 1 liegt an der Spannung U_{13} ($U_{13} = -U_{31}$) und wird vom Strom I_1 durch-flossen, der Phasenverschiebungswinkel zwischen diesen beiden Größen beträgt, wie man aus dem Zeigerdiagramm ablesen kann, $-30°$. Der Leistungsmesser 2 liegt an der Spannung U_{23} und wird im Strompfad von I_2 durchflossen. Der Phasenverschiebungswinkel zwischen diesen beiden beträgt $30°$. Somit ergeben sich folgende Anzeigen:

$$P_1 = U_{31} \cdot I_1 \cdot \cos(-30°) = 7,97\,\text{kW} \qquad P_2 = U_{23} \cdot I_2 \cdot \cos 30° = 7,97\,\text{kW}$$
$$P = P_1 + P_2 = 15,94\,\text{kW}$$

Rechnerisch kann dieses Ergebnis leicht überprüft werden. In der Dreieckschaltung nimmt nur der ohmsche Widerstand Wirkleistung auf, somit ist $P_{12} = U_{12}^2 / R_{12} = 16\,\text{kW}$. Die kleine Abweichung gegenüber der Lösung mit Hilfe des Zeigerdiagramms liegt in der begrenzten Ablesegenauigkeit bei der graphischen Lösung.

Aufgabe 4.4

Welche Anzeigen würden die Leistungsmesser anzeigen, wenn man die Wirkleistung des Verbrauchers von Aufgabe 4.3 mit der linken und rechten Aronschaltung von Abb. 4.29 messen würde?

4.4.2   Messung der Blindleistung bei Drehstrom

Man könnte wieder wie im Einphasennetz eine Hummelschaltung anwenden, d.h. man müss-te in alle drei Spannungspfade der Leistungsmesser in Abb. 4.25 eine solche Kunstschaltung einfügen. Da jedoch in der Praxis meist ein symmetrisches Netz vorliegt, kann man zu jeder Strangspannung eine andere Spannung finden, die dieser um 90° nacheilt. Für $\underline{U}_{1N}$ ist dies $\underline{U}_{23}$, für $\underline{U}_{2N}$ $\underline{U}_{31}$ und für $\underline{U}_{3N}$ $\underline{U}_{12}$. Allerdings sind diese Spannungen auch um den Faktor $\sqrt{3}$ größer als die Strangspannungen, man muss demnach den abgelesenen Leistungswert durch $\sqrt{3}$ dividieren.

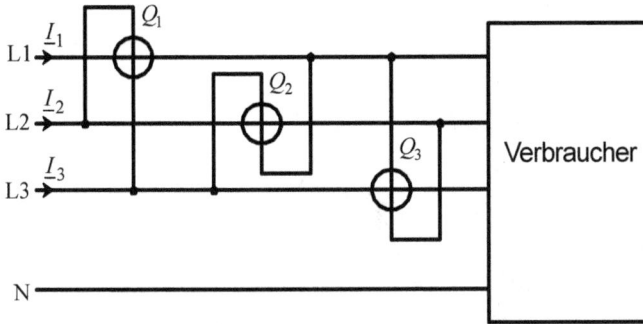

Abb. 4.33: Blindleistungsmessung bei Drehstrom

Es muss hier nochmals betont werden, dass ein so genanntes elektrodynamisches Messwerk prinzipiell das Produkt aus dem durch das Messwerk fließenden Strom, der angelegten Spannung und dem Kosinus des Phasenverschiebungswinkels zwischen beiden Größen anzeigt.

Unabhängig davon, ob der Verbraucher in Abb. 4.33 in Stern oder Dreieck geschaltet ist, (bei einer Dreieckschaltung könnte der N-Leiter nicht angeschlossen werden), ergibt sich die gesamte Blindleistung zu:

$$Q = \frac{Q_1 + Q_2 + Q_3}{\sqrt{3}}$$

Da in der Praxis meist symmetrische Verbraucher vorliegen, würde die Messung der Blindleistung in einem der drei Stränge genügen, die abgelesene Strangblindleistung müsste dann mit 3 multipliziert und durch $\sqrt{3}$ dividiert bzw. gleich nur mit dem Faktor $\sqrt{3}$ multipliziert werden.

Beispiel:
Bei einer Blindleistungsmessung nach Abb. 4.33 ist der Verbraucher in Dreieck geschaltet. Die Strangwiderstände sind $\underline{Z}_{12} = \underline{Z}_{23} = \underline{Z}_{31} = 100\ \Omega \cdot e^{j \cdot 30°} = (86,6 + j \cdot 50)\ \Omega$. $U_L = 400$ V.

Somit ergeben sich die Blindleistung eines Strangs und die gesamte Blindleistung zu:

$$Q_{12} = Q_{23} = Q_{31} = I_{12}^{\,2} \cdot X_{12} = \left(\frac{U_{12}}{Z_{12}}\right)^2 \cdot X_{12} = 800\,\text{var} \qquad Q = Q_{12} + Q_{23} + Q_{31} = 2,4\,\text{kvar}$$

Die Ermittlung der Anzeigen der drei Leistungsmesser soll mit Hilfe eines maßstäblichen Zeigerdiagramms erfolgen: $1\,\text{cm} \mathrel{\hat{=}} 50\,\text{V}$ und $1\,\text{cm} \mathrel{\hat{=}} 1\,\text{A}$.

Die Beträge der Strangströme sind: $I_{12} = I_{23} = I_{31} = \dfrac{U_{12}}{Z_{12}} = 4\,\text{A}$.

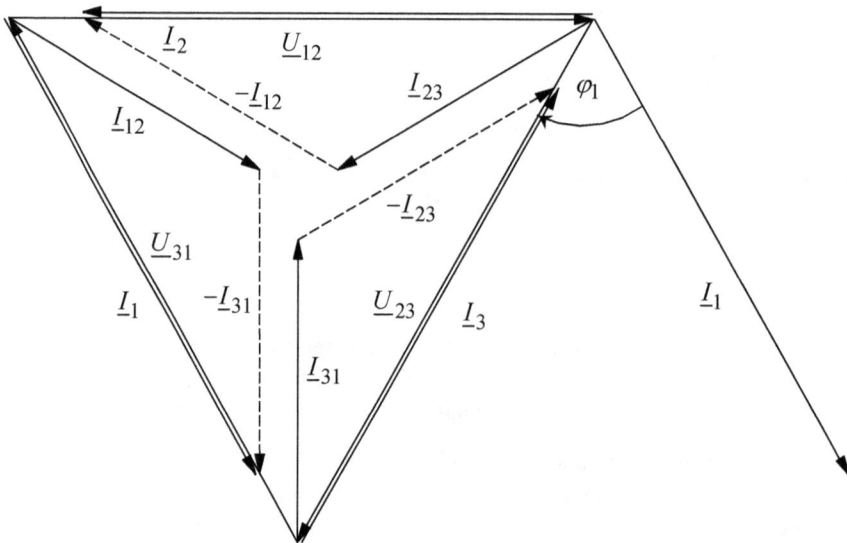

Abb. 4.34: Zeigerdiagramm der Spannungen und Ströme für die Dreieckschaltung

Da eine symmetrische Schaltung vorliegt, genügt es die Anzeige eines der drei Leistungsmesser zu ermitteln. Aus dem Zeigerdiagramm Abb. 4.34 liest man für den Strom $\underline{I}_1$ einen Effektivwert von 6,95 A ab. Somit ergeben sich:

$$Q_1 = I_1 \cdot U_{23} \cdot \cos\varphi_1 = 6,95\,\text{A} \cdot 400\,\text{V} \cdot \cos(-60°) = 1390\,\text{var} \qquad Q = \sqrt{3} \cdot Q_1 = 2408\,\text{var}$$

Dieses Ergebnis weicht aufgrund der Ungenauigkeit bei der graphischen Ermittlung des Leiterstroms nur unwesentlich vom rechnerisch ermittelten Wert ab.

Nun soll angenommen werden, dass der Widerstand $\underline{Z}_{12}$ aus der Schaltung entfernt wird. Damit geht die gesamte Blindleistung auf 1600 var zurück. Welche Anzeigen liefern nun die drei Leistungsmesser?

Der Strom $\underline{I}_{12}$ ist null geworden, damit werden die Leiterströme $\underline{I}_1 = \underline{I}_{12} - \underline{I}_{31} = -\underline{I}_{31}$ sowie $\underline{I}_2 = \underline{I}_{23} - \underline{I}_{12} = \underline{I}_{23}$, der Leiterstrom $\underline{I}_3$ bleibt unverändert. Somit zeigen die drei Leistungsmesser folgende Werte an:

$$Q_1 = I_1 \cdot U_{23} \cdot \cos(-30°) = 4\,\text{A} \cdot 400\,\text{V} \cdot \cos(-30°) = 1386\,\text{var}$$

$$Q_2 = I_2 \cdot U_{31} \cdot \cos(-90°) = 0$$

$$Q_3 = I_3 \cdot U_{12} \cdot \cos(-60°) = 6{,}95\,\text{A} \cdot 400\,\text{V} \cdot \cos(-60°) = 1390\,\text{var}$$

$$Q = \frac{Q_1 + Q_2 + Q_3}{\sqrt{3}} = \frac{2776\,\text{var}}{\sqrt{3}} = 1603\,\text{var}$$

Aufgabe 4.5

Welche Anzeigen würden die Leistungsmesser anzeigen, wenn man an den Verbraucher der Abb. 4.31 drei Leistungsmesser nach Abb. 4.33 anschließen würde?

4.4.3   Blindleistungskompensation

Die Blindleistungskompensation könnte prinzipiell erfolgen, wie in Kap. 3.7.7 beschrieben, d.h. jede Phase wird getrennt für sich kompensiert. Dies wäre ein geeigneter Weg für unsymmetrische Verbraucher. In der Praxis kommen aber sehr häufig symmetrische Verbraucher vor. Es soll hier die Blindleistungskompensation symmetrischer, induktiver Verbraucher behandelt werden. Bei diesen ist in jeder Phase die Blindleistung gleich groß. Unabhängig davon, ob der, oder mehrere, Verbraucher in Stern oder Dreieck geschaltet sind, können die Kondensatoren zur Kompensation in Stern oder Dreieck geschaltet werden. Die zu kompensierende Blindleistung Q_{komp} ergibt sich aus der Differenz der Blindleistung vor und nach der Kompensation. Dabei muss pro Strang nur ein Drittel der insgesamt zu kompensierenden Blindleistung Q_{komp} kompensiert werden.

In Abb. 4.35 sind die beiden Möglichkeiten zur Blindleistungskompensation gezeigt. Dabei sind einmal die Kondensatoren in Stern und in der rechten Anordnung in Dreieck geschaltet. Bei einem in Dreieck geschalteten Verbraucher ist natürlich der N-Leiter nicht angeschlossen, ebenso entfällt bei Sternschaltung der Kondensatoren an einem Dreileiternetz der Anschluss des Sternpunkts der Kondensatoren an den N-Leiter.

Entsprechend der Gleichung 3.69 in Kap. 3.7.7 ergeben sich für die Kapazitäten je Strang bei der Stern- und Dreieckschaltung:

$$C_{1\text{N}} = C_{2\text{N}} = C_{3\text{N}} = \frac{\dfrac{Q_{\text{komp}}}{3}}{\omega \cdot U^2} = \frac{Q_{\text{komp}}}{\omega \cdot U_{\text{L}}^2}$$

$$C_{12} = C_{23} = C_{31} = \frac{\dfrac{Q_{\text{komp}}}{3}}{\omega \cdot U^2} = \frac{Q_{\text{komp}}}{3 \cdot \omega \cdot U_{\text{L}}^2}$$

(4.15)

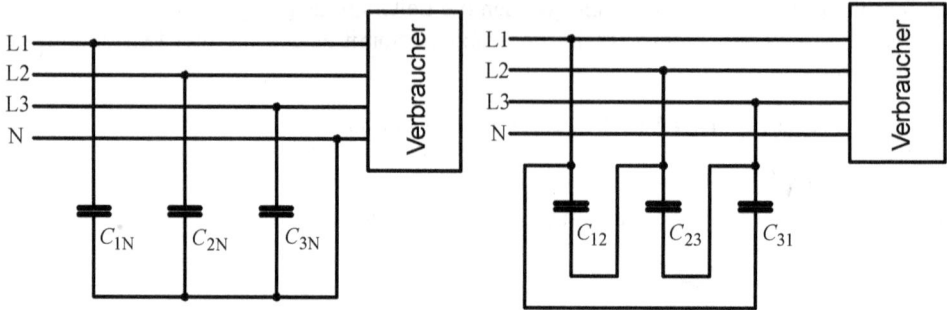

Abb. 4.35: Schaltung der Kondensatoren zur Blindleistungskompensation symmetrischer, induktiver Verbraucher

Bei der Dreieckschaltung ist demnach nur ein Drittel der Kapazität erforderlich, da hier die Strangspannung U gleich der Leiterspannung U_L ist, die Kapazitäten müssen für diese Spannung ausgelegt sein. Bei der Sternschaltung ist $U = U_L/\sqrt{3}$, die Kondensatoren müssen demnach nur für diese geringere Spannung ausgelegt sein. In der Praxis wird meist die Dreieckschaltung der Kondensatoren für die Kompensation gewählt.

Beispiel:
Ein Drehstromverbraucher in Dreieckschaltung mit $\underline{Z}_{12} = \underline{Z}_{23} = \underline{Z}_{31} = 40\,\Omega \cdot e^{j \cdot 60°}$ und ein weiterer in Sternschaltung mit $\underline{Z}_{1N} = \underline{Z}_{2N} = \underline{Z}_{3N} = 16\,\Omega \cdot e^{j \cdot 60°}$ hängen an einem gemeinsamen Drehstromnetz mit $U_L = 400\,V$. Sie sollen durch eine gemeinsame Kompensationseinrichtung in Dreieckschaltung auf $\cos\varphi = 0,9$ kompensiert werden. Zu bestimmen sind die Strangkapazitäten.

Zunächst werden die Wirk- und Blindleistungen der beiden Verbraucher bestimmt. Dabei erhalten die Größen für den Verbraucher in Dreieckschaltung den Index 1 und für den in Sternschaltung den Index 2.

$$P_1 = \sqrt{3} \cdot U_L \cdot I_{L_1} \cdot \cos\varphi_1 = \sqrt{3} \cdot U_L \cdot \sqrt{3} \cdot \frac{U_L}{Z_{12}} \cos\varphi_1 = 6\,kW$$

$$Q_1 = P_1 \cdot \tan\varphi_1 = 10,39\,kvar$$

$$P_2 = \sqrt{3} \cdot U_L \cdot I_{L_2} \cdot \cos\varphi_2 = \sqrt{3} \cdot U_L \cdot \frac{U_L}{\sqrt{3} \cdot Z_{1N}} \cdot \cos\varphi_2 = 5\,kW$$

$$Q_2 = P_2 \cdot \tan\varphi_2 = 8,66\,kvar$$

Die gesamte Schein-, Wirk- und Blindleistung sind demnach:

$$P = P_1 + P_2 = 11\,\text{kW} \qquad Q = Q_1 + Q_2 = 19{,}05\,\text{kvar} \qquad S = \sqrt{P^2 + Q^2} = 22\,\text{kVA}$$

Nach der Kompensation ändert sich die Wirkleistung nicht und es liegen noch folgende Schein- und Blindleistung vor, aus der sich die zu kompensierende Blindleistung ergibt:

$$S = \frac{P}{\cos\varphi} = \frac{11\,\text{kW}}{0{,}9} = 12{,}22\,\text{kVA} \qquad Q = \sqrt{S^2 - P^2} = 5{,}33\,\text{kvar}$$

$$Q_\text{komp} = Q_1 + Q_2 - Q = 13{,}72\,\text{kvar}$$

Damit erhält man die Kapazitäten der drei Kondensatoren.

$$C_{12} = C_{23} = C_{31} = \frac{Q_\text{komp}}{3 \cdot \omega \cdot U_\text{L}^2} = 91\,\mu\text{F}$$

Ohne Kompensation ist der Leiterstrom $I_\text{L} = S/(\sqrt{3} \cdot U_\text{L}) = 31{,}75\,\text{A}$, mit Kompensation nur noch 17,64 A.

4.5 Durch Oberschwingungen hervorgerufene Neutralleiterströme

Bisher wurden nur rein sinusförmige Spannungen und Ströme betrachtet. Es können aber z.B. durch Stromrichterschaltungen oder andere Einwirkungen so genannte Oberschwingungen (siehe Kap. 6.1) auftreten. Deren Wirkung soll an einem Beispiel erläutert werden. Dazu wird eine symmetrisch belastete Drehstromschaltung in Sternschaltung am Vierleiternetz betrachtet.

In Abb. 4.36 sind die Augenblickswerte der drei Leiterströme dargestellt, wobei der tiefer stehende Index 1 darauf hinweisen soll, dass es sich um die Grundschwingung der Ströme i_1, i_2 und i_3 handelt. Der tiefer stehende Index 3 weist darauf hin, dass es sich jeweils um eine Oberschwingung mit der dreifachen Frequenz der Grundschwingung handelt.

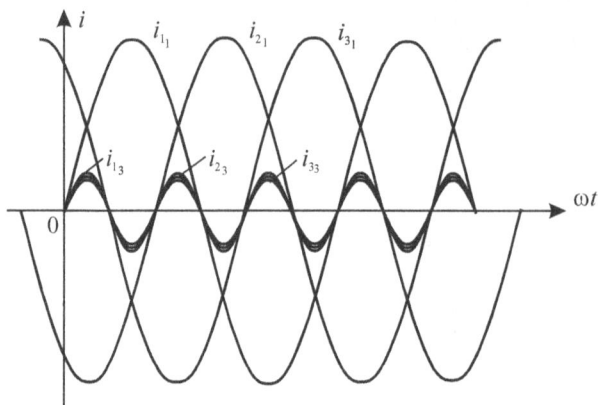

Abb. 4.36: Sinusförmige Leiterströme mit überlagerten dritten Oberschwingungen

Wie bereits in Kap. 4.2.1 gezeigt, ist die Summe der Grundschwingungen der drei Ströme auf Grund ihrer gegenseitigen Phasenverschiebung von 120° null. Man kann dies auch für jeden beliebigen Zeitpunkt im Liniendiagramm nachprüfen. Demnach ist auch bei einer symmetrischen Belastung der von ihnen herrührende Strom im Neutralleiter null, d.h. $\underline{I}_{1_1} + \underline{I}_{2_1} + \underline{I}_{3_1} = \underline{I}_{N_1} = 0$.

In Abb. 4.36 wird nun unterstellt, dass alle drei Leiterströme je eine Oberschwingung mit dreifacher Frequenz der Grundschwingung aufweisen. Diese drei Oberschwingungsströme sind durch den tiefer stehenden Index 3 gekennzeichnet. Sie sind jedoch im Gegensatz zur Grundschwingung gleichphasig. Ihre Summe hebt sich also nicht auf, vielmehr müssen die Augenblickswerte addiert werden (siehe Kap. 3.2.1). Man erhält als Summe eine Schwingung mit der dreifachen Amplitude einer der Oberschwingungen. Dieser Strom kann den Neutralleiter wesentlich belasten, $\underline{I}_{1_3} + \underline{I}_{2_3} + \underline{I}_{3_3} = \underline{I}_{N_3}$.

5   Ortskurven

Bei den bisherigen Schaltungen wurde sehr häufig das Zeigerdiagramm als eine geeignete und sehr übersichtliche Darstellung der Vorgänge benutzt. Dieses Verfahren versagt, wenn entweder die Zweipole der Schaltung keine konstanten Werte besitzen oder die Frequenz variabel ist. Für jeden Wert der Zweipole R, L und C oder jede Frequenz müsste ein gesondertes Zeigerdiagramm erstellt werden. Man verzichtet daher auf die Darstellung der Zeiger selbst und trägt in der komplexen Zahlenebene nur die Kurve auf, welche die Zeigerspitze beim Durchlaufen aller möglichen Werte der Variablen beschreibt. Die sich so ergebende Kurve nennt man **Ortskurve**. Eine andere sehr übersichtliche Darstellungsform für variable Frequenzen ist das in Kap. 7.1.4 beschriebene Bodediagramm. Hängen die Zeigergrößen von der Frequenz ab, so spricht man bei der Darstellung der Frequenzabhängigkeit einer Schaltung vom **Frequenzgang** und dementsprechend von den Ortskurven des Frequenzgangs.

Im Allgemeinen muss diese Ortskurve punktweise ermittelt werden. Es gibt aber eine Reihe von Sonderfällen, in denen sich als Ortskurve eine Gerade, Strecke, ein Strahl, Halbkreis, Kreis oder Kreisabschnitt ergibt. In diesen Fällen genügen zur Ermittlung des Kurvenverlaufs zwei oder drei Punkte, wodurch sich der Aufwand minimiert. An die einzelnen Punkte der Ortskurve müssen die jeweiligen Werte der Variablen als Parameter angetragen werden, bei einer linearen Teilung der Ortskurve genügt es zwei Punkte zu bezeichnen. Ortskurven eignen sich dazu, um auf einen Blick deutlich zu machen, wie sich eine bestimmte Größe in einem Netzwerk hinsichtlich ihres Betrags und Phasenwinkels für verschiedene Werte einer Variablen verhält.

5.1   Ortskurven bei Reihen- und Parallelschaltungen von Grundzweipolen

Anhand mehrerer Beispiele sollen die sich hier ergebenden einfachen Verläufe der Ortskurven für unterschiedliche komplexe Größen der Schaltungen und unterschiedliche Variablen erläutert werden.

Reihenschaltung von R und L
Der komplexe Widerstand und die komplexe Spannung sind hier nach den Gleichungen 3.31 und 3.32:

$$\underline{Z} = R + \mathrm{j} \cdot \omega L \qquad \underline{U} = \underline{I} \cdot \underline{Z} = \underline{I} \cdot (R + \mathrm{j} \cdot \omega L) = \underline{U}_R + \underline{U}_L$$

Zunächst sei angenommen, dass die Frequenz, die Induktivität und der Strom konstant sind, d.h. die Schaltung von einer idealen Stromquelle versorgt wird, der ohmsche Widerstand dagegen variabel ist. Als Werte werden hier $\omega L = 10\ \Omega$, $\underline{I} = 1$ A angenommen. In Abb. 5.1 sind die Ortskurven $\underline{Z}(R)$ und $\underline{U}(R)$ dargestellt. Dabei sind zur Erläuterung für zwei Werte von R, nämlich $R_1 = 4\ \Omega$ und $R_2 = 8\ \Omega$ die Zeigerdiagramme gestrichelt eingetragen. Die Ortskurve ist demnach in beiden Fällen eine Halbgerade, die parallel zur reellen Achse verläuft. Die Maßstäbe in Abb. 5.1 sind M_Z: $1\,\mathrm{cm} \mathrel{\hat{=}} 2\,\Omega$, M_U: $1\,\mathrm{cm} \mathrel{\hat{=}} 2\,\mathrm{V}$.

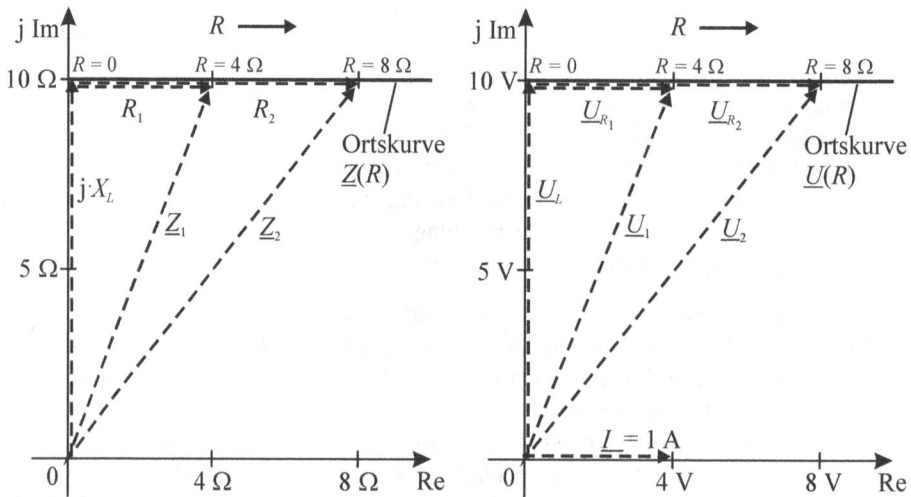

Abb. 5.1: Ortskurven $\underline{Z}(R)$ und $\underline{U}(R)$ bei $\underline{I} = 1$ A einer Reihenschaltung aus R und $X_L = 10\ \Omega$

Die Ortskurven beginnen für $R = 0$ auf der imaginären Achse bei $\mathrm{j} \cdot \omega L = \mathrm{j} \cdot 10\ \Omega$ bzw. bei $\underline{U}_L = \mathrm{j} \cdot 10$ V. Sie enden bei dem Wert, den R maximal erreichen kann; für $R \to \infty$ verlaufen sie bis ins Unendliche. Das Symbol $R \to$ neben der Ortskurve gibt an, dass die Werte des Parameters R in dieser Richtung steigen. Trägt man einzelne Werte des Parameters an die Ortskurven an, so ergibt sich in beiden Fällen eine lineare Teilung. Zur eindeutigen Zuordnung würden hier also jeweils zwei eingetragene Werte genügen.

In einem zweiten Fall sei angenommen, dass nun der ohmsche Widerstand, die Induktivität und der Strom konstant sind und die Frequenz bzw. Kreisfrequenz variabel ist. Wie bereits in Kap. 3.9.1 gesagt, bezeichnet man die Darstellung der Frequenzabhängigkeit eines Netzwerks als Frequenzgang. Entsprechend erhält man also die Ortskurve des Frequenzgangs. Als Werte werden hier $R = 5\ \Omega$, $L = 0{,}1$ H und $\underline{I} = 1$ A angenommen. Der Effektivwert des Stroms bleibt demnach konstant, während die Frequenz von $f = 0$ an stufenlos vergrößert werden kann. Da hier nach wie vor sinusförmige Ströme und Spannungen vorliegen, tritt der

Sonderfall ein, dass man einen Gleichstrom als Grenzfall einer sinusförmigen Schwingung betrachtet, deren Periodendauer T gegen unendlich geht. Für diesen Fall ergeben sich die in Abb. 5.2 dargestellten Ortskurven $\underline{Z}(\omega)$ und $\underline{U}(\omega)$. Es ergibt sich auch eine lineare Teilung für den Parameter ω.

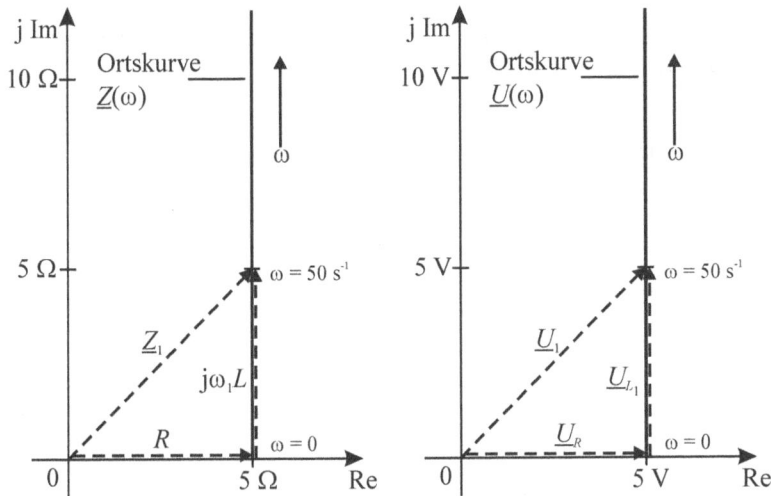

Abb. 5.2: Ortskurven $\underline{Z}(\omega)$ und $\underline{U}(\omega)$ bei $\underline{I} = 1\,A$ einer Reihenschaltung aus $R = 5\,\Omega$ und $L = 0,1\,H$

Reihenschaltung von R und C

Der komplexe Widerstand ist $\underline{Z} = R - j \cdot \dfrac{1}{\omega C}$.

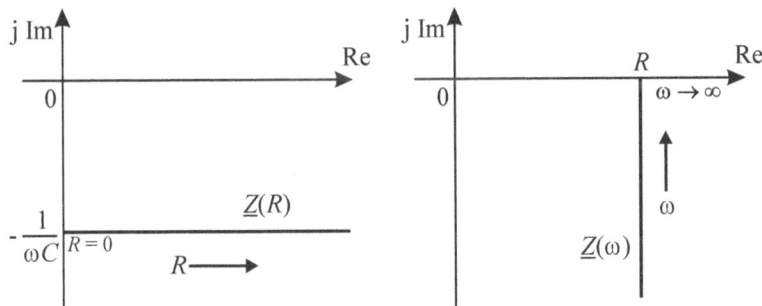

Abb. 5.3: Ortskurven $\underline{Z}(R)$ und $\underline{Z}(\omega)$ einer Reihenschaltung aus R und C

Im ersten Fall sei wieder angenommen, dass die Kapazität und Frequenz konstant sind und der Widerstand variabel ist. Als Ortskurve $\underline{Z}(R)$ ergibt sich eine Halbgerade (Abb. 5.3), die parallel zur reellen Achse verläuft, da der Imaginärteil sich nicht ändert. Die Ortskurve ist linear geteilt. Im zweiten Fall sind der ohmsche Widerstand und die Kapazität konstant und die Frequenz bzw. Kreisfrequenz variabel. Die Ortskurve $\underline{Z}(\omega)$ ist hier eine Halbgerade, die parallel zur negativen imaginären Achse verläuft. Für $\omega = 0$ geht $X_C \to \infty$, d.h. die Kapazität wirkt wie eine Unterbrechung, und auch Z geht gegen unendlich. Für $\omega \to \infty$ wird $X_C = 0$, d.h. die Kapazität wirkt wie ein Kurzschluss und $Z = R$. Die Parameter ω an der Ortskurve sind nicht mehr linear, sondern hyperbolisch geteilt.

Reihenschaltung von R, L und C

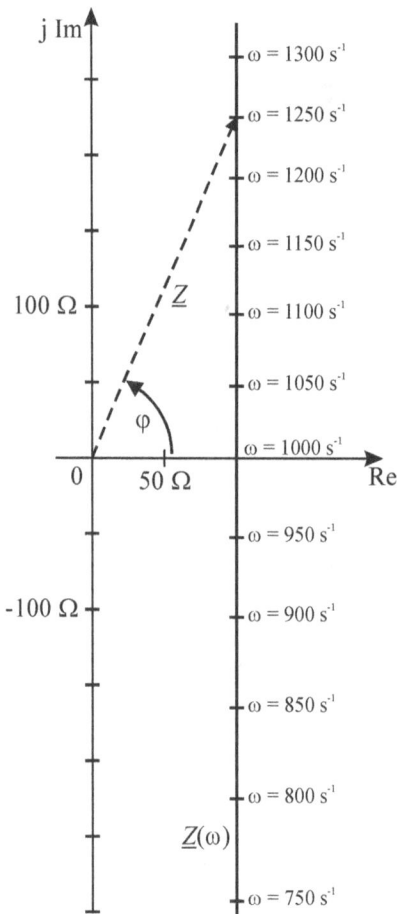

Abb. 5.4: Ortskurve $\underline{Z}(\omega)$ eines Reihenschwingkreises

Der komplexe Widerstand ist $\underline{Z} = R + \mathrm{j} \cdot \left(\omega L - \dfrac{1}{\omega C} \right) = Z \cdot \mathrm{e}^{\mathrm{j} \cdot \varphi}$.

Für den Fall einer konstanten Frequenz, Induktivität und Kapazität und eines variablen ohm-schen Widerstands ergibt sich für $X_L > X_C$ für die Ortskurve $\underline{Z}(R)$ ein Verlauf wie in Abb. 5.1, bei $X_L < X_C$ ein Verlauf wie in Abb. 5.3 und für $X_L = X_C$ würde die Ortskurve mit der positi-ven reellen Achse zusammenfallen.

Die Ortskurve $\underline{Z}(\omega)$ erhält man, indem man eine Gerade parallel zur imaginären Achse um den konstanten ohmschen Widerstand nach rechts verschiebt. Für $\omega = \omega_{0r}$ wird $X_L = X_C$ und damit $\underline{Z} = R$. Für $\omega < \omega_{0r}$ verhält sich der Schwingkreis ohmsch/kapazitiv (vgl. Kap. 3.9.1 und Abb. 3.73), d.h. die Ortskurve verläuft unterhalb der reellen Achse, da der Imaginärteil negativ ist. Für $\omega > \omega_{0r}$ verhält sich der Schwingkreis ohmsch/induktiv, die Ortskurve ver-läuft oberhalb der reellen Achse.

In Abb. 5.4 ist die Ortskurve $\underline{Z}(\omega)$ für eine Reihenschaltung aus $R = 100\ \Omega$, $L = 0,5$ H und $C = 2\ \mu$F mit einem Maßstab $1\,\mathrm{cm} \,\hat{=}\, 50\,\Omega$ gezeigt. Aus der Ortskurve mit einer nichtlinearen Teilung für den Parameter ω können somit für unterschiedliche Werte für ω die zugehörigen Werte für den Scheinwiderstand und Phasenverschiebungswinkel abgelesen werden. Zum Beispiel ergibt sich für $\omega = 1250\ \mathrm{s}^{-1}$ ein Wert von $Z = 246\ \Omega$ und $\varphi = 66°$ (gestrichelt in Abb. 5.4 eingetragen).

Parallelschaltung von R, L und C

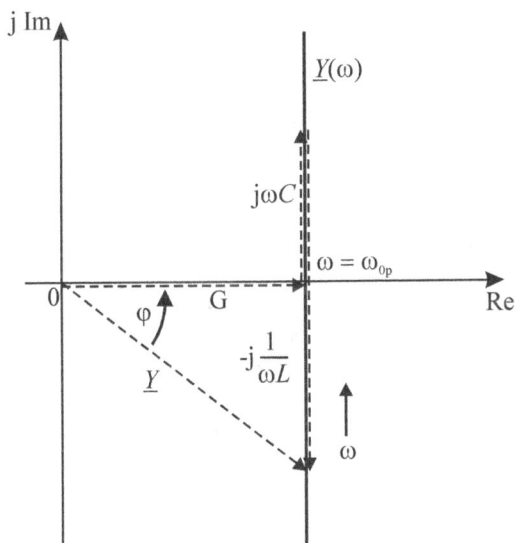

Abb. 5.5: Ortskurve $\underline{Y}(\omega)$ eines Parallelschwingkreises

$$\underline{Y} = G - \mathrm{j} \cdot \left(\frac{1}{\omega L} - \omega C \right) = Y \cdot \mathrm{e}^{-\mathrm{j} \cdot \varphi}$$

Hier ergibt die Ortskurve $\underline{Y}(\omega)$ ebenfalls eine Gerade, die parallel zur imaginären Achse verläuft. Für $\omega = \omega_{0p}$ verhält sich die Schaltung rein ohmsch, für $\omega < \omega_{0p}$ überwiegt der induktive Anteil, d.h. $B_L > B_C$. Der Imaginärteil von $\underline{Y}$ ist negativ und der Phasenverschiebungswinkel ist positiv (vgl. Abb. 3.23). Oberhalb der Resonanzkreisfrequenz überwiegt der kapazitive Anteil. Trägt man an die Ortskurve die Werte für den Parameter ω an, so ergibt sich wieder eine nichtlineare Teilung.

Reihenschaltung von R, L und C
Die Reihenschaltung soll noch einmal betrachtet werden. Diesmal wird angenommen, dass sie mit einer konstanten Spannung versorgt wird. Im ersten Fall sind die Werte der Schaltelemente konstant und die Frequenz der Spannung sei variabel, gesucht ist die Ortskurve $\underline{I}(\omega)$. Im zweiten Fall sind die Induktivität, Kapazität und Frequenz konstant und der ohmsche Widerstand variabel, gesucht ist $\underline{I}(R)$.

$$\underline{Z} = R + \mathrm{j} \cdot \left(\omega L - \frac{1}{\omega C} \right) = R + \mathrm{j} \cdot (X_L - X_C) = R + \mathrm{j} \cdot X \qquad \underline{U} = \underline{Z} \cdot \underline{I} = R \cdot \underline{I} + \mathrm{j} \cdot X \cdot \underline{I}$$

Für den ersten Fall dividiert man beide Seiten der Spannungsgleichung durch R:

$$\frac{\underline{U}}{R} = \underline{I} + \mathrm{j} \cdot \frac{X}{R} \cdot \underline{I}$$

Nimmt man $\underline{U}$ als reell an, d.h. wählt man den Nullphasenwinkel null, so entspricht $\underline{U}/R$ einem Wirkstrom, der in Richtung der reellen Achse liegt. Er setzt sich zusammen aus dem Gesamtstrom $\underline{I}$ und einem im rechten Winkel darauf stehenden Zeiger. Für $\omega = \omega_{0r}$ ist $X = 0$ und daher $\underline{I} = \underline{U}/R$. Für $\omega < \omega_{0r}$ überwiegt der kapazitive Einfluss, d.h. X ist negativ und der Strom $\underline{I}$ eilt der Spannung $\underline{U}$ und damit auch dem Zeiger $\underline{U}/R$ voraus. Da die Summe aus $\underline{I}$ und $\mathrm{j} \cdot (X/R) \cdot \underline{I}$ den Zeiger $\underline{U}/R$ ergeben muss und beide Summanden miteinander einen rechten Winkel einschließen, liegen die Spitze des Zeigers $\underline{I}$ und der Fußpunkt des Zeigers $\mathrm{j} \cdot (X/R) \cdot \underline{I}$ auf einem Thaleskreis über dem Zeiger $\underline{U}/R$. Für $\omega > \omega_{0r}$ überwiegt der induktive Einfluss, d.h. X ist positiv und der Strom eilt der Spannung nach. Damit liegen die Spitze des Zeigers $\underline{I}$ und der Fußpunkt des Zeigers $\mathrm{j} \cdot (X/R) \cdot \underline{I}$ auf einem Thaleskreis unterhalb des Zeigers $\underline{U}/R$. Die gesamte Ortskurve $\underline{I}(\omega)$ ist somit ein Kreis. In Abb. 5.6 ist diese Ortskurve dargestellt und zur Verdeutlichung wurden zwei Zeigeradditionen für $\omega < \omega_{0r}$ und $\omega > \omega_{0r}$ gestrichelt eingetragen. Die Bezifferung der Ortskurve mit dem Parameter ω ist für drei Sonderfälle sehr leicht. Für $\omega = 0$ stellt die Kapazität und für $\omega \rightarrow \infty$ die Induktivität eine Unterbrechung dar, damit wird in beiden Fällen $\underline{I} = 0$. Der Wert für $\omega = \omega_{0r}$ muss mit der reellen Achse zusammenfallen. Die Teilung insgesamt ist nichtlinear.

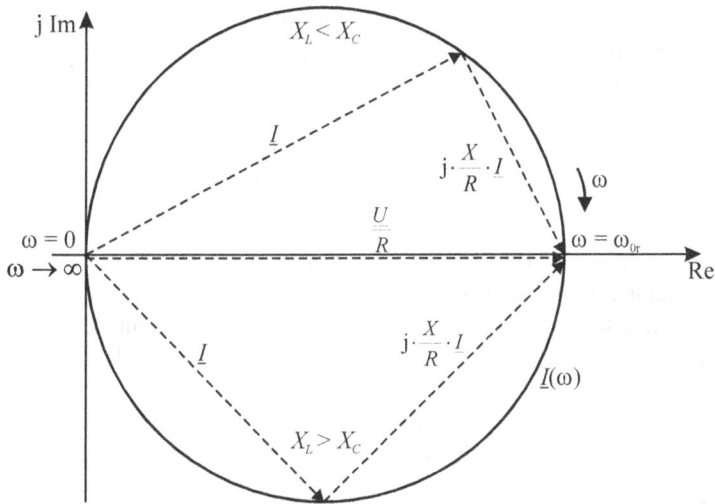

Abb. 5.6: Ortskurve $\underline{I}(\omega)$ eines Reihenschwingkreises an einer Konstantspannungsquelle variabler Frequenz

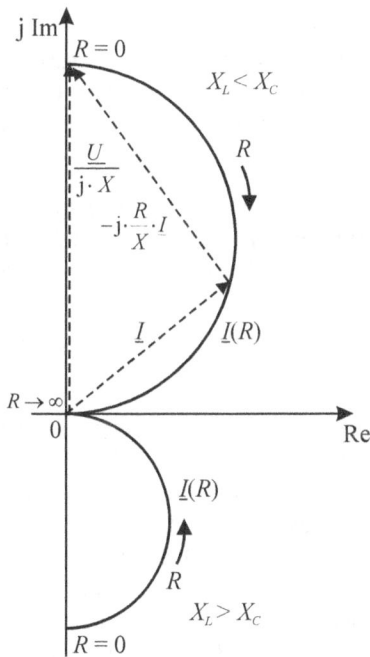

Abb. 5.7: Ortskurve $\underline{I}(R)$ eines Reihenschwingkreises an einer Konstantspannungsquelle

Für den zweiten Fall dividiert man beide Seiten der Spannungsgleichung durch $j \cdot X$. Da $\underline{U}$ und $j \cdot X$ diesmal beide Konstanten sind, so entspricht ihr Quotient bei $\varphi_u = 0$ einem konstanten Blindstrom. Allerdings kann je nach Wahl der konstanten Größen von L, C und ω der Blindwiderstand X positiv oder negativ sein.

$$\frac{\underline{U}}{j \cdot X} = \underline{I} + \frac{R}{j \cdot X} \cdot \underline{I} = \underline{I} - j \cdot \frac{R}{X} \cdot \underline{I}$$

Zunächst sei angenommen, dass $X_L > X_C$, d.h. X positiv ist. Der Zeiger $\underline{U}/(j \cdot X)$ weist damit in Richtung der negativen imaginären Achse. Die beiden Zeiger der rechten Gleichungsseite, deren Summe $\underline{U}/(j \cdot X)$ ergibt, bilden miteinander einen rechten Winkel, damit liegen die Spitze des Zeigers $\underline{I}$ und der Fußpunkt des anderen Zeigers wieder auf einem Thaleskreis. Für $X_L < X_C$, d.h. X ist negativ, weist $\underline{U}/(j \cdot X)$ in Richtung der positiven imaginären Achse, auch hier liegen Spitze und Fußpunkt der beiden Zeiger der rechten Gleichungsseite auf einem Thaleskreis. Als Ortskurve $\underline{I}(R)$ erhält man somit einen Halbkreis. Die beiden Parameterwerte für $R = 0$ und $R \rightarrow \infty$ können dabei sehr rasch angetragen werden. Für $R \rightarrow \infty$ geht $\underline{I}$ gegen null und für $R = 0$ ist $\underline{I} = \underline{U}/(j \cdot X)$. Die Teilung ist nichtlinear.

5.2   Inversion von Ortskurven

Bei der Konstruktion einer Ortskurve ist es oft notwendig von der Widerstandsform $\underline{Z}(\omega)$ auf die Leitwertsform $\underline{Y}(\omega)$ überzugehen und umgekehrt. Beide Funktionen gehen jeweils aus der Kehrwertbildung der anderen hervor, man nennt sie zueinander inverse Funktionen und die Kehrwertbildung selbst **Inversion**.

Hat man also z.B. die Ortskurve $\underline{Z}(\omega)$ einer Schaltung ermittelt, so könnte man die zugehörige Ortskurve $\underline{Y}(\omega)$ auf rechnerischem Weg durch punktweise Berechnung erhalten. Einfacher und schneller ist meist die graphische Inversion durchzuführen, insbesondere, wenn die Ortskurven Geraden, Kreise oder Halbkreise sind.

5.2.1   Inversion eines Punktes

In Abb. 5.8 ist der Zeiger eines komplexen Widerstands $\underline{Z} = (5 + j \cdot 5)\,\Omega$ eingetragen. Die Spitze dieses Zeigers soll nun invertiert werden, sie stellt dann die Spitze des Zeigers $\underline{Y} = 1/\underline{Z}$ dar. Die Zeiger $\underline{Z}$ und $\underline{Y}$ schließen mit der reellen Achse einen betragsmäßig gleichgroßen Winkel ein, die Winkel haben jedoch ein unterschiedliches Vorzeichen. Die Zeigerlängen werden durch die gewählten Maßstäbe $M_Z = 2\,\Omega/cm$ und $M_Y = 0,1\,S/cm$ bestimmt, aber auf jeden Fall liefert ein sehr großer Zeiger $\underline{Z}$ einen sehr kleinen Zeiger $\underline{Y}$ und ein kleiner Zeiger $\underline{Z}$ einen großen Zeiger $\underline{Y}$. Um $\underline{Y}$ zu erhalten, spiegelt man demnach den Zeiger $\underline{Z}$ an der reellen Achse und erhält so $\underline{Z}^*$, die Zeigerlänge für $\underline{Y} = (0,1 - j \cdot 0,1)\,S$ ergibt sich aus dessen Betrag und dem Maßstab.

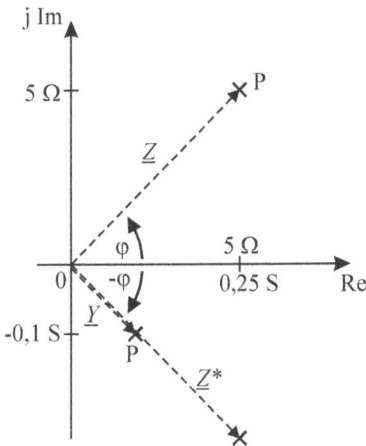

Abb. 5.8: Inversion eines Punktes P

Da manchmal ganze Ortskurven invertiert werden müssen, was man durch die Inversion einzelner Punkte der jeweiligen Ortskurve erreicht, wird hier noch in Abb. 5.9 ein graphisches Inversionsverfahren erläutert. Man geht dabei wie folgt vor:

1. In die komplexe Zahlenebene wird der Zeiger $\underline{Z}$ eingetragen, dessen Spitze invertiert werden soll.
2. Um den Ursprung des Koordinatensystems wird ein **Inversionskreis** mit beliebigem Radius r geschlagen.
3. Von der Spitze des Zeigers $\underline{Z}$ aus werden Tangenten an den Kreis gelegt, sie ergeben die Berührungspunkte T_1 und T_2. Die Tangentenpunkte kann man auch finden, wenn man um die Mitte des Zeigers einen Kreis mit dem Radius $Z/2$, d.h. einen Thaleskreis, schlägt.
4. Die beiden Punkte T_1 und T_2 werden miteinander verbunden.
5. Wo die Verbindungslinie den Zeiger $\underline{Z}$ schneidet, liegt die Spitze des konjugiert komplexen Zeigers $\underline{Y}^*$.
6. Spiegelt man den Zeiger $\underline{Y}^*$ an der reellen Achse, so erhält man $\underline{Y}$. Die Spitze dieses Zeigers entspricht also der invertierten Spitze von $\underline{Z}$.
7. Bezeichnet man die Maßstäbe für den komplexen Scheinwiderstand mit M_Z und den Scheinleitwert mit M_Y sowie die Länge des Zeigers $\underline{Z}$ mit L_Z und die der Zeiger $\underline{Y}^*$ bzw. $\underline{Y}$ mit L_{Y^*} bzw. L_Y, so ist – da das Dreieck $0T_1P$ rechtwinklig ist – nach dem Kathetensatz:
$r^2 = L_Z \cdot L_{Y^*} = L_Z \cdot L_Y$

Aus dieser Beziehung erhält man:

$$L_Z = \frac{|\underline{Z}|}{M_Z} = \frac{Z}{M_Z} \qquad L_Y = \frac{|\underline{Y}|}{M_Y} = \frac{Y}{M_Y}$$

$$r^2 = L_Z \cdot L_Y = \frac{Z}{M_Z} \cdot \frac{Y}{M_Y} = \frac{Z}{M_Z} \cdot \frac{\frac{1}{Z}}{M_Y} = \frac{1}{M_Z \cdot M_Y}$$

$$r = \sqrt{\frac{1}{M_Z \cdot M_Y}} \qquad\qquad\qquad\qquad (5.1)$$

In der Praxis wählt man zwei der drei Größen in Gleichung 5.1, meist die beiden Maßstäbe, und daraus ergibt sich die dritte, d.h. bei der Wahl der Maßstäbe der Radius des Inversions-kreises.

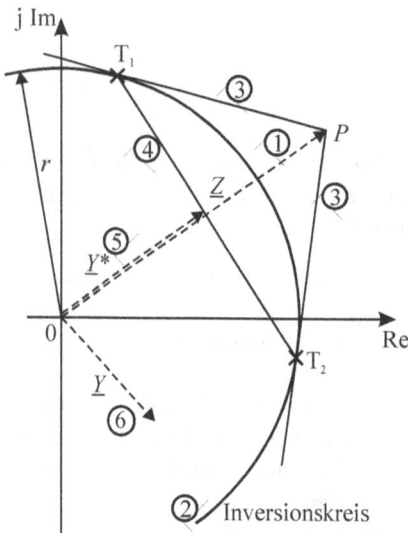

Abb. 5.9: Graphische Inversion eines Punktes

Ist durch diese Wahl der Radius r des Inversionskreises größer als die Zeigerlänge des zu invertierenden Zeigers, so geht man wie folgt vor. Als Beispiel sei angenommen, dass der Zeiger $\underline{Y}^*$ und r in Abb. 5.9 gegeben sind und die Zeigerspitze invertiert werden soll. Fällt man von der Spitze von $\underline{Y}^*$ ein Lot, so ergeben die Schnittpunkte dieses Lots mit dem Inver-sionskreis die Punkte T_1 und T_2. Zeichnet man in diese beiden Punkte T_1 und T_2 jeweils eine Tangente, so ergibt deren Schnittpunkt die Spitze von $\underline{Z}$. Man kann auch den Radius des Inversionskreises in die Punkte T_1 und T_2 zeichnen und von der Spitze dieser beiden Radien jeweils ein Lot fällen, dies entspricht den Tangenten. Diese Spitze des Zeigers $\underline{Z}$ müsste nun noch an der reellen Achse gespiegelt werden.

Die folgenden Inversionsregeln bauen auf der Inversionsregel für einen Punkt auf.

5.2.2   Inversion einer Geraden und Halbgeraden

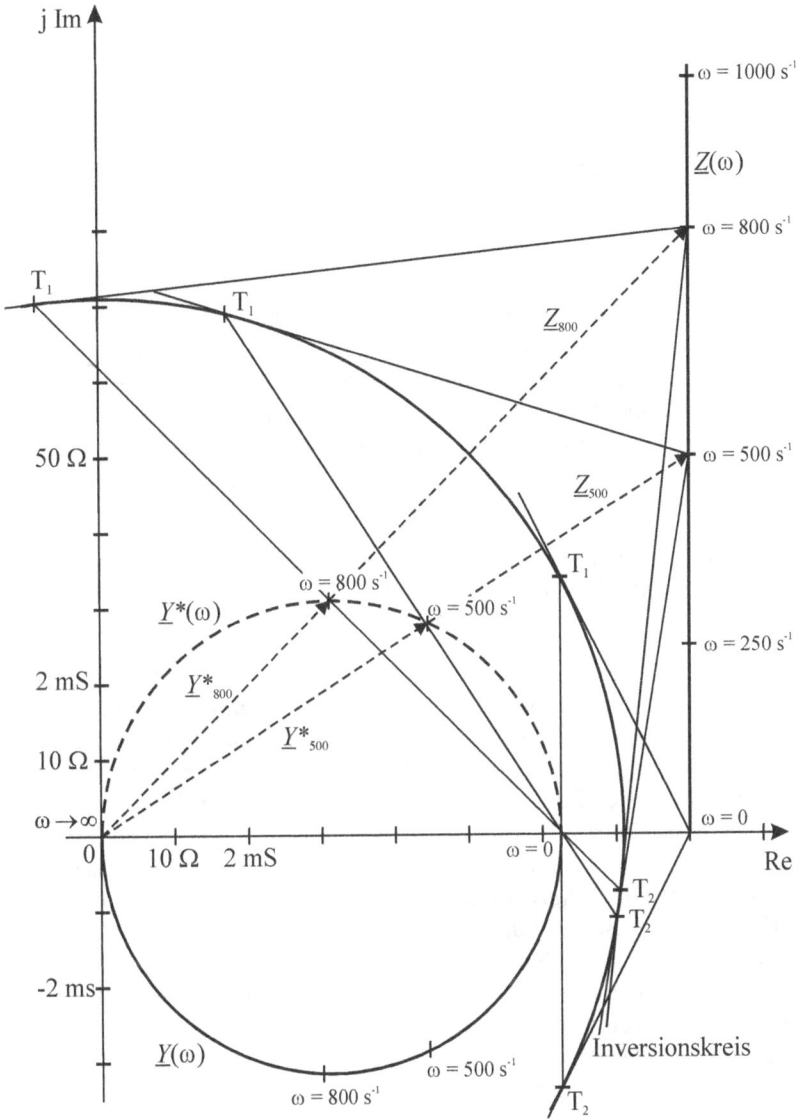

Abb. 5.10: Inversion der Ortskurve $\underline{Z}(\omega)$ einer Reihenschaltung aus R und L

In den Abb. 5.1 bis 5.5 war zu sehen, dass man sehr oft als Ortskurve eine Halbgerade oder Gerade erhält, die parallel zur reellen oder imaginären Achse verläuft. Deshalb wird zunächst die Inversion einer Halbgeraden gezeigt, die parallel zur imaginären Achse und nur in einem Quadranten verläuft. Als Beispiel soll die Ortskurve $\underline{Z}(\omega)$ für die Reihenschaltung eines ohmschen Widerstands mit einer Induktivität mit $\underline{Z} = 80\,\Omega + j \cdot \omega \cdot 0{,}1\,H$ invertiert werden, so dass man die Ortskurve $\underline{Y}(\omega)$ erhält. In Abb. 5.10 werden folgende Maßstäbe gewählt:

$$M_Z = 10\,\frac{\Omega}{cm} \qquad M_Y = 2\,\frac{mS}{cm}$$

Damit ergibt sich der Radius des Inversionskreises zu $r = \sqrt{\dfrac{1}{M_Z \cdot M_Y}} = 7{,}07\,cm$.

In Abb. 5.10 werden die Punkte auf $\underline{Z}(\omega)$ für $\omega = 0$, $\omega = 500\,s^{-1}$ und $\omega = 800\,s^{-1}$ nach der Regel der graphischen Inversion aus Kap. 5.2.1 invertiert. Für $\omega = 500\,s^{-1}$ und $\omega = 800\,s^{-1}$ sind auch gestrichelt die Zeiger $\underline{Z}$ und $\underline{Y}^*$ eingezeichnet. Man sieht, dass alle Verbindungs-linien der Tangentenpunkte (4. Schritt des graphischen Inversionsverfahrens) durch den Punkt $\omega = 0$ von $\underline{Y}^*$ laufen. Daraus folgt, dass alle Punkte der Ortskurve $\underline{Y}^*$ auf dem Thales-kreis über der Strecke vom Ursprungspunkt zum Punkt für $\omega = 0$ von $\underline{Y}^*$ liegen müssen und sich somit als Ortskurve für $\underline{Y}^*(\omega)$ ein Halbkreis ergibt, der für $\omega \to \infty$ durch den Ursprungs-punkt geht. Wird dieser Halbkreis an der reellen Achse gespiegelt, so erhält man als Orts-kurve $\underline{Y}(\omega)$ ebenfalls einen Halbkreis.

Aus dem Beispiel in Abb. 5.10 kann man sofort sehen, dass die Inversion einer Geraden, die nicht durch den Ursprungspunkt, aber mindestens in zwei Quadranten verläuft, einen Kreis ergibt.

Zum Beispiel soll die Ortskurve $\underline{Z}(\omega)$ des Reihenschwingkreises mit $R = 100\,\Omega$, $L = 0{,}5\,H$ und $C = 2\,\mu F$ aus Abb. 5.4 invertiert werden, wie in Abb. 5.11 gezeigt. Für die Werte $\omega = 0$ und $\omega \to \infty$ geht $\underline{Y}$ gegen null, d.h. beide Punkte fallen im Ursprungspunkt des Achsenkreu-zes zusammen. Um den sich ergebenden Kreis für die Ortskurve $\underline{Y}(\omega)$ zu zeichnen, muss man nur den Punkt für den längsten Zeiger von $\underline{Y}$ eintragen. Dieser ergibt sich für den kür-zesten Zeiger von $\underline{Z}$ bei $\omega = \omega_0$ zu $\underline{Y} = 1/100\,\Omega = 10\,mS$. Um an diesen Kreis auch die Pa-rameterwerte für ω antragen zu können, kann man einen sehr einfachen Weg einschlagen. Eigentlich würde man die Ortskurve $\underline{Z}(\omega)$ ja punktweise für einzelne Werte von ω invertie-ren und zunächst $\underline{Y}^*$ erhalten. Diese Ortskurve $\underline{Y}^*(\omega)$ müsste nun an der reellen Achse ge-spiegelt werden. Spiegelt man aber gleich die Ortskurve $\underline{Z}(\omega)$ an der reellen Achse, so erhält man $\underline{Z}^*(\omega)$ und dadurch mit Schritt 5 der Inversionsregel sofort $\underline{Y}(\omega)$. Zieht man also durch den Ursprungspunkt und die jeweiligen Kurvenpunkte der konjugierten Ortskurve $\underline{Z}^*(\omega)$ für unterschiedliche Werte von ω Geraden, so ergibt der jeweilige Schnittpunkt dieser Geraden mit dem Kreis den Punkt für den Parameter ω an $\underline{Y}(\omega)$. Als Maßstäbe in Abb. 5.11 wurden $M_Z = 50\,\Omega/cm$ und $M_Y = 1\,mS/cm$ gewählt.

Die Inversion einer Geraden, die durch den Ursprungspunkt des Achsenkreuzes geht, ergibt wieder eine Gerade durch den Ursprungspunkt, wie man aus Kap. 5.2.1 ersieht. Allerdings kommen solche Ortskurven selten vor.

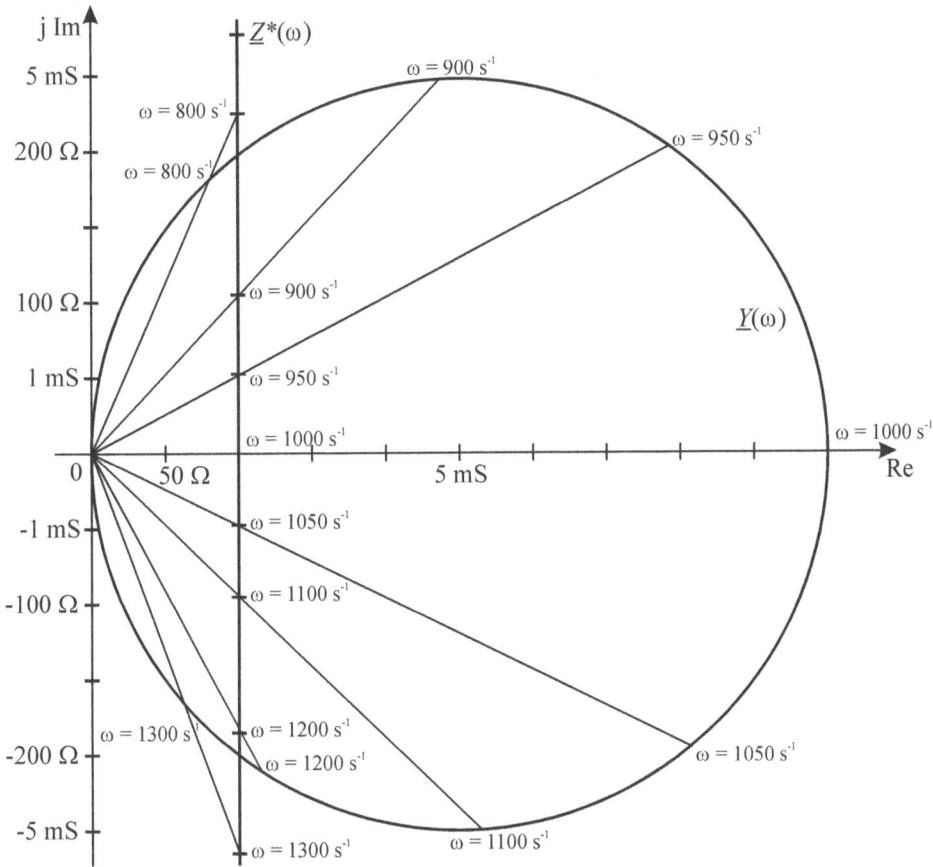

Abb. 5.11: Inversion der Ortskurve $\underline{Z}(\omega)$ einer Reihenschaltung aus R, L und C

5.2.3 Inversion von Kreisen

Die Inversion eines Kreises, der durch den Ursprungspunkt des Achsenkreuzes geht, ist die Umkehrung von Kap. 5.2.2 und ergibt somit eine Gerade, die nicht durch den Ursprungs-punkt geht.

Man kann sich aus Kap. 5.2.1 schnell klar machen, dass die Inversion eines Kreises, der nicht durch den Ursprungspunkt geht, wieder ein Kreis ist. Damit ist die Inversion schnell durchgeführt. In Abb. 5.12 ist die Ortskurve $\underline{Z}(C)$ eines Netzwerks gegeben, die invertiert werden soll. Wie noch in Kap. 5.3 gezeigt, wäre dies z.B. die Ortskurve einer Parallelschal-tung aus R, L und variablem C, der ein konstanter komplexer Widerstand vorgeschaltet ist. Zieht man eine Gerade durch den Ursprungspunkt und den Mittelpunkt M von $\underline{Z}(C)$, so erhält man den längsten Zeiger von $\underline{Z}(C)$ mit $\underline{Z}_1$ und den kürzesten mit $\underline{Z}_2$. Wendet man auf diese beiden Punkte, d.h. die Zeigerspitzen von $\underline{Z}_1$ und $\underline{Z}_2$, die Inversionsregel aus Kap. 5.2.1 bis

Schritt 5 an, so erhält man den kürzesten Zeiger von $\underline{Y}^*(C)$ mit $\underline{Y}_1^*$ und den längsten mit $\underline{Y}_2^*$. Halbiert man die Strecke zwischen $\underline{Y}_1^*$ und $\underline{Y}_2^*$, dann erhält man damit den Mittelpunkt M* der Ortskurve $\underline{Y}^*(C)$ und kann sofort den ganzen Kreis zeichnen, der anschließend noch an der reellen Achse gespiegelt werden muss. Den Mittelpunkt M kann man nicht nach der Inversionsregel behandeln, da er ja kein Punkt auf der Ortskurve ist.

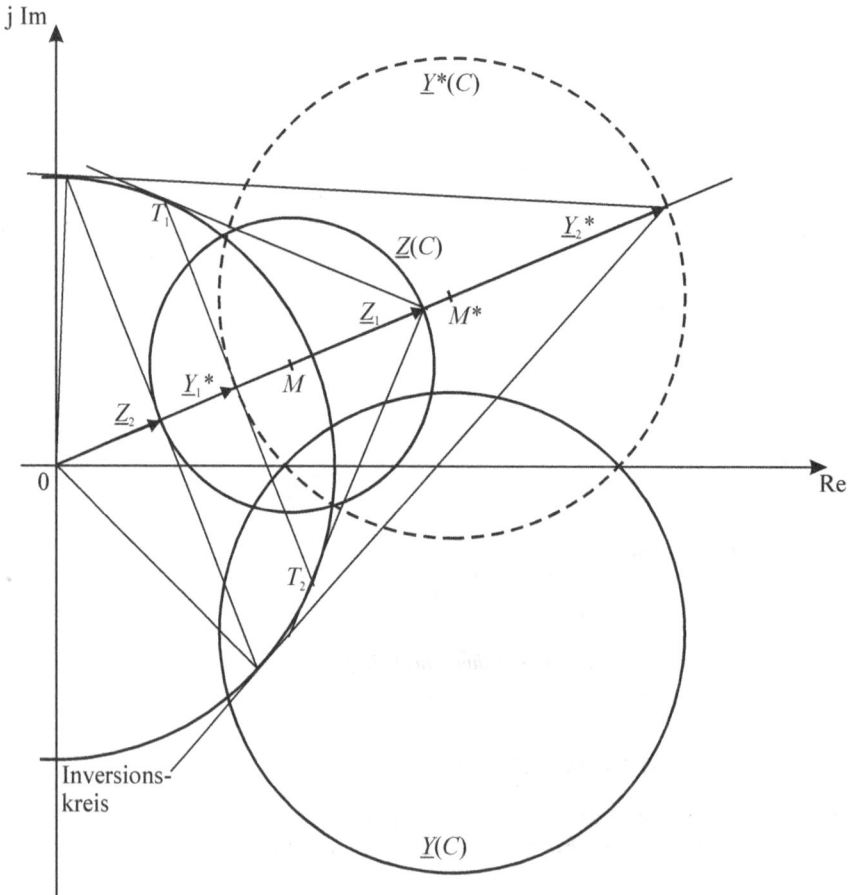

Abb. 5.12: Inversion der Ortskurve $\underline{Z}(C)$

5.3   Konstruktion der Ortskurven für Netzwerke

Die Konstruktion der Ortskurven soll anhand einiger Beispiele erläutert werden. Der einfachste Fall ist dabei, dass zu einem Netzwerk, in dem ein oder mehrere Zweipole variabel sind, ein weiterer konstanter Zweipol in Reihe oder parallel dazu geschaltet wird. Dabei ändert sich die Form der Ortskurve nicht, sie wird lediglich verschoben. Dies soll für die zwei Schaltungen in Abb. 5.13 gezeigt werden.

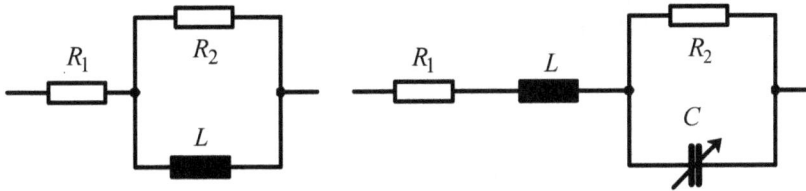

Abb. 5.13: Netzwerke mit einem in Reihe geschalteten konstanten Zweipol

Für das linke Netzwerk, das bei variabler Frequenz betrieben wird, entwickelt man zunächst für die Parallelschaltung aus R_2 und L die Ortskurve $\underline{Y}_1(\omega)$ und erhält durch Inversion die Ortskurve $\underline{Z}_1(\omega)$. Zu $\underline{Z}_1(\omega)$ muss der konstante Zeiger des Widerstands R_1 addiert werden. Dazu wird entweder die Ortskurve $\underline{Z}_1(\omega)$ für die Parallelschaltung aus R_2 und L um die Zeigerlänge R_1 nach rechts verschoben oder das Achsenkreuz um die Zeigerlänge R_1 nach links. Damit erhält man die Ortskurve $\underline{Z}(\omega)$ für das gesamte Netzwerk.

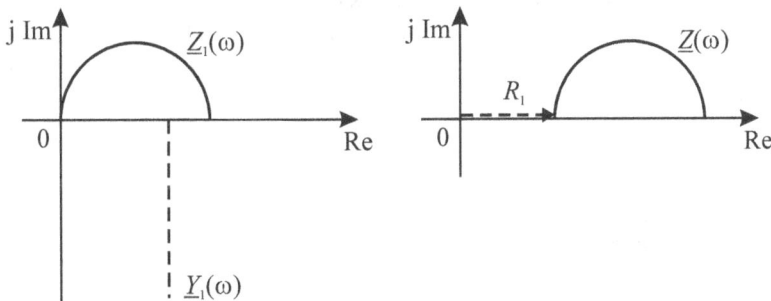

Abb. 5.14: Ortskurve $\underline{Z}(\omega)$ für das linke Netzwerk aus Abb. 5.13

Das rechte Netzwerk in Abb. 5.13 wird bei konstanter Frequenz betrieben, die Kapazität ist veränderlich. Man zeichnet wieder zunächst die Ortskurve $\underline{Y}_1(C)$ für die Parallelschaltung aus R_2 und C und erhält durch Inversion die Ortskurve $\underline{Z}_1(C)$. Zu $\underline{Z}_1(C)$ muss der konstante

Zeiger $\underline{Z}_2 = R_1 + j \cdot X_L$ addiert werden. Dazu wird entweder die Ortskurve für die Parallel-schaltung aus R_2 und C um die Zeigerlänge R_1 nach rechts und um X_L nach oben verschoben oder das Achsenkreuz um die Zeigerlänge R_1 nach links und um X_L nach unten. Damit erhält man die Ortskurve $\underline{Z}(C)$ für das gesamte Netzwerk. Man sieht anhand der Ortskurve sofort, dass die Schaltung zwei Resonanzpunkte für zwei unterschiedliche Werte von C hat. Bei einem Wert von $X_L = R_2/2$ tangiert der Halbkreis, der die Ortskurve $\underline{Z}(C)$ darstellt, die reelle Achse, und es liegt nur ein Resonanzpunkt vor. Bei $X_L > R_2/2$ gerät die Schaltung für keinen Wert von C in Resonanz.

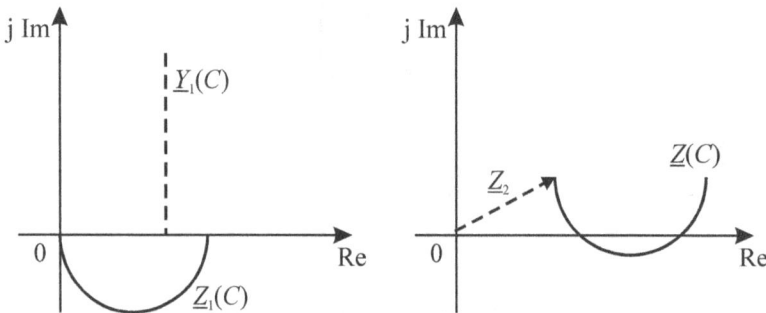

Abb. 5.15: Ortskurve $\underline{Z}(C)$ für das rechte Netzwerk aus Abb. 5.13

Aufwändiger wird die Konstruktion der Ortskurve für ein Netzwerk, in dem sich mehrere der Blindzweipole ändern. Sie wird am Beispiel des Netzwerks in Abb. 5.16 gezeigt, bei dem die Kreisfrequenz von null bis unendlich variieren kann. $R = 250\ \Omega$, $L = 2,5$ mH, $C = 20$ nF. Die Schaltung entspricht dem linken Schwingkreis in Abb. 3.83. Mit der dort angegebenen For-mel für die Resonanzkreisfrequenz erhält man $\omega_0 = 100 \cdot 10^3$ s^{-1}. Es werden folgende Maß-stäbe gewählt: $M_Z = 100\ \Omega/$cm und $M_Y = 0,5$ mS$/$cm. Damit ergibt sich für den Inversions-kreis ein Radius von 4,47 cm.

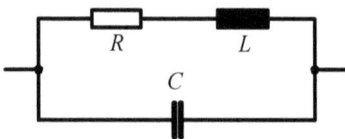

Abb. 5.16: Netzwerk mit veränderlicher Frequenz

An die Ortskurve soll für die Kreisfrequenzen in der folgenden Tabelle der Parameterwert für ω angetragen werden. In die Tabelle sind auch für die ausgewählten Kreisfrequenzen die Werte von $X_L = \omega L$ und $B_C = \omega C$ mit aufgenommen.

	ω_1	ω_2	ω_3	ω_4	ω_5	ω_6	ω_7
$\omega/10^3 \cdot s^{-1}$	0	25	50	75	100	150	250
$\omega L/\Omega$	0	62,5	125	187,5	250	375	625
$\omega C/mS$	0	0,5	1	1,5	2	3	5

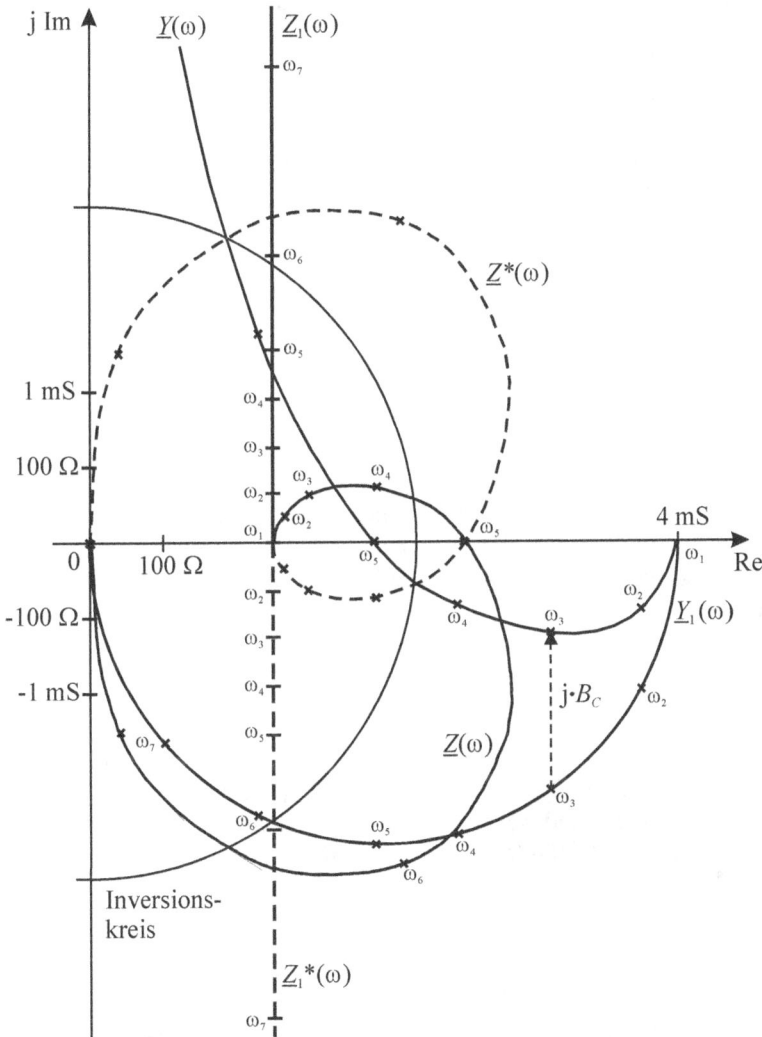

Abb. 5.17: Ortskurve zum Netzwerk in Abb. 5.16

In Abb. 5.17 ist die Konstruktion der Ortskurve $\underline{Z}(\omega)$ gezeigt. Aus Gründen der Übersichtlichkeit wurde dabei mit Ausnahme des Inversionskreises und eines Blindleitwerts auf alle Konstruktionslinien verzichtet.

Bei der Konstruktion geht man wie folgt vor:

1. Als Erstes zeichnet man die Ortskurve $\underline{Z}_1(\omega)$ für die Reihenschaltung aus R und L.
2. Um an die invertierte Ortskurve die Parameterwerte antragen zu können, spiegelt man die Ortskurve $\underline{Z}_1(\omega)$ an der reellen Achse und erhält $\underline{Z}_1^*(\omega)$.
3. Man invertiert die Ortskurve $\underline{Z}_1(\omega)$ und erhält die Ortskurve $\underline{Y}_1(\omega)$ in Form eines Halbkreises. Mit Hilfe von $\underline{Z}_1^*(\omega)$ können an $\underline{Y}_1(\omega)$ sofort die Parameterwerte für ω angetragen werden.
4. Bei der Ortskurve $\underline{Y}_1(\omega)$ wird an einzelnen Punkten jeweils der Zeiger $j \cdot \omega C$ angetragen, da $\underline{Y} = \underline{Y}_1 + j \cdot \omega C$ ist. In Abb. 5.17 ist dies nur für die Kreisfrequenz ω_3 durchgeführt. Die Spitzen der Zeiger markieren für die jeweiligen Kreisfrequenzen die Punkte der Ortskurve $\underline{Y}(\omega)$. Verbindet man diese Punkte miteinander, so erhält man die gesamte Ortskurve $\underline{Y}(\omega)$.
5. $\underline{Y}(\omega)$ wird invertiert. Durch die graphische Inversion erhält man zunächst die Ortskurve $\underline{Z}^*(\omega)$.
6. Spiegelt man die Ortskurve $\underline{Z}^*(\omega)$ an der reellen Achse, so erhält man schließlich die Ortskurve $\underline{Z}(\omega)$.

Anhand der Ortskurve $\underline{Z}(\omega)$ kann man auf einen Blick wesentliche Eigenschaften der Schaltung in Abb. 5.16 erkennen. Bei Kreisfrequenzen $\omega < \omega_5$ verhält sich die Schaltung ohmsch/induktiv, d.h. der Phasenverschiebungswinkel ist positiv. Bei $\omega = \omega_5$ befindet sie sich in Resonanz und bei $\omega > \omega_5$ verhält sie sich ohmsch/kapazitiv. Für $\omega \to \infty$ geht Z gegen null. Betreibt man die Schaltung an einer Konstantspannungsquelle variabler Frequenz und wählt als Nullphasenwinkel der Spannung den Wert null, so entspricht wegen $\underline{I} = \underline{U} \cdot \underline{Y}$ der Verlauf $\underline{I}(\omega)$ dem der Ortskurve $\underline{Y}(\omega)$, man müsste lediglich die Achsen neu skalieren. Bei Betrieb an einer Konstantstromquelle variabler Frequenz entspricht wegen $\underline{U} = \underline{I} \cdot \underline{Z}$ die Ortskurve $\underline{U}(\omega)$ der von $\underline{Z}(\omega)$, man müsste auch hier nur die Achsen neu skalieren.

Aufgabe 5.1
Gegeben ist die linke Schaltung in Abb. 5.18 mit $R_1 = 20\ \Omega$ und $X_L = 100\ \Omega$. Der Widerstand R_2 ist stufenlos zwischen Werten von $25\ \Omega$ und $100\ \Omega$ einstellbar. Die Ortskurve $\underline{Z}(R_2)$ ist mit den Maßstäben $M_Z = 10\ \Omega/\text{cm}$ und $M_Y = 5\ \text{mS}/\text{cm}$ zu konstruieren, dabei sollen die Parameterwerte für $R_2 = 25\ \Omega\ /\ 50\ \Omega\ /\ 100\ \Omega$ angetragen werden. Aus der Ortskurve soll der Betrag von $\underline{Z}$ und der Phasenverschiebungswinkel für $R_2 = 100\ \Omega$ abgelesen werden.

Aufgabe 5.2
Gegeben ist die rechte Schaltung in Abb. 5.18 mit $R_1 = 50\ \Omega$, $R_2 = 250\ \Omega$, $L = 1\ \text{mH}$ und $C = 0{,}4\ \mu\text{F}$. Die Frequenz kann alle Werte von null bis unendlich durchlaufen. Gesucht ist die Ortskurve $\underline{Z}(\omega)$. Die Parameterwerte für $\omega = 45 \cdot 10^3\ \text{s}^{-1}\ /\ 50 \cdot 10^3\ \text{s}^{-1}\ /\ 60 \cdot 10^3\ \text{s}^{-1}$ sollen an die Ortskurve angetragen werden. Aus der Ortskurve sollen für die drei angegebenen

Werte von ω jeweils der Betrag von $\underline{Z}$ und der Phasenverschiebungswinkel abgelesen werden. Als Maßstäbe sollen gewählt werden: $M_Z = 25\ \Omega\,/\,\mathrm{cm}$ und $M_Y = 1\ \mathrm{mS}\,/\,\mathrm{cm}$.

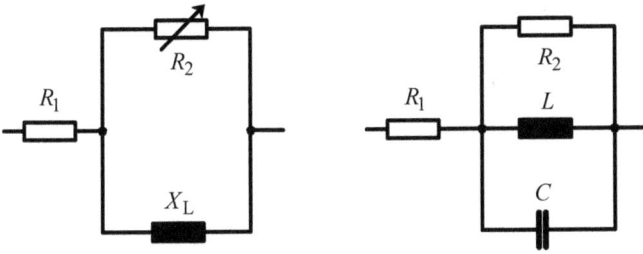

Abb. 5.18: Schaltungen zu den Aufgaben 5.1 und 5.2

6   Nichtsinusförmige Wechselgrößen und Mischgrößen

In der Elektrotechnik tauchen oft nichtsinusförmige Spannungen, Ströme, magnetische Flüsse, elektrische Verschiebungsflüsse usw. auf. Beispiele hierfür sind spezielle Signalgeneratoren, die z.B. periodische rechteck-, sägezahn- oder impulsförmige Spannungen liefern oder Schaltungen in der Leistungselektronik wie Wechsel- oder Umrichter. In Netzwerken mit nichtlinearen Zweipolen entstehen aufgrund der nichtlinearen Zusammenhänge zwischen Spannung und Strom Wechselgrößen, die sich weder durch lineare Gleichungen noch durch lineare Differenzialgleichungen beschreiben lassen.

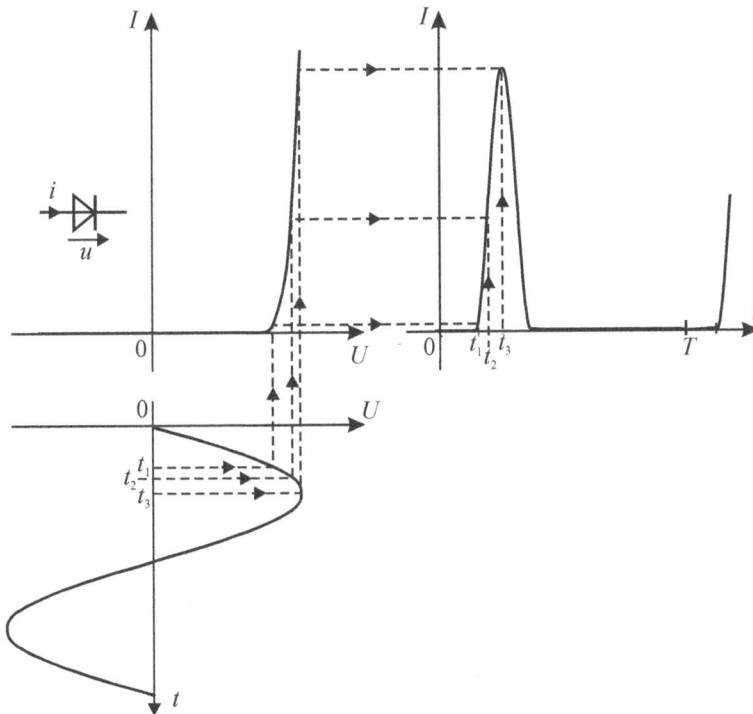

Abb. 6.1: Nichtsinusförmiger Stromverlauf bei einer Diode

In Abb. 6.1 ist dies für eine Diode gezeigt, an die eine kleine sinusförmige Spannung angelegt wird und sich ein nichtsinusförmiger Strom einstellt. Für drei Zeitpunkte t_1, t_2 und t_3 ist dabei gezeigt, wie man für den jeweiligen Augenblickswert der Spannung den Strom ermittelt. Die Skalenteilungen für U und I sind bei der Diodenkennlinie und den Liniendiagrammen gleich, ebenso für t bei den Liniendiagrammen. Als weiteres Beispiel ergeben sich bei Drosseln oder Transformatoren aufgrund der nichtlinearen Magnetisierungskurven Magnetisierungsströme, die stark von der Sinusform abweichen.

6.1   Harmonische Synthese und Analyse

In diesem Kapitel wird die Kenntnis der Fourieranalyse als bekannt vorausgesetzt. Trotzdem werden die wichtigsten Regeln und Formeln nochmals aufgeführt und für ein Beispiel die Ermittlung der Fourierkoeffizienten gezeigt.

Die Überlagerung periodischer Sinusschwingungen unterschiedlicher Frequenz (vgl. Abb. 3.6) zu einer periodischen nichtsinusförmigen Schwingung nennt man **harmonische Synthese**. Umgekehrt kann man jede periodische nichtsinusförmige Schwingung durch die Überlagerung sinusförmiger Schwingungen darstellen. Die Ermittlung der dazu notwendigen Schwingungen mit ihren Frequenzen, Scheitelwerten und Nullphasenwinkeln nennt man **harmonische Analyse**. Alle Schwingungen, deren Frequenzen in einem ganzzahligen Verhältnis zueinander stehen, nennt man **harmonische Schwingungen** und die einzelnen Schwingungen **Teilschwingungen**. Da die Frequenzen der Teilschwingungen zueinander immer ein ganzzahliges Verhältnis bilden, ordnet man ihnen eine Ordnungszahl k zu. Diese gibt an, um welchen Faktor sich die Frequenz der Teilschwingung von der **Grundschwingung** mit der Ordnungszahl k = 1 unterscheidet. Teilschwingungen mit k > 1 nennt man **Oberschwingungen** und eine beliebige Teilschwingung mit der Ordnungszahl k die k-te **Harmonische**. Die Frequenz f_1 der Teilschwingung mit der Ordnungszahl k = 1 wird auch dann als die Grundfrequenz bezeichnet, wenn die Grundschwingung in der harmonischen Synthese oder Analyse gar nicht auftritt. Dies ist immer dann der Fall, wenn Schwingungen überlagert werden, deren Frequenzen nicht über einen ganzzahligen Faktor miteinander verknüpft sind. In diesem Fall bildet die Frequenz mit dem größten gemeinsamen Teiler der Frequenzen der Teilschwingungen die Grundfrequenz. Überlagert man z.B. zwei Spannungen mit den Frequenzen 10 kHz und 25 kHz miteinander, so stehen deren Frequenzen in keinem ganzzahligen Verhältnis zueinander. Der größte gemeinsame Teiler ist 5 kHz, somit ist die Grundfrequenz f_1 = 5 kHz, die zweite Harmonische hat die Frequenz f_2 = 10 kHz und die fünfte Harmonische f_5 = 25 kHz.

In Abb. 6.2 ist für jeweils nur drei Teilschwingungen gezeigt, wie man durch die Parallelschaltung von Stromquellen oder die Reihenschaltung von Spannungsquellen unterschiedlicher Frequenzen einen nichtsinusförmigen Strom bzw. eine nichtsinusförmige Spannung erzeugt.

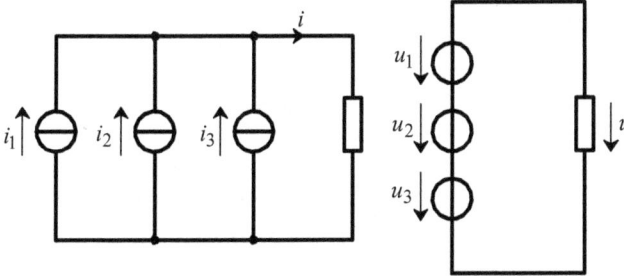

Abb. 6.2: Synthese eines Stroms i und einer Spannung u aus drei Teilschwingungen

Überlagert man n Teilströme bzw. Teilspannungen, wobei n auch gegen unendlich gehen kann, so ist der Gesamtstrom i nach dem Knotensatz bzw. die Gesamtspannung u nach dem Maschensatz:

$$i = \sum_{k=1}^{n} i_k \qquad u = \sum_{k=1}^{n} u_k \qquad\qquad (6.1)$$

Überlagert man zusätzlich noch einen Gleichstrom I_0 bzw. eine Gleichspannung U_0, so erhält man einen so genannten **Mischstrom** bzw. eine **Mischspannung** oder allgemein eine **Mischgröße**. Bei einer Mischgröße ist der arithmetische Mittelwert (vgl. Kap. 2.1.2) verschieden von null. Gleichung 6.1 geht dann über in die Form:

$$i = I_0 + \sum_{k=1}^{n} i_k \qquad u = U_0 + \sum_{k=1}^{n} u_k \qquad\qquad (6.2)$$

In Abb. 6.3 ist dies für den einfachen Fall der Überlagerung einer Gleich- und nur einer Sinusspannung mit dem zugehörigen Liniendiagramm gezeigt. Der arithmetische Mittelwert oder Gleichwert einer beliebigen Anzahl sinusförmiger Schwingungen mit einem Gleichanteil ist nach Gleichung 2.2 gleich dem Gleichanteil, da $\bar{i}$ bzw. $\bar{u}$ für die Teilschwingungen null ergibt.

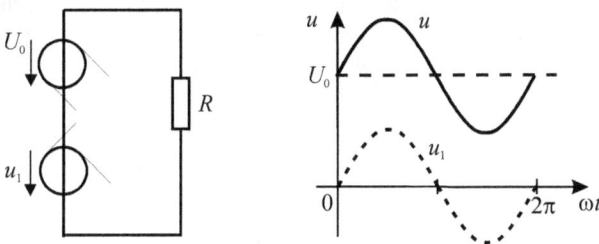

Abb. 6.3: Synthese einer Mischspannung

6.1.1   Fourierreihen in reeller Darstellung

Im Rahmen dieses Lehrbuchs erfolgt eine Beschränkung auf die Darstellung der Fourierreihen in reeller Darstellung. Da die sinusförmigen Teilschwingungen durch Zeiger dargestellt werden können, die allerdings mit unterschiedlicher Winkelgeschwindigkeit rotieren, und Zeiger durch komplexe Symbole beschrieben werden, ist auch eine komplexe Darstellung der Fourierreihen möglich. Die komplexe Darstellung der Fourierreihe hat für die Fourieranalyse keine besondere Bedeutung, sie könnte allerdings als Basis zum Übergang zur Laplacetransformation dienen.

Eine trigonometrische Reihe nach der folgenden Gleichung 6.3, die auch einen Gleichanteil enthalten kann, nennt man **Fourierreihe**. Dabei können auch einzelne Scheitelwerte oder der Gleichanteil null sein.

$$y(t) = y_0 + \sum_{k=1}^{\infty} \hat{y}_k \cdot \cos(k \cdot \omega_1 t + \varphi_k) \qquad\qquad (6.3)$$

Mit Hilfe der trigonometrischen Beziehung $\cos(\alpha \pm \beta) = \cos\alpha \cdot \cos\beta \mp \sin\alpha \cdot \sin\beta$ kann dieser Ausdruck noch umgeformt werden:

$$y(t) = y_0 + \sum_{k=1}^{\infty}\left(\underbrace{\hat{y}_k \cdot \cos\varphi_k}_{a_k} \cdot \cos(k \cdot \omega_1 t) - \underbrace{\hat{y}_k \cdot \sin\varphi_k}_{-b_k} \cdot \sin(k \cdot \omega_1 t) \right)$$

$$\hat{y}_k = \sqrt{a_k^2 + b_k^2} \qquad\qquad \varphi_k = -\arctan\frac{b_k}{a_k}$$

Die Faktoren a_k und b_k sind Kenngrößen der Teilschwingungen und werden **Fourierkoeffizienten** genannt. Mit ihnen geht Gleichung 6.3 über in die Form:

$$y(t) = y_0 + \sum_{k=1}^{\infty}\left(a_k \cdot \cos(k \cdot \omega_1 t) + b_k \cdot \sin(k \cdot \omega_1 t) \right) \qquad\qquad (6.4)$$

Ist die Kurvenform einer nichtsinusförmigen Wechselgröße bzw. Mischgröße gegeben und werden zur harmonischen Analyse der Teilschwingungen die Fourierkoeffizienten derselben und der Gleichanteil gesucht, so kann man für mathematisch definierte Funktionen mit den Gleichungen 6.5 diese Werte, wie noch in einem Beispiel gezeigt wird, ermitteln, bzw. sie für wichtige Verläufe aus Tab. 6.1 entnehmen. Für gemessene Funktionsverläufe, die möglicherweise mathematisch nicht exakt beschrieben werden können, kann man mit Hilfe von Näherungsverfahren die Teilschwingungsanteile ermitteln oder sie messtechnisch mittels so genannter Spektrumanalysatoren erfassen.

$$y_0 = \frac{1}{T} \cdot \int_0^T y(t) \cdot \mathrm{d}t$$

$$a_k = \frac{2}{T} \cdot \int_0^T y(t) \cdot \cos(k \cdot \omega_1 t) \cdot \mathrm{d}t \qquad b_k = \frac{2}{T} \cdot \int_0^T y(t) \cdot \sin(k \cdot \omega_1 t) \cdot \mathrm{d}t \tag{6.5}$$

Bei der Ermittlung der Fourierkoeffizienten kann man durch die Beachtung der folgenden Regeln den Arbeitsaufwand wesentlich verringern:

1. Werden zu einem evtl. vorhandenen Gleichanteil nur Kosinusschwingungen überlagert, d.h. in Gleichung 6.3 sind alle $\varphi_k = 0$ oder $\varphi_k = \pi$, so erhält man eine **gerade Zeitfunktion**. Eine gerade Funktion ist spiegelbildlich zur y-Achse, d.h. $y(t) = -y(t)$. Alle b_k sind null. Beispiele dafür sind die Liniendiagramme der zweiten oder fünften Fourierreihe in Tab. 6.1.

2. Werden nur Sinusschwingungen überlagert, d.h. in Gleichung 6.3 sind alle $\varphi_k = \pi/2$ oder $\varphi_k = -\pi/2$, und ist der Gleichanteil null, so erhält man eine **ungerade Zeitfunktion**. Eine ungerade Funktion muss durch den Ursprungspunkt gehen und zu diesem spiegelsymmetrisch sein, d.h. $y(t) = -y(-t)$. Beispiele sind die Liniendiagramme der sechsten oder siebenten Fourierreihe in Tab. 6.1. Alle a_k und y_0 sind null.

3. Werden nur Kosinus- und Sinusschwingungen mit ungeraden Ordnungszahlen überlagert und ist der Gleichanteil null, so erhält man eine **alternierende** oder **gleitspiegelige Zeitfunktion**. Hier tritt jeweils nach der halben Periodendauer der Funktionswert mit umgekehrten Vorzeichen auf, d.h. $y(t + T/2) = -y(t)$. Die ersten drei Liniendiagramme in Tab. 6.1 sind dafür Sonderfälle, bei denen aber nur Sinus- oder Kosinusschwingungen auftreten. Alle a_{2k} und b_{2k} sowie y_0 sind null.

4. Werden zu einem evtl. vorhandenen Gleichanteil nur Kosinus- und Sinusschwingungen mit gerader Ordnungszahl überlagert, so ist die Grundschwingung in dem entstehenden Funktionsverlauf nicht enthalten. Die entstehende Zeitfunktion hat als Periodendauer $T/2$ der Grundschwingung. Diese Zeitfunktion hat keine eigene Bezeichnung. Solche Zeitfunktionen treten besonders häufig bei Gleich- und Stromrichterschaltungen auf, wie z.B. dem vierzehnten Liniendiagramm in Tab. 6.1, bei dem aber nur Kosinusschwingungen auftreten, oder dem achtzehnten Liniendiagramm. Bei solchen Schaltungen ist es üblich, alle Teilschwingungen auf die Grundschwingung und deren Periodendauer zu beziehen, auch den so genannten Zündwinkel $\alpha = \omega_1 \cdot t_1$ beim achtzehnten Liniendiagramm in Tab. 6.1.

Beispiel:
Für den in Abb. 6.4 angegebenen Zeitverlauf der Spannung u sollen die Fourierkoeffizienten berechnet werden.

Es handelt sich hier um eine ungerade Zeitfunktion, d.h. alle a_k und y_0 sind null. Bestimmt werden müssen lediglich die Fourierkoeffizienten b_k. Dazu muss zuerst die Zeitfunktion für u angegeben werden. Es kann hier wegen des symmetrischen Verlaufs bei Anwendung der Gleichung 6.5 allerdings die obere Integrationsgrenze auf $T/4$ verkürzt und dafür der Integrationswert mit vier multipliziert werden. Es hätte genügt, die Zeitfunktion nur bis $T/4$ aufzustellen.

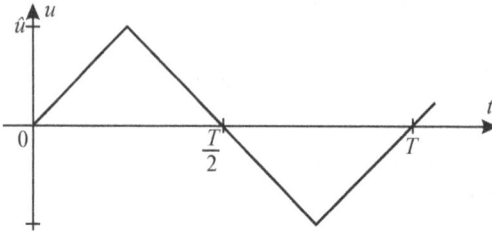

Abb. 6.4: Liniendiagramm einer periodischen nichtsinusförmigen Spannung

$$u = \begin{cases} \dfrac{4 \cdot \hat{u}}{T} \cdot t & \text{für } 0 \leq t \leq \dfrac{T}{4} \\[3mm] -\dfrac{4 \cdot \hat{u}}{T} \cdot \left(t - \dfrac{T}{2}\right) & \text{für } \dfrac{T}{4} < t \leq \dfrac{3 \cdot T}{4} \\[3mm] \dfrac{4 \cdot \hat{u}}{T} \cdot (t - T) & \text{für } \dfrac{3 \cdot T}{4} < t \leq T \end{cases}$$

$$b_k = \frac{8}{T} \cdot \int_0^{T/4} \frac{4 \cdot \hat{u}}{T} \cdot t \cdot \sin(k \cdot \omega_1 t) \cdot dt = \frac{32 \cdot \hat{u}}{T^2} \cdot \int_0^{T/4} t \cdot \sin(k \cdot \omega_1 t) \cdot dt$$

$$= \frac{32 \cdot \hat{u}}{T^2} \cdot \left[\frac{\sin(k \cdot \omega_1 t)}{k^2 \cdot \omega_1^2} - \frac{t \cdot \cos(k \cdot \omega_1 t)}{k \cdot \omega_1} \right]_0^{T/4} = \frac{32 \cdot \hat{u}}{T^2} \cdot \left(\frac{\sin\left(k \cdot \omega_1 \cdot \dfrac{T}{4}\right)}{k^2 \cdot \omega_1^2} - \frac{\dfrac{T}{4} \cdot \cos\left(k \cdot \omega_1 \dfrac{T}{4}\right)}{k \cdot \omega_1} \right)$$

Das Kosinusglied ist null. Für $k = 1, 5, 9, 13, \ldots$ ist $\sin(k \cdot \omega_1 \cdot T/4) = 1$, für $k = 3, 7, 11, \ldots$ ist $\sin(k \cdot \omega_1 \cdot T/4) = -1$, für alle gerade k ist $\sin(k \cdot \omega_1 \cdot T/4) = 0$. Setzt man außerdem noch für $T = 2 \cdot \pi / \omega_1$, so wird:

$$b_k = \begin{cases} \dfrac{8 \cdot \hat{u}}{k^2 \cdot \pi^2} & \text{für } k = 1, 5, 9, 13, \ldots \\[3mm] -\dfrac{8 \cdot \hat{u}}{k^2 \cdot \pi^2} & \text{für } k = 3, 7, 11, 15, \ldots \end{cases}$$

Somit lautet die Fourierreihe für den Zeitverlauf der Spannung in Abb. 6.4:

$$u = \frac{8 \cdot \hat{u}}{\pi^2} \cdot \left(\sin(\omega_1 t) - \frac{\sin(3 \cdot \omega_1 t)}{3^2} + \frac{\sin(5 \cdot \omega_1 t)}{5^2} - \frac{\sin(7 \cdot \omega_1 t)}{7^2} + \frac{\sin(9 \cdot \omega_1 t)}{9^2} - \ldots \right)$$

Die Amplituden der Oberschwingungen nehmen für größere Ordnungszahlen sehr stark ab. In Abb. 6.5 ist allein die Überlagerung der Grundschwingung und dritten Harmonischen gezeigt, der Verlauf der resultierenden Spannung nähert sich schon dem von Abb. 6.4 an.

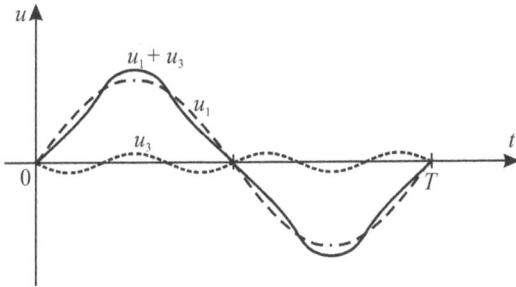

Abb. 6.5: Überlagerung der Grundwelle und dritten Harmonischen der Spannung von Abb. 6.4

In der folgenden Tabelle sind für einige, in der Praxis häufig vorkommende, Zeitfunktionen die Fourierkoffizienten zusammengefasst. In entsprechenden mathematischen Formelsammlungen sind weitere Zeitfunktionen zu finden. Durch die noch gezeigte Transformation können damit auch weitere Zeitfunktionen angegeben werden, die sich durch eine Verschiebung in Richtung der Zeitachse oder y-Achse ergeben.

Tab. 6.1: Fourierkoeffizienten einiger wichtiger Zeitfunktionen

Nr.	Zeitfunktion	Fourierkoeffizienten und Gleichanteil
1		$y_0 = 0$ $a_k = 0$ $b_k = -\dfrac{8 \cdot h}{k^2 \cdot \pi^2} \cdot (-1)^{\frac{k+1}{2}}$ für $k = 1, 3, 5, 7, \ldots$
2		$y_0 = 0$ $b_k = 0$ $a_k = \dfrac{8 \cdot h}{k^2 \cdot \pi^2}$ für $k = 1, 3, 5, 7, \ldots$

3		$y_0 = 0$ $b_k = 0$ $a_k = -\dfrac{8 \cdot h}{k^2 \cdot \pi^2}$　für k = 1, 3, 5, 7, ...
4		$y_0 = \dfrac{h}{2}$ $b_k = 0$ $a_k = -\dfrac{4 \cdot h}{k^2 \cdot \pi^2}$　für k = 1, 3, 5, 7, ...
5		$y_0 = \dfrac{h}{2}$ $b_k = 0$ $a_k = \dfrac{4 \cdot h}{k^2 \cdot \pi^2}$　für k = 1, 3, 5, 7, ...
6		$y_0 = 0$ $a_k = 0$ $b_k = \dfrac{2 \cdot h}{k \cdot \pi} \cdot (-1)^{k+1}$　für k = 1, 2, 3, 4, ...
7		$y_0 = 0$ $a_k = 0$ $b_k = -\dfrac{2 \cdot h}{k \cdot \pi}$　für k = 1, 2, 3, 4, 5, 6, ...
8		$y_0 = \dfrac{h}{2}$ $a_k = 0$ $b_k = -\dfrac{h}{k \cdot \pi}$　für k = 1, 2, 3, 4, 5, 6, ...

9		$y_0 = 0$ $a_k = 0$ $b_k = \dfrac{4 \cdot h}{k \cdot \pi}$ für $k = 1, 3, 5, 7, \ldots$
10		$y_0 = 0$ $b_k = 0$ $a_k = -\dfrac{4 \cdot h}{k \cdot \pi} \cdot (-1)^{\frac{k+1}{2}}$ für $k = 1, 3, 5, 7, \ldots$
11		$y_0 = 0$ $a_k = 0$ $b_k = \dfrac{4 \cdot h}{k \cdot \pi} \cdot \cos(k \cdot \omega_1 t_1)$ für $k = 1, 3, 5, 7, \ldots$
12		$y_0 = \dfrac{h}{2}$ $a_k = 0$ $b_k = \dfrac{2 \cdot h}{k \cdot \pi}$ für $k = 1, 3, 5, 7, \ldots$
13		$y_0 = 0$ $a_k = 0$ $b_k = \dfrac{4 \cdot h}{k^2 \cdot \pi \cdot \omega_1 t_1} \cdot \sin(k \cdot \omega_1 t_1)$ für $k = 1, 3, 5, 7, \ldots$
14		$y_0 = \dfrac{2 \cdot h}{\pi}$ $b_k = 0$ $a_k = \dfrac{4 \cdot h}{(1 - k^2) \cdot \pi}$ für $k = 2, 4, 6, 8, \ldots$

Nr.	Kurvenform	Formeln
15		$y_0 = \dfrac{2 \cdot h}{\pi}$ $b_k = 0$ $a_k = \dfrac{4 \cdot h}{\left(1-k^2\right) \cdot \pi} \cdot (-1)^{\frac{k}{2}}$ für k = 2, 4, 6, 8, ...
16		$y_0 = \dfrac{h}{\pi}$ $b_1 = \dfrac{h}{2}$ (alle anderen b sind null) $a_k = \dfrac{2 \cdot h}{\left(1-k^2\right) \cdot \pi}$ für k = 2, 4, 6, 8, ...
17		$y_0 = \dfrac{h}{\pi}$ $b_k = 0$ $a_1 = \dfrac{h}{2}$ $a_k = \dfrac{2 \cdot h}{\left(1-k^2\right) \cdot \pi} \cdot (-1)^{\frac{k}{2}}$ für k = 2, 4, 6, 8, ...
18		$\alpha = \omega_1 t_1$ $y_0 = \dfrac{2 \cdot h}{\pi} \cdot \cos^2 \dfrac{\alpha}{2}$ für k = 2, 4, 6, 8, ... $a_k = \dfrac{2 \cdot h \cdot \left[k \cdot \sin\alpha \cdot \sin(k \cdot \alpha) + \cos\alpha \cdot \cos(k \cdot \alpha) + 1\right]}{\left(1-k^2\right) \cdot \pi}$ $b_k = \dfrac{2 \cdot h \cdot \left[\cos\alpha \cdot \sin(k \cdot \alpha) - k \cdot \sin\alpha \cdot \cos(k \cdot \alpha)\right]}{\left(1-k^2\right) \cdot \pi}$
19		$y_0 = \dfrac{3 \cdot \sqrt{3} \cdot h}{2 \cdot \pi}$ $b_k = 0$ $a_k = -\dfrac{3 \cdot \sqrt{3} \cdot h}{\left(k^2 - 1\right) \cdot \pi} \cdot (-1)^k$ für k = 3, 6, 9, 12, ...
20		$y_0 = \dfrac{3 \cdot h}{\pi}$ $b_k = 0$ $a_k = -\dfrac{6 \cdot h}{\left(k^2 - 1\right) \cdot \pi} \cdot (-1)^{\frac{k}{2}}$ für k = 6, 12, 18, 24, ...

Die Fourierreihe der Zeitfunktion Nr. 17 in Tabelle 6.1 würde also wie folgt lauten:

$$y = \frac{h}{\pi} + \frac{h}{2} \cdot \cos \omega_1 t + \frac{2 \cdot h}{\pi} \cdot \left(\frac{\cos(2 \cdot \omega_1 t)}{3} - \frac{\cos(4 \cdot \omega_1 t)}{15} + \frac{\cos(6 \cdot \omega_1 t)}{35} - \frac{\cos(8 \cdot \omega_1 t)}{63} + ... \right)$$

Aufgabe 6.1

Wie lautet die Fourierreihe für einen Stromverlauf nach Nr. 11 in Tab. 6.1?

Es tritt oft der Fall ein, dass ein Zeitverlauf vorliegt, der gegenüber der Tabelle 6.1 oder Tabellen in anderen Fachbüchern in Richtung der y-Achse oder t-Achse verschoben ist. Es soll an zwei Beispielen gezeigt werden, wie man die Fourierreihe aus der in der Tabelle gegebenen gewinnt. Das Verfahren nennt man den **Verschiebungssatz**.

Beispiel:

Gegeben ist nur die Zeitfunktion mit ihrer Fourierreihe der Nr. 3 in Tabelle 6.1. Es liegt aber ein Zeitverlauf wie in Nr. 4 der Tabelle 6.1 vor, für den die Fourierreihe entwickelt werden soll, d.h. die Fourierreihe von Nr. 4 ist nicht gegeben. Es müsste also lediglich zu der bereits bekannten Fourierreihe ein Gleichanteil addiert werden, wobei allerdings die Amplitude der Zeitfunktion Nr. 4 doppelt so groß ist wie in Nr. 3, d.h. es müsste ein Gleichanteil $y_0 = h/2$ zu Nr. 3 addiert werden und in Nr. 3 die Amplitude h durch $h/2$ ersetzt werden. Die Fourierreihe von Nr. 3 lautet:

$$y = -\frac{8 \cdot h}{\pi^2} \cdot \left(\cos \omega_1 t + \frac{\cos(3 \cdot \omega_1 t)}{9} + \frac{\cos(5 \cdot \omega_1 t)}{25} + \frac{\cos(7 \cdot \omega_1 t)}{49} + ... \right)$$

Die daraus gewonnene Fourierreihe für eine Zeitfunktion nach Nr. 4 lautet:

$$y = \frac{h}{2} - \frac{4 \cdot h}{\pi^2} \cdot \left(\cos \omega_1 t + \frac{\cos(3 \cdot \omega_1 t)}{9} + \frac{\cos(5 \cdot \omega_1 t)}{25} + \frac{\cos(7 \cdot \omega_1 t)}{49} + ... \right)$$

Nun wird angenommen, die Zeitfunktion Nr. 1 in Tabelle 6.1 sei mit ihrer Fourierreihe gegeben, sie lautet:

$$y = \frac{8 \cdot h}{\pi^2} \cdot \left(\sin \omega_1 t - \frac{\sin(3 \cdot \omega_1 t)}{9} + \frac{\sin(5 \cdot \omega_1 t)}{25} - \frac{\sin(7 \cdot \omega_1 t)}{49} + ... \right)$$

Es liegt jedoch ein Zeitverlauf vor, der dem von Nr. 2 entspricht, und dafür soll die Fourierreihe angegeben werden. Dieser Zeitverlauf eilt gegenüber dem von Nr. 1 um $T/4$ bzw. 90° nach. Damit werden die Nullphasenwinkel aller Teilschwingungen um $T/4$ der Grundschwingung größer und müssen deshalb in jeder Teilschwingung dazu addiert werden. Bei einer Verschiebung in die andere Richtung würden die Nullphasenwinkel kleiner und müssten deshalb subtrahiert werden. Es wird somit:

$$y = \frac{8 \cdot h}{\pi^2} \cdot \left(\underbrace{\sin(\omega_1 t + 90°)}_{\cos \omega_1 t} - \underbrace{\frac{\sin(3 \cdot (\omega_1 t + 90°))}{9}}_{\frac{-\cos(3 \cdot \omega_1 t)}{9}} + \underbrace{\frac{\sin(5 \cdot (\omega_1 t + 90°))}{25}}_{\frac{\cos(5 \cdot \omega_1 t)}{25}} - \underbrace{\frac{\sin(7 \cdot (\omega_1 t + 90°))}{49}}_{\frac{-\cos(7 \cdot \omega_1 t)}{49}} + ... \right)$$

Die Fourierreihe für eine Zeitfunktion nach Nr. 2 lautet daher wie folgt, was auch mit den Angaben für die Fourierkoeffizienten für Nr. 2 in Tabelle 6.1 übereinstimmt:

$$y = \frac{8 \cdot h}{\pi^2} \cdot \left(\cos \omega_1 t + \frac{\cos(3 \cdot \omega_1 t)}{9} + \frac{\cos(5 \cdot \omega_1 t)}{25} + \frac{\cos(7 \cdot \omega_1 t)}{49} + ... \right)$$

Aufgabe 6.2

Es ist lediglich die Fourierreihe für eine Spannung u bekannt, deren Zeitverlauf dem von Nr. 5 in Tabelle 6.1 entspricht, dabei ist nur h in Tab. 6.1 durch $\hat{u}$ zu ersetzen. Es soll jedoch die Fourierreihe für eine Spannung angegeben werden, deren Zeitverlauf dem von Nr. 4 in Tabelle 6.1 entspricht.

6.1.2   Spektrum

Als **Spektrum** einer periodischen Schwingung bezeichnet man die Amplituden und Nullphasenwinkel aller ihrer Teilschwingungen. Wollte man eine der Zeitfunktionen von Tabelle 6.1 durch eine harmonische Synthese erzeugen, so müssen nach Gleichung 6.3 unendlich viele Teilschwingungen erzeugt werden, deren Amplituden aber mit höheren Ordnungszahlen immer kleiner werden. Auch bei den in den folgenden Kapiteln vorgestellten Kenngrößen, der Leistungsberechnung oder dem Überlagerungsverfahren zur Berechnung des Netzwerkverhaltens müssten theoretisch unendlich viele Teilschwingungen berücksichtigt werden. Zu einer Abschätzung, bis zu welcher Ordnungszahl in der Praxis die Teilschwingungen berücksichtigt werden sollten bzw. ab welcher Ordnungszahl sie vernachlässigt werden können, hilft insbesondere das so genannte **Amplitudenspektrum**. Hier werden die Amplituden der Teilschwingungen über den Ordnungszahlen k aufgetragen. Zur vollständigen Darstellung des Spektrums kann man auch noch im **Phasenspektrum** die Nullphasenwinkel φ_k der Teilschwingungen über den Ordnungszahlen k auftragen. Beide Spektren zusammen bezeichnet man als **Linienspektrum**.

Für die Gleichung 6.3 wurde bereits in Kap. 6.1.1 ausgeführt, wie man die Scheitelwerte und Nullphasenwinkel berechnet:

$$y(t) = y_0 + \sum_{k=1}^{\infty} \hat{y}_k \cdot \cos(k \cdot \omega_1 t + \varphi_k) \quad \text{mit} \quad \hat{y}_k = \sqrt{a_k^2 + b_k^2} \quad \text{und} \quad \varphi_k = -\arctan \frac{b_k}{a_k}$$

In Abb. 6.6 sind die Amplitudenspektren für die Zeitfunktionen Nr. 2, 12 und 16 aus der Tabelle 6.1 gezeigt. Dabei sind die Amplituden jeweils auf den Scheitelwert der Grundschwingung bezogen, um einen besseren Vergleich zu ermöglichen. Eine Darstellung der Phasenspektren ist wegen der sehr einfachen Verhältnisse nicht nötig.

Für die Zeitfunktion Nr. 2 sind alle Nullphasenwinkel φ_k null, da nur Kosinusglieder auftreten. Es ergeben sich bis zur Ordnungszahl 9 folgende Amplituden:

$$y_0 = 0 \quad \hat{y}_1 = \frac{8 \cdot h}{\pi^2} \quad \hat{y}_3 = \frac{8 \cdot h}{9 \cdot \pi^2} \quad \hat{y}_5 = \frac{8 \cdot h}{25 \cdot \pi^2} \quad \hat{y}_7 = \frac{8 \cdot h}{49 \cdot \pi^2} \quad \hat{y}_9 = \frac{8 \cdot h}{81 \cdot \pi^2}$$

Für die Zeitfunktion Nr. 12 sind alle Nullphasenwinkel $\varphi_k = -90°$, da nur Sinusglieder auftreten. Es ergeben sich bis zur Ordnungszahl 9 folgende Amplituden:

$$y_0 = \frac{h}{2} \quad \hat{y}_1 = \frac{2 \cdot h}{\pi} \quad \hat{y}_3 = \frac{2 \cdot h}{3 \cdot \pi} \quad \hat{y}_5 = \frac{2 \cdot h}{5 \cdot \pi} \quad \hat{y}_7 = \frac{2 \cdot h}{7 \cdot \pi} \quad \hat{y}_9 = \frac{2 \cdot h}{9 \cdot \pi}$$

Man sieht, dass hier die Amplituden bei höheren Ordnungszahlen wesentlich langsamer kleiner werden als bei der Zeitfunktion Nr. 2. In der Praxis ist es nicht üblich mehr als die elfte Oberschwingung zu berücksichtigen, in vielen Fällen kann schon nach der siebenten abgebrochen werden.

Für die Zeitfunktion Nr. 16 ist der Nullphasenwinkel $\varphi_1 = -90°$, alle anderen sind null, da es sich bei den Teilschwingungen höherer Ordnungszahl um reine Kosinusglieder handelt. Es ergeben sich bis zur Ordnungszahl 8 folgende Amplituden:

$$y_0 = \frac{h}{\pi} \quad y_1 = \frac{h}{2} \quad y_2 = \frac{2 \cdot h}{3 \cdot \pi} \quad y_4 = \frac{2 \cdot h}{15 \cdot \pi} \quad y_6 = \frac{2 \cdot h}{35 \cdot \pi} \quad y_8 = \frac{2 \cdot h}{63 \cdot \pi}$$

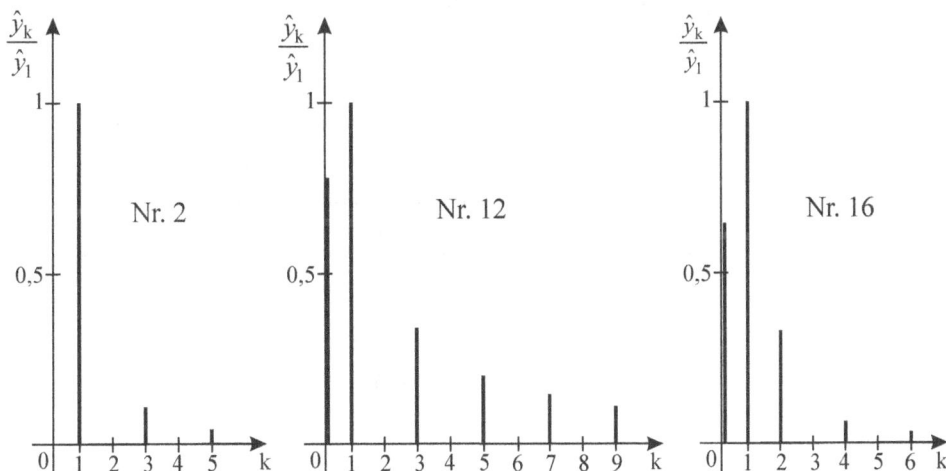

Abb. 6.6: Amplitudenspektren dreier Zeitfunktionen

6.2   Effektivwert und Leistung

Der **Effektivwert** eines nichtsinusförmigen Stroms oder einer Spannung wird mit der Gleichung 2.4 berechnet. Stellt man die nichtsinusförmige Wechselgröße durch ihre Fourierreihe dar, so liefert Gleichung 2.4 das Ergebnis:

$$I = \sqrt{\sum_{k=0}^{\infty} I_k^{\,2}} \qquad \text{bzw.} \qquad U = \sqrt{\sum_{k=0}^{\infty} U_k^{\,2}} \tag{6.6}$$

Beispiel:
Für einen Spannungsverlauf nach Abb. 6.3 mit $U_0 = 30\,V$ und $\hat{u}_1 = 20\,V$ würde sich demnach der Effektivwert U ergeben:

$$U = \sqrt{U_0^{\,2} + U_1^{\,2}} = \sqrt{U_0^{\,2} + \left(\frac{\hat{u}_1}{\sqrt{2}}\right)^2} = 33{,}2\,V$$

Beispiel:
Für einen Strom, der nach Tabelle 6.1, Nr. 1 mit $\hat{i} = 1\,A$ verläuft, soll der Effektivwert mit den Gleichungen 2.4 und 6.6 berechnet werden, wobei nur die Teilschwingungen bis zur fünften Harmonischen berücksichtigt werden.

Nach Gleichung 2.4 ergibt sich:

$$I = \sqrt{\frac{1}{T}\cdot\int_0^T i^2\cdot dt} = \sqrt{\frac{4}{T}\cdot\int_0^{T/4} i^2\cdot dt} = \sqrt{\frac{4}{T}\cdot\int_0^{T/4}\left(\frac{4\cdot\hat{i}}{T}\cdot t\right)^2\cdot dt} = \sqrt{\frac{64\cdot\hat{i}^2}{T^3}\cdot\left[\frac{t^3}{3}\right]_0^{T/4}} = \frac{\hat{i}}{\sqrt{3}}$$

$$= 577{,}4\,mA$$

Nach Gleichung 6.6 ergibt sich unter Berücksichtung einschließlich der fünften Harmonischen:

$$I = \sqrt{\sum_{k=0}^{\infty} I_k} = \sqrt{\left(\frac{\hat{i}_1}{\sqrt{2}}\right)^2 + \left(\frac{\hat{i}_3}{\sqrt{2}}\right)^2 + \left(\frac{\hat{i}_5}{\sqrt{2}}\right)^2} = \sqrt{\left(\frac{8\cdot\hat{i}}{\sqrt{2}\cdot\pi^2}\right)^2 + \left(\frac{8\cdot\hat{i}}{\sqrt{2}\cdot 9\cdot\pi^2}\right)^2 + \left(\frac{8\cdot\hat{i}}{\sqrt{2}\cdot 25\cdot\pi^2}\right)^2}$$

$$= 577{,}1\,mA$$

Würde man auch noch die siebente Harmonische berücksichtigen, so erhielte man den Effektivwert $I = 577{,}3$ mA.

Nach Kap. 3.7.2 ist die **Wirkleistung** allgemein:

$$P = \frac{1}{T} \cdot \int_0^T p \cdot \mathrm{d}t = \frac{1}{T} \cdot \int_0^T u \cdot i \cdot \mathrm{d}t \qquad (6.7)$$

Drückt man u und i in Gleichung 6.7 durch ihre Fourierreihen aus, so findet man, da das Integral des Produkts zweier verschiedenfrequenter Sinusschwingungen über eine Periodendauer null ergibt, dass nur gleichfrequente Harmonische zur Wirkleistung beitragen:

$$P = U_0 \cdot I_0 + \sum_{k=1}^{\infty} U_k \cdot I_k \cdot \cos\left(\varphi_{u_k} - \varphi_{i_k}\right) = U_0 \cdot I_0 + \sum_{k=1}^{\infty} U_k \cdot I_k \cdot \cos \varphi_k \qquad (6.8)$$

> Nur gleichfrequente Harmonische und die Gleichanteile tragen zur Wirkleistung bei.

Die **Scheinleistung** und der **Leistungsfaktor** sind bei nichtsinusförmigen Wechselgrößen wie in Kap. 3.7.4 definiert. Allerdings kann der Leistungsfaktor nun nicht mehr mit dem Kosinus ausgedrückt werden, da Spannung und/oder Strom nicht mehr sinusförmig sind:

$$S = U \cdot I \qquad \lambda = \frac{P}{S} \qquad (6.9)$$

Auch die **Blindleistung** ist wie in Kap. 3.7.4 definiert:

$$Q = \sqrt{S^2 - P^2} \qquad (6.10)$$

Es tritt nun insbesondere in der Stromrichtertechnik häufig der Fall auf, dass die Spannung sinusförmig ist (vgl. Abb. 6.7), sich aber ein nichtsinusförmiger Strom einstellt. Für diesen Fall kann man die Blindleistung in zwei Teile zerlegen. Nach den Gleichungen 6.10, 6.9 und 6.8 gilt:

$$Q = \sqrt{S^2 - P^2} \text{ mit } S^2 = U^2 \cdot I^2 = \sum_{k=0}^{\infty} U_k^2 \cdot \sum_{k=0}^{\infty} I_k^2 \text{ und } P^2 = \left(U_0 \cdot I_0 + \sum_{k=1}^{\infty} U_k \cdot I_k \cdot \cos \varphi_k \right)^2$$

Ist die Spannung sinusförmig, enthält sie also nur die Grundschwingung und der Gleichanteil sowie alle Oberschwingungsanteile U_0, U_2, U_3, U_4, ... sind null, so vereinfacht sich die Formel für die Blindleistung:

$$Q = \sqrt{U_1^2 \cdot \sum_{k=0}^{\infty} I_k^2 - \left(U_1 \cdot I_1 \cdot \cos \varphi_1\right)^2}$$

Mit $\cos^2\varphi_1 = 1 - \sin^2\varphi_1$ wird dann:

$$Q = \sqrt{U_1^2 \cdot \left(I_0^2 + I_1^2 + I_2^2 + I_3^2 + I_4^2 + ...\right) - U_1^2 \cdot I_1^2 + U_1^2 \cdot I_1^2 \cdot \sin^2\varphi_1}$$

$$= \sqrt{\underbrace{\left(U_1 \cdot I_1 \cdot \sin\varphi_1\right)^2}_{\text{Grundwellenanteil } Q_1^2} + \underbrace{U_1^2 \cdot \left(I_0^2 + I_2^2 + I_3^2 + I_4^2 + ...\right)}_{\text{Oberwellenanteil } D^2}}$$

Man kann demnach die gesamte Blindleistung in die Anteile, die von der Grundschwingung bzw. dem Phasenverschiebungswinkel und dem Oberschwingungsanteil herrühren, zerlegen. Da die Oberwellen eine Verzerrung gegenüber einem sinusförmigen Verlauf bewirken, nennt man nach DIN 40110 den davon herrührenden Blindleistungsanteil die **Verzerrungsleistung** D. Damit lautet die Gleichung für die gesamte Blindleistung für diese Sonderfälle:

$$Q = \sqrt{Q_1^2 + D^2} \qquad [D] = 1\,\text{var} \tag{6.11}$$

Beispiel:
Für die Einweggleichrichtung in Abb. 6.7 ist eine ideale Diode (vgl. Band 1, Abb. 2.14) angenommen. Es sind $R = 1\,\text{k}\Omega$, $U = 230\,\text{V}$ und $f = 50\,\text{Hz}$. Es sollen alle Leistungen ermittelt werden.

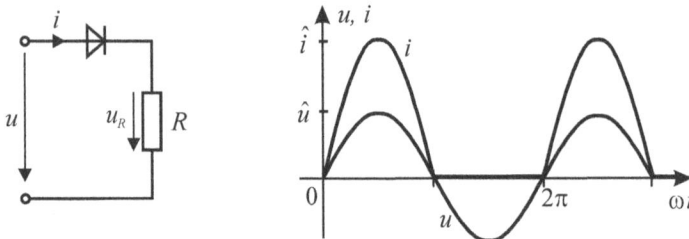

Abb. 6.7: Reihenschaltung einer idealen Diode und eines ohmschen Widerstands

Zunächst soll die Lösung ohne Zuhilfenahme der Fourierreihen erfolgen. Dazu muss der Effektivwert von I über Gleichung 2.4 ermittelt werden.

$$i = \begin{cases} \hat{i} \cdot \sin\omega t & \text{für } 0 \leq t \leq T/2 \\ 0 & \text{für } T/2 < t \leq T \end{cases}$$

$$I = \sqrt{\frac{1}{T} \cdot \int_0^T i^2 \cdot \mathrm{d}t} = \sqrt{\frac{1}{T} \cdot \int_0^{T/2} \hat{i}^2 \cdot \sin^2\omega t \cdot \mathrm{d}t + 0} = \sqrt{\frac{\hat{i}^2}{T} \cdot \left[\frac{t}{2} - \frac{1}{4\cdot\omega} \cdot \sin\omega t\right]_0^{T/2}} = \frac{\hat{i}}{2}$$

Für die erste Halbwelle ist $\hat{i} = \hat{u}/R$. Somit wird:

$$I = \frac{\hat{u}}{2 \cdot R} = \frac{230\,\text{V} \cdot \sqrt{2}}{2 \cdot 1\,\text{k}\Omega} = 162,6\,\text{mA}$$

Damit ergeben sich Schein-, Wirk- und Blindleistung zu:

$$S = U \cdot I = 37,41\,\text{VA} \qquad P = I^2 \cdot R = 26,45\,\text{W} \qquad Q = \sqrt{S^2 - P^2} = 26,45\,\text{var}$$

Da an dem ohmschen Widerstand die Spannung u_R und der Strom i gleichen Verlauf haben, treten auch zwischen den einzelnen Harmonischen keine Phasenverschiebungen auf. Die gesamte Blindleistung muss somit Verzerrungsleistung sein. Es ergibt sich durch die hohe Verzerrungsleistung eine schlechte Ausnutzung, denn das Netz muss die große Scheinleistung liefern, wodurch große Verluste entstehen. Besser ist eine Schaltung nach Abb. 6.8.

Nun erfolgt die Lösung nochmals unter Zuhilfenahme der Fourierreihe Nr. 16 aus Tab. 6.1. Bis zur sechsten Harmonischen ergeben sich für die Teilschwingungen folgende Effektivwerte:

$$I_0 = \frac{\hat{i}}{\pi} \qquad I_1 = \frac{\hat{i}_1}{\sqrt{2}} = \frac{\hat{i}}{2 \cdot \sqrt{2}} \qquad I_2 = \frac{\hat{i}_2}{\sqrt{2}} = \frac{2 \cdot \hat{i}}{3 \cdot \pi \cdot \sqrt{2}} \qquad I_4 = \frac{\hat{i}_4}{\sqrt{2}} = \frac{2 \cdot \hat{i}}{15 \cdot \pi \cdot \sqrt{2}}$$

$$I_6 = \frac{\hat{i}_6}{\sqrt{2}} = \frac{2 \cdot \hat{i}}{35 \cdot \pi \cdot \sqrt{2}}$$

Den Scheitelwert von i gewinnt man durch die Betrachtung der ersten Halbwelle. Damit wird dann:

$$\hat{i} = \frac{\hat{u}}{R} = \frac{230\,\text{V} \cdot \sqrt{2}}{1\,\text{k}\Omega} = 325,3\,\text{mA} \qquad I = \sqrt{I_0^2 + I_1^2 + I_2^2 + I_4^2 + I_6^2} = 162,6\,\text{mA}$$

Die Schein- und Wirkleistung ermittelt man wie vorher. Es soll hier noch die Scheinleistung der Grundschwingung berechnet werden. Sie ist:

$$S_1 = U_1 \cdot I_1 = 230\,\text{V} \cdot \frac{\hat{i}}{2 \cdot \sqrt{2}} = 26,45\,\text{VA}$$

Das entspricht aber der Wirkleistung, d.h. die Grundschwingung liefert die gesamte Wirkleistung, und die Blindleistung der Grundschwingung Q_1 ist demnach null. Somit ist:

$$Q = \sqrt{S^2 - P^2} = 26,45\,\text{var} \qquad D = \sqrt{Q^2 - Q_1^2} = Q = 26,45\,\text{var}$$

Beispiel:

An einen Widerstand $R = 1\,\mathrm{k\Omega}$ wird eine Spannung $u = 100\,\mathrm{V} \cdot \sin \omega_1 t + 10\,\mathrm{V} \cdot \sin(3 \cdot \omega_1 t)$ angelegt. Es sollen alle Leistungen berechnet werden.

Für die Spannung und den Strom ergeben sich folgende Effektivwerte und damit die Leistungen:

$$U = \sqrt{U_1^{\,2} + U_3^{\,2}} = \sqrt{\left(\frac{100\,\mathrm{V}}{\sqrt{2}}\right)^2 + \left(\frac{10\,\mathrm{V}}{\sqrt{2}}\right)^2} = 71{,}06\,\mathrm{V}$$

$$\hat{i}_1 = \frac{\hat{u}_1}{R} = 100\,\mathrm{mA} \qquad \hat{i}_3 = \frac{\hat{u}_3}{R} = 10\,\mathrm{mA}$$

$$I = \sqrt{I_1^{\,2} + I_3^{\,2}} = \sqrt{\left(\frac{100\,\mathrm{mA}}{\sqrt{2}}\right)^2 + \left(\frac{10\,\mathrm{mA}}{\sqrt{2}}\right)^2} = 71{,}06\,\mathrm{mA}$$

$$P = I^2 \cdot R = \frac{U^2}{R} = 5{,}05\,\mathrm{W} \qquad S = U \cdot I = 5{,}05\,\mathrm{VA} \qquad Q = 0$$

Aufgabe 6.3

Für die Gleichrichterbrückenschaltung in Abb. 6.8 sind ideale Dioden angenommen. Es sind $R = 1\,\mathrm{k\Omega}$, $U = 230\,\mathrm{V}$ und $f = 50\,\mathrm{Hz}$. Es sollen alle Leistungen ermittelt werden.

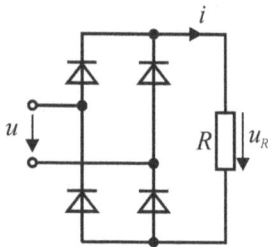

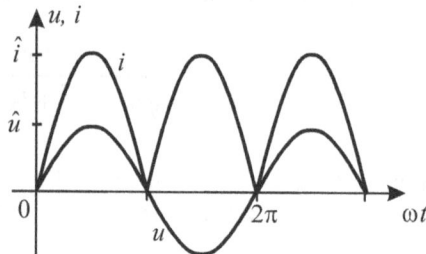

Abb. 6.8: Gleichrichterbrückenschaltung

6.3 Kenngrößen für nichtsinusförmige Wechselgrößen und Mischgrößen

Neben den bereits in Kap. 2.1.5 definierten Kenngrößen werden hier nach DIN 40110 noch einige weitere definiert, die eine rasche Beurteilung und den Vergleich von nichtsinusförmigen Wechselgrößen bzw. Mischgrößen ermöglichen.

Die ersten beiden Kenngrößen gelten für nichtsinusförmige Wechselgrößen. Der **Klirrfaktor** oder **Oberschwingungsgehalt** k ist ein Maß für die Abweichung der nichtsinusförmigen Wechselgröße von der reinen Sinusform, d.h. für die **Verzerrung**, er ist das Verhältnis des Effektivwerts der Oberschwingungen zum gesamten Effektivwert der Größe. Der **Grundschwingungsgehalt** g gibt das Gewicht des Effektivwerts der Grundschwingung zum gesamten Effektivwert an. Beide Kenngrößen können höchstens den Wert eins annehmen.
Die Definitionen für beide Kenngrößen lauten:

$$k_i = \frac{\sqrt{I_2^2 + I_3^2 + ... + I_k^2}}{I} \quad \text{bzw.} \quad k_u = \frac{\sqrt{U_2^2 + U_3^2 + ... + U_k^2}}{U}$$

$$g_i = \frac{I_1}{I} \quad \text{bzw.} \quad g_u = \frac{U_1}{U} \tag{6.12}$$

Der Zusammenhang zwischen beiden Kenngrößen lautet:

$$k_i^2 + g_i^2 = 1 \quad \text{bzw.} \quad k_u^2 + g_u^2 = 1 \tag{6.13}$$

Die folgenden vier Kenngrößen gelten für Mischgrößen, d.h. Wechselgrößen, denen ein Gleichanteil überlagert ist. Der **Schwingungsgehalt** s ist definiert als das Verhältnis des Effektivwerts des Wechselanteils zum Effektivwert der Mischgröße, die **effektive Welligkeit** w_{eff} als das Verhältnis des Wechselanteils zum Gleichanteil (arithmetischen Mittelwert), die **Welligkeit** w dagegen als Verhältnis des Effektivwerts der Mischgröße zum Gleichanteil und der **Riffelfaktor** R als das Verhältnis des Scheitelwerts des Wechselanteils zum Gleichanteil.

$$s_i = \frac{I_\sim}{I} \quad \text{bzw.} \quad s_u = \frac{U_\sim}{U} \qquad w_{i_{\text{eff}}} = \frac{I_\sim}{\bar{i}} \quad \text{bzw.} \quad w_{u_{\text{eff}}} = \frac{U_\sim}{\bar{u}}$$

$$w_i = \frac{I}{\bar{i}} \quad \text{bzw.} \quad w_u = \frac{U}{\bar{u}} \qquad R_i = \frac{\hat{i}_\sim}{\bar{i}} \quad \text{bzw.} \quad R_u = \frac{\hat{u}_\sim}{\bar{u}} \tag{6.14}$$

Beispiel:
Für eine Spannung $u = 100\,\text{V} \cdot \sin \omega_1 t + 10\,\text{V} \cdot \sin(3 \cdot \omega_1 t)$ sind der Klirrfaktor und Grundschwingungsgehalt:

$$k_u = \frac{\sqrt{\left(10\,\text{V}/\sqrt{2}\right)^2}}{\sqrt{\left(100\,\text{V}/\sqrt{2}\right)^2 + \left(10\,\text{V}/\sqrt{2}\right)^2}} \approx 0,1 \qquad g_u = \frac{100\,\text{V}/\sqrt{2}}{\sqrt{\left(100\,\text{V}/\sqrt{2}\right)^2 + \left(10\,\text{V}/\sqrt{2}\right)^2}} = 0,995$$

Für eine Mischspannung wie in Nr. 4 von Tab. 6.1 sind die Kenngrößen bei Berücksichtigung bis einschließlich der fünften Harmonischen:

$$s_u = \frac{\sqrt{\left(\dfrac{4 \cdot \hat{u}}{\sqrt{2} \cdot \pi^2}\right)^2 + \left(\dfrac{4 \cdot \hat{u}}{\sqrt{2} \cdot 9 \cdot \pi^2}\right)^2 + \left(\dfrac{4 \cdot \hat{u}}{\sqrt{2} \cdot 25 \cdot \pi^2}\right)^2}}{\sqrt{\left(\dfrac{\hat{u}}{2}\right)^2 + \left(\dfrac{4 \cdot \hat{u}}{\sqrt{2} \cdot \pi^2}\right)^2 + \left(\dfrac{4 \cdot \hat{u}}{\sqrt{2} \cdot 9 \cdot \pi^2}\right)^2 + \left(\dfrac{4 \cdot \hat{u}}{\sqrt{2} \cdot 25 \cdot \pi^2}\right)^2}} = 0,5$$

$$w_{u_{\text{eff}}} = \frac{\sqrt{\left(\dfrac{4 \cdot \hat{u}}{\sqrt{2} \cdot \pi^2}\right)^2 + \left(\dfrac{4 \cdot \hat{u}}{\sqrt{2} \cdot 9 \cdot \pi^2}\right)^2 + \left(\dfrac{4 \cdot \hat{u}}{\sqrt{2} \cdot 25 \cdot \pi^2}\right)^2}}{\dfrac{\hat{u}}{2}} = 0,577$$

$$w_u = \frac{\sqrt{\left(\dfrac{\hat{u}}{2}\right)^2 + \left(\dfrac{4 \cdot \hat{u}}{\sqrt{2} \cdot \pi^2}\right)^2 + \left(\dfrac{4 \cdot \hat{u}}{\sqrt{2} \cdot 9 \cdot \pi^2}\right)^2 + \left(\dfrac{4 \cdot \hat{u}}{\sqrt{2} \cdot 25 \cdot \pi^2}\right)^2}}{\dfrac{\hat{u}}{2}} = 1,155$$

$$R_u = \frac{\hat{u}/2}{\hat{u}/2} = 1$$

6.4 Nichtsinusförmige Spannungen und Ströme in linearen Netzwerken

Man wendet hier das bereits in Kap. 3.6.5 beschriebene **Überlagerungsverfahren** an. Der Vorteil ist, dass auch bei nichtsinusförmigen Spannungen oder Strömen alle Lösungsverfahren für sinusförmige Größen einschließlich der komplexen Rechenmethode angewendet werden können, andernfalls müsste aufwändig mit Augenblickswerten gerechnet werden. Anstatt also im Zeitbereich zu arbeiten, löst man die Aufgaben im Frequenzbereich.

Liegt an den Eingangsklemmen eines Netzwerks eine nichtsinusförmige Spannung an, so ersetzt man diese durch die Reihenschaltung idealer Sinusspannungsquellen und bei Vorhandensein eines Gleichanteils noch einer Gleichspannungsquelle nach Abb. 6.2. Bei einem vorgegebenen nichtsinusförmigen Eingangsstrom ersetzt man diesen entsprechend durch die Parallelschaltung idealer Stromquellen, wie in Abb. 6.2 gezeigt. Jede dieser Quellen hat die Frequenz und Amplitude einer Teilschwingung und die Gleichspannungs- oder Gleichstromquelle die Größe des Gleichanteils. Für jede Teilschwingung wird die Netzwerkberechnung getrennt durchgeführt, d.h. nacheinander nur jeweils eine Quelle als wirksam betrachtet. Alle anderen Spannungsquellen werden kurzgeschlossen, d.h. ihre Quellenspannungen werden null gesetzt, bzw. alle anderen Stromquellen werden aufgetrennt, d.h. ihre Quellenströme werden null gesetzt. Die Wirkungen der Teilspannungen bzw. Teilströme werden überlagert. Das Verfahren soll an drei Beispielen erläutert werden.

Für die Schaltung und den Spannungsverlauf von u in Abb. 6.9 mit $R = 1\,\text{k}\Omega$, $C = 1\,\mu\text{F}$ und der Periodendauer $T = 0,5\,\text{ms}$ soll die Spannung u_R ermittelt werden.

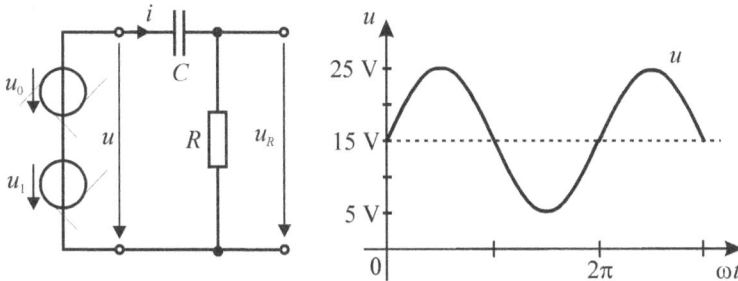

Abb. 6.9: Lineares Netzwerk an einer Mischspannungsquelle

Wie in Abb. 6.9 gezeigt, kann man die nichtsinusförmige Eingangsspannung u, die entsprechend dem Liniendiagramm $u = 15\,\text{V} + 10\,\text{V} \cdot \sin \omega t$ ist, durch die Reihenschaltung einer Gleichspannungsquelle mit $u_0 = 15\,\text{V}$ und einer Wechselspannungsquelle mit $\hat{u}_1 = 10\,\text{V}$ und einer Frequenz $f = 2\,\text{kHz}$ darstellen.

Zunächst wird nur die Gleichspannungsquelle als wirksam betrachtet und die ideale Wechselspannungsquelle kurzgeschlossen. Damit ergibt sich:

$$u_R' = i' \cdot R \qquad i' = 0,\, \text{da } X_C = \frac{1}{\omega C} \to \infty \qquad u_R' = 0$$

Nun wird die ideale Gleichspannungsquelle kurzgeschlossen und allein die Wechselspannungsquelle als wirksam betrachtet. Damit ergibt sich:

$$U_1 = \frac{\hat{u}_1}{\sqrt{2}} \qquad f = \frac{1}{T} \qquad I'' = \frac{U_1}{Z} = \frac{U_1}{\sqrt{R^2 + \left(\dfrac{1}{2\pi \cdot f \cdot C}\right)^2}} = 7,03\,\text{mA} \qquad U_R'' = I'' \cdot R = 7,03\,\text{V}$$

$$\varphi' = \arctan\frac{X}{R} = \arctan\frac{-X_C}{R} = -4,55° \qquad \varphi_i'' = \varphi' - \varphi_{u_1} = 4,55°$$

Der Nullphasenwinkel der Spannung an dem ohmschen Widerstand R ist gleich dem des Stroms. Somit ist der Augenblickswert der Spannung u_R'' und der Gesamtspannung u_R:

$$u_R'' = \sqrt{2} \cdot U_R'' \cdot \sin\left(\omega t + \varphi_{u_R}''\right) = 9,97\,\text{V} \cdot \sin\left(\omega t + 4,55°\right)$$

$$u_R = u_R' + u_R'' = 9,97\,\text{V} \cdot \sin\left(\omega t + 4,55°\right)$$

Durch die Kapazität wird also der Gleichspannungsanteil der Spannung u für den Widerstand R abgeblockt. Wegen des kleinen Blindwiderstands gegenüber dem ohmschen Widerstand fällt dagegen fast keine Wechselspannung an X_C ab, und es tritt nur eine geringe Phasenverschiebung ein.

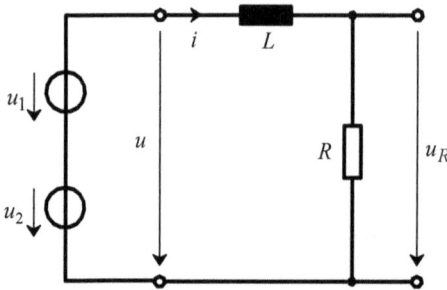

Abb. 6.10: Lineares Netzwerk an einer nichtsinusförmigen Spannungsquelle

Als zweites Beispiel soll die Spannung u_R in dem Netzwerk der Abb. 6.10 ermittelt werden, wenn $u = 10\ \text{V} \cdot \cos(2\,\pi \cdot 50\ \text{Hz} \cdot t) + 2\ \text{V} \cdot \cos(2\,\pi \cdot 500\ \text{Hz} \cdot t)$, $L = 250\ \text{mH}$ und $R = 250\ \Omega$ ist. Entweder rechnet man auch hier wie im vorigen Beispiel getrennt nach Beträgen und den Nullphasenwinkeln oder gleich komplex. Zuerst soll wieder nur die Grundschwingung wirken und die Spannungsquelle mit der Oberschwingung wird kurzgeschlossen:

$$\underline{U}_a{}' = \underline{U}_1 \cdot \frac{R}{R + j \cdot \omega_1\,L} = \frac{10\ \text{V}}{\sqrt{2}} \cdot \frac{R \cdot (R - j \cdot \omega_1\,L)}{R^2 + (\omega_1\,L)^2} = 6{,}75\ \text{V} \cdot e^{-j \cdot 17{,}4°}$$

$$u_a{}' = 6{,}75\ \text{V} \cdot \sqrt{2} \cdot \cos(2\,\pi \cdot 50\ \text{Hz} \cdot t - 17{,}4°) = 9{,}54\ \text{V} \cdot \cos(2\,\pi \cdot 50\ \text{Hz} \cdot t - 17{,}4°)$$

Wirkt allein die Oberschwingung, so erhält man:

$$\underline{U}_a{}'' = \underline{U}_2 \cdot \frac{R}{R + j \cdot 10 \cdot \omega_1\,L} = \frac{2\ \text{V}}{\sqrt{2}} \cdot \frac{R \cdot (R - j \cdot 10 \cdot \omega_1\,L)}{R^2 + (10 \cdot \omega_1\,L)^2} = 429\ \text{mV} \cdot e^{-j \cdot 72{,}3°}$$

$$u_a{}'' = 429\ \text{mV} \cdot \sqrt{2} \cdot \cos(2\,\pi \cdot 500\ \text{Hz} \cdot t - 72{,}3°) = 607\ \text{mV} \cdot \cos(2\,\pi \cdot 500\ \text{Hz} \cdot t - 72{,}3°)$$

$$u_a = u_a{}' + u_a{}'' = 9{,}54\ \text{V} \cdot \cos(2\,\pi \cdot 50\ \text{Hz} \cdot t - 17{,}4°) + 607\ \text{mV} \cdot \cos(2\,\pi \cdot 500\ \text{Hz} \cdot t - 72{,}3°)$$

Während der Klirrfaktor k_u für die Eingangsspannung u noch 0,196 beträgt, ist er für die Ausgangsspannung u_a nur noch 0,0635, der Anteil der Oberschwingungen wird durch die Reihenschaltung einer Induktivität vermindert. In Abb. 6.11 ist das Amplituden- und Phasenspektrum der Spannung u_a und zum Vergleich das Amplitudenspektrum für u gestrichelt gezeigt.

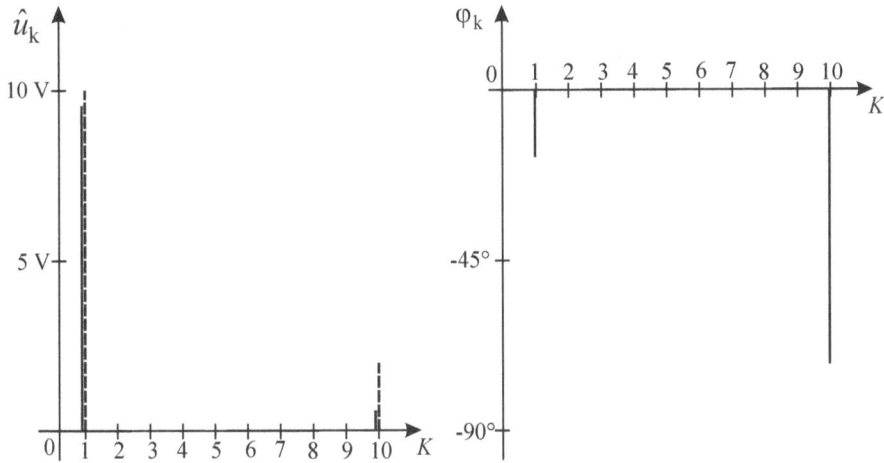

Abb. 6.11: Amplituden- und Phasenspektrum der Spannung u_a

Im dritten Beispiel liegt wie im vorigen eine Eingangsspannung mit einer ausgeprägten dritten Harmonischen vor. Für die Schaltung in Abb. 6.12 sind die folgenden Größen gegeben: $u = 50\,\text{V} \cdot \cos(2\,\pi \cdot 50\,\text{Hz} \cdot t) + 10\,\text{V} \cdot \cos(2\,\pi \cdot 150\,\text{Hz} \cdot t)$, $R_V = 10\,\Omega$, $L = 0{,}75\,\text{H}$, $C = 1{,}5\,\mu\text{F}$, $R_i = 100\,\Omega$ und $R = 1\,\text{k}\Omega$. Ermittelt werden soll die Spannung u_R.

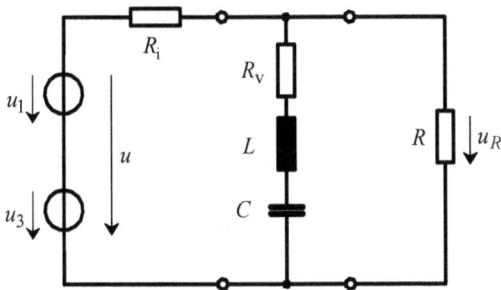

Abb. 6.12: Saugkreis zur Verminderung der dritten Harmonischen

Der Reihenschwingkreis ist so abgestimmt, dass er bei der Oberschwingung in Resonanz gerät. Nach Gleichung 3.84 ist:

$$f_{0r} = \frac{1}{2 \cdot \pi \cdot \sqrt{L \cdot C}} = 150\,\text{Hz}$$

Bei 150 Hz und bei 50 Hz ist der komplexe Scheinwiderstand des Reihenschwingkreises:

$$\underline{Z}_{S_{150}} = R_V = 10\,\Omega \qquad \underline{Z}_{S_{50}} = R_V + j\cdot\left(\omega_1 L - \frac{1}{\omega_1 C}\right) = (10 - j\cdot 1886)\,\Omega = 1886\,\Omega\cdot e^{-j\cdot 89,7°}$$

Wirkt allein die Grundschwingung, d.h. wird die Quelle mit der Quellenspannung u_3 kurzgeschlossen, dann ist $u_R{'}$ mit $\underline{U}_1 = 50\,\text{V}\big/\sqrt{2}$:

$$\underline{U}_R{'} = \underline{U}_1 \cdot \frac{\dfrac{R\cdot \underline{Z}_{S_{50}}}{R + \underline{Z}_{S_{50}}}}{R_i + \dfrac{R\cdot \underline{Z}_{S_{50}}}{R + \underline{Z}_{S_{50}}}} = 32{,}1\,\text{V}\cdot e^{-j\cdot 2{,}8°} \qquad u_R{'} = 45{,}4\,\text{V}\cdot \cos(\omega_1 t - 2{,}8°)$$

Wirkt allein die Oberschwingung, so ist mit $\underline{U}_3 = 10\,\text{V}\big/\sqrt{2}$:

$$\underline{U}_R{''} = \underline{U}_3 \cdot \frac{\dfrac{R\cdot \underline{Z}_{S_{150}}}{R + \underline{Z}_{S_{150}}}}{R_i + \dfrac{R\cdot \underline{Z}_{S_{150}}}{R + \underline{Z}_{S_{150}}}} = 0{,}637\,\text{V} \qquad u_R{''} = 0{,}9\,\text{V}\cdot \cos(3\cdot \omega_1 t)$$

Damit ergibt sich die Gesamtspannung:

$$u_R = u_R{'} + u_R{''} = 45{,}4\,\text{V}\cdot \cos(\omega_1 t - 2{,}8°) + 0{,}9\,\text{V}\cdot \cos(3\cdot \omega_1 t)$$

Der Klirrfaktor k_u für die Eingangsspannung u beträgt 0,196, für die Ausgangsspannung u_R nur noch 0,0198.

Aufgabe 6.4
Es soll wiederum der Effekt erzielt werden, dass die Oberschwingung des vorigen Beispiels weitgehend von dem Widerstand R abgehalten wird. Auf welche Frequenz müsste der Reihenschwingkreis von Abb. 6.12 abgestimmt sein, wenn er nicht parallel zu R, sondern in Reihe zu R liegt? (Es muss erwähnt werden, dass eine solche Maßnahme in der Praxis nicht üblich ist, da sich nach Kap. 3.9.1 dadurch eine wesentlich geringere Gesamtgüte ergibt.) Auf welche Frequenz müsste ein Parallelschwingkreis abgestimmt sein, der parallel zu R liegt?

Aufgabe 6.5
Für die Schaltung in Abb. 6.13 hat die Spannung u den Zeitverlauf entsprechend Nr. 4 der Tab. 6.1 mit $\hat{u} = 20\,\text{V}$ und $T = 2\,\pi\cdot 10^{-3}\,\text{s}$, $R = 1\,\text{k}\Omega$ und $C = 1\,\mu\text{F}$. Es soll ermittelt werden, welcher Anteil des Gleichwerts, der ersten, dritten und fünften Harmonischen der Eingangsspannung noch in der Ausgangsspannung u_a enthalten ist. Die Phasenverschiebung der einzelnen Harmonischen am Ausgang gegenüber der Eingangsspannung muss nicht berechnet werden. Das Ergebnis wird zeigen, dass die Grundschwingung gegenüber den Oberschwin-

gungen am Ausgang stärker in Erscheinung tritt als am Eingang der Schaltung. Man nennt deshalb diesen Vierpol einen Tiefpass, d.h. Spannungen und Ströme mit tiefen Frequenzen kommen besser durch als solche mit hohen. Auf solche Pässe wird im nächsten Kapitel noch näher eingegangen.

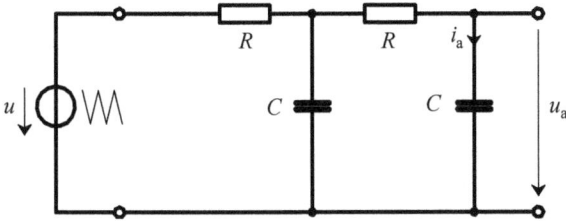

Abb. 6.13: Tiefpass

7   Übertragungsfunktion und Schaltvorgänge

Die Übertragungsfunktion stellt eine Beschreibungsform von Netzwerken dar und charakterisiert deren dynamisches Verhalten. Sie erleichtert somit die Berechnung von Schaltvorgängen, d.h. Änderungen der Struktur eines Netzwerks oder dessen Eingangsgröße, ganz wesentlich. Dabei wird der Übergang von einem stationären Zustand bei Gleichspannung bzw. periodisch stationären Zustand bei Wechselspannung zu einem anderen beschrieben. Mit ihrer Hilfe findet man auch einen leichten Übergang zum Frequenzgang.

7.1   Übertragungsfunktion

7.1.1   Komplexe Kreisfrequenz

Mit Ausnahme des Kap. 5 über Ortskurven wurde bisher immer davon ausgegangen, dass sich die komplexen Zeiger und komplexen Drehzeiger zeitlich nicht in ihrer Länge verändern. Die Netzwerke befanden sich in einem eingeschwungenen Zustand. In einem System mit linearen Bauelementen ist in den Kapazitäten elektrische Energie und in den Induktivitäten magnetische Energie gespeichert (vgl. Band 1 die Gleichungen 4.40 und 6.43). Sind in einem Netzwerk also Induktivitäten und Kapazitäten vorhanden, so hat dies zur Folge, dass sich sowohl die Ströme in den Induktivitäten als auch die Spannungen an den Kapazitäten nicht sprunghaft ändern können, da dies unendlich große Leistungen erfordern würde. Die Zeigerdarstellung ist aber auch anwendbar, wenn die Amplituden zeitlich zu- oder abnehmen, d.h. sich die Zeigerlänge zeitlich ändert. Dazu führt man einen Faktor δ (delta) mit der Dimension s^{-1} ein. Gleichung 3.10 in Kap. 3.3 kann damit erweitert werden:

$$\underline{i}(t) = \hat{i} \cdot e^{j \cdot (\omega t + \varphi_i)} \cdot e^{\delta \cdot t} = \hat{i} \cdot e^{j \cdot \varphi_i} \cdot e^{(\delta + j \cdot \omega) \cdot t} = \underline{\hat{i}} \cdot e^{(\delta + j \cdot \omega) \cdot t} \qquad (7.1)$$

Der Augenblickswert des Stroms würde demnach lauten: $i = \hat{i} \cdot e^{\delta \cdot t} \cdot \cos(\omega t + \varphi_i)$

Die Variable $(\delta + j \cdot \omega)$ bezeichnet man als **komplexe Kreisfrequenz** s oder p. Obwohl es sich dabei um eine komplexe Größe handelt, ist es nicht üblich sie durch unterstreichen als solche zu kennzeichnen. Die Variable kann aber auch als **Bildvariable** s der Laplacetransformation oder als **Laplaceoperator** aufgefasst werden.

$$s = \delta + j \cdot \omega \qquad [s] = 1\,s^{-1} \tag{7.2}$$

Für den Sonderfall $\delta = 0$ erhält man den eingeschwungenen Zustand, die Amplituden ändern sich zeitlich nicht. Bei $\delta > 0$ steigen die Amplituden exponentiell an und bei $\delta < 0$ nehmen sie exponentiell ab.

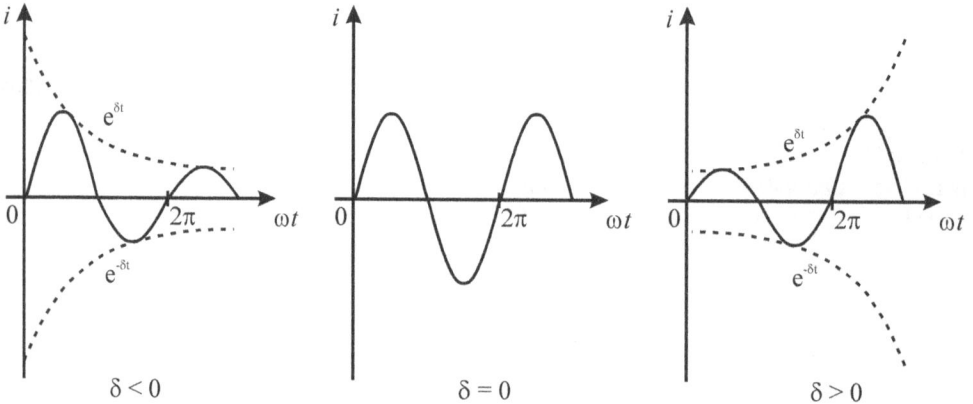

Abb. 7.1: Sinusstrom mit komplexer Kreisfrequenz

Geht man, wie bereits in Kap. 3.3 beschrieben, vom Zeitbereich in den **Bildbereich** über, so ordnet man hier der Zeitfunktion des Stroms i bzw. der Spannung u jeweils ihre Laplacetransformierte $\underline{I}(s)$ bzw. $\underline{U}(s)$ zu. Die Hintransformation erfolgt dabei nach den angegebenen Gleichungen 7.3, bzw. wie auch meist die Rücktransformation, wie in Kap. 7.2.3 gezeigt, mit Hilfe von Tabellen.

$$\underline{I}(s) = \int_0^\infty i \cdot e^{-s \cdot t} \cdot dt \qquad \underline{U}(s) = \int_0^\infty u \cdot e^{-s \cdot t} \cdot dt \tag{7.3}$$

$$[\underline{I}(s)] = 1\,A \cdot s \qquad\qquad [\underline{U}(s)] = 1\,V \cdot s$$

Beispiel:
Die Laplacetransformierte für eine Gleichspannung $u = U = 10\,V$ lautet demnach:

$$\underline{U}(s) = \int_0^\infty u \cdot e^{-s \cdot t} \cdot dt = 10\,V \cdot \left(-\frac{1}{s}\right) \cdot \left[e^{-s \cdot t}\right]_0^\infty = -\frac{10\,V}{s} \cdot (0-1) = \frac{10\,V}{s}$$

Die Laplacetransformierten des Stroms und der Spannung unterscheiden sich hinsichtlich der Dimensionen von den Größen im Zeitbereich, man bezeichnet sie deshalb auch als **Spektraldichte** des Stroms bzw. der Spannung. Das Verhältnis der Spektraldichte von Spannung und Strom liefert einen komplexen Widerstand und erhält weiterhin die Dimension 1 Ω. Das Verhältnis der Spektraldichte von Strom und Spannung liefert einen komplexen Leitwert mit der Dimension 1 S. Das Verhältnis der Spektraldichten zweier Spannungen oder zweier Ströme ist dimensionslos.

$$[\underline{Z}(s)] = [\underline{U}(s)] / [\underline{I}(s)] = 1\,\Omega \qquad [\underline{Y}(s)] = [\underline{I}(s)] / [\underline{U}(s)] = 1\,\text{S}$$

7.1.2 Aufstellen der Übertragungs- und Dämpfungsfunktion

Die **Übertragungsfunktion** $\underline{F}(s)$ ist definiert als das Verhältnis der Spektraldichten einer Ausgangs- und Eingangsgröße eines Vierpols. Für den Sonderfall, dass δ null ist, d.h. ein eingeschwungener Zustand vorliegt, nennt man das Verhältnis auch **Übertragungsfaktor** $\underline{F}(\text{j} \cdot \omega)$. Der Übertragungsfaktor ist der **Frequenzgang** der aufeinander bezogenen Ausgangs- und Eingangsgröße. Den Kehrwert nennt man **Dämpfungsfunktion** $\underline{G}(s)$ bzw. **Dämpfungsfaktor** $\underline{G}(\text{j} \cdot \omega)$. Die Übertragungsfunktion ist ein theoretischer Rechenwert, der Übertragungsfaktor eine messtechnisch erfassbare physikalische Größe.

$$\underline{F}(s) = \frac{\underline{X}_a(s)}{\underline{X}_e(s)} \qquad\qquad\qquad (7.4)$$

Beispiel:

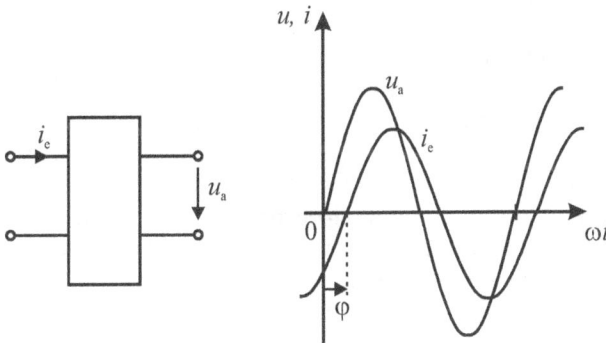

Abb. 7.2: Vierpol mit Zeitverlauf der Eingangs- und Ausgangsgröße

Bei dem Vierpol in Abb. 7.2 eilt die Ausgangsspannung u_a dem Eingangsstrom i_e um den Phasenverschiebungswinkel φ zeitlich voraus, das entspricht einem ohmsch/induktiven Verhalten, wenn in dem Vierpol die Leitungen durchgezogen wären und zwischen ihnen die Reihen- oder Parallelschaltung eines ohmschen Widerstands und einer Induktivität liegen würde. Die Übertragungsfunktion stellt hier einen komplexen Widerstand dar, der das Frequenzverhalten bestimmt.

Für sehr viele praktische Anwendungen ist deshalb sehr einfach die Übertragungsfunktion zu ermitteln. Mit den bisher vermittelten elementaren Methoden der Wechselstromtechnik wird aus den Netzwerkdaten für den eingeschwungenen Zustand der Übertragungsfaktor bzw. Frequenzgang $\underline{F}(j \cdot \omega)$ berechnet. Dieser kann sowohl dimensionslos als auch ein komplexer Widerstand oder Leitwert sein. Durch Hinzufügen des Faktors δ erweitert man den Übertragungsfaktor auf die Übertragungsfunktion, d.h. $j \cdot \omega$ wird durch s ersetzt.

Beispiel:
Für eine Induktivität nach Abb. 3.12 wird der Strom als Eingangsgröße $\underline{I}_e$ und die an der Induktivität abfallende Spannung als Ausgangsgröße $\underline{U}_a$ angenommen (vgl. Tab. 7.1, 2. Schaltung). Dafür stellt man die komplexe Gleichung für den Übertragungsfaktor auf und erhält durch die Ergänzung von δ die Übertragungsfunktion:

$$\underline{U}_a = j \cdot \omega L \cdot \underline{I}_e \qquad \underline{F}(j \cdot \omega) = \frac{\underline{U}_a}{\underline{I}_e} = j \cdot \omega L \qquad \underline{F}(s) = (\delta + j \cdot \omega) \cdot L = s \cdot L$$

In der folgenden Tabelle 7.1 sind für die Grundzweipole R, L und C die Übertragungsfunktionen entsprechend dem Beispiel gebildet und zusammengefasst.

Die Übertragungsglieder werden nach ihrem charakteristischen Verhalten der Ausgangsgröße auf eine sprunghafte Änderung der Eingangsgröße benannt. Ist die Übertragungsfunktion eine Konstante, so nennt man die Schaltung ein **Proportionalglied** oder kurz **P-Glied**, ist sie das Produkt aus der komplexen Kreisfrequenz und einer Konstanten wie bei $s \cdot L$, nennt man sie ein **Differenzierglied** oder kurz **D-Glied** und bei einer Form wie bei $1/(s \cdot C)$ ein **Integrierglied** oder kurz **I-Glied**. Die Übertragungsglieder werden durch die so genannten **Übertragungsbeiwerte** beschrieben. Bei einem Proportionalglied nennt man ihn **Proportionalbeiwert** K_P, er ist z.B. für die erste Schaltung in Tab. 7.1 $K_P = R$ oder für die vierte $K_P = 1/R$. Beim Differenzierglied spricht man von einem **Differenzierbeiwert** K_D. Für die zweite Schaltung in Tab. 7.1 ist $K_D = L$ und für die sechste ist $K_D = C$. Entsprechend bezeichnet man beim Integrierglied den Faktor vor $1/s$ als **Integrierbeiwert** K_I. In der dritten Schaltung von Tab. 7.1 ist $K_I = 1/C$ und in der fünften $K_I = 1/L$.

Es werden noch für einige andere einfache Vierpole die Übertragungsfunktionen ermittelt. Dabei ist es üblich diese so umzuformen, dass das Nennerpolynom mit eins beginnt.

Tab. 7.1: Übertragungsfunktionen der Grundzweipole

Schaltung	Zeitgleichung	Komplexe Gleichung	Übertragungs-funktion
i_e, R, u_a	$u_a = R \cdot i_e$	$\underline{U}_a = R \cdot \underline{I}_e$	R
i_e, L, u_a	$u_a = L \cdot \dfrac{d i_e}{dt}$	$\underline{U}_a = j \cdot \omega L \cdot \underline{I}_e$	$s \cdot L$
i_e, C, u_a	$u_a = \dfrac{1}{C} \cdot \int i_e \cdot dt$	$\underline{U}_a = \dfrac{1}{j \cdot \omega C} \cdot \underline{I}_e$	$\dfrac{1}{s \cdot C}$
u_e, R, i_a	$i_a = \dfrac{1}{R} \cdot u_e$	$\underline{I}_a = \dfrac{1}{R} \cdot \underline{U}_e$	$\dfrac{1}{R}$
u_e, L, i_a	$i_a = \dfrac{1}{L} \cdot \int u_e \cdot dt$	$\underline{I}_a = \dfrac{1}{j \cdot \omega L} \cdot \underline{U}_e$	$\dfrac{1}{s \cdot L}$
u_e, C, i_a	$i_a = C \cdot \dfrac{d u_e}{dt}$	$\underline{I}_a = j \cdot \omega C \cdot \underline{U}_e$	$s \cdot C$

Für den Spannungsteiler in Abb. 7.3 erhält man:

$$\frac{\underline{U}_a}{\underline{U}_e} = \frac{R_2}{R_1 + R_2} = \underline{F}(j \cdot \omega) \qquad \underline{F}(s) = \frac{R_2}{R_1 + R_2} = K_P$$

Es handelt sich beim Spannungsteiler wieder um ein Proportionalglied. Für das *RC*-Glied (rechte Schaltung in Abb. 7.3) erhält man:

$$\frac{\underline{U}_a}{\underline{U}_e} = \frac{\dfrac{1}{j \cdot \omega C}}{R + \dfrac{1}{j \cdot \omega C}} \qquad \underline{F}(s) = \frac{\dfrac{1}{s \cdot C}}{R + \dfrac{1}{s \cdot C}} = \frac{1}{1 + s \cdot R \cdot C} = \frac{1}{1 + s \cdot T}$$

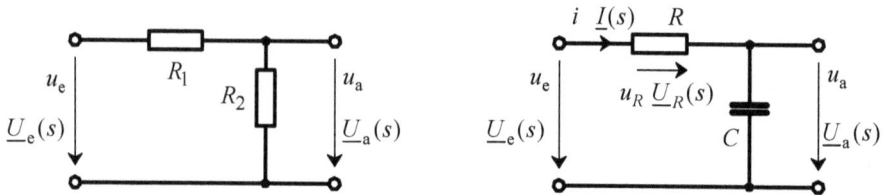

Abb. 7.3: Spannungsteiler und RC-Glied

Nach Gleichung 4.44 im ersten Band, Kap. 4.7.1, ist das Produkt aus $R \cdot C$ eine **Zeitkonstante** und wird deshalb bei den Übertragungsfunktionen üblicherweise durch den Übertragungsbeiwert T ersetzt. Eine Schaltung mit einer solchen Übertragungsfunktion nennt man **Verzögerungsglied 1. Ordnung** oder kurz **T_1-Glied**. Entsprechend bezeichnet man eine inverse Schaltung mit der Übertragungsfunktion $\underline{F}(s) = (1 + s \cdot T)$ als **T_1^{-1}-Glied**.

Bei dem *RC*-Glied in Abb. 7.3 soll nun nicht die Spannung, sondern der Strom als Eingangsgröße betrachtet und dafür die Übertragungsfunktion aufgestellt werden. Man erhält das gleiche Ergebnis wie in der Tabelle:

$$\underline{U}_a = \frac{1}{j \cdot \omega C} \cdot \underline{I}_e \qquad \frac{\underline{U}_a}{\underline{I}_e} = \frac{1}{j \cdot \omega C} \qquad \underline{F}(s) = \frac{1}{s \cdot C}$$

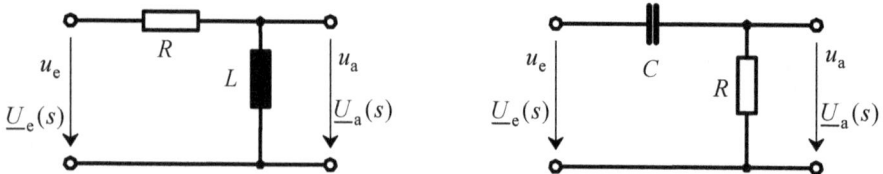

Abb. 7.4: RL-Glied und CR-Glied

Für das *RL*-Glied in Abb. 7.4 lautet die Übertragungsfunktion:

$$\frac{\underline{U}_a}{\underline{U}_e} = \frac{j \cdot \omega L}{R + j \cdot \omega L} \qquad \underline{F}(s) = \frac{s \cdot L}{R + s \cdot L} = \frac{s \cdot \dfrac{L}{R}}{1 + s \cdot \dfrac{L}{R}} = \frac{s \cdot T}{1 + s \cdot T}$$

Nach Gleichung 6.27 im ersten Band, Kap. 6.3.1, ist der Quotient L/R eine Zeitkonstante und wird deshalb bei den Übertragungsfunktionen durch T ersetzt.

Aufgabe 7.1
Es soll für die rechte Schaltung in Abb. 7.4 die Übertragungsfunktion aufgestellt werden.

Als weiteres Beispiel wird die Schaltung in Abb. 7.5 betrachtet.

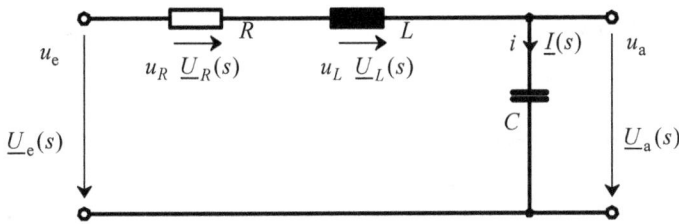

Abb. 7.5: Reihenschwingkreis

Die Übertragungsfunktion für den Schwingkreis in Abb. 7.5 lautet:

$$\frac{\underline{U}_a}{\underline{U}_e} = \frac{\dfrac{1}{j \cdot \omega C}}{R + j \cdot \omega L + \dfrac{1}{j \cdot \omega C}} \qquad \underline{F}(s) = \frac{\dfrac{1}{s \cdot C}}{R + s \cdot L + \dfrac{1}{s \cdot C}} = \frac{1}{1 + s \cdot R \cdot C + s^2 \cdot L \cdot C}$$

Mit den Gleichungen 3.84 für die Resonanzkreisfrequenz und 3.85 für die Güte und den Dämpfungsgrad und mit der Einführung einer so genannten Kennzeit $T_0 = 1/\omega_{0_r}$ wird:

$$L \cdot C = \frac{1}{\omega_{0_r}} = T_0^{\,2} \qquad \vartheta = \frac{1}{2 \cdot Q} = \frac{1}{2} \cdot \omega_{0_r} \cdot R \cdot C \qquad R \cdot C = \frac{2 \cdot \vartheta}{\omega_{0_r}} = 2 \cdot \vartheta \cdot T_0$$

$$\underline{F}(s) = \frac{1}{1 + s \cdot 2 \cdot \vartheta \cdot T_0 + s^2 \cdot T_0^{\,2}}$$

Die quadratische Gleichung im Nenner liefert die beiden Ergebnisse:

$$s_{1,2} = -\frac{2 \cdot \vartheta}{2 \cdot T_0} \pm \sqrt{\frac{4 \cdot \vartheta^2}{4 \cdot T_0^{\,2}} - \frac{1}{T_0^{\,2}}} = -\frac{\vartheta}{T_0} \pm \frac{1}{T_0} \cdot \sqrt{\vartheta^2 - 1}$$

Eine Schaltung mit einer solchen Übertragungsfunktion nennt man **Verzögerungsglied 2. Ordnung** oder kurz **T₂-Glied**. Für einen Dämpfungsgrad $\vartheta > 1$ liefert die Gleichung zwei reelle Wurzeln, man nennt dies den **aperiodischen Fall** oder **Kriechfall**. Ist $\vartheta = 1$, erhält man eine Doppelwurzel, man nennt dies den **aperiodischen Grenzfall** und für $\vartheta < 1$ sind die Wurzeln konjugiert komplex. Dies ist der **periodische Fall** oder **Schwingfall**. Auf diese Ergebnisse wird in Kap. 7.2.1 nochmals zurückgegriffen. Für den aperiodischen Fall kann man die Gleichung für die Übertragungsfunktion nochmals umformen:

$$\underline{F}(s) = \frac{1}{(1 + s \cdot T_1) \cdot (1 + s \cdot T_2)} \qquad \text{mit} \qquad T_1 + T_2 = 2 \cdot \vartheta \cdot T_0 \quad \text{und} \quad T_1 \cdot T_2 = T_0^2$$

Entsprechend bezeichnet man eine inverse Schaltung mit der Übertragungsfunktion $F(s) = (1 + s \cdot T_1) \cdot (1 + s \cdot T_2)$ oder $\underline{F}(s) = 1 + s \cdot 2 \cdot \vartheta \cdot T_0 + s^2 \cdot T_0^2$ als **T_2^{-1}-Glied**.

Es soll noch die Übertragungsfunktion für den Vierpol in Abb. 7.6 aufgestellt werden.

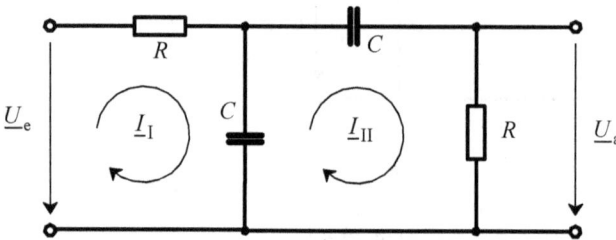

Abb. 7.6: Spannungsteilerkette mit ohmschen Widerständen und kapazitiven Blindwiderständen

Die Lösung erfolgt zweckmäßig mit Hilfe des Maschenstromverfahrens, ebenso könnte eine Dreieck-Stern-Umwandlung erfolgen, oder wie im ersten Band, Kap. 3.2.3, Abb. 3.11 eine Hilfsspannung (dort U_2) eingeführt werden.

$$\underline{I}_I \cdot \left(R + \frac{1}{j \cdot \omega C} \right) - \underline{I}_{II} \cdot \frac{1}{j \cdot \omega C} = \underline{U}_e$$

$$-\underline{I}_I \cdot \frac{1}{j \cdot \omega C} + \underline{I}_{II} \cdot \left(R + \frac{2}{j \cdot \omega C} \right) = 0$$

$$\underline{I}_{II} = \underline{U}_e \cdot \frac{\dfrac{1}{j \cdot \omega C}}{R^2 + 3 \cdot \dfrac{R}{j \cdot \omega C} + \dfrac{1}{(j \cdot \omega C)^2}} \qquad\qquad \underline{U}_a = \underline{I}_{II} \cdot R = \underline{U}_e \cdot \frac{\dfrac{R}{j \cdot \omega C}}{R^2 + 3 \cdot \dfrac{R}{j \cdot \omega C} + \dfrac{1}{(j \cdot \omega C)^2}}$$

$$\underline{F}(s) = \frac{\dfrac{R}{s \cdot C}}{R^2 + 3 \cdot \dfrac{R}{s \cdot C} + \dfrac{1}{s^2 \cdot C^2}} = \frac{s \cdot R \cdot C}{1 + 3 \cdot s \cdot R \cdot C + s^2 \cdot R^2 \cdot C^2}$$

7.1.3 Zusammenschaltung von Netzwerken mit bekannter Übertragungsfunktion

Eine Übertragungsfunktion kann aus vielen Teilübertragungsfunktionen zusammengesetzt sein. Will man die aus den Teilübertragungsfunktionen gebildete gesamte Übertragungsfunktion ermitteln, so muss die Wirkungsweise des Verlaufs der Größen festgelegt sein. So darf z.B. die Ausgangsgröße nicht auf die Eingangsgröße zurückwirken. Die Ausgangs- und Eingangsgröße werden auch als Ausgangs- und Eingangssignal bezeichnet. Ist die **Rückwirkungsfreiheit** nicht garantiert, so muss die Rückwirkung durch eine **Rückkopplung** berücksichtigt werden. In Abb. 7.7 sind die Symbole für die so genannten **Signalflusspläne** aufgeführt. Ein wichtiges Anwendungsgebiet dafür ist z.B. die Regelungstechnik. Ein Signalflussplan besteht aus Blockschaltbildern, welche die Übertragungsfunktion einer Schaltung versinnbildlichen, und Wirkungslinien, welche die Zusammenhänge der physikalischen Signale der aufeinander einwirkenden Blöcke wiedergeben.

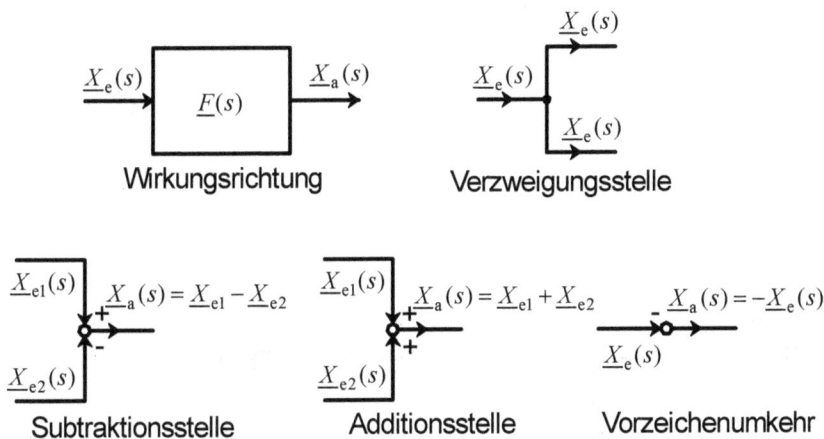

Abb. 7.7: Symbole für Signalflusspläne

Kettenschaltung

Bei einer Kettenschaltung werden mehrere Blöcke, d.h. Schaltungen, deren Verhalten durch ihre Übertragungsfunktion gekennzeichnet ist, rückwirkungsfrei in Reihe geschaltet, so dass jeweils das Ausgangssignal eines Blocks das Eingangssignal des nächsten bildet. Die Reihenfolge der Blöcke darf dabei vertauscht werden.

In Abb. 7.8 ist eine Kettenschaltung mit drei Blöcken gezeigt. Die Übertragungsfunktion jedes einzelnen Blocks ist dabei in der Regel bekannt.

$$\underline{X}_{a1}(s) = \underline{X}_{e2}(s) \qquad \underline{X}_{a2}(s) = \underline{X}_{e3}(s)$$

$$\underline{X}_e(s) = \underline{X}_{e1}(s) \quad \boxed{\underline{F}_1(s)} \quad \longrightarrow \quad \boxed{\underline{F}_2(s)} \quad \longrightarrow \quad \boxed{\underline{F}_3(s)} \quad \underline{X}_{a3}(s) = \underline{X}_a(s)$$

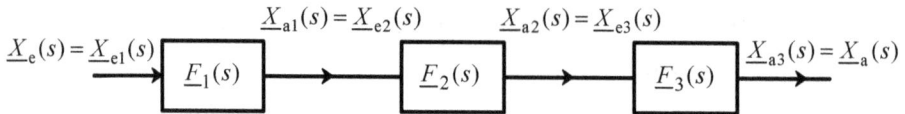

Abb. 7.8: Kettenschaltung

Für eine rückwirkungsfreie Kettenschaltung ergibt sich somit folgende Gesamtübertragungsfunktion:

$$\underline{F}(s) = \frac{\underline{X}_a(s)}{\underline{X}_e(s)}$$

$$\underline{X}_a = \underline{X}_{a3} = \underline{F}_3(s) \cdot \underline{X}_{e3}(s) = \underline{F}_3(s) \cdot \underline{X}_{a2}(s) \qquad \underline{X}_{a2} = \underline{F}_2(s) \cdot \underline{X}_{e2}(s) = \underline{F}_2(s) \cdot \underline{X}_{a1}(s)$$

$$\underline{X}_{a1} = \underline{F}_1(s) \cdot \underline{X}_{e1}(s) = \underline{F}_1(s) \cdot \underline{X}_e(s)$$

$$\underline{F}(s) = \frac{\underline{F}_3(s) \cdot \underline{F}_2(s) \cdot \underline{F}_1(s) \cdot \underline{X}_e(s)}{\underline{X}_e(s)} = \underline{F}_3(s) \cdot \underline{F}_2(s) \cdot \underline{F}_1(s)$$

$$\underline{F}(s) = \prod_{i=1}^{n} \underline{F}_i(s) \qquad\qquad\qquad\qquad (7.5)$$

Beispiel:

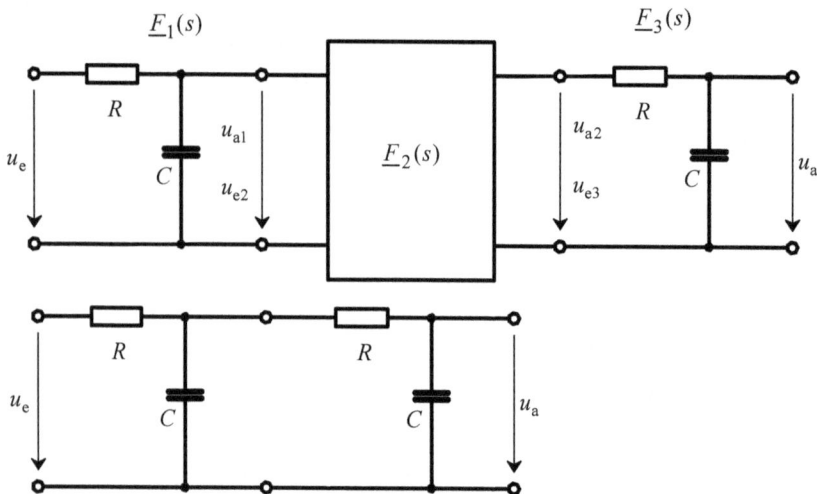

Abb. 7.9: Reihenschaltung zweier RC-Glieder mittels eines Verstärkers zur Entkopplung und ohne Verstärker

Es soll die Übertragungsfunktion zweier in Reihe geschalteter *RC*-Glieder mit einem dazwischen liegenden idealen **Trennverstärker** mit dem Verstärkungsfaktor $v = 1$ zur Gewährleistung der Rückwirkungsfreiheit und ohne diesen Verstärker nach Abb. 7.9 ermittelt werden. Der Verstärkungsfaktor ist das Verhältnis von Ausgangs- zu Eingangsgröße. Ein idealer Trennverstärker hat einen Verstärkungsfaktor eins, einen unendlich hohen Eingangswiderstand und der Innenwiderstand am Ausgang ist null. Der Verstärker bewirkt, dass nur ein Signal von links nach rechts übertragen werden kann, nicht in die Gegenrichtung. Ein idealer Trennverstärker entspricht somit einem Proportionalglied mit $K_P = 1$.

Für die Reihenschaltung ohne Verstärker erhält man die Übertragungsfunktion:

$$\begin{bmatrix} R + 1/s \cdot C & -1/s \cdot C \\ -1/s \cdot C & R + 2/s \cdot C \end{bmatrix} \cdot \begin{bmatrix} \underline{I}_I(s) \\ \underline{I}_{II}(s) \end{bmatrix} = \begin{bmatrix} \underline{U}_e(s) \\ 0 \end{bmatrix} \qquad \underline{I}_{II}(s) = \underline{U}_e(s) \cdot \cfrac{1}{\cfrac{1}{s \cdot C} + 3 \cdot R + s \cdot R^2 \cdot C}$$

$$\underline{U}_a(s) = \underline{I}_{II}(s) \cdot \frac{1}{s \cdot C} = \underline{U}_e(s) \cdot \frac{1}{1 + 3 \cdot s \cdot R \cdot C + s^2 \cdot R^2 \cdot C^2}$$

$$\underline{F}(s) = \frac{1}{1 + 3 \cdot s \cdot R \cdot C + s^2 \cdot R^2 \cdot C^2}$$

Wird dagegen der Verstärker dazwischen geschaltet, so ergibt sich:

$$\underline{F}_1(s) = \underline{F}_3(s) = \cfrac{\cfrac{1}{s \cdot C}}{R + \cfrac{1}{s \cdot C}} = \frac{1}{1 + s \cdot R \cdot C} \qquad \underline{F}_2(s) = 1$$

$$\underline{F}(s) = \underline{F}_1(s) \cdot \underline{F}_2(s) \cdot \underline{F}_3(s) = \frac{1}{(1 + s \cdot R \cdot C)^2} = \frac{1}{1 + 2 \cdot s \cdot R \cdot C + s^2 \cdot R^2 \cdot C^2}$$

In beiden Fällen erhält man die Übertragungsfunktion eines T_2-Glieds, allerdings mit unterschiedlichen Zeitkonstanten.

Parallelschaltung

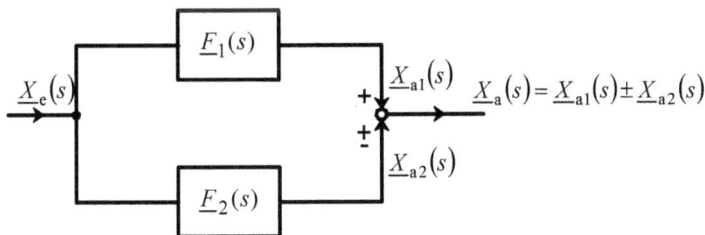

Abb. 7.10: Parallelschaltung

Es werden hier mehrere Blöcke mit bekannter Übertragungsfunktion parallel geschaltet. Die Ausgangssignale werden entweder addiert oder subtrahiert.

Die gesamte Übertragungsfunktion für die beiden Blöcke in Abb. 7.10 ist demnach:

$$\underline{F}(s) = \frac{\underline{X}_a(s)}{\underline{X}_e(s)} = \frac{\underline{X}_{a1}(s) \pm \underline{X}_{a2}(s)}{\underline{X}_e(s)} = \frac{\underline{X}_{a1}(s)}{\underline{X}_e(s)} \pm \frac{\underline{X}_{a2}(s)}{\underline{X}_e(s)} = \underline{F}_1(s) \pm \underline{F}_2(s)$$

Für mehrere parallele Blöcke, wobei die Blöcke mit i = 1, 2, ..., m auf einer Additionsstelle und mit k = m+1, m+2, ..., n auf einer Subtraktionsstelle münden, erhält man allgemein:

$$\underline{F}(s) = \sum_{i=1}^{m} \underline{F}_i(s) - \sum_{k=m+1}^{n} \underline{F}_k(s) \tag{7.6}$$

Beispiel:
Für den Allpass in Abb. 7.11 soll auf herkömmlichem Weg und mit Hilfe der Gleichung 7.6 die Übertragungsfunktion ermittelt werden. Dazu ist der Allpass in Abb. 7.11 als Parallel-schaltung zweier *RC*-Glieder umgezeichnet. Ein **Allpass** ist ein spezieller Filter (vgl. Kap. 7.1.5), bei dem unabhängig von der Frequenz der Betrag der Ausgangsspannung gleich dem der Eingangsspannung ist, es ändert sich aber die Phasenlage der Ausgangs- zur Eingangs-spannung in Abhängigkeit von der Frequenz.

Lösung auf herkömmliche Weise, indem einfach $j \cdot \omega$ durch s ersetzt wird:

$$\underline{U}_a(s) = \underline{U}_C(s) - \underline{U}_R(s)$$

$$\underline{U}_C(s) = \underline{U}_e(s) \cdot \frac{\dfrac{1}{s \cdot C}}{R + \dfrac{1}{s \cdot C}} = \underline{U}_e(s) \cdot \frac{1}{1 + s \cdot R \cdot C} = \underline{U}_e(s) \cdot \frac{1}{1 + s \cdot T}$$

$$\underline{U}_R(s) = \underline{U}_e(s) \cdot \frac{R}{R + \dfrac{1}{s \cdot C}} = \underline{U}_e(s) \cdot \frac{s \cdot R \cdot C}{1 + s \cdot R \cdot C} = \underline{U}_e(s) \cdot \frac{s \cdot T}{1 + s \cdot T}$$

$$\underline{F}(s) = \frac{\underline{U}_a(s)}{\underline{U}_e(s)} = \frac{\underline{U}_e(s) \cdot \left(\dfrac{1}{1 + s \cdot T} - \dfrac{s \cdot T}{1 + s \cdot T} \right)}{\underline{U}_e(s)} = \frac{1 - s \cdot T}{1 + s \cdot T}$$

Lösung als Parallelschaltung:

$$\underline{F}_1(s) = \frac{\underline{U}_{a1}}{\underline{U}_{e1}} = \frac{R}{R + \dfrac{1}{s \cdot C}} = \frac{s \cdot R \cdot C}{1 + s \cdot R \cdot C} = \frac{s \cdot T}{1 + s \cdot T}$$

$$\underline{F}_2(s) = \frac{\underline{U}_{a2}}{\underline{U}_{e2}} = \frac{\dfrac{1}{s \cdot C}}{R + \dfrac{1}{s \cdot C}} = \frac{1}{1 + s \cdot R \cdot C} = \frac{1}{1 + s \cdot T}$$

$$\underline{F}(s) = \underline{F}_2(s) - \underline{F}_1(s) = \frac{1}{1 + s \cdot T} - \frac{s \cdot T}{1 + s \cdot T} = \frac{1 - s \cdot T}{1 + s \cdot T}$$

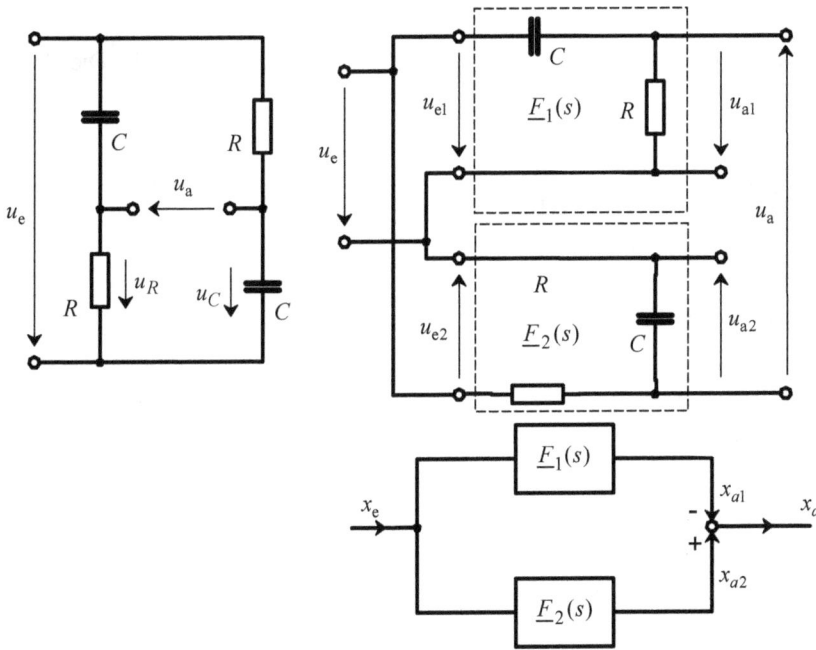

Abb. 7.11: Allpass und Allpass als Parallelschaltung zweier RC-Glieder

Rückkopplung

Wirkt die Ausgangsgröße auf die Eingangsgröße zurück, so muss dies durch eine Rückkopplung berücksichtigt werden. Man unterscheidet dabei zwei Möglichkeiten. Wird das Ausgangssignal des Rückführzweigs in Abb. 7.12 vom Eingangssignal subtrahiert, so spricht man von einer **Gegenkopplung**, wird es zum Eingangssignal addiert, von einer **Mitkopplung**.

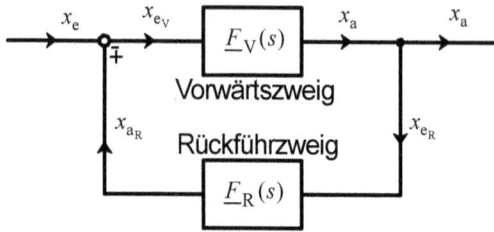

Abb. 7.12: Rückkopplung

Die Ausgangsgröße ist gleichzeitig die Eingangsgröße für den Rückführzweig. Die Übertragungsfunktion ist somit:

$$\underline{X}_{e_R}(s) = \underline{X}_a(s) \qquad \underline{X}_{e_V}(s) = \underline{X}_e(s) \mp \underline{X}_{a_R}(s)$$

$$\underline{F}_V(s) = \frac{\underline{X}_a(s)}{\underline{X}_e(s) \mp \underline{X}_{a_R}(s)} \quad \Rightarrow \quad \underline{X}_a(s) = \underline{F}_V(s) \cdot \left(\underline{X}_e(s) \mp \underline{X}_{a_R}(s)\right)$$

$$\underline{F}_R(s) = \frac{\underline{X}_{a_R}(s)}{\underline{X}_a(s)} \quad \Rightarrow \quad \underline{X}_{a_R}(s) = \underline{F}_R(s) \cdot \underline{X}_a(s)$$

Setzt man in die Gleichung für $\underline{X}_a(s)$ die letzte Beziehung ein, so erhält man:

$$\underline{X}_a(s) = \underline{F}_V(s) \cdot \underline{X}_e(s) \mp \underline{F}_V(s) \cdot \underline{F}_R(s) \cdot \underline{X}_a(s) \qquad \underline{X}_a(s) \cdot \left(1 \pm \underline{F}_V(s) \cdot \underline{F}_R(s)\right) = \underline{F}_V(s) \cdot \underline{X}_e(s)$$

und daraus:

$$\underline{F}(s) = \frac{\underline{F}_V(s)}{1 \pm \underline{F}_V(s) \cdot \underline{F}_R(s)} \qquad \begin{array}{l} \text{+ für Gegenkopplung} \\ \text{– für Mitkopplung} \end{array} \qquad (7.7)$$

Beispiel:
Das *RC*-Glied aus Abb. 7.3 kann auch als eine Rückkopplung aufgefasst werden, wobei der ohmsche Widerstand als Proportionalglied und je nach gewählter Variante die Kapazität als Differenzier- oder Integrierglied dargestellt wird. Um den Signalflussplan zu erstellen, müssen zunächst alle Gleichungen aufgestellt werden. Es sind dies die Maschengleichung für die Schaltung und für den Widerstand kann entweder der Strom als Eingangs- und die an ihm abfallende Spannung als Ausgangsgröße oder die an ihm abfallende Spannung als Eingangs- und der Strom als Ausgangsgröße angenommen werden. Entsprechendes gilt für die Kapazität, wobei die Spannung an *C* die Ausgangsspannung $\underline{U}_a$ ist.

$$\underline{U}_R(s) + \underline{U}_a(s) = \underline{U}_e(s)$$

$$\underline{I}(s) = \frac{\underline{U}_a(s)}{\frac{1}{s \cdot C}} = \underline{U}_a(s) \cdot s \cdot C \qquad \underline{U}_R(s) = \underline{I}(s) \cdot R = \underline{U}_a(s) \cdot s \cdot R \cdot C$$

Als erste Variante soll beim Widerstand die Spannung bzw. die Spektraldichte der Spannung als Eingangs- und der Strom bzw. die Spektraldichte des Stroms als Ausgangsgröße und bei der Kapazität der Strom als Eingangs- und die Spannung als Ausgangsgröße gewählt werden. Für den Widerstand lautet dann die Übertragungsfunktion nach Tab. 7.1 $\underline{F}_R(s) = 1 / R$ und für die Kapazität $\underline{F}_C(s) = 1 / (s \cdot C)$. Die Spannung am Widerstand ist $\underline{U}_R(s) = \underline{U}_e(s) - \underline{U}_a(s)$. Damit ergibt sich der linke Signalflussplan in Abb. 7.13. Bei der zweiten Variante werden die Spannung an der Kapazität als Eingangs- und der dadurch verursachte Strom als Ausgangsgröße und der Strom beim Widerstand als Eingangs- und die an ihm abfallende Spannung als Ausgangsgröße betrachtet. Die Eingangsspannung an der Kapazität ist $\underline{U}_a(s) = \underline{U}_e(s) - \underline{U}_R(s)$. Damit ergibt sich der rechte Signalflussplan in Abb. 7.13.

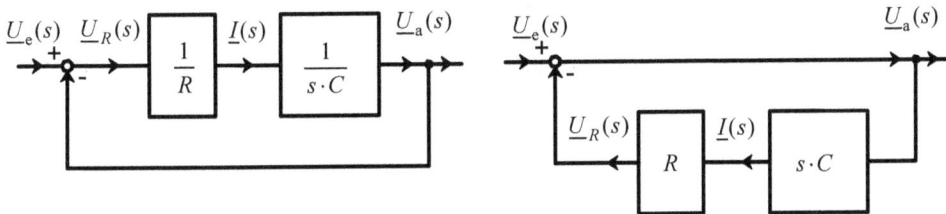

Abb. 7.13: Signalflusspläne für das RC-Glied aus Abb. 7.3

Für die linke Schaltung besteht der Vorwärtszweig aus der Kettenschaltung eines Proportional- und Integrierglieds und der Rückwärtszweig ist eins. Somit lautet die Übertragungsfunktion:

$$\underline{F}(s) = \frac{\underline{F}_V(s)}{1 + \underline{F}_V(s) \cdot \underline{F}_R(s)} = \frac{\dfrac{1}{R} \cdot \dfrac{1}{s \cdot C}}{1 + \dfrac{1}{R} \cdot \dfrac{1}{s \cdot C} \cdot 1} = \frac{1}{1 + s \cdot R \cdot C}$$

Für die rechte Schaltung ist der Vorwärtszweig gleich eins und der Rückführzweig besteht aus der Kettenschaltung eines Proportional- und Differenzierglieds. Damit wird:

$$\underline{F}(s) = \frac{\underline{F}_V(s)}{1 + \underline{F}_V(s) \cdot \underline{F}_R(s)} = \frac{1}{1 + 1 \cdot R \cdot s \cdot C} = \frac{1}{1 + s \cdot R \cdot C}$$

Aufgabe 7.2
Der Reihenschwingkreis aus Abb. 7.5 soll als Signalflussplan dargestellt und daraus die Übertragungsfunktion ermittelt werden. Für den ohmschen Widerstand soll dabei die Spannung bzw. die Spektraldichte der Spannung als Eingangs- und der Strom bzw. die Spektraldichte des Stroms als Ausgangsgröße gewählt werden und für die Induktivität und Kapazität jeweils der Strom als Eingangs- und ihre Spannungen als Ausgangsgröße.

7.1.4   Bodediagramm

Die Übertragungseigenschaften einer Schaltung lassen sich durch die Ortskurven des Frequenzgangs übersichtlich darstellen (vgl. Kap. 5). Für kompliziertere Schaltung ist deren Erstellung jedoch recht aufwändig. Es werden deshalb im Bodediagramm der Logarithmus des Betrags F und der Phasenwinkel φ des Frequenzgangs $\underline{F}(\mathrm{j} \cdot \omega)$ getrennt als Amplituden- und Phasengang über dem Logarithmus der Frequenz oder Kreisfrequenz aufgetragen. Anstatt den Logarithmus aufzutragen, kann man auch beim Amplitudengang die Ordinate und Abszisse logarithmisch teilen und beim Phasengang allein die Abszisse.

Da der Übertragungsfaktor das Verhältnis der aufeinander bezogenen Ausgangs- und Eingangsgröße ist, wird sein Betrag auch häufig in **Dezibel** angegeben. Das Größenverhältnis muss dabei dimensionslos sein. Nach DIN 5493 wird das logarithmierte Größenverhältnis in Dezibel aus dem Logarithmus zur Basis zehn des Quotienten zweier Energiegrößen mit dem Gewichtsfaktor zehn gebildet. Ein so gebildetes Verhältnis wird mit dem Zusatz dB für Dezibel gekennzeichnet. Dezibel ist keine Einheit. Für das Verhältnis zweier Wirkleistungen erhält man demnach:

$$F_P = 10 \cdot \lg \frac{P_1}{P_2} \, \mathrm{dB} \tag{7.8}$$

Da bei den Frequenzgängen meist das Verhältnis der Eingangs- und Ausgangsspannungen oder -ströme gebildet wird, muss deren Verhältnis auf Energiegrößen umgerechnet werden. Dies geschieht mit Hilfe der Gleichung 3.58 mit $P = I^2 \cdot R$ bzw. $P = U^2 / R$. Durch die Quotientenbildung kürzt sich R wieder heraus, der Exponent zwei führt aber zu einer Verdopplung des Gewichtsfaktors:

$$F_i = 20 \cdot \lg \frac{I_1}{I_2} \, \mathrm{dB} \qquad F_u = 20 \cdot \lg \frac{U_1}{U_2} \, \mathrm{dB} \tag{7.9}$$

Bildet man das Verhältnis aus Eingangsstrom und Ausgangsspannung oder umgekehrt, so muss zu einer Angabe in Dezibel das Verhältnis erst dimensionslos gemacht werden. Dies geschieht durch Einführung eines so genannten Bezugswiderstands. Sein Wert beeinflusst jedoch das Ergebnis und muss deshalb stets mit angegeben werden.

Beispiel:
Der Betrag des Eingangsstroms eines Vierpols beträgt 10 mA, der Betrag der Ausgangsspannung 10 V. Es sollen für den Bezugswiderstand die Werte 1 Ω und 10 kΩ angenommen werden. Damit ist der Betrag des Übertragungsfaktors:

$$F = 20 \cdot \lg \frac{U}{I \cdot R} \, \mathrm{dB} = 60 \, \mathrm{dB} \text{ an } 1\,\Omega \quad \mathrm{bzw.} \quad -20 \, \mathrm{dB} \text{ an } 10\,\mathrm{k}\Omega$$

Ein weiteres logarithmisches Größenverhältnis, das hier aber nicht verwendet wird, wird aus dem natürlichen Logarithmus des Quotienten zweier Größen gebildet und in **Neper** Np angegeben. Es ist wie folgt definiert:

$$F_u = \ln\frac{U_1}{U_2}\,\mathrm{Np} \qquad F_i = \ln\frac{I_1}{I_2}\,\mathrm{Np} \qquad F_P = \frac{1}{2}\cdot\ln\frac{P_1}{P_2}\,\mathrm{Np} \qquad (7.10)$$

Ist bei einem logarithmischen Größenverhältnis die Nennergröße eine feste Bezugsgröße, so bezeichnet man es als **absoluten Pegel** oder **Pegel**. Die Differenz zwischen dem Pegel an einer bestimmten Bezugsstelle im Netzwerk und dem an einer anderen Stelle bezeichnet man als **relativen Pegel** dBr.

Die Darstellung des Frequenzgangs in einem Bodediagramm bietet eine ganze Reihe Vorteile:

- Durch die logarithmische Auftragung der Frequenz bzw. Kreisfrequenz und den logarithmierten Größenverhältnissen kann man über einen sehr großen Bereich die Verhältnisse mit einer hinreichenden Ablesegenauigkeit darstellen.
- Die Frequenzgänge der meisten Systeme lassen sich näherungsweise aus geraden Strecken zusammensetzen, deren Knickpunkte und Winkel in einfacher Weise mit den Übertragungsbeiwerten in Beziehung stehen.
- Die Multiplikation der Frequenzgänge zweier oder mehrerer Übertragungsglieder ist auf eine einfache Streckenaddition zurückzuführen.
- Inverse Kennlinien ergeben sich durch Spiegelung des Amplituden- und Phasengangs an der waagerechten Koordinatenachse.
- Bei vielen praktischen Anwendungen genügt die Darstellung des Betrags des Frequenzgangs.

Im Folgenden werden für einige wichtige Übertragungsglieder die Darstellungen im Bodediagramm gezeigt. Es ist dabei in der Praxis oft üblich für den Übertragungsfaktor bzw. Frequenzgang die Schreibweise $\underline{F}(s)$ zu verwenden, denn für den Sonderfall $\delta = 0$ geht ja $\underline{F}(s)$ in $\underline{F}(\mathrm{j}\cdot\omega)$ über.

Proportionalglied, P-Glied

Die Ausgangsgröße ist stets proportional zur Eingangsgröße, und es erfolgt keine Phasenverschiebung zwischen beiden.

Somit lautet der Frequenzgang bzw. Übertragungsfaktor:

$$\underline{F}(\mathrm{j}\cdot\omega) = \frac{\underline{X}_a}{\underline{X}_e} = K_P$$

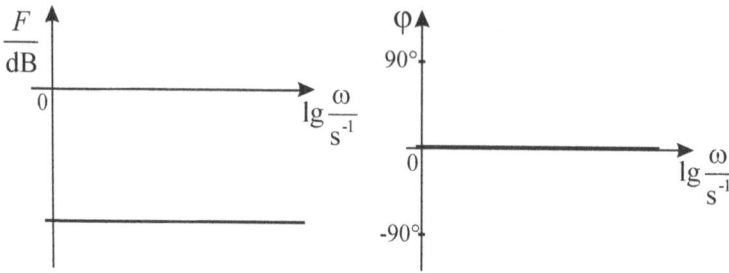

Abb. 7.14: Amplituden- und Phasengang eines Proportionalglieds

Differenzierglied, D-Glied

Der Betrag des Übertragungsfaktors wächst stetig mit steigender Frequenz und der Phasenwinkel ist 90°.

$$\underline{F}(j \cdot \omega) = \frac{\underline{X}_a}{\underline{X}_e} = j \cdot \omega \cdot K_D$$

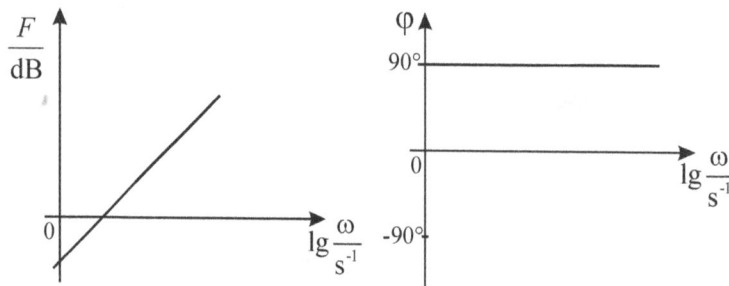

Abb. 7.15: Amplituden- und Phasengang eines Differenzierglieds

Integrierglied, I-Glied

Der Betrag des Übertragungsfaktors fällt stetig mit steigender Frequenz und der Phasenwinkel beträgt –90°.

$$\underline{F}(j \cdot \omega) = \frac{\underline{X}_a}{\underline{X}_e} = \frac{K_I}{j \cdot \omega} = -j \cdot \frac{K_I}{\omega}$$

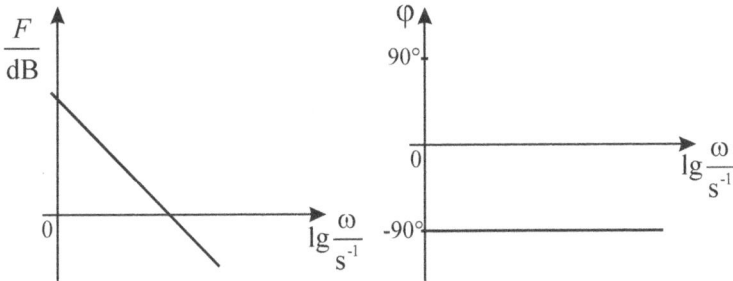

Abb. 7.16: Amplituden- und Phasengang eines Integrierglieds

Verzögerungsglied 1. Ordnung, T_1-Glied
Der Übertragungsfaktor hat die Form:

$$\underline{F}(j \cdot \omega) = \frac{\underline{X}_a}{\underline{X}_e} = \frac{1}{1 + j \cdot \omega \cdot T}$$

Ist der Zähler nicht eins, sondern eine andere konstante Zahl, so entspricht dies der Ketten-schaltung eines Proportional- und Verzögerungsglieds 1. Ordnung. Man nennt dies ein **PT₁-Glied**. In Abb. 7.17 ist das Bodediagramm für ein T_1-Glied mit der Zeitkonstanten $T = 1$ s aufgetragen. Der genaue Verlauf ist dabei gestrichelt gezeichnet. In der Praxis nähert man den Verlauf des Betrags und des Phasenwinkels des Frequenzgangs durch Geraden an. Ab der so genannten **Eckkreisfrequenz** $\omega_E = 1 / T$ nimmt der Betrag von $\underline{F}$ pro Dekade der Kreisfrequenz um 20 dB ab. Ist die Dekadenteilung von Abszisse und Ordinate gleich, so entspricht dies einem Winkel von 45°. Die Ordinate ist in Abb. 7.17 für alle drei üblichen Fälle eingeteilt, nämlich $\lg F$, F oder F in dB.

> Der so angenäherte Verlauf hat gegenüber dem wahren eine maximale Abweichung bei der Eckkreisfrequenz von 3 dB.

Auch den Phasenverlauf kann man durch Geraden annähern. Bis eine Dekade vor der Eck-kreisfrequenz ist danach φ null, ab einer Dekade nach der Eckkreisfrequenz ist $\varphi = -90°$. Der Verlauf zwischen diesen beiden Grenzverläufen wird ebenfalls durch eine Gerade angenä-hert.

> Der so angenäherte Verlauf hat gegenüber dem wahren Verlauf eine maximale Abwei-chung von 6°.

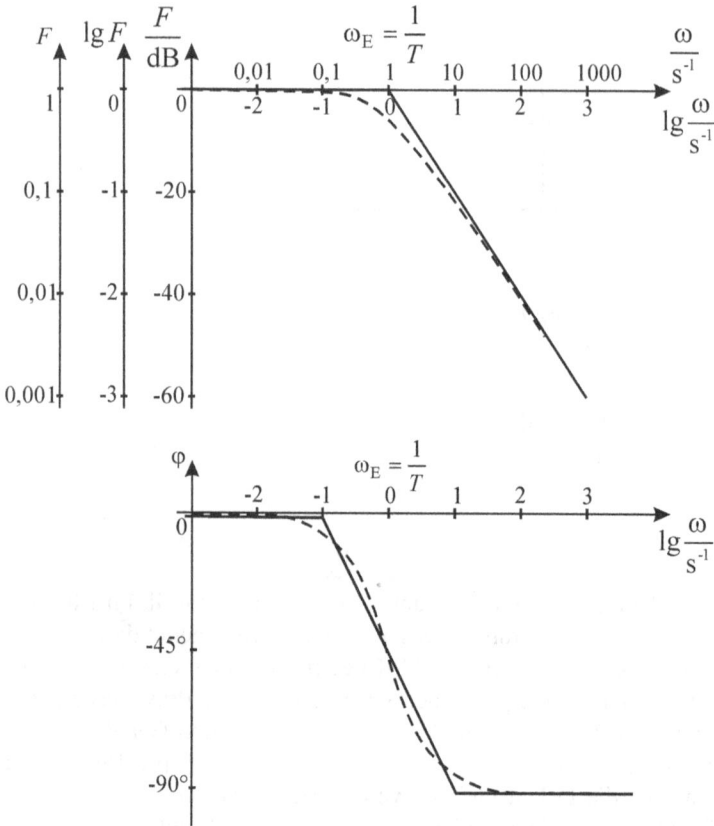

Abb. 7.17: Amplituden- und Phasengang eines T_1-Glieds mit $T = 1$ s

Es ist auch üblich die Frequenzachse auf die Eckfrequenz bzw. eine der Eckfrequenzen zu normieren, d.h. dann wird an der waagerechten Achse der $\lg(\omega/\omega_E)$ angetragen, wie es in Abb. 7.20 und 7.21 durchgeführt ist.

Inverses Verzögerungsglied 1. Ordnung, T_1^{-1}-Glied
Der Übertragungsfaktor hat hier die folgende Form, d.h. er entspricht dem Kehrwert eines Verzögerungsglieds 1. Ordnung:

$$\underline{F}(j \cdot \omega) = \frac{\underline{X}_a}{\underline{X}_e} = 1 + j \cdot \omega \cdot T$$

Gegenüber dem Bodediagramm für ein T_1-Glied muss man hier den Amplituden- und Phasengang nur an der durch $F = 0$ dB gehenden Abszisse für die Kreisfrequenz spiegeln (vgl. dazu Abb. 7.17 und Abb. 7.18).

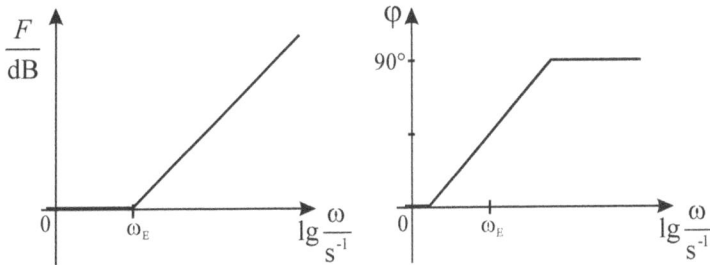

Abb. 7.18: Amplituden- und Phasengang eines T_1^{-1}-Glieds

Irreguläres inverses Verzögerungsglied 1. Ordnung, T_{-1}^{-1}-Glied
Ein solches Glied hat den Übertragungsfaktor

$$\underline{F}(j \cdot \omega) = \frac{\underline{X}_a}{\underline{X}_e} = 1 - j \cdot \omega \cdot T$$

Es wird der Amplitudengang des T_1-Glieds an der Abszisse gespiegelt, der Phasengang bleibt gegenüber einem T_1-Glied gleich.

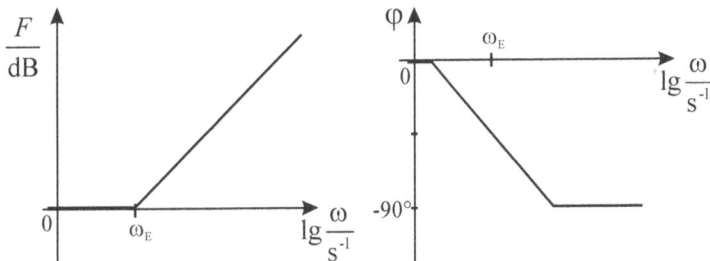

Abb. 7.19: Amplituden- und Phasengang eines T_{-1}^{-1}-Glieds

Verzögerungsglied 2. Ordnung, T_2-Glied

$$\underline{F}(j \cdot \omega) = \frac{\underline{X}_a}{\underline{X}_e} = \frac{1}{1 + j \cdot \omega \cdot 2 \cdot \vartheta \cdot T_0 + (j \cdot \omega)^2 \cdot T_0^2}$$

Wie bereits in Kap. 7.1.2 gezeigt, hängt hier der Verlauf von $\underline{F}(j \cdot \omega)$ wesentlich vom Dämpfungsfaktor ϑ ab. Für den aperiodischen Grenzfall $\vartheta = 1$ und den aperiodischen Fall $\vartheta > 1$ kann man das Verzögerungsglied 2. Ordnung als rückwirkungsfreie Kettenschaltung zweier Verzögerungsglieder 1. Ordnung auffassen und damit sehr leicht das Bodediagramm angeben.

$$\underline{F}(j \cdot \omega) = \frac{1}{(1 + j \cdot \omega \cdot T_1) \cdot (1 + j \cdot \omega \cdot T_1)} = \frac{1}{1 + j \cdot \omega \cdot T_1} \cdot \frac{1}{1 + j \cdot \omega \cdot T_1} \qquad \text{für } \vartheta = 1$$

$$\underline{F}(j \cdot \omega) = \frac{1}{(1 + j \cdot \omega \cdot T_1) \cdot (1 + j \cdot \omega \cdot T_2)} = \frac{1}{1 + j \cdot \omega \cdot T_1} \cdot \frac{1}{1 + j \cdot \omega \cdot T_2} \qquad \text{für } \vartheta > 1$$

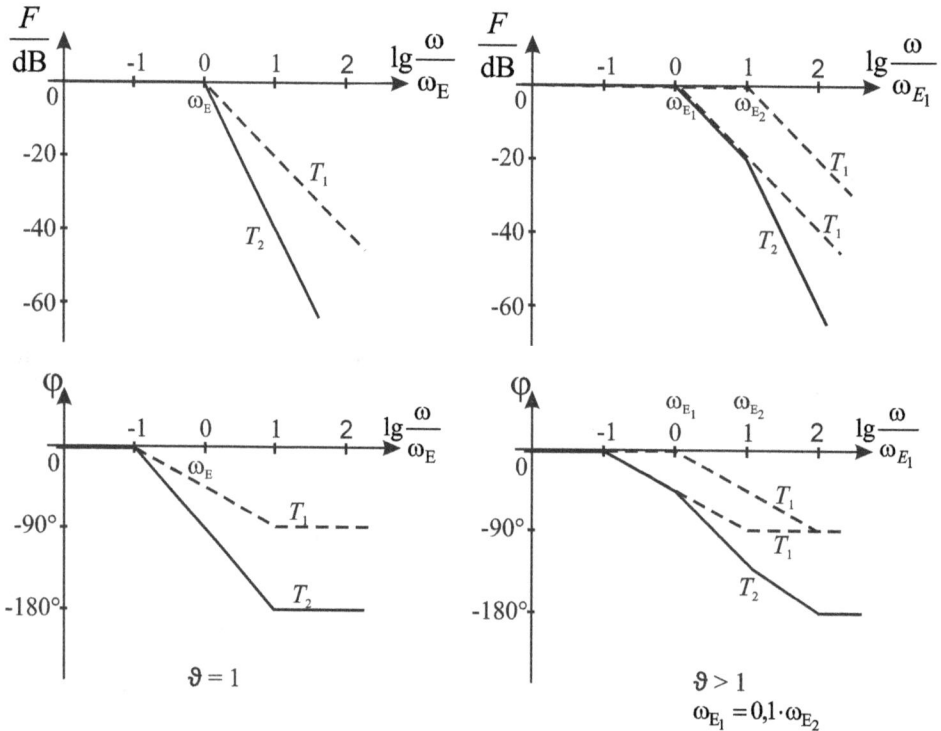

Abb. 7.20: Amplituden- und Phasengang eines T_2-Glieds für $\vartheta = 1$ und $\vartheta > 1$, $T_1 = 10 \cdot T_2$

Für den so genannten Schwingfall bei $\vartheta < 1$ tritt eine vom Dämpfungsgrad abhängige Amplitudenvergrößerung auf. Für $\vartheta = 0{,}1$ ist das Bodediagramm in Abb. 7.21 gezeigt.

Man erkennt in Abb. 7.21, dass sich in der Nähe der Resonanzkreisfrequenz $\omega_0 = 1 / T_0$ eine vom Dämpfungsgrad abhängige Resonanzüberhöhung (vgl. Kap. 3.9.1, Abb. 3.74) ergibt, die für $\vartheta = 0$ theoretisch gegen unendlich ginge. Sie tritt erst bei $\vartheta < 0{,}6$ wesentlich in Erscheinung.

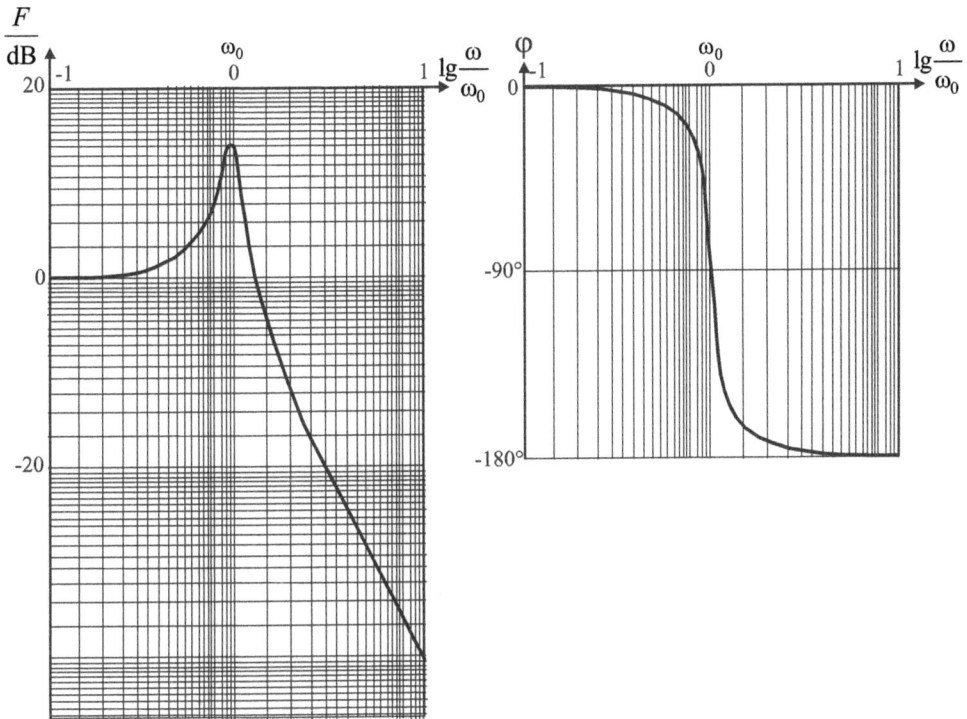

Abb. 7.21: Amplituden- und Phasengang eines T_2-Glieds für $\vartheta = 0,1$

Beispiel:
Für die Schaltung in Abb. 7.22 mit $R_1 = R_2 = R = 10$ kΩ, $R_3 = 2 \cdot R = 20$ kΩ und $C = 1$ μF soll das Bodediagramm gezeichnet werden.

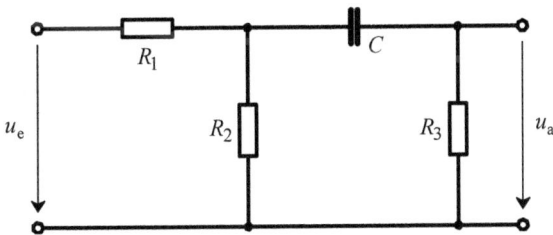

Abb. 7.22: Schaltungsbeispiel

Dazu wird zuerst $\underline{F}(\mathrm{j}\cdot\omega)$ mit Hilfe des Maschenstromverfahrens aufgestellt:

$$\begin{bmatrix} 2\cdot R & -R \\ -R & 3\cdot R + 1/\mathrm{j}\cdot\omega C \end{bmatrix}\cdot\begin{bmatrix} \underline{I}_{\mathrm{I}} \\ \underline{I}_{\mathrm{II}} \end{bmatrix} = \begin{bmatrix} \underline{U}_{\mathrm{e}} \\ 0 \end{bmatrix}$$

$$\underline{U}_{\mathrm{a}} = 2\cdot R\cdot\underline{I}_{\mathrm{II}} = \underline{U}_{\mathrm{e}}\cdot\frac{2\cdot R^2}{5\cdot R^2 + \dfrac{2\cdot R}{\mathrm{j}\cdot\omega C}} = \underline{U}_{\mathrm{e}}\cdot\frac{\mathrm{j}\cdot\omega\cdot R\cdot C}{1+\mathrm{j}\cdot\omega\cdot\dfrac{5\cdot R\cdot C}{2}} = \underline{U}_{\mathrm{e}}\cdot\frac{\mathrm{j}\cdot\omega\cdot T}{1+\mathrm{j}\cdot\omega\cdot\dfrac{5}{2}\cdot T}$$

$$\underline{F}(\mathrm{j}\cdot\omega) = \frac{\underline{U}_{\mathrm{a}}}{\underline{U}_{\mathrm{e}}} = \frac{\mathrm{j}\cdot\omega\cdot T}{1+\mathrm{j}\cdot\omega\cdot\dfrac{5}{2}\cdot T} = \mathrm{j}\cdot\omega\cdot T\cdot\frac{1}{1+\mathrm{j}\cdot\omega\cdot T_1}\qquad \text{mit } T = 10\,\text{ms und } T_1 = 25\,\text{ms}$$

Man kann die Schaltung also als Kettenschaltung eines D-Glieds mit $K_D = 10$ ms und eines T_1-Glieds mit $T_1 = 25$ ms bzw. einer Eckkreisfrequenz $\omega_E = 1/T_1 = 40\,\text{s}^{-1}$ darstellen und daraus den resultierenden Amplituden- und Phasengang ermitteln. In Abb. 7.23 sind die Verläufe für das D- und T_1-Glied gestrichelt gezeichnet.

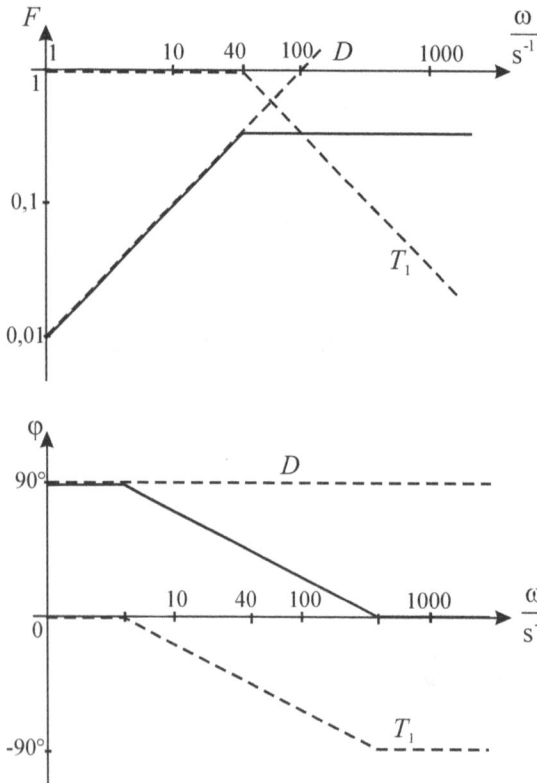

Abb. 7.23: Amplituden- und Phasengang für das Schaltungsbeispiel

Beispiel:
Für einen Reihenschwingkreis mit $R = 100\,\Omega$, $L = 2,5\,\text{mH}$ und $C = 1\,\mu\text{F}$ soll das Bodediagramm gezeichnet werden, wobei anders als in Abb. 7.5 die Ausgangsspannung an dem ohmschen Widerstand abgegriffen wird, d.h. es sind einfach R und C zu vertauschen. Der Übertragungsfaktor wird hier, wie in der Praxis oft üblich, in der Form $\underline{F}(s)$, d.h. wie eine Übertragungsfunktion gebildet. Es wird also einfach $j \cdot \omega$ durch s ersetzt bzw. der Sonderfall $\delta = 0$ angenommen:

$$\underline{F}(s) = \frac{\underline{U}_a(s)}{\underline{U}_e(s)} = \frac{R}{R + s \cdot L + \dfrac{1}{s \cdot C}} = s \cdot R \cdot C \cdot \frac{1}{1 + s \cdot R \cdot C + s^2 \cdot L \cdot C}$$

Man kann die Schaltung demnach als Kettenschaltung eines D- und T_2-Glieds bzw. eines D-Glieds und zweier T_1-Glieder auffassen. Mit den angenommenen Werten für R, L und C ergibt sich demnach:

$$\underline{F}(s) = s \cdot 100 \cdot 10^{-6}\,\text{s} \cdot \frac{1}{1 + s \cdot 100 \cdot 10^{-6}\,\text{s} + s^2 \cdot 2,5 \cdot 10^{-9}\,\text{s}^2}$$

$$= s \cdot 100 \cdot 10^{-6}\,\text{s} \cdot \frac{1}{\left(1 + s \cdot \underbrace{50 \cdot 10^{-6}\,\text{s}}_{T_1}\right) \cdot \left(1 + s \cdot \underbrace{50 \cdot 10^{-6}\,\text{s}}_{T_1}\right)}$$

$$\omega_\text{E} = \frac{1}{T_1} = 20 \cdot 10^3\,\text{s}^{-1}$$

Damit ergibt sich das folgende Bodediagramm in Abb. 7.24; das D-Glied und das sich aus den beiden T_1-Gliedern ergebende T_2-Glied sind dabei wieder gestrichelt und die Kurve für die resultierende Kettenschaltung ausgezogen gezeichnet.

Bei der Geradennäherung im Bodediagramm sieht es so aus, als ob um die Resonanzkreisfrequenz $\omega_0 = 20 \cdot 10^3\,\text{s}^{-1}$ die Ausgangsspannung größer als die Eingangsspannung würde. Dies ist natürlich nicht der Fall (vgl. Kap. 3.9.1), vielmehr wird die Ausgangsspannung bei ω_0 gleich der Eingangsspannung. Man muss hier bedenken, dass durch die Geradennäherung bei der Eckkreisfrequenz eines T_1-Glieds ein Fehler von 3 dB entsteht, d.h. in Wirklichkeit ist an diesem Punkt der Betrag von F um 3 dB kleiner.

Der Phasenverschiebungswinkel ist unterhalb der Resonanzkreisfrequenz positiv, da der Strom der Eingangsspannung vorauseilt, d.h. die Schaltung zeigt hier ohmsch/kapazitives Verhalten. An R wir eine dem Strom phasengleiche Ausgangsspannung hervorgerufen. Bei der Resonanzkreisfrequenz ist der Phasenverschiebungswinkel null und oberhalb derselben ist er negativ, d.h. die Schaltung zeigt hier ein ohmsch/induktives Verhalten (vgl. Kap. 3.9.1).

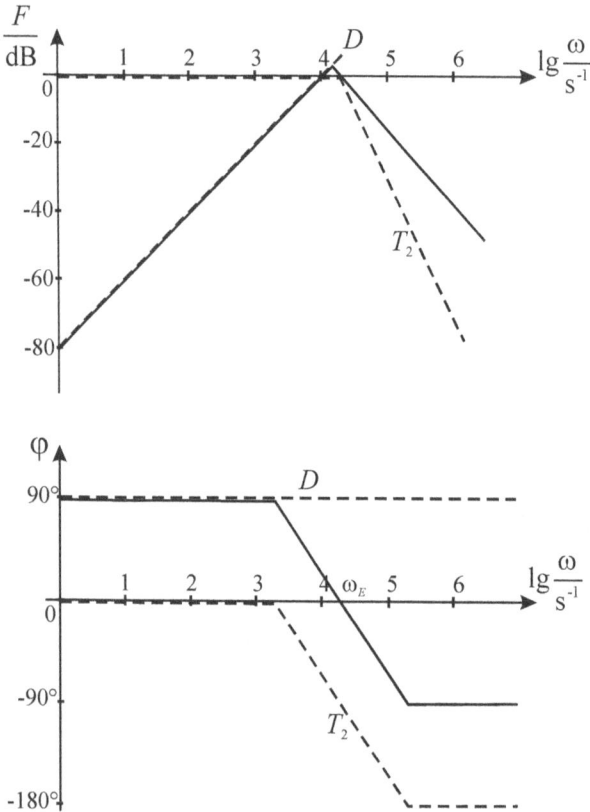

Abb. 7.24: Bodediagramm für den Reihenschwingkreis mit $\underline{U}_R$ als Ausgangsspannung

Aufgabe 7.3

Für den Allpass in Abb. 7.11 soll das Bodediagramm für die Werte $R = 1 \text{ k}\Omega$ und $C = 100 \text{ nF}$ gezeichnet werden.

7.1.5   Filter

Anhand des Amplitudengangs der Bodediagramme ist festzustellen, dass das Verhältnis der Eingangs- zur Ausgangsgröße mancher Schaltungen in bestimmten Frequenzbereichen ein Maximum aufweist und damit auch ein Maximum an elektrischer Leistung übertragen wird, während das Verhältnis bei anderen Frequenzbereichen wesentlich abfällt. Den Bereich guter Leistungsübertragung nennt man **Durchlassbereich** und den Bereich schlechter Leistungsübertragung **Sperrbereich**. Netzwerke mit einer Folge von Durchlass- und Sperrbereichen heißen **Filter** oder **Siebnetzwerke**. Natürlich muss definiert werden, was als schlechte Leistungsübertragung zu werten ist. Dazu definiert man eine so genannte **Grenzfrequenz** f_g bzw.

Grenzkreisfrequenz ω_g, bei der die übertragene Leistung gegenüber der maximal übertragenen auf die Hälfte bzw. um 3 dB abgesunken ist. Bei einem Verzögerungsglied 1. Ordnung ist dies z.B. bei der Eckkreisfrequenz ω_E der Fall (vgl. Kap. 7.1.4, Abb. 7.17). Wird ein Netzwerk mit einem ohmschen Widerstand R_a belastet, so ist die übertragene Leistung bei jeder Frequenz $P = R_a \cdot I_a^2 = U_a^2 / R_a$. Setzt man dies in die Definitionsgleichung für die Grenzkreisfrequenz ein, so erhält man (vgl. auch Kap 3.9.1):

$$\frac{P(\omega_g)}{P_{max}} = \frac{1}{2} \qquad \frac{U_a(\omega_g)}{U_{a_{max}}} = \frac{I_a(\omega_g)}{I_{a_{max}}} = \frac{1}{\sqrt{2}} \qquad\qquad (7.11)$$

Im Rahmen dieses Buches soll auf die Filter nicht ausführlich eingegangen werden. Es wird hauptsächlich anhand bereits in den vorigen Kapiteln besprochener Schaltungen deren Filterverhalten diskutiert. Dabei unterscheidet man zwischen Tief-, Hoch- und Bandpässen, außerdem wurde bereits eine Sonderform, der **Allpass** (vgl. Kap. 7.1.3 und Lösung zu Aufgabe 7.3), besprochen. Ein **Tiefpass** ist ein Netzwerk, das bei tiefen Frequenzen seinen Durchlass- und bei hohen seinen Sperrbereich hat. Entsprechend hat ein **Hochpass** bei hohen Frequenzen seinen Durchlassbereich und ein **Bandpass** nur in einem bestimmten Frequenzbereich, oberhalb und unterhalb davon hat er seinen Sperrbereich. Ein Allpass ist in seinem Durchlassverhalten frequenzunabhängig.

Das Verzögerungsglied 1. Ordnung nach Abb. 7.3 mit seinem in Abb. 7.17 wiedergegebenen Bodediagramm ist demnach ein Tiefpass. Enthält ein Netzwerk nur einen kapazitiven oder induktiven Blindwiderstand, so nennt man ihn Tiefpass 1. Ordnung. Eine bessere Filterfunktion übt ein Netzwerk aus, wenn nicht nur wie beim T_1-Glied der Betrag von $\underline{F}$ oberhalb der Grenzkreisfrequenz pro Dekade der Kreisfrequenz um 20 dB abfällt, sondern wie z.B. bei dem T_2-Glied in Abb. 7.20 mit $\vartheta = 1$ um 40 dB, dieses entspricht einem Tiefpass 2. Ordnung.

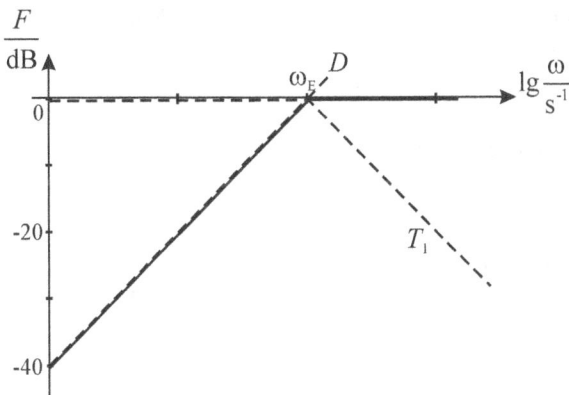

Abb. 7.25: Hochpass 1. Ordnung

Die beiden Schaltungen in Abb. 7.4 weisen den in Abb. 7.25 dargestellten Frequenzgang auf und stellen somit einen Hochpass 1. Ordnung dar. Eine Schaltung mit einem Frequenzgang wie in Abb. 7.24 ist ein Bandpass. Bei diesem Bandpass liegt der Durchlassbereich zwischen der oberen und unteren Grenzkreisfrequenz.

Weitere Tief- oder Hochpässe findet man in den Abb. 3.82 und 3.83. Die jeweils linken Schaltungen in beiden Abbildungen stellten einen Tiefpass und die jeweils rechten einen Hochpass dar, wenn man die Spannung an den Klemmen als Eingangs- und die Spannung an R als Ausgangsgröße betrachtet.

7.2   Schaltvorgänge

Schaltvorgänge bei Gleichstrom und mit nur einem unabhängigen Energiespeicher wurden bereits ausführlich in den Kap. 4.7 und 6.3 des ersten Bands behandelt und dort im Zeitbereich mit Hilfe von Differenzialgleichungen gelöst. Dieser Lösungsweg ist auch bei Netzwerken mit zwei oder mehr voneinander unabhängigen oder unterschiedlichen Energiespeichern möglich, auch wenn hier der Lösungsweg meist mit Hilfe der Übertragungsfunktion und Laplacetransformation einfacher ist. In den beiden ersten Unterkapiteln erfolgt die Lösung nochmals für einen Gleichstromkreis mit zwei Energiespeichern und einem Wechselstromkreis mit nur einem Energiespeicher im Zeitbereich, um auch diese Vorgehensweise zu erläutern.

7.2.1   Berechnung eines Gleichstromschaltvorgangs im Zeitbereich

Die im ersten Band behandelten Schaltvorgänge zeigten stets einen exponentiellen Übergang des Anfangswerts einer Größe in den stationären Endzustand. Enthalten Netzwerke sowohl Induktivitäten wie Kapazitäten, so können sie Ausgleichsvorgänge entwickeln, die mit so genannten freien Schwingungen – im Gegensatz zu erzwungenen Schwingungen beim Schalten eines Netzwerks an einer Sinusquelle – in den stationären Endzustand übergehen. Solche Schwingungen sind nur möglich, wenn die beiden Blindzweipole periodisch ihre Energie austauschen können. Bei mehreren gleichartigen Blindzweipolen, also entweder nur Induktivitäten oder nur Kapazitäten, ist dies nicht möglich. Die Lösung erfolgt hier für ein Beispiel im Zeitbereich mit Hilfe einer Differenzialgleichung.

Es soll der zeitliche Verlauf der Spannung u_C in der Schaltung nach Abb. 7.26 nach dem Schließen des Schalters zum Zeitpunkt $t = 0$ ermittelt werden. Die Kapazität war ursprünglich ungeladen, d.h. $u_{C_{(t=0)}} = 0$. Mit dem Maschensatz ergibt sich:

$$u_R + u_L + u_C = U_q$$

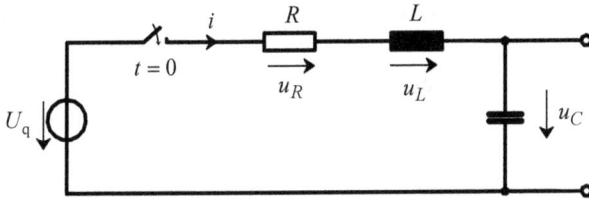

Abb. 7.26: Einschalten eines Reihenschwingkreises

Ersetzt man die Spannungen jeweils entsprechend den Gleichungen aus Tab. 7.1, so erhält man eine lineare inhomogene Differenzialgleichung 2. Ordnung:

$$i \cdot R + L \cdot \frac{di}{dt} + \frac{1}{C} \cdot \int i \cdot dt = U_q \qquad \text{mit} \qquad i = C \cdot \frac{du_C}{dt}$$

$$L \cdot C \cdot \frac{d^2 u_C}{dt^2} + R \cdot C \cdot \frac{du_C}{dt} + u_C = L \cdot C \cdot \ddot{u}_C + R \cdot C \cdot \dot{u}_C + u_C = U_q$$

Übernimmt man noch die in Kap. 7.1.2 für das Verzögerungsglied 2. Ordnung eingeführten bzw. aus Kap. 3.9.1 übernommenen Kenngrößen, so erhält die Differenzialgleichung die Form:

$$T_0{}^2 \cdot \ddot{u}_C + 2 \cdot \vartheta \cdot T_0 \cdot \dot{u}_C + u_C = U_q$$

Die Lösung erfolgt wieder nach dem im ersten Band, Kap. 4.7.1, angegebenen Schema, indem man zunächst die homogene Differenzialgleichung löst, diese mit dem stationären Endzustand der gesuchten Größe überlagert und anschließend die Integrationskonstanten aus den Anfangsbedingungen bestimmt. Der stationäre Endzustand ist leicht zu ermitteln, da die Kapazität nach Abklingen des Einschaltvorgangs auf $u_{C_{st}} = U_q$ aufgeladen wird.

Die Lösung der homogenen Differenzialgleichung erfolgt nach dem Lösungsansatz:

$$u_C = \mathrm{k} \cdot e^{\lambda \cdot t} \quad \text{mit} \quad \lambda = -\frac{1}{\tau} \qquad \frac{du_C}{dt} = \lambda \cdot \mathrm{k} \cdot e^{\lambda \cdot t} \qquad \frac{d^2 u_C}{dt^2} = \lambda^2 \cdot \mathrm{k} \cdot e^{\lambda \cdot t}$$

Setzt man den Lösungsansatz in die homogene Differenzialgleichung ein, so erhält man für den flüchtigen Anteil $u_{C_{fl}}$:

$$T_0{}^2 \cdot \ddot{u}_C + 2 \cdot \vartheta \cdot T_0 \cdot \dot{u}_C + u_C = 0 \qquad T_0{}^2 \cdot \lambda^2 \cdot \mathrm{k} \cdot e^{\lambda \cdot t} + 2 \cdot \vartheta \cdot T_0 \cdot \lambda \cdot \mathrm{k} \cdot e^{\lambda \cdot t} + \mathrm{k} \cdot e^{\lambda \cdot t} = 0$$
$$\mathrm{k} \cdot \left(T_0{}^2 \cdot \lambda^2 + 2 \cdot \vartheta \cdot T_0 \cdot \lambda + 1 \right) \cdot e^{\lambda \cdot t} = 0$$

Soll der Lösungsansatz die Differenzialgleichung erfüllen, so muss der Klammerausdruck null sein. Die Lösung für λ_1 und λ_2 aus der quadratischen Gleichung ergibt dann die allgemeine Lösung für den flüchtigen Teil der Differenzialgleichung:

$$u_{C_\text{fl}} = k_1 \cdot e^{\lambda_1 \cdot t} + k_2 \cdot e^{\lambda_2 \cdot t} \quad \text{bzw. für die doppelte Nullstelle } \lambda_1 = \lambda_2 : \quad u_{C_\text{fl}} = \left(k_1 \cdot t + k_2\right) \cdot e^{\lambda \cdot t}$$

Löst man die quadratische Gleichung für λ, so erhält man:

$$T_0^2 \cdot \lambda^2 + 2 \cdot \vartheta \cdot T_0 \cdot \lambda + 1 = 0 \qquad \lambda^2 + \frac{2 \cdot \vartheta}{T_0} \cdot \lambda + \frac{1}{T_0^2} = 0$$

$$\lambda_{1,2} = -\frac{2 \cdot \vartheta}{2 \cdot T_0} \pm \sqrt{\frac{4 \cdot \vartheta^2}{4 \cdot T_0^2} - \frac{1}{T_0^2}} = -\frac{\vartheta}{T_0} \pm \frac{1}{T_0} \cdot \sqrt{\vartheta^2 - 1} = -\omega_0 \cdot \vartheta \pm \omega_0 \cdot \sqrt{\vartheta^2 - 1}$$

Je nachdem $\vartheta > 1$, $\vartheta < 1$ oder $\vartheta = 1$ ist, d.h. der Wurzelausdruck positiv, negativ oder null wird, erhält man eine andere Lösung. Für den aperiodischen Grenzfall (vgl. Kap. 7.1.2) mit $\vartheta = 1$ erhält man mit $\lambda = -\omega_0 \cdot \vartheta = -\vartheta/T_0$ die allgemeine Lösung:

$$u_C = u_{C_\text{fl}} + u_{C_\text{st}} = \left(k_1 \cdot t + k_2\right) \cdot e^{\lambda \cdot t} + U_q$$

Zur Bestimmung der Konstanten benötigt man noch eine zweite Gleichung. Man gewinnt diese aus $i = C \cdot du_C / dt$. Da sich durch die Induktivität der Strom i nicht sprunghaft ändern kann (vgl. Band 1, Kap. 6.3.1), ist der Anfangswert des Stroms i zum Zeitpunkt $t = 0$ bekannt, es ist $i_{(t=0)} = 0$.

$$u_{C_{(t=0)}} = 0 = 0 + k_2 \cdot e^0 + U_q \qquad k_2 = -U_q$$

$$i_{(t=0)} = 0 = 0 + k_1 \cdot e^0 + k_2 \cdot \lambda \cdot e^0 = k_1 - U_q \cdot \lambda \qquad k_1 = U_q \cdot \lambda = -\frac{\vartheta}{T_0} \cdot U_q = -\frac{1}{T_0} \cdot U_q$$

Die Lösung lautet somit für $\vartheta = 1$:

$$u_C = U_q \cdot \left[1 - \left(1 + \frac{t}{T_0}\right) \cdot e^{-\frac{t}{T_0}}\right] \tag{7.12}$$

Der Kondensator wird auf dem schnellsten Weg aufgeladen, ohne dass u_C über den Wert U_q schwingt.

Für den aperiodischen Fall bei $\vartheta > 1$ erhält man zwei reelle Wurzeln für λ_1 und λ_2. Aus der allgemeinen Lösung und wie im vorigen Fall unter Zuhilfenahme der Stromgleichung, kann man die Konstanten ermitteln:

$$u_C = u_{C_\text{fl}} + u_{C_\text{st}} = k_1 \cdot e^{\lambda_1 \cdot t} + k_2 \cdot e^{\lambda_2 \cdot t} + U_q \qquad u_{C_{(t=0)}} = 0 = k_1 + k_2 + U_q$$

$$i = C \cdot \frac{du_C}{dt} = C \cdot \left(k_1 \cdot \lambda_1 \cdot e^{\lambda_1 \cdot t} + k_2 \cdot \lambda_2 \cdot e^{\lambda_2 \cdot t}\right) \qquad i_{(t=0)} = 0 = C \cdot \left(k_1 \cdot \lambda_1 + k_2 \cdot \lambda_2\right)$$

Für die beiden unbekannten Konstanten liegen somit zwei Gleichungen vor, und es ergibt sich:

$$k_1 = \frac{\lambda_2}{\lambda_1 - \lambda_2} \cdot U_q \qquad k_2 = -\frac{\lambda_1}{\lambda_1 - \lambda_2} \cdot U_q \qquad \text{mit}$$

$$\lambda_{1,2} = -\frac{\vartheta}{T_0} \pm \frac{1}{T_0} \cdot \sqrt{\vartheta^2 - 1} = -\frac{R}{2 \cdot L} \pm \frac{1}{\sqrt{L \cdot C}} \cdot \sqrt{\frac{R^2 \cdot C}{4 \cdot L} - 1} = -\frac{R}{2 \cdot L} \pm \sqrt{\frac{R^2}{4 \cdot L^2} - \frac{1}{L \cdot C}}$$

Dabei wurden die Kenngrößen des Schwingkreises nach Kap. 7.1.2 wieder durch die Schaltungsgrößen ersetzt. Die Lösung für $\vartheta > 1$ lautet somit:

$$u_C = U_q \cdot \left(1 + \frac{\lambda_2}{\lambda_1 - \lambda_2} \cdot e^{\lambda_1 \cdot t} - \frac{\lambda_1}{\lambda_1 - \lambda_2} \cdot e^{\lambda_2 \cdot t} \right) \tag{7.13}$$

Für den periodischen Fall bei $\vartheta < 1$ ergibt sich die gleiche Lösung wie vorher, allerdings sind jetzt λ_1 und λ_2 zwei konjugiert komplexe Wurzeln.

$$\lambda_{1,2} = -\omega_0 \cdot \vartheta \pm \omega_0 \cdot \sqrt{\vartheta^2 - 1} = -\omega_0 \cdot \vartheta \pm \omega_0 \cdot \sqrt{(-1) \cdot (1 - \vartheta^2)} = -\omega_0 \cdot \vartheta \pm j \cdot \omega_0 \cdot \sqrt{1 - \vartheta^2}$$

Man kann nun λ_1 und λ_2 entsprechend Gleichung 7.2 als komplexe Kreisfrequenzen auffassen, demnach wäre der Faktor $\delta = \omega_0 \cdot \vartheta$ negativ und entspräche einer Abklingkonstanten, während der Ausdruck $\omega_0 \cdot \sqrt{1 - \vartheta^2}$ die so genannte **Eigenkreisfrequenz** ω_d darstellt. Der Betrag und Phasenwinkel Θ der komplexen Kreisfrequenzen wären nach den bisherigen Definitionen:

$$\sqrt{\delta^2 + \omega_d{}^2} = \sqrt{\omega_0{}^2 \cdot \vartheta^2 + \omega_0{}^2 \cdot (1 - \vartheta^2)} = \omega_0 \qquad \Theta = \arctan \frac{\delta}{\omega_d}$$

Diesen Winkel Θ nennt man **Dämpfungswinkel**, mit ihm kann man auch die Abklingkonstante, den Dämpfungsgrad und die Eigenkreisfrequenz ausdrücken:

$$\vartheta = \frac{\delta}{\omega_0} = \sin \Theta \qquad \delta = \omega_0 \cdot \vartheta = \omega_0 \cdot \sin \Theta \qquad \text{und aus } 1 - \sin^2 \alpha = \cos^2 \alpha \text{ erhält man}$$

$$\omega_d = \omega_0 \cdot \sqrt{1 - \vartheta^2} = \omega_0 \cdot \cos \Theta$$

Setzt man diese Ergebnisse ein, so erhält man für den Fall bei $\vartheta < 1$, d.h. den periodischen Fall:

$$u_C = U_q \cdot \left[1 - \left(\cos \omega_d t + \frac{\vartheta}{\sqrt{1 - \vartheta^2}} \cdot \sin \omega_d t \right) \cdot e^{-\omega_0 \cdot \vartheta \cdot t} \right]$$

$$= U_q \cdot \left[1 - \frac{\omega_0}{\omega_d} \cdot e^{-\omega_0 \cdot \vartheta \cdot t} \cdot \cos(\omega_d t - \Theta) \right] \tag{7.14}$$

Die Zeitverläufe für die drei Fälle sind in Abb. 7.27 wiedergegeben.

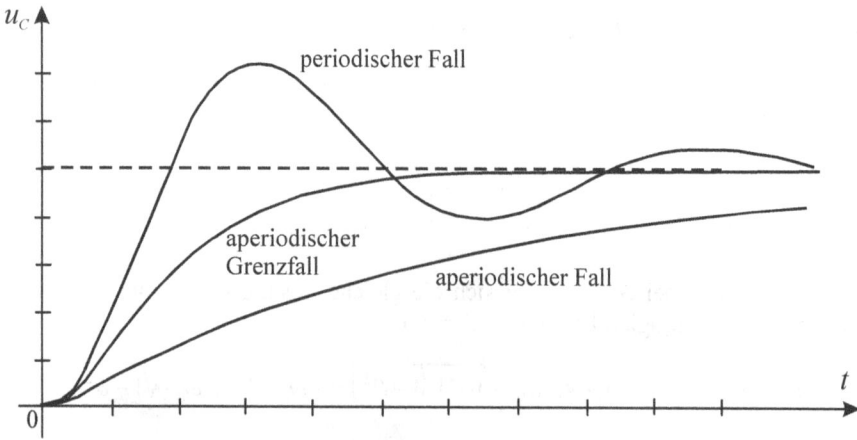

Abb. 7.27: Liniendiagramm für die Spannung u_C beim Einschalten eines Reihenschwingkreises

Wollte man auch die anderen Spannungen für die drei Fälle ermitteln, so kann man dies mit Hilfe der Gleichungen $i = C \cdot du_C/dt$ und dann $u_R = i \cdot R$ und $u_L = L \cdot di/dt$ tun. Man sieht, dass die Berechnung selbst eines so einfachen Schaltvorgangs im Zeitbereich sehr aufwändig ist.

7.2.2   Berechnung eines Wechselstromschaltvorgangs im Zeitbereich

Auch dieser Schaltvorgang soll für ein Beispiel im Zeitbereich berechnet werden. In Abb. 7.28 wird ein ungeladener Kondensator zum Zeitpunkt $t = 0$ einer sinusförmigen Wechselspannungsquelle mit $u = \hat{u} \cdot \cos(\omega t + \varphi_u)$ zugeschaltet. Zu bestimmen ist der zeitliche Verlauf der Spannung am Kondensator.

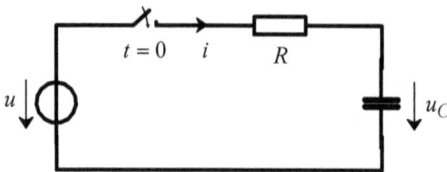

Abb. 7.28: Zuschalten einer Kapazität an eine Wechselspannungsquelle

Die Maschengleichung nach dem Schließen des Schalters lautet:

$$R \cdot i + u_C = R \cdot C \cdot \frac{du_C}{dt} + u_C = \tau \cdot \frac{du_C}{dt} + u_C = u$$

Die Lösung der homogenen Differenzialgleichung ergibt $u_{C_{fl}} = \mathrm{k} \cdot \mathrm{e}^{-\frac{t}{\tau}}$.

Der stationäre Endzustand ist $u_{C_{st}} = \hat{u}_C \cdot \left(\cos \omega t + \varphi_{u_C}\right)$ mit $\varphi_{u_C} = \varphi_i + \varphi = \varphi_i - 90°$ und

$$\hat{u}_C = \hat{i} \cdot X_C = \frac{\hat{u}}{Z} \cdot \frac{1}{\omega C} = \frac{\hat{u}}{\sqrt{R^2 + \left(\frac{1}{\omega C}\right)^2} \cdot \omega C} = \frac{\hat{u}}{\sqrt{1 + (\omega \cdot R \cdot C)^2}}$$

$$u_{C_{st}} = \frac{\hat{u}}{\sqrt{1 + (\omega \cdot R \cdot C)^2}} \cdot \cos(\omega t + \varphi_i - 90°) = \hat{u}_C \cdot \sin(\omega t + \varphi_i)$$

Die beiden Teillösungen werden überlagert und aus der Anfangsbedingung die Konstante k ermittelt:

$$u_C = u_{C_{fl}} + u_{C_{st}} = \mathrm{k} \cdot \mathrm{e}^{-\frac{t}{\tau}} + \hat{u}_C \cdot \sin(\omega t + \varphi_i)$$

$$u_{C_{(t=0)}} = 0 = \mathrm{k} \cdot \mathrm{e}^0 + \hat{u}_C \cdot \sin(0 + \varphi_i) = \mathrm{k} + \hat{u}_C \cdot \sin \varphi_i \qquad \mathrm{k} = -\hat{u}_C \cdot \sin \varphi_i$$

$$u_C = \hat{u}_C \cdot \sin(\omega t + \varphi_i) - \hat{u}_C \cdot \sin \varphi_i \cdot \mathrm{e}^{-\frac{t}{\tau}}$$

$$\text{mit} \quad \hat{u}_C = \frac{\hat{u}}{\sqrt{1 + (\omega \cdot R \cdot C)^2}} \qquad \text{und} \qquad \tau = R \cdot C \tag{7.15}$$

Daraus kann man den zeitlichen Verlauf des Stroms i bestimmen:

$$i = C \cdot \frac{du_C}{dt} = \omega C \cdot \hat{u}_C \cdot \cos(\omega t + \varphi_i) + \frac{\hat{u}_C}{R} \cdot \sin \varphi_i \cdot \mathrm{e}^{-\frac{t}{\tau}}$$

Der Verlauf von u_C und i hängt also wesentlich vom Schaltaugenblick ab. Dies soll für die beiden Extremfälle $\varphi_i = 0$ und $\varphi_i = 90°$ gezeigt werden. Bei $\varphi_i = 0$ (linkes Liniendiagramm in Abb. 7.29) erhält man einen nullphasigen Kosinusverlauf des Stroms und einen nullphasigen Sinusverlauf der Spannung u_C, d.h. der Schaltzeitpunkt fällt mit dem Nulldurchgang des stationären Endzustands von u_C zusammen, man nennt diesen Sonderfall einen **zwanglosen Ausgleich**. Der Strom springt im Schaltaugenblick auf seinen, durch den Widerstand begrenzten, Scheitelwert und lädt dadurch den Kondensator auf. In Abb. 7.29 ist dazu noch gestrichelt die Quellenspannung u aufgetragen.

Beim zweiten Sonderfall bei $\varphi_i = 90°$ wird im Scheitelwert des stationären Endzustands von u_C geschaltet. Dies nennt man den **Ausgleich unter größtem Zwang**. Die Spannung u_C kann nicht sprunghaft ansteigen, deshalb überlagert sich hier dem stationären Anteil der nach einer e-Funktion abklingende flüchtige Anteil.

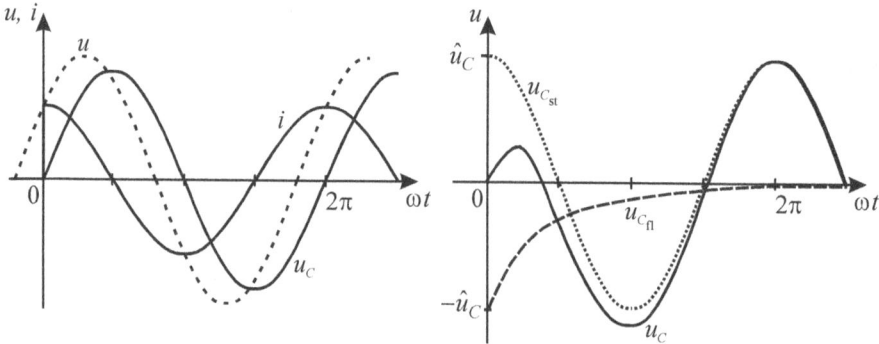

Abb. 7.29: Schalten einer Kapazität an einer Sinusquelle

7.2.3   Laplacetransformation

Die Lösung einer Differenzialgleichung mit Hilfe der Laplacetransformation erfolgt nach folgendem Schema:

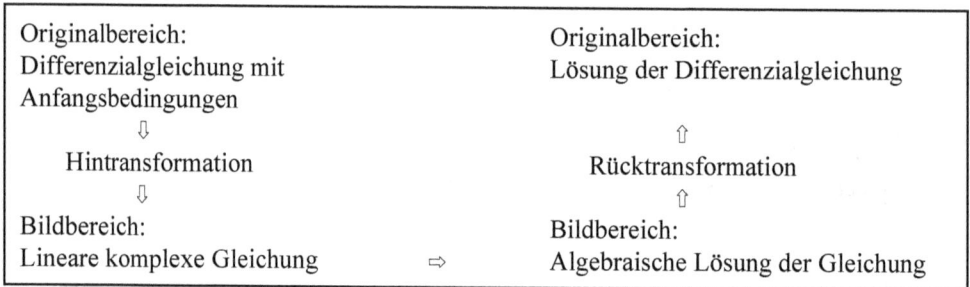

Originalbereich: Differenzialgleichung mit Anfangsbedingungen	Originalbereich: Lösung der Differenzialgleichung
⇩	⇧
Hintransformation	Rücktransformation
⇩	⇧
Bildbereich: Lineare komplexe Gleichung ⇨	Bildbereich: Algebraische Lösung der Gleichung

Bei nur einem Energiespeicher ist die Lösung durch Aufstellen der Differenzialgleichung und Lösung derselben im Zeitbereich mit vertretbarem Aufwand möglich. Sobald aber mehrere unabhängige Energiespeicher in einer Schaltung vorkommen, wird die Lösung im Zeitbereich sehr aufwändig, wie in Kap. 7.2.1 deutlich vor Augen geführt wurde.

Bedeutend einfacher wird die Berechnung linearer Systeme mit Hilfe der **Laplacetransformation**. Die Differenzialgleichung mit ihren Anfangsbedingungen wird durch die **Hintransformation** vom Zeitbereich in den Bildbereich überführt. Dadurch entsteht eine algebraische

Gleichung, die zu lösen ist. Anschließend wird das Ergebnis wieder in den Zeitbereich **rück-transformiert** (siehe Kasten).

Noch einfacher wird die Problemlösung, wenn die Übertragungsfunktion des Netzwerks bereits bekannt ist oder leicht aufgestellt werden kann. Setzt man dann nur noch für die Eingangsgröße deren Laplacetransformierte ein und stellt die Gleichung nach der Ausgangsgröße um, so erhält man diese sofort im Bildbereich. Es muss nur noch die Rücktransformation erfolgen.

$$\underline{F}(s) = \frac{\underline{X}_a(s)}{\underline{X}_e(s)} \qquad \underline{X}_a(s) = \underline{F}(s) \cdot \underline{X}_e(s)$$

Die Hintransformation vom Zeit- in den Bildbereich wurde bereits in Kap. 7.1.1 durch Gleichung 7.3 beschrieben. Die Voraussetzungen zur Anwendung der Laplacetransformation werden als bekannt vorausgesetzt; die meisten Übertragungsglieder und Übertragungsvorgänge in der Elektrotechnik erfüllen diese Voraussetzungen.

$$\underline{F}(s) = \int_0^\infty f(t) \cdot e^{-s \cdot t} \cdot dt$$

Die Rücktransformation in den Originalbereich erfolgt durch die Umkehrung:

$$L^{-1}\{\underline{F}(s)\} = \frac{1}{2\,\pi \cdot j} \cdot \int_{\delta_0 - j \cdot \infty}^{\delta_0 + j \cdot \infty} \underline{F}(s) \cdot e^{-s \cdot t} ds = \begin{cases} f(t) & \text{für } t \geq 0 \\ 0 & \text{für } t < 0 \end{cases}$$

In der Praxis werden weder die Hin- noch die Rücktransformation durch Anwendung der angeführten Gleichungen durchgeführt, sondern dies erfolgt in der Regel mit Hilfe von Korrespondenztabellen; diese gelten jeweils in beide Richtungen, können also sowohl zur Hin- wie auch Rücktransformation benutzt werden. Solche Tabellen sind in allen einschlägigen Mathematikbüchern zu finden. Für die spezielle Anwendung in der Elektrotechnik sind einige wesentliche Korrespondenzen in Tabelle 7.3 zusammengefasst.

Es ist nochmals darauf hinzuweisen, dass dabei $f(t)$ nur für $t \geq 0$ definiert ist, für $t < 0$ ist $f(t)$ null.

Vorher werden noch in Tabelle 7.2 die wichtigsten Grundregeln der Laplacetransformation angegeben. Auf Herleitungen und Beweise wird dabei verzichtet, da die Kenntnis der Laplacetransformation vorausgesetzt wird.

Tab. 7.2: Wichtige Regeln der Laplacetransformation

Nr.	Originalbereich für $t \geq 0$		Bildbereich
1	Multiplikation mit Konstante	$a \cdot f(t)$	$a \cdot \underline{F}(s)$
2	Additionssatz	$f_1(t) \pm f_2(t)$	$\underline{F}_1(s) \pm \underline{F}_2(s)$
3	Dehnung im Zeitbereich	$f(a \cdot t)$	$\dfrac{1}{a} \cdot \underline{F}\left(\dfrac{s}{a}\right)$
4	Ähnlichkeitssatz	$\dfrac{1}{a} \cdot f\left(\dfrac{t}{a}\right)$	$\underline{F}(a \cdot s)$
5	Zeitverschiebung	$f(t - t_0)$	$e^{-s \cdot t_0} \cdot \underline{F}(s)$
6	Periodische Funktionen	$f(t) = f(t + T)$	$\int_0^T e^{-s \cdot t} \cdot f(t) \cdot dt \left/ \left(1 - e^{-s \cdot T}\right)\right.$
7	Dämpfung im Zeitbereich	$e^{-a \cdot t} \cdot f(t)$	$\underline{F}(s + a)$
8	Differenzieren im Zeitbereich	$f'(t)$ $f''(t)$	$s \cdot \underline{F}(s) - f(0)$ $s^2 \cdot \underline{F}(s) - s \cdot f(0) - f'(0)$
9	Integrieren im Zeitbereich	$\int_0^t f(\tau) \cdot d\tau$	$\dfrac{1}{s} \cdot \underline{F}(s)$
10	Faltung im Zeitbereich	$\int_0^t f_1(\tau) \cdot f_2(t - \tau) \cdot d\tau$	$\underline{F}_1(s) \cdot \underline{F}_2(s)$

Tab. 7.3: Korrespondenzen der Laplacetransformation

Nr.	Originalbereich für $t \geq 0$	Bildbereich
1	$\dfrac{d^2 \varepsilon(t)}{dt^2} \qquad \varepsilon(t) = \begin{cases} 0 & \text{für } t < 0 \\ 1 & \text{für } t \geq 0 \end{cases}$	s
2	$\dfrac{d\varepsilon(t)}{dt}$	1
3	1	$\dfrac{1}{s}$
4	t	$\dfrac{1}{s^2}$

5	$\dfrac{t^{n-1}}{(n-1)!} \quad n = 1, 2, 3, \ldots$	$\dfrac{1}{s^{n}}$
6	$e^{-a \cdot t}$	$\dfrac{1}{s+a}$
7	$t \cdot e^{-a \cdot t}$	$\dfrac{1}{(s+a)^{2}}$
8	$\dfrac{t^{n} \cdot e^{-a \cdot t}}{n!} \quad n = 0, 1, 2, 3, \ldots$	$\dfrac{1}{(s+a)^{n+1}}$
9	$\dfrac{1}{a} \cdot \left(1 - e^{-a \cdot t}\right)$	$\dfrac{1}{s \cdot (s+a)}$
10	$\sin \omega t$	$\dfrac{\omega}{s^{2} + \omega^{2}}$
11	$\sinh \omega t$	$\dfrac{\omega}{s^{2} - \omega^{2}}$
12	$\cos \omega t$	$\dfrac{s}{s^{2} + \omega^{2}}$
13	$\cosh \omega t$	$\dfrac{s}{s^{2} - \omega^{2}}$
14	$(1 - a \cdot t) \cdot e^{-a \cdot t}$	$\dfrac{s}{(s+a)^{2}}$
15	$\dfrac{1}{a^{2}} \cdot \left[1 - (1 + a \cdot t) \cdot e^{-a \cdot t}\right]$	$\dfrac{1}{s \cdot (s+a)^{2}}$
16	$\dfrac{1}{a^{2}} \cdot \left(a \cdot t - 1 + e^{-a \cdot t}\right)$	$\dfrac{1}{s^{2} \cdot (s+a)}$
17	$\dfrac{1}{\omega^{2}} \cdot (1 - \cos \omega t)$	$\dfrac{1}{s \cdot (s^{2} + \omega^{2})}$
18	$\dfrac{1}{\omega^{2}} \cdot (\cosh \omega t - 1)$	$\dfrac{1}{s \cdot (s^{2} - \omega^{2})}$
19	$\dfrac{e^{-a \cdot t} - e^{-b \cdot t}}{b - a}$	$\dfrac{1}{(s+a) \cdot (s+b)}$
20	$\dfrac{e^{-\frac{t}{a}} - e^{-\frac{t}{b}}}{a - b}$	$\dfrac{1}{(1 + s \cdot a) \cdot (1 + s \cdot b)}$

21	$\dfrac{a\cdot e^{-a\cdot t}-b\cdot e^{-b\cdot t}}{a-b}$	$\dfrac{s}{(s+a)\cdot(s+b)}$
22	$\dfrac{a\cdot e^{-\frac{t}{b}}-b\cdot e^{-\frac{t}{a}}}{a\cdot b\cdot(a-b)}$	$\dfrac{s}{(1+s\cdot a)\cdot(1+s\cdot b)}$
23	$\dfrac{1}{a\cdot b}+\dfrac{b\cdot e^{-a\cdot t}-a\cdot e^{-b\cdot t}}{a\cdot b\cdot(a-b)}$	$\dfrac{1}{s\cdot(s+a)\cdot(s+b)}$
24	$1-\dfrac{a\cdot e^{-\frac{t}{a}}-b\cdot e^{-\frac{t}{b}}}{a-b}$	$\dfrac{1}{s\cdot(1+s\cdot a)\cdot(1+s\cdot b)}$
25	$\dfrac{e^{-a\cdot t}+[(a-b)\cdot t-1]\cdot e^{-b\cdot t}}{(a-b)^2}$	$\dfrac{1}{(s+a)\cdot(s+b)^2}$
26	$\dfrac{[a-b\cdot(a-b)\cdot t]\cdot e^{-b\cdot t}-a\cdot e^{-a\cdot t}}{(a-b)^2}$	$\dfrac{s}{(s+a)\cdot(s+b)^2}$
27	$\dfrac{(b-c)\cdot e^{-a\cdot t}+(c-a)\cdot e^{-b\cdot t}+(a-b)\cdot e^{-c\cdot t}}{(b-a)\cdot(c-a)\cdot(b-c)}$	$\dfrac{1}{(s+a)\cdot(s+b)\cdot(s+c)}$
28	$\dfrac{a\cdot(b-c)\cdot e^{-a\cdot t}+b\cdot(c-a)\cdot e^{-b\cdot t}+c\cdot(a-b)\cdot e^{-c\cdot t}}{(b-a)\cdot(c-a)\cdot(c-b)}$	$\dfrac{s}{(s+a)\cdot(s+b)\cdot(s+c)}$
29	$\sin^2(\omega t)$	$\dfrac{2\cdot\omega^2}{s\cdot(s^2+4\cdot\omega^2)}$
30	$\cos^2(\omega t)$	$\dfrac{s^2+2\cdot\omega^2}{s\cdot(s^2+4\cdot\omega^2)}$
31	$\sin(\omega t+\varphi)$	$\dfrac{s\cdot\sin\varphi+\omega\cdot\cos\varphi}{s^2+\omega^2}$
32	$\cos(\omega t+\varphi)$	$\dfrac{s\cdot\cos\varphi-\omega\cdot\sin\varphi}{s^2+\omega^2}$
33	$e^{-a\cdot t}\cdot\sin\omega t$	$\dfrac{\omega}{(s+a)^2+\omega^2}$
34	$e^{-a\cdot t}\cdot\cos\omega t$	$\dfrac{s+a}{(s+a)^2+\omega^2}$
35	$e^{-a\cdot t}\cdot\cos(\omega t+\varphi)$	$\dfrac{(s+a)\cdot\cos\varphi-\omega\cdot\sin\varphi}{(s+a)^2+\omega^2}$

36	$\dfrac{1}{2\cdot\omega^3}\cdot(\sin\omega t-\omega t\cdot\cos\omega t)$	$\dfrac{1}{\left(s^2+\omega^2\right)^2}$
37	$\dfrac{t}{2\cdot\omega}\cdot\sin\omega t$	$\dfrac{s}{\left(s^2+\omega^2\right)^2}$
38	$\dfrac{1}{2\cdot\omega}\cdot(\sin\omega t+\omega t\cdot\cos\omega t)$	$\dfrac{s^2}{\left(s^2+\omega^2\right)^2}$
39	$\dfrac{1}{2}\cdot(2\cdot\cos\omega t-\omega t\cdot\sin\omega t)$	$\dfrac{s^3}{\left(s^2+\omega^2\right)^2}$
40	$\dfrac{a\cdot\sin\omega t-\omega\cdot\cos\omega t+\omega\cdot e^{-a\cdot t}}{a^2+\omega^2}$	$\dfrac{\omega}{\left(s+a\right)\cdot\left(s^2+\omega^2\right)}$
41	$\dfrac{a\cdot\cos\omega t+\omega\cdot\sin\omega t-a\cdot e^{-a\cdot t}}{a^2+\omega^2}$	$\dfrac{s}{\left(s+a\right)\cdot\left(s^2+\omega^2\right)}$
42	$\dfrac{\cos\left(\omega t+\varphi-\arctan\omega/a\right)-\cos\left(\varphi-\arctan\omega/a\right)\cdot e^{-a\cdot t}}{\sqrt{a^2+\omega^2}}$	$\dfrac{s\cdot\cos\varphi-\omega\cdot\sin\varphi}{\left(s+a\right)\cdot\left(s^2+\omega^2\right)}$
43	$\dfrac{1}{a^2+\omega^2}\cdot\left[1-e^{-a\cdot t}\cdot\left(\cos\omega t+\dfrac{a}{\omega}\cdot\sin\omega t\right)\right]$	$\dfrac{1}{s\cdot\left[\left(s+a\right)^2+\omega^2\right]}$

Für die folgenden Korrespondenzen werden die Abkürzungen verwendet:

$$\omega_d=\sqrt{b^2-a^2}\qquad j\cdot\omega_d=\sqrt{a^2-b^2}$$

$$\lambda_{1,2}=-a\pm\sqrt{a^2-b^2}=-a\pm j\cdot\omega_d$$

$$\Phi=\arctan\frac{\left(b^2-\omega^2\right)\cdot\sin\varphi-2\cdot a\cdot\omega\cdot\cos\varphi}{2\cdot a\cdot\omega\cdot\sin\varphi+\left(b^2-\omega^2\right)\cdot\cos\varphi}$$

$$x=\omega\cdot\sin\Phi-a\cdot\cos\Phi\qquad\gamma=\arctan\frac{x}{\omega_d\cdot\cos\Phi}$$

$$k_1=\frac{\cos\Phi}{\cos\gamma}\qquad k_2=\frac{\lambda_2\cdot\cos\Phi-\omega\cdot\sin\Phi}{j\cdot2\cdot\omega_d}$$

$$k_3=\frac{\omega\cdot\sin\Phi-\lambda_1\cdot\cos\Phi}{j\cdot2\cdot\omega_d}$$

44	$a^2 < b^2 : \dfrac{1}{\omega_d} \cdot e^{-a \cdot t} \cdot \sin \omega_d\, t$ $a^2 = b^2 : t \cdot e^{-a \cdot t}$ $a^2 > b^2 : \dfrac{1}{j \cdot 2 \cdot \omega_d} \cdot \left(e^{\lambda_1 \cdot t} - e^{\lambda_2 \cdot t} \right)$	$\dfrac{1}{s^2 + s \cdot 2 \cdot a + b^2}$
45	$a^2 < b^2 : \left(\cos \omega_d\, t - \dfrac{a}{\omega_d} \cdot \sin \omega_d\, t \right) \cdot e^{-a \cdot t}$ $a^2 = b^2 : (1 - a \cdot t) \cdot e^{-a \cdot t}$ $a^2 > b^2 : \dfrac{1}{j \cdot 2 \cdot \omega_d} \cdot \left(\lambda_1 \cdot e^{\lambda_1 \cdot t} - \lambda_2 \cdot e^{\lambda_2 \cdot t} \right)$	$\dfrac{s}{s^2 + s \cdot 2 \cdot a + b^2}$
46	$a^2 < b^2 : \dfrac{1}{b^2} \cdot \left[1 - \left(\cos \omega_d\, t + \dfrac{a}{\omega_d} \cdot \sin \omega_d\, t \right) \cdot e^{-a \cdot t} \right]$ $a^2 < b^2 : \dfrac{1}{a^2} \cdot \left[1 - (1 + a \cdot t) \cdot e^{-a \cdot t} \right]$ $a^2 > b^2 : \dfrac{1}{b^2} \cdot \left(1 + \dfrac{\lambda_2}{j \cdot 2 \cdot \omega_d} \cdot e^{\lambda_1 \cdot t} - \dfrac{\lambda_1}{j \cdot 2 \cdot \omega_d} \cdot e^{\lambda_2 \cdot t} \right)$	$\dfrac{1}{s \cdot \left(s^2 + s \cdot 2 \cdot a + b^2 \right)}$
47	$a^2 < b^2 : \dfrac{\cos(\omega t + \Phi) - k_1 \cdot \cos(\omega_d\, t + \gamma) \cdot e^{-a \cdot t}}{\sqrt{\left(b^2 - \omega^2 \right)^2 + 4 \cdot a^2 \cdot \omega^2}}$ $a^2 = b^2 : \dfrac{\cos(\omega t + \Phi) + (x \cdot t - \cos \Phi) \cdot e^{-a \cdot t}}{\sqrt{\left(b^2 - \omega^2 \right)^2 + 4 \cdot a^2 \cdot \omega^2}}$ $a^2 > b^2 : \dfrac{\cos(\omega t + \Phi) + k_2 \cdot e^{-\lambda_1 \cdot t} - k_3 \cdot e^{-\lambda_2 \cdot t}}{\sqrt{\left(b^2 - \omega^2 \right)^2 + 4 \cdot a^2 \cdot \omega^2}}$	$\dfrac{s \cdot \cos \varphi - \omega \cdot \sin \varphi}{\left(s^2 + \omega^2 \right) \cdot \left(s^2 + s \cdot 2 \cdot a + b^2 \right)}$

7.2.4 Anwendung der Laplacetransformation auf Erregerfunktionen

Das Eingangssignal eines Vierpols nennt man auch **Erregerfunktion**. Möchte man also den zeitlichen Verlauf der Ausgangsgröße bei einer bestimmten Eingangsgröße aus der Gleichung $\underline{X}_a(s) = \underline{F}(s) \cdot \underline{X}_e(s)$ ermitteln, so muss zunächst $x_e(t)$ in den Bildbereich transformiert werden. Für viele gängige Eingangssignalverläufe ist dies direkt aus der Transformationstabelle möglich. Zum Beispiel würde der Schaltsprung zum Zeitpunkt $t = 0$ einer Eingangsspannung von null auf den konstanten Wert U_q im Zeit- und Bildbereich nach Tab. 7.3, Nr. 3 und Tab. 7.2, Nr. 1 lauten:

$$u = \begin{cases} 0 & \text{für } t < 0 \\ \hat{u} & \text{für } t > 0 \end{cases} \qquad \underline{U}(s) = \frac{\hat{u}}{s}$$

Etwas schwieriger sind die drei nichtperiodischen Erregerfunktionen in Abb. 7.30.

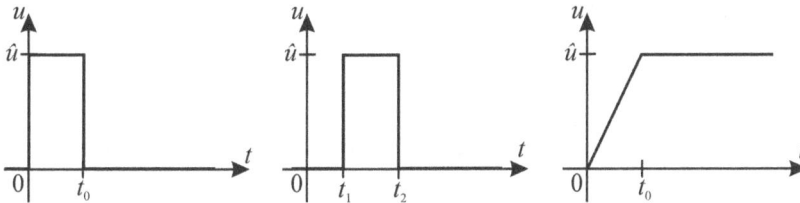

Abb. 7.30: Drei nichtperiodische Erregerfunktionen

Für den linken Spannungsverlauf lautet die Zeitgleichung:

$$u = \begin{cases} 0 & \text{für } t < 0 \\ \hat{u} & \text{für } 0 < t < t_0 \\ 0 & \text{für } t > t_0 \end{cases}$$

Man kann diesen Verlauf auch darstellen durch $u = u_1 - u_2$ mit:

$$u_1 = \begin{cases} 0 & \text{für } t < 0 \\ \hat{u} & \text{für } t > 0 \end{cases} \qquad u_2 = \begin{cases} 0 & \text{für } t < t_0 \\ \hat{u} & \text{für } t > t_0 \end{cases}$$

Damit ergibt sich die Laplacetransformierte der Spannung mit den Regeln Nr. 1, 2 und 5 aus Tab. 7.2 und der Korrespondenz Nr. 3 aus Tab. 7.3:

$$\underline{U}(s) = \underline{U}_1(s) - \underline{U}_2(s) = \frac{\hat{u}}{s} - \frac{\hat{u}}{s} \cdot e^{-s \cdot t_0} = \hat{u} \cdot \frac{1 - e^{-s \cdot t_0}}{s}$$

Für den rechten Spannungsverlauf in Abb. 7.30 lautet die Zeitgleichung:

$$u = \begin{cases} 0 & \text{für } t < 0 \\ \hat{u} \cdot t/t_0 & \text{für } 0 \le t \le t_0 \\ \hat{u} & \text{für } t > t_0 \end{cases}$$

Man kann diesen Verlauf ebenfalls darstellen durch $u = u_1 - u_2$ mit:

$$u_1 = \begin{cases} 0 & \text{für } t < 0 \\ \hat{u} \cdot t/t_0 & \text{für } t \geq 0 \end{cases} \qquad u_2 = \begin{cases} 0 & \text{für } t < t_0 \\ \hat{u} \cdot t/t_0 & \text{für } t \geq t_0 \end{cases}$$

Damit ergibt sich die Laplacetransformierte der Spannung im Bildbereich mit den Regeln Nr. 1, 2 und 5 aus Tab. 7.2 und der Korrespondenz Nr. 4 aus Tab. 7.3:

$$\underline{U}(s) = \underline{U}_1(s) - \underline{U}_2(s) = \frac{\hat{u}}{t_0} \cdot \frac{1}{s^2} - \frac{\hat{u}}{t_0} \cdot \frac{1}{s^2} \cdot e^{-s \cdot t_0} = \frac{\hat{u}}{t_0} \cdot \frac{1 - e^{-s \cdot t_0}}{s^2}$$

Aufgabe 7.4

Wie lautet die nichtperiodische Spannung in der Mitte von Abb. 7.30 im Bildbereich?

Nun sollen die drei periodischen Spannungsverläufe in Abb. 7.31 in den Bildbereich transformiert werden.

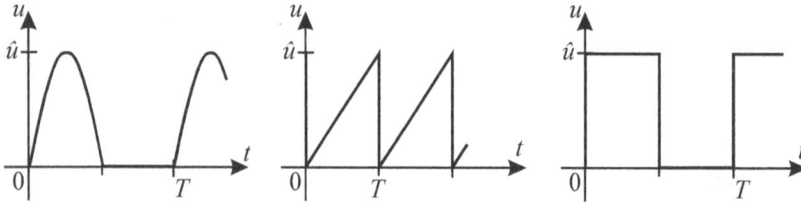

Abb. 7.31: Drei periodische Erregerfunktionen

Für den linken Spannungsverlauf lautet die Zeitgleichung für die erste Periodendauer:

$$u = \begin{cases} \hat{u} \cdot \sin \omega t & \text{für } 0 \leq t \leq T/2 \\ 0 & \text{für } T/2 < t < T \end{cases}$$

Nach der Regel Nr. 6 in Tab. 7.2 wird somit:

$$\underline{U}(s) = \frac{1}{1 - e^{-s \cdot T}} \cdot \int_0^T e^{-s \cdot t} \cdot f(t) \cdot dt = \frac{1}{1 - e^{-s \cdot T}} \cdot \int_0^{T/2} e^{-s \cdot t} \cdot \hat{u} \cdot \sin \omega t \cdot dt$$

$$= \frac{\hat{u}}{1 - e^{-s \cdot T}} \cdot \left[\frac{e^{-s \cdot t}}{s^2 + \omega^2} \cdot (-s \cdot \sin \omega t - \omega \cdot \cos \omega t) \right]_0^{T/2} = \frac{\hat{u}}{1 - e^{-s \cdot T}} \cdot \frac{\omega \cdot (1 + e^{-s \cdot T/2})}{s^2 + \omega^2}$$

$$= \frac{\hat{u}}{(1 - e^{-s \cdot T/2}) \cdot (1 + e^{-s \cdot T/2})} \cdot \frac{\omega \cdot (1 + e^{-s \cdot T/2})}{s^2 + \omega^2} = \frac{\hat{u} \cdot \omega}{(s^2 + \omega^2) \cdot (1 - e^{-s \cdot T/2})}$$

Für den mittleren Spannungsverlauf lauten die Zeitgleichung für die erste Periodendauer und die Laplacetransformierte:

$$u = \frac{\hat{u}}{T} \cdot t \qquad \text{für } 0 \leq t \leq T$$

$$\underline{U}(s) = \frac{1}{1-e^{-s\cdot T}} \cdot \int_0^T e^{-s\cdot t} \cdot \frac{\hat{u}}{T} \cdot t \cdot dt = \frac{\hat{u}}{\left(1-e^{-s\cdot T}\right)\cdot T} \cdot \left[\frac{e^{-s\cdot t}}{s^2}\cdot(-s\cdot t - 1)\right]_0^T$$

$$= \frac{\hat{u}}{\left(1-e^{-s\cdot T}\right)\cdot T} \cdot \left(\frac{1-e^{-s\cdot T}}{s^2} - \frac{T\cdot e^{-s\cdot T}}{s}\right) = \hat{u} \cdot \left(\frac{1}{s^2 \cdot T} - \frac{e^{-s\cdot T}}{s\cdot\left(1-e^{-s\cdot T}\right)}\right)$$

Für den rechten Spannungsverlauf lauten die Zeitgleichung für die erste Periodendauer und die Laplacetransformierte:

$$u = \begin{cases} \hat{u} & \text{für } 0 < t < T/2 \\ 0 & \text{für } T/2 < t < T \end{cases}$$

$$\underline{U}(s) = \frac{1}{1-e^{-s\cdot T}} \cdot \int_0^T e^{-s\cdot t} \cdot f(t) \cdot dt = \frac{1}{1-e^{-s\cdot T}} \cdot \int_0^{T/2} e^{-s\cdot t} \cdot \hat{u} \cdot dt = \frac{\hat{u}}{1-e^{-s\cdot T}} \cdot \left[\frac{1}{-s}\cdot e^{-s\cdot t}\right]_0^{T/2}$$

$$= \frac{\hat{u}}{1-e^{-s\cdot T}} \cdot \frac{1}{s} \cdot \left(1-e^{-s\cdot T/2}\right) = \frac{\hat{u}\cdot\left(1-e^{-s\cdot T/2}\right)}{s\cdot\left(1-e^{-s\cdot T/2}\right)\cdot\left(1+e^{-s\cdot T/2}\right)} = \frac{\hat{u}}{s\cdot\left(1+e^{-s\cdot T/2}\right)}$$

Aufgabe 7.5
Es soll die Laplacetransformierte für den periodischen Spannungsverlauf in Abb. 7.32 bestimmt werden.

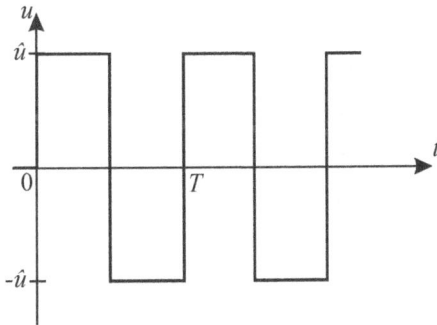

Abb. 7.32: Periodische Erregerfunktion

7.2.5   Anwendung der Laplacetransformation auf die Lösung von Differenzialgleichungen

Als erstes Beispiel wird der Ladevorgang einer Kapazität an Gleichspannung herangezogen, wie er im ersten Band in Kap 4.7.1 behandelt wurde.

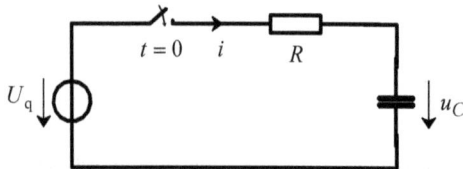

Abb. 7.33: Einschaltvorgang bei einer Reihenschaltung aus R und C

Der Kondensator sei vor dem Ladevorgang ungeladen. Die Differenzialgleichung lautet mit ihrer Anfangsbedingung (vgl. Band 1, Kap. 4.7.1):

$$\tau \cdot \frac{du_C}{dt} + u_C = U_q \qquad \text{mit } u_{C_{t=0}} = 0$$

Mit den Regeln Nr. 1, 2 und 8 aus Tab. 7.2 und der Korrespondenz Nr. 3 aus Tab. 7.3 erhält man:

$$s \cdot \tau \cdot \underline{U}_C(s) - \tau \cdot u_{C_{(t=0)}} + \underline{U}_C(s) = s \cdot \tau \cdot \underline{U}_C(s) + \underline{U}_C(s) = U_q \cdot \frac{1}{s}$$

Diese Gleichung löst man nach $\underline{U}_C(s)$ auf und bringt sie in eine Form, in der man eine entsprechende Korrespondenz in Tab. 7.3 zur Rücktransformation in den Zeitbereich findet.

$$\underline{U}_C(s) \cdot (s \cdot \tau + 1) = U_q \cdot \frac{1}{s}$$

$$\underline{U}_C(s) = U_q \cdot \frac{1}{s \cdot (s \cdot \tau + 1)} = U_q \cdot \frac{1}{s \cdot \tau \cdot \left(s + \dfrac{1}{\tau}\right)} = \frac{U_q}{\tau} \cdot \frac{1}{s \cdot \left(s + \dfrac{1}{\tau}\right)}$$

Die Rücktransformation erfolgt mit der Korrespondenz Nr. 9 und Regel Nr. 1:

$$u_C = \frac{U_q}{\tau} \cdot \frac{1}{1/\tau} \cdot \left(1 - e^{-\frac{t}{\tau}}\right) = U_q \cdot \left(1 - e^{-\frac{t}{\tau}}\right)$$

Dieses Ergebnis entspricht der Gleichung 4.45 in Band 1.

Die in den Bildbereich transformierte Gleichung lautet, wenn der Kondensator vor dem Schließen des Schalters bereits vorgeladen ist und seine Spannung zum Zeitpunkt $t = 0$ den Wert $u_{C_{(t=0)}} = U_A$ beträgt:

$$s \cdot \tau \cdot \underline{U}_C(s) - \tau \cdot u_{C_{(t=0)}} + \underline{U}_C(s) = s \cdot \tau \cdot \underline{U}_C(s) - \tau \cdot U_A + \underline{U}_C(s) = U_q \cdot \frac{1}{s}$$

$$\underline{U}_C(s) \cdot (s \cdot \tau + 1) = U_q \cdot \frac{1}{s} + \tau \cdot U_A$$

$$\underline{U}_C(s) = U_q \cdot \frac{1}{s \cdot (s \cdot \tau + 1)} + \tau \cdot U_A \cdot \frac{1}{s \cdot \tau + 1} = \frac{U_q}{\tau} \cdot \frac{1}{s \cdot \left(s + \frac{1}{\tau}\right)} + \frac{\tau \cdot U_A}{\tau} \cdot \frac{1}{s + \frac{1}{\tau}}$$

Die Rücktransformation erfolgt mit den Korrespondenzen Nr. 6 und 9 und den Regeln Nr. 1 und 2:

$$u_C = \frac{U_q}{\tau} \cdot \frac{1}{1/\tau} \cdot \left(1 - e^{-\frac{t}{\tau}}\right) + U_A \cdot e^{-\frac{t}{\tau}} = U_q + (U_A - U_q) \cdot e^{-\frac{t}{\tau}}$$

Auch dieses Ergebnis stimmt mit der Gleichung 4.47 in Band 1 überein.

Eine zum Schaltzeitpunkt bereits vorgeladene Kapazität oder eine zum Schaltzeitpunkt bereits stromdurchflossene Induktivität kann man sich im Bildbereich als eine ungeladene Kapazität in Reihe mit einer idealen Spannungsquelle bzw. eine stromlose Induktivität parallel zu einer idealen Stromquelle vorstellen.

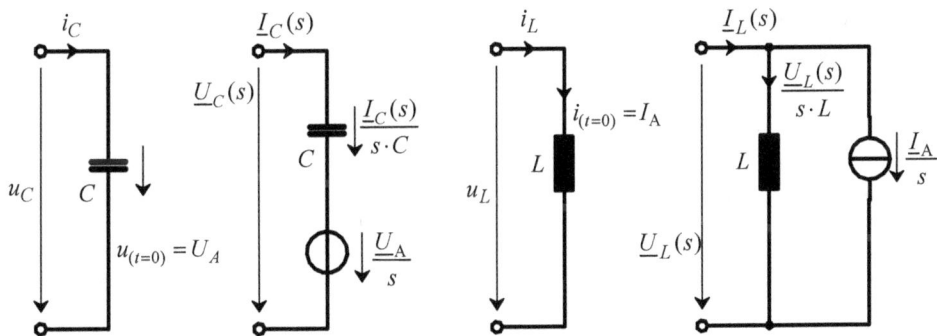

Abb. 7.34: Zum Schaltzeitpunkt vorgeladene Kapazität und stromdurchflossene Induktivität im Zeit- und Bildbereich

Für die Kapazität ist $u_{C_{(t=0)}} = U_A$ und für die Induktivität $i_{L_{(t=0)}} = I_A$. Damit wird:

$$i_C = C \cdot \frac{du_C}{dt} \qquad \underline{I}_C(s) = s \cdot C \cdot \underline{U}_C(s) - C \cdot U_A \qquad \underline{U}_C(s) = \frac{\underline{I}_C(s)}{s \cdot C} + \frac{U_A}{s}$$

$$u_L = L \cdot \frac{di_L}{dt} \qquad \underline{U}_L(s) = s \cdot L \cdot \underline{I}_L(s) - L \cdot I_A \qquad \underline{I}_L(s) = \frac{\underline{U}_L(s)}{s \cdot L} + \frac{I_A}{s}$$

Als weiteres Beispiel folgt eine Schaltung mit zwei Kapazitäten, die nicht zu einer Ersatz-kapazität zusammengefasst werden können. Es soll für den Einschaltvorgang an einer Gleichspannung der zeitliche Verlauf der Spannung u_C in Abb. 7.35 ermittelt werden. Da es sich um zwei gleichartige Energiespeicher handelt, können keine Schwingungen entstehen. Dazu wären mindestens zwei verschiedenartige Speicher notwendig, die ihre Energie perio-disch austauschen können.

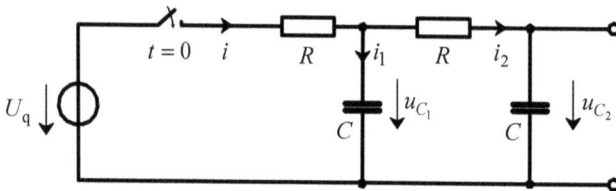

Abb. 7.35: Einschaltvorgang bei einem Netzwerk mit zwei gleichartigen Energiespeichern

Im nächsten Kapitel wird zwar gezeigt, dass die Lösung auch einfacher zu erhalten ist, aber sie soll zunächst mit Hilfe von Differenzialgleichungen erfolgen. Es können drei voneinan-der unabhängige Gleichungen aufgestellt werden, hier werden aus einer Innen- und einer Außenmasche zwei Spannungsgleichungen und aus dem oberen Knotenpunkt eine Strom-gleichung aufgestellt (vgl. Band 1, Kap. 3.4).

$$u_{C_2} + R \cdot i_2 - u_{C_1} = u_{C_2} + R \cdot C \cdot \frac{du_{C_2}}{dt} - u_{C_1} = 0 \qquad u_{C_1} = u_{C_2} + R \cdot C \cdot \frac{du_{C_2}}{dt}$$

$$R \cdot i + R \cdot i_2 + u_{C_2} = R \cdot i + R \cdot C \cdot \frac{du_{C_2}}{dt} + u_{C_2} = U_q$$

$$i = i_1 + i_2 = C \cdot \frac{du_{C_1}}{dt} + C \cdot \frac{du_{C_2}}{dt} \qquad \text{Setzt man die dritte Gleichung in die zweite ein, so erhält man :}$$

$$R \cdot C \cdot \frac{du_{C_1}}{dt} + R \cdot C \cdot \frac{du_{C_2}}{dt} + 2 \cdot R \cdot C \cdot \frac{du_{C_2}}{dt} + u_{C_2} = U_q$$

Man ersetzt u_{C_1} durch die erste Gleichung: $R^2 \cdot C^2 \cdot \dfrac{d^2 u_{C_2}}{dt^2} + 3 \cdot R \cdot C \cdot \dfrac{du_{C_2}}{dt} + u_{C_2} = U_q$

Diese Gleichung wird in den Bildbereich transformiert. Man hätte aber ebenso die drei Ausgangsgleichungen sofort in den Bildbereich transformieren und im Bildbereich rechnen können. Mit den Regeln Nr. 1, 2 und 8 und der Korrespondenz Nr. 3 erhält man:

$$s^2 \cdot R^2 \cdot C^2 \cdot \underline{U}_{C_2}(s) + s \cdot 3 \cdot R \cdot C \cdot \underline{U}_{C_2}(s) + \underline{U}_{C_2}(s) = \frac{U_q}{s}$$

$$\underline{U}_{C_2}(s) = \frac{U_q}{s \cdot \left(s^2 \cdot R^2 \cdot C^2 + s \cdot 3 \cdot R \cdot C + 1\right)} = \frac{U_q}{R^2 \cdot C^2} \cdot \frac{1}{s \cdot \left(s^2 + s \cdot \dfrac{3}{R \cdot C} + \dfrac{1}{R^2 \cdot C^2}\right)}$$

Die Rücktransformation in den Zeitbereich erfolgt mit der Korrespondenz Nr. 46, dabei muss festgestellt werden, welche der drei möglichen Rücktransformationen angewendet wird:

$$a^2 = \left(\frac{3}{2 \cdot R \cdot C}\right)^2 = \frac{9}{4 \cdot R^2 \cdot C^2} > b^2 = \frac{1}{R^2 \cdot C^2}$$

$$u_{C_2} = \frac{U_q}{R^2 \cdot C^2} \cdot \frac{1}{b^2} \cdot \left(1 + \frac{\lambda_2}{j \cdot 2 \cdot \omega_d} \cdot e^{\lambda_1 \cdot t} - \frac{\lambda_1}{j \cdot 2 \cdot \omega_d} \cdot e^{\lambda_2 \cdot t}\right)$$

$$= U_q \cdot \left(1 - 1{,}171 \cdot e^{-\frac{0{,}382 \cdot t}{R \cdot C}} + 0{,}171 \cdot e^{-\frac{2{,}618 \cdot t}{R \cdot C}}\right)$$

Der zeitliche Verlauf ist in Abb. 7.36 dargestellt. Man sieht hier, dass der Ladevorgang für die Kapazität C an den Ausgangsklemmen etwas verlangsamt wird.

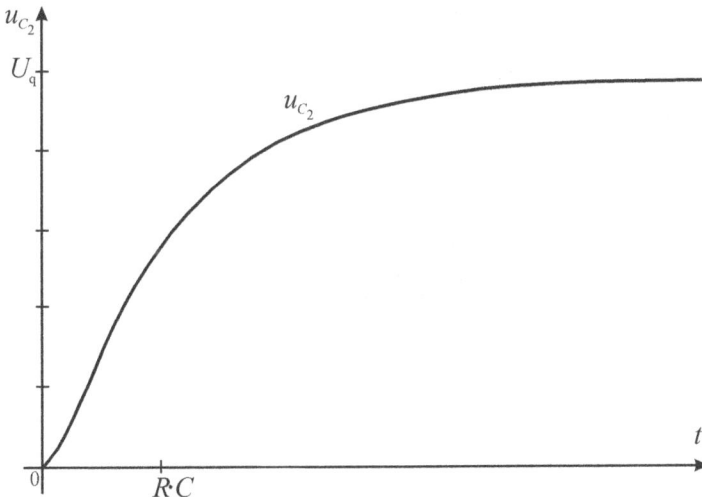

Abb. 7.36: Liniendiagramm für die Spannung an C_2

Aufgabe 7.6

Die Schaltung in Abb. 7.37 wird mit einer Spannungsrampe beaufschlagt, die bei $t_0 = 10$ ms ihren Maximalwert $U = 5$ V erreicht und dann konstant bleibt. Für $C = 10$ µF und $R = 1$ kΩ ist der zeitliche Verlauf der Spannung u_C durch Aufstellen der Differenzialgleichung, deren Transformation in den Bildbereich und anschließende Rücktransformation zu ermitteln.

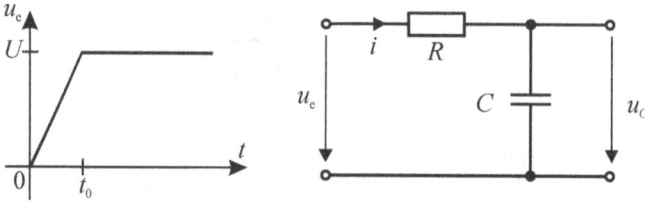

Abb. 7.37: Schaltung zu Aufgabe 7.6

7.2.6   Anwendung der Laplacetransformation in Verbindung mit der Übertragungsfunktion

Wie bereits zu Beginn des Kap. 7.2 und in Kap. 7.2.3 erwähnt, kann man auf die Aufstellung der Differenzialgleichung und deren Transformation in den Bildbereich verzichten, wenn entweder die Übertragungsfunktion des Netzwerks bereits bekannt ist oder ermittelt wird. Es soll dies an einigen Beispielen erläutert werden.

Der Einschaltvorgang für das Netzwerk in Abb. 7.35 soll nun nach Gleichung 7.4 durch Erstellen der Übertragungsfunktion gelöst werden. Mit dem Maschenstromverfahren bei Verwendung der beiden Innenmaschen wird dazu $\underline{I}_{II}(s)$ und daraus $\underline{U}_a(s) = \underline{I}_{II}(s) / s \cdot C$ ermittelt.

$$\begin{bmatrix} R + \dfrac{1}{s \cdot C} & -\dfrac{1}{s \cdot C} \\ -\dfrac{1}{s \cdot C} & R + \dfrac{2}{s \cdot C} \end{bmatrix} \cdot \begin{bmatrix} \underline{I}_I(s) \\ \underline{I}_{II}(s) \end{bmatrix} = \begin{bmatrix} \underline{U}_q(s) \\ 0 \end{bmatrix}$$

$$\underline{I}_{II}(s) = \underline{U}_q(s) \cdot \dfrac{1}{s \cdot C \cdot R^2 + 3 \cdot R + \dfrac{1}{s \cdot C}} \qquad \underline{F}(s) = \dfrac{\underline{U}_a(s)}{\underline{U}_q(s)} \text{ bzw. } \underline{U}_a(s) = \underline{U}_q(s) \cdot \underline{F}(s)$$

$$\underline{U}_a(s) = \underline{I}_{II}(s) \cdot \dfrac{1}{s \cdot C} = \underline{U}_q(s) \cdot \dfrac{1}{s^2 \cdot C^2 \cdot R^2 + s \cdot 3 \cdot C \cdot R + 1} = \dfrac{U_q}{s} \cdot \dfrac{1}{s^2 \cdot C^2 \cdot R^2 + s \cdot 3 \cdot C \cdot R + 1}$$

$$= \dfrac{U_q}{R^2 \cdot C^2} \cdot \dfrac{1}{s \cdot \left(s^2 + s \cdot \dfrac{3}{R \cdot C} + \dfrac{1}{R^2 \cdot C^2} \right)}$$

Man erhält also den gleichen Ausdruck im Bildbereich wie im vorigen Kapitel, damit erfolgt auch die Rücktransformation in den Zeitbereich auf gleiche Weise mit Korrespondenz Nr. 46 und liefert:

$$u_{C_2} = U_q \cdot \left(1 - 1{,}171 \cdot e^{-\frac{0{,}382 \cdot t}{R \cdot C}} + 0{,}171 \cdot e^{-\frac{2{,}618 \cdot t}{R \cdot C}} \right)$$

Auch im zweiten Beispiel wird eine bereits besprochene Schaltung nun auf dem Weg über die Übertragungsfunktion gelöst, wobei der Vorteil dieser Methode noch deutlicher zutage tritt. Der Einschaltvorgang des Reihenschwingkreises in Kap. 7.2.1 nach Abb. 7.26 soll mit folgenden Werten für die Schaltungselemente berechnet werden: $R = 200\ \Omega$, $L = 100$ mH, $C = 1$ μF. Der Kondensator ist vor dem Schließen des Schalters ungeladen. Die Übertragungsfunktion für den Reihenschwingkreis wurde bereits in Kap. 7.1.2 mit minimalem Aufwand erstellt und lautet:

$$\underline{F}(s) = \frac{1}{1 + s \cdot R \cdot C + s^2 \cdot L \cdot C} = \frac{\underline{U}_C(s)}{\underline{U}_q(s)}$$

$$\underline{U}_C(s) = \underline{U}_q(s) \cdot \frac{1}{1 + s \cdot R \cdot C + s^2 \cdot L \cdot C} = \frac{U_q}{s} \cdot \frac{1}{1 + s \cdot R \cdot C + s^2 \cdot L \cdot C}$$

$$= U_q \cdot \frac{1}{s \cdot \left(1 + s \cdot R \cdot C + s^2 \cdot L \cdot C \right)} = \frac{U_q}{L \cdot C} \cdot \frac{1}{s \cdot \left(s^2 + s \cdot \frac{R}{L} + \frac{1}{L \cdot C} \right)}$$

Die Ausgangsspannung im Zeitbereich erhält man mit Hilfe der Korrespondenz Nr. 46. Zunächst muss festgestellt werden, welche der drei möglichen Lösungen vorliegt.

$$a^2 = \frac{R^2}{4 \cdot L^2} = 1 \cdot 10^6\ \text{s}^{-2} < b^2 = \frac{1}{L \cdot C} = 10 \cdot 10^6\ \text{s}^{-2}$$

$$u_C = \frac{U_q}{L \cdot C} \cdot L \cdot C \cdot \left[1 - \left(\cos \omega_d\, t + \frac{R}{2 \cdot L \cdot \omega_d} \cdot \sin \omega_d\, t \right) \cdot e^{-\frac{R}{2 \cdot L} \cdot t} \right]$$

$$= U_q \cdot \left[1 - \left(\cos \omega_d\, t + \frac{R}{2 \cdot L \cdot \omega_d} \cdot \sin \omega_d\, t \right) \cdot e^{-\frac{R}{2 \cdot L} \cdot t} \right]$$

Mit der Gleichung 3.85 und der Beziehung aus Kap. 7.2.1 direkt über der Gleichung 7.14 geht die gefundene Lösung in die Form der Gleichung 7.14 über:

$$\omega_0 \cdot \vartheta = \frac{R}{2 \cdot L} \qquad \frac{\omega_0}{\omega_d} = \frac{1}{\sqrt{1 - \vartheta^2}}$$

$$u_C = U_q \cdot \left[1 - \left(\cos \omega_d t + \frac{\omega_0 \cdot \vartheta}{\omega_d} \cdot \sin \omega_d t \right) \cdot e^{-\omega_0 \cdot \vartheta \cdot t} \right]$$

$$= U_q \cdot \left[1 - \left(\cos \omega_d t + \frac{\vartheta}{\sqrt{1 - \vartheta^2}} \cdot \sin \omega_d t \right) \cdot e^{-\omega_0 \cdot \vartheta \cdot t} \right]$$

Wieder wird der Reihenschwingkreis in Abb. 7.26, für den in Kap. 7.1.2 die Übertragungs-funktion aufgestellt wurde, betrachtet. Der Kondensator war vor dem Schließen des Schalters ungeladen. Zum Zeitpunkt $t = 0$ wird der Schwingkreis diesmal einer Wechselspannungs-quelle mit $u_q = \hat{u}_q \cdot \cos\left(\omega t + \varphi_{u_q} \right)$ zugeschaltet. Mit der Korrespondenz Nr. 32 wird:

$$\underline{U}_C(s) = \underline{U}_q(s) \cdot \frac{1}{1 + s \cdot R \cdot C + s^2 \cdot L \cdot C} = \frac{\hat{u}_q}{L \cdot C} \cdot \frac{s \cdot \cos \varphi_{u_q} - \omega \cdot \sin \varphi_{u_q}}{s^2 + \omega^2} \cdot \frac{1}{s^2 + s \cdot \frac{R}{L} + \frac{1}{L \cdot C}}$$

Die Rücktransformation erfolgt mit der Korrespondenz Nr. 47. Nimmt man für R, L und C die gleichen Werte wie im vorigen Beispiel an, so ist $a^2 < b^2$ und u_C wird im Zeitbereich:

$$u_C = \frac{\hat{u}_q}{L \cdot C} \cdot \frac{\cos(\omega t + \Phi) - k_1 \cdot \cos(\omega_d t + \gamma) \cdot e^{-a \cdot t}}{\sqrt{\left(b^2 - \omega^2\right)^2 + 4 \cdot a^2 \cdot \omega^2}}$$

Der Verlauf der Spannung u_C hängt wesentlich vom Verhältnis der Kreisfrequenzen ω_d / ω ab. Für $\omega_d \approx \omega$ erhält man eine abklingende Schwebung, und für $\omega_d \gg \omega$ schwingt u_C schnell auf den stationären Endwert ein. In Abb. 7.38 ist der Einschwingvorgang für zwei unterschiedliche Verhältnisse von ω_d / ω gezeigt.

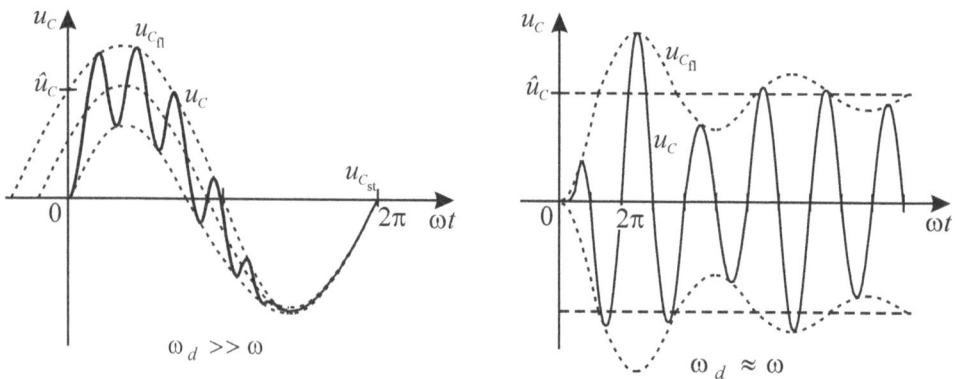

Abb. 7.38: Liniendiagramm von u_C für einen Reihenschwingkreis beim Zuschalten an eine Sinusspannung

In der Elektrotechnik findet neben der Laplacetransformation häufig auch die so genannte Z-Transformation Anwendung. Im Rahmen dieses Buches wird sie nicht behandelt, es findet sich dazu jedoch eine gute Abhandlung in dem bei der ergänzenden und weiterführenden Literatur angegebenen Band 2 von H. Clausert et al.

Aufgabe 7.7

Um die Übertragungsfunktion eines unbekannten Vierpols zu bestimmen, wurde er mit einem einmaligen Impuls von 3 ms Dauer beaufschlagt und dieser gemeinsam mit der Ausgangsspannung mit Hilfe eines Oszilloskops aufgenommen. In Abb. 7.39 sind beide Spannungen gezeigt, die Ausgangsspannung verläuft dabei nach einer e-Funktion. Wie lautet die Übertragungsfunktion?

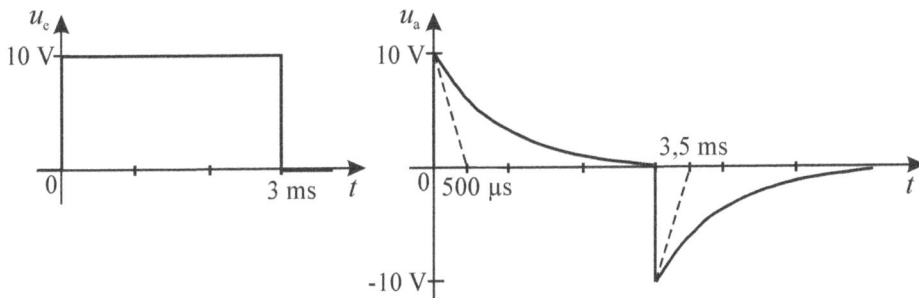

Abb. 7.39: Ein- und Ausgangsspannung des unbekannten Vierpols

Aufgabe 7.8

Die Schaltung in Abb. 7.40 mit $R = 2\ k\Omega$, $C = 0,1\ \mu F$ und $L = 0,1\ H$ wird zum Zeitpunkt $t = 0$ an eine ideale Gleichspannungsquelle mit $U_q = 10\ V$ gelegt. Der Verlauf der Ausgangsspannung ist zu bestimmen.

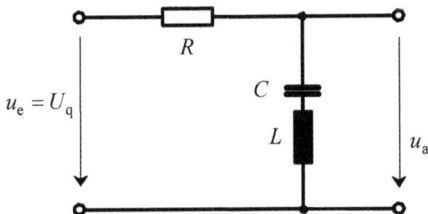

Abb. 7.40: Schaltung zu Aufgabe 7.8

8   Elektromagnetische Felder

Es werden hier nur einige grundlegende Begriffe der elektromagnetischen Felder und Wellen erläutert, insbesondere in Hinblick auf den Energietransport bei einer stromführenden Leitung. Die elektromagnetischen Felder und Wellen gehören in das Fachgebiet der Nachrichtentechnik und eine ausführliche Darstellung würde den Rahmen eines Grundlagenbuchs sprengen.

Im ersten Band fand nur beim Induktionsgesetz eine Verknüpfung zwischen einem elektrischen und magnetischen Feld statt, ansonsten wurden sie getrennt betrachtet. In der Praxis treten aber beide oft gemeinsam und miteinander verknüpft auf, man spricht dann von einem elektromagnetischen Feld.

Folgendes Beispiel soll dies verdeutlichen. Schließt man einen idealen Kondensator mit Vakuum als Dielektrikum an eine Wechselspannung an, so fließt ein Strom, obwohl sich zwischen den Elektroden keine Materie und damit auch keine Ladungsträger befinden. Man kann sich vorstellen, dass sich der elektrische Strom auf den Leitungen im Dielektrikum als ein so genannter Verschiebungsstrom i_v fortsetzt, wobei hier aber kein Ladungstransport oder dergleichen stattfindet. Der Augenblickswert der Spannung an der Kapazität ist mit dem Augenblickswert der Ladung verknüpft und mit den Gleichungen 4.11, 4.16, 4.17 und 4.20 aus Band 1 erhält man:

$$Q(t) = C \cdot u = A \cdot D(t) = A \cdot \varepsilon \cdot E(t)$$

In dem kleinen Zeitraum dt ändert sich durch die Zunahme der Wechselspannung die Ladung $Q(t)$ um einen kleinen Betrag dQ. Der gedachte Verschiebungsstrom durch das Dielektrikum muss aufgrund der Kontinuitätsbedingung gleich dem in der Zuleitung fließenden elektrischen Strom i_C sein:

$$i_v = i_C = \frac{dQ}{dt} = C \cdot \frac{du}{dt} = A \cdot \frac{dD}{dt} = A \cdot \varepsilon \cdot \frac{dE}{dt}$$

Der von einer sich zeitlich ändernden Ladung verursachte Verschiebungsstrom i_v bzw. die Verschiebungsstromdichte $J_v = i_v / A$ bilden die Grundlage für die Existenz elektromagnetischer Wellen im freien Raum. Die Entstehung und Eigenschaften dieser Wellen werden durch die Maxwellschen Gleichungen beschrieben.

8.1   Maxwellsche Gleichungen in Integralform

Die beiden maxwellschen Gleichungen wurden bereits im Band 1 behandelt, deshalb sei nochmals auf die beiden Kap. 5.1.2 und 6.1.5 dort verwiesen. Wie jeder in einem elektrischen Leiter fließende Strom erzeugt auch der Verschiebungsstrom in seiner Umgebung ein magnetisches Wirbelfeld, dessen Feldstärke H von der Stärke des Verschiebungsstroms abhängt. Mit den Gleichungen 2.6, 4.11 und 5.5 aus Band 1 erhält man die **1. Maxwellsche Gleichung in Integralform**.

$$\oint_A \vec{H} \cdot d\vec{l} = \int_A \vec{J}_v \cdot d\vec{A} = \int_A \frac{\partial \vec{D}}{\partial t} d\vec{A} = \vec{A} \cdot \frac{d\vec{D}}{dt} = i_v$$

Existiert neben dem Verschiebungsfluss noch ein elektrischer Leitungsstrom durch die Hüllfläche, so gilt:

$$\oint_A \vec{H} \cdot d\vec{l} = \int_A \left(\vec{J}_v + \vec{J} \right) \cdot d\vec{A} = i_v + i \tag{8.1}$$

Diese 1. Maxwellsche Gleichung besagt, dass jeder sich zeitlich ändernde Leitungs- und Verschiebungsstrom in seiner Umgebung ein sich entsprechend zeitlich änderndes magnetisches Wirbelfeld erzeugt. In diesem Magnetfeld ist die magnetische Umlaufspannung (vgl. Band 1, Kap. 5.1.3) längs einer geschlossenen Feldlinie gleich der Summe der von der Feldlinie umschlossenen Leitungs- und Verschiebungsströme.

Bei zeitlicher Änderung eines Magnetfelds wird nach dem Induktionsgesetz ein elektrisches Wechselfeld erzeugt. Dieses ist hier ein elektrisches Wirbelfeld, dessen elektrische Feldstärke E von der Feldänderungsgeschwindigkeit dH/dt abhängt (vgl. Band 1, Kap. 6.1.5). Für die induzierte elektrische Spannung u_i erhält man nach dem Induktionsgesetz die **2. Maxwellsche Gleichung**:

$$u_i = \oint \vec{E} \cdot d\vec{l} = -\frac{d\Phi}{dt} = -\int_{A(t)} \frac{\partial \vec{B}}{\partial t} \cdot d\vec{A} \tag{8.2}$$

Die 2. maxwellsche Gleichung besagt, dass jede zeitliche Änderung eines Magnetfelds in jedem beliebigen Medium ein elektrisches Wirbelfeld erzeugt. In diesem Wirbelfeld ist die induzierte elektrische Spannung längs einer geschlossenen elektrischen Feldlinie gleich dem zeitlichen Schwund des Magnetfeldes. In elektrischen Leitern bewirkt das elektrische Wirbelfeld einen elektrischen Leitungsstrom (Wirbelstrom, vgl. Band 1, Kap. 6.5), in dielektrischen Medien einen elektrischen Verschiebungsstrom. Da sich der Verschiebungsstrom ebenfalls zeitlich ändert, wird von ihm nach der 1. maxwellschen Gleichung ein sich entsprechend zeitlich änderndes magnetisches Wirbelfeld erzeugt usw. Es baut sich eine so genannte elektromagnetische Welle auf. In Abb. 8.1 ist die Entwicklung einer elektromagnetischen Welle, die von einem elektrischen Leitungsstrom verursacht wird, gezeigt. Sie wirkt in alle Richtungen, in Abb. 8.1 ist nur eine gezeichnet.

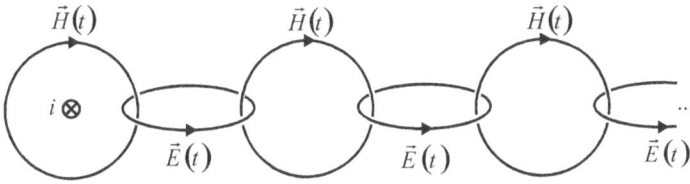

Abb. 8.1: Von einem Leiterstrom verursachte elektromagnetische Welle

In jedem Raumpunkt stehen der magnetische und elektrische Feldvektor senkrecht aufeinander. Die Ausbreitungsrichtung der elektromagnetischen Welle bildet mit beiden Feldvektoren einen rechten Winkel. Sie ist der Drehung auf dem kürzesten Weg des Feldvektors $\vec{E}$ in den Vektor $\vec{H}$ rechtsschraubig zugeordnet. Wellen solchen Typs nennt man **Transversalwellen**. Im Gegensatz dazu gibt es noch so genannte Longitudinalwellen, bei denen die Feldvektoren auch Schwingungskomponenten in Ausbreitungsrichtung aufweisen, diese werden hier nicht betrachtet. Die Ausbreitungsgeschwindigkeit ist gleich der Lichtgeschwindigkeit c.

Nimmt man in Abb. 8.2 sinusförmige Feldvektoren an und trägt die elektrische Feldstärke in Richtung der x-Achse und die magnetische Feldstärke in Richtung der y-Achse an, so wandert die elektromagnetische Welle in Richtung der z-Achse.

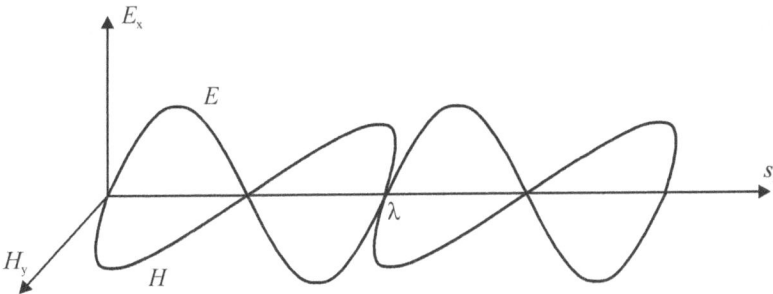

Abb. 8.2: Ausbreitungsrichtung einer elektromagnetischen Welle

Zum Zeitpunkt $t = 0$ sei auch die räumliche Ausbreitung s in z-Richtung null, dann ist:

$$E = \hat{E} \cdot \sin\left[\omega \cdot \left(t - \frac{s}{c}\right)\right] \quad \text{und} \quad H = \hat{H} \cdot \sin\left[\omega \cdot \left(t - \frac{s}{c}\right)\right]$$

Nach einer vollen Periodendauer T der elektrischen oder magnetischen Feldstärke sind E und H wieder null. Während einer Periodendauer wandert die Welle um die Strecke $s = \lambda$ weiter. Man nennt λ die **räumliche Wellenlänge**. Der Zusammenhang zwischen der Periodendauer bzw. Frequenz der Raumvektoren und der Wellenlänge ergibt sich aus der Überlegung, dass für $s_{(t=0)} = 0$ und $E = H = 0$ für $t = \mathrm{n} \cdot T$ mit n = 0, 1, 2, ... die Gleichung $T - \lambda/c = 0$ gelten muss:

$$\frac{\lambda}{T} = \lambda \cdot f = c \qquad\qquad\qquad\qquad\qquad\qquad (8.3)$$

8.2 Energietransport im elektromagnetischen Feld

In Band 1, Kap. 2.7 wurde bei der Definition der Spannung beschrieben, dass die Ladungs-träger beim Durchlaufen einer Potenzialdifferenz an Energie verlieren. Es kann sich dabei aber nicht um einen Verlust an kinetischer Energie handeln, denn bei einem homogenen Leiter haben die Elektronen überall die gleiche Geschwindigkeit. Es können auch nicht die Elektronen sein, welche die elektrische Energie vom Verbraucher zum Erzeuger transportie-ren, denn aufgrund der sehr langsamen Driftgeschwindigkeit der Ladungsträger (vgl. Band 1, Kap. 2.4) würden sie bei Gleichstrom sehr lange brauchen, bis sie von der Quelle bis zum Verbraucher gelangen und bei Wechselstrom pendeln sie nur geringfügig um ihre Ruhelage. Ebenso wird die Energie aller Ladungsträger auf der Leitung im Augenblick der Abschaltung von der Quelle sofort null, um bei Wiedereinschaltung sofort wieder zur Verfügung zu ste-hen.

Es soll am Beispiel einer Koaxialleitung gezeigt werden, wie man sich den Energietransport vorstellen kann, weil sich hier die Verhältnisse am einfachsten beschreiben lassen. Die Lei-tung ist dabei als ideal angenommen, d.h. der Leiter selbst ist widerstandslos und die Leitung besitzt zwischen dem Innen- und Außenleiter einen vollkommenen Isolator.

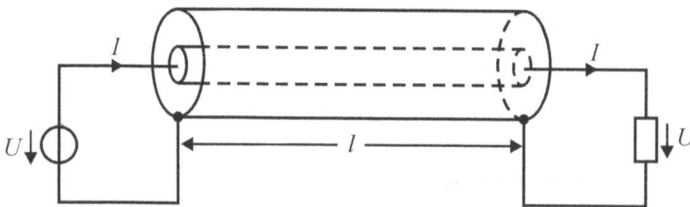

Abb. 8.3: Energieversorgung eines Verbrauchers über eine ideale Koaxialleitung

Die Betrachtung erfolgt zunächst für Gleichstrom. Die elektrische Leistung ist dann $P = U \cdot I$. Die Spannung und der Strom werden nun durch die Größen des elektromagnetischen Felds ausgedrückt (Band 1, Gleichungen 4.24 und 5.4):

$$U = \int \vec{E} \cdot \mathrm{d}\vec{l} = \int_{r_1}^{r_2} E \cdot \mathrm{d}r \qquad\qquad I = \oint_A \vec{H} \cdot \mathrm{d}\vec{l}$$

Im Isolator zwischen dem Innen- und Außenleiter baut sich aufgrund der Potenzialdifferenz zwischen dem Innen- und Außenleiter ein radialhomogenes elektrisches Feld auf, das nur dort wirksam ist. Das magnetische Feld aufgrund des fließenden Stroms ist dagegen sowohl im Isolator wie in den Leitern wirksam. Eine Wechselwirkung zwischen beiden kann aber nur da stattfinden, wo beide vorhanden sind, d.h. im Isolator. Bildet man das Produkt aus der elektrischen und magnetischen Feldstärke, so hat dieses die Dimension einer Leistungsdichte oder Leistung P, die pro Fläche übertragen wird:

$$[E] \cdot [H] = 1 \frac{V}{m} \cdot \frac{A}{m} = 1 \frac{W}{m^2}$$

Das skalare Produkt aus beiden Feldstärken würde jedoch das Ergebnis null liefern, da beide senkrecht aufeinander stehen. Man bildet deshalb das Vektorprodukt und bezeichnet das Ergebnis als **Poyntingvektor** $\vec{S}$. Er gibt die Leistung an, die pro Fläche übertragen wird. Um die gesamte übertragene Leistung zu erhalten, muss man demnach über die Gesamtfläche, in der beide Felder existieren, integrieren.

$$\vec{S} = \vec{E} \times \vec{H} \qquad [S] = 1 \frac{W}{m^2}$$

$$P = \int_A \vec{S} \cdot d\vec{A} = \int_A \vec{E} \times \vec{H} \cdot d\vec{A}$$

(8.4)

Bei einer stromführenden Leitung wird die elektrische Energie durch das elektromagnetische Feld transportiert. Die elektrische Feldstärke wird dabei durch die Potenzialdifferenz zwischen der Hin- und Rückleitung hervorgerufen, die magnetische Feldstärke durch den Ladungsträgertransport.

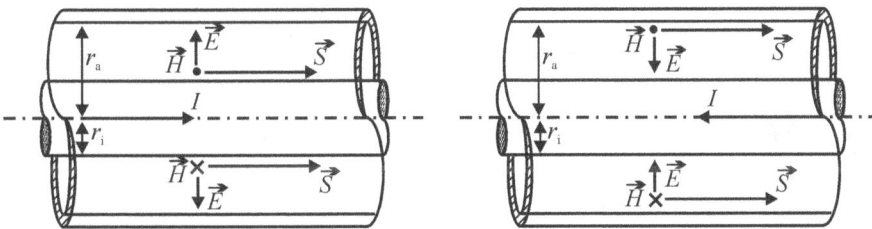

Abb. 8.4: Poyntingvektor bei einer idealen Koaxialleitung

In Abb. 8.4 sind die Zusammenhänge zwischen den Feldvektoren und dem Poyntingvektor für die beiden Fälle gezeigt, dass einmal der Innenleiter als Hinleitung und der Außenleiter als Rückleitung dient und umgekehrt. Im ersten Fall liegt der Innenleiter auf einem höheren

Potenzial als der Außenleiter und der Strom fließt im Innenleiter von links nach rechts. Im anderen Fall liegt der Außenleiter auf höherem Potenzial und der Strom fließt im Innenleiter von rechts nach links. Es drehen sich also sowohl die Richtung des elektrischen wie auch des magnetischen Feldes um, der Poyntingvektor weist aber in beiden Fällen von links nach rechts von der Quelle zum Verbraucher, d.h. in Richtung des Energieflusses.

Mit den bereits aus Band 1 bekannten Gleichungen 4.25 und 5.15 kann die auf der idealen Koaxialleitung übertragene Leistung ermittelt werden. Die Gleichung 4.25 gilt, da eine Koaxialleitung vom Aufbau her mit einem Zylinderkondensator identisch ist, die Gleichung 5.15, da nur das magnetische Feld im Isolator von Interesse ist. Da die elektrischen und magnetischen Feldstärkevektoren hier senkrecht aufeinander stehen und der Poyntingvektor die Fläche senkrecht durchtritt, d.h. er und der Flächenvektor immer gleich gerichtet sind, muss nicht vektoriell gerechnet werden.

$$E = \frac{U}{r \cdot \ln\frac{r_a}{r_i}} \qquad H = \frac{I}{2 \cdot \pi \cdot r} \qquad S = E \cdot H = \frac{U \cdot I}{2 \cdot \pi \cdot r^2 \cdot \ln\frac{r_a}{r_i}}$$

$$P = \int_A S \cdot dA \quad \text{mit} \quad dA = 2 \cdot \pi \cdot r \cdot dr$$

$$P = \int_{r_i}^{r_a} \frac{U \cdot I}{2 \cdot \pi \cdot r^2 \cdot \ln\frac{r_a}{r_i}} \cdot 2 \cdot \pi \cdot r \cdot dr = \frac{U \cdot I}{\ln\frac{r_a}{r_i}} \cdot \int_{r_i}^{r_a} \frac{1}{r} \cdot dr = \frac{U \cdot I}{\ln\frac{r_a}{r_i}} \cdot \left[\ln r\right]_{r_i}^{r_a} = \frac{U \cdot I}{\ln\frac{r_a}{r_i}} \cdot \ln\frac{r_a}{r_i} = U \cdot I$$

Auch die Verlustleistung auf einer widerstandsbehafteten Leitung der Leiterlänge l und des Leiterquerschnitts A_L wird durch das elektromagnetische Feld übertragen. Es muss sich die bereits bekannte Gleichung $P = R \cdot I^2$ ergeben. Die Betrachtung erfolgt wieder für Gleichstrom. Da hier kein Skineffekt eintritt, ist die Stromdichte J über den ganzen Leiterquerschnitt konstant. Abb. 8.5 zeigt den Zustand im Inneren einer widerstandsbehafteten geraden Leitung kreisförmigen Querschnitts.

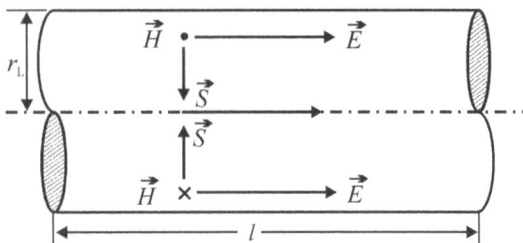

Abb. 8.5: Poyntingvektor im Inneren einer widerstandsbehafteten geraden Leitung kreisförmigen Querschnitts

Wie man aus Abb. 8.5 erkennt, ist der Poyntingvektor von der Leiteroberfläche in das Leiterinnere gerichtet, es erfolgt demnach ein Energietransport über das elektromagnetische Feld in der Leiterumgebung von außen in den Leiter hinein. Die elektrische Feldstärke im Leiter erhält man aus den Gleichungen 4.5 und 2.6 des ersten Bands, die magnetische Feldstärke im Leiterinneren aus Gleichung 5.16 des ersten Bands. Aus den gleichen Gründen wie vorher muss nicht vektoriell gerechnet werden. Es genügt, den Betrag des Poyntingvektors auf der Leiteroberfläche zu ermitteln und ihn mit der Leiteroberfläche zu multiplizieren. Damit hat man die gesamte dem Leiter zugeführte Leistung gefunden, denn der Poyntingvektor hat an jeder Stelle der Oberfläche den gleichen Betrag.

$$E = \frac{J}{\gamma} = \frac{I}{\gamma \cdot A_\mathrm{L}} \qquad H = I \cdot \frac{r}{2 \cdot \pi \cdot r_\mathrm{L}^2}$$

An der Leiteroberfläche ist demnach:

$$S = E \cdot H = \frac{I}{\gamma \cdot A_\mathrm{L}} \cdot I \cdot \frac{r_\mathrm{L}}{2 \cdot \pi \cdot r_\mathrm{L}^2} = \frac{I^2}{\gamma \cdot A_\mathrm{L} \cdot 2 \cdot \pi \cdot r_\mathrm{L}}$$

Die gesamte durch die Leiteroberfläche $A_\mathrm{O} = 2 \cdot \pi \cdot r_\mathrm{L} \cdot l$ transportierte Leistung ist dann mit der Gleichung 2.13 aus Band 1:

$$P = S \cdot A_\mathrm{O} = \frac{I^2}{\gamma \cdot A_\mathrm{L} \cdot 2 \cdot \pi \cdot r_\mathrm{L}} \cdot 2 \cdot \pi \cdot r_\mathrm{L} \cdot l = \frac{I^2 \cdot l}{\gamma \cdot A_\mathrm{L}} = I^2 \cdot R$$

9 Transformator und Übertrager

9.1 Aufgaben des Transformators und Übertragers

Der Transformator und Übertrager unterscheiden sich in ihrem Aufbau und ihrer Aufgabe, nicht jedoch in der physikalischen Wirkungsweise. Der Überbegriff ist allgemein Transformator. Die Herleitung der Gleichungen, Ersatzschaltbilder usw. erfolgt deshalb für beide gemeinsam, und es wird lediglich durch die Verwendung der beiden Begriffe auf die jeweils unterschiedliche Aufgabenstellung hingewiesen. Es handelt sich um zwei oder mehr magnetisch gekoppelte Spulen bzw. Wicklungen. Im Unterschied zu den in Band 1, Abb. 6.46 angegebenen Schaltzeichen für magnetisch gekoppelte Spulen verwendet man für Transformatoren und Übertrager die in Abb. 9.1 angegebenen Schaltzeichen. Dabei werden hier immer nur Transformatoren und Übertrager mit nur jeweils zwei Wicklungen betrachtet.

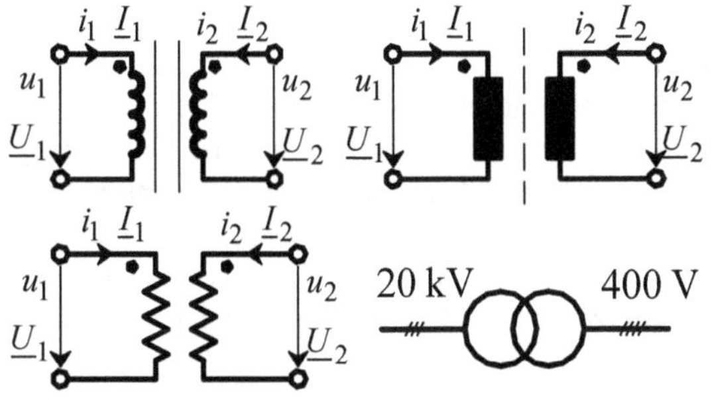

Abb. 9.1: Schaltzeichen für Transformatoren und Übertrager

Sind wie in Abb. 9.1 die Bezugspfeile der Ströme den Wicklungspunkten in beiden Wicklungen gleich zugeordnet, so ergibt sich eine gleichsinnige Kopplung (vgl. Band 1, Kap. 6.4.1), andernfalls eine gegensinnige. Die Angabe der Wicklungspunkte ist nur bei Übertragern üblich. Alle folgenden Betrachtungen gelten für gleichsinnige Kopplung, deshalb entfällt die Angabe der Wicklungspunkte. Bei einer gegensinnigen Kopplung dreht sich das Vorzeichen für das Übersetzungsverhältnis $\ddot{u}$ um. Der Doppelstrich beim Schaltzeichen oben links von Abb. 9.1 bedeutet, dass eine ideal feste Kopplung vorliegt, die gestrichelte Linie beim Schaltzeichen oben rechts, dass die Wicklungen auf einem Eisenkern mit Luftspalt sitzen. Ein durchgezogener Strich bedeutet, dass ein Eisenkern ohne Luftspalt vorliegt. Kein Strich bei einem Übertrager bedeutet, dass kein Kern vorhanden ist, sondern die Kopplung nur über Luft erfolgt. Da in der Energietechnik die Transformatoren, von wenigen Sonderfällen abgesehen, immer einen Eisenkern ohne Luftspalt besitzen, wird meist auf den Strich zwischen beiden Wicklungssymbolen verzichtet, man muss also bei der Deutung des Schaltzeichens aus der Anwendung wissen, ob es sich um einen Transformator oder Übertrager handelt. Bei sinusförmigen Ein- bzw. Ausgangsgrößen verwendet man anstatt der Augenblickswerte komplexe Größen. Das Schaltzeichen in Abb. 9.1 unten links kennzeichnet einen idealen Transformator oder Übertrager (Kap. 9.2), und das Symbol unten rechts wird in der Energietechnik für Transformatoren verwendet. Die Striche in der Zu- und Ableitung symbolisieren die Anzahl der Leitungen. Abb. 9.1 zeigt demnach einen Drehstromtransformator, der auf der 20 kV-Seite an einem Dreileiternetz und auf der 400 V-Seite an einem Vierleiternetz angeschlossen ist.

Die Spannung $\underline{U}_1$ bzw. u_1 wird **Primärspannung** und der Strom $\underline{I}_1$ bzw. i_1 **Primärstrom**, die Spannung $\underline{U}_2$ bzw. u_2 **Sekundärspannung** und $\underline{I}_2$ bzw. i_2 **Sekundärstrom** genannt. Entsprechend spricht man von der **Primär-** und **Sekundärseite** des Transformators. Die Primärseite wird an das speisende Netz angeschlossen und nimmt aus ihm elektrische Energie auf. Die Sekundärseite speist ihrerseits ein anderes Netz. Unter Beachtung der Nenndaten dürfen Primär- und Sekundärseite vertauscht werden.

9.1.1   Aufgaben des Transformators

Der Transformator wird hauptsächlich verwendet, um elektrische Netze galvanisch voneinander zu trennen und um möglichst verlustarm elektrische Energie über weite Strecken zu übertragen. Um die Ströme und damit die Verluste klein zu halten, wählt man auf den Übertragungsleitungen hohe Spannungen. Da die Generatoren in den Kraftwerken in der Regel eine Spannung von 27 kV oder kleiner liefern, die Netzspannungen auf den Fernleitungen dagegen 110 kV, 220 kV oder 380 kV (bei sehr langen Fernstrecken im außereuropäischen Raum bis 750 kV) betragen, muss die Leiterspannung zunächst auf diese hohe Spannungsebene transformiert werden. In den Verteilernetzen liegt die Spannungsebene meist bei 10 kV oder 20 kV und in den Verbrauchernetzen bei 400 V, die Spannung muss demnach wieder heruntertransformiert werden.

Es gibt noch eine Sonderform, den so genannten **Spartransformator** (Kap. 9.4.7), bei dem keine galvanische Trennung der Netze erreicht wird. Er wird insbesondere in Laboratorien zur Erzeugung variabler Spannungen, zur Spannungsanhebung am Ende langer Netze und für die Kopplung von Hochspannungsnetzen eingesetzt.

Die Nennleistung eines Transformators gibt die zulässige Scheinleistung an. Die Baugröße der Transformatoren reicht von einigen VA Scheinleistung bei Kleintransformatoren bis über 1000 MVA bei den so genannten Maschinentransformatoren, das sind die Transformatoren, die im Kraftwerk den Generatoren nachgeschaltet sind. **Einphasentransformatoren** dienen zum Umspannen in Einphasennetzen, **Drehstromtransformatoren** in Drehstromnetzen. In

Europa werden aus Kostengründen in Drehstromnetzen fast ausschließlich Drehstromtransformatoren verwendet, bei denen die Primär- und Sekundärwicklungen auf einem gemeinsamen Drei- oder Fünfschenkelkern sitzen. Man kann aber auch drei Einphasentransformatoren elektrisch zu einem Drehstromtransformator zusammenschalten, man nennt dies eine **Drehstrombank**. Der Vorteil liegt in der geringeren Baugröße für den Transport und der magnetischen Entkopplung bei stark unsymmetrischen Netzen. Auf die Einzelheiten der Anwendung, Bauarten, Schaltgruppen usw. soll hier nicht näher eingegangen werden, dies ist Thema der elektrischen Maschinen und elektrischen Anlagen. In Abb. 9.2 ist ein Drehstromtransformator in Drei- und Fünfschenkelausführung gezeigt, bei dem die Primär- und Sekundärwicklung in Stern geschaltet sind. Die Bezeichnung der Anschlüsse erfolgt entsprechend Kap. 4.1.1, für die Sekundärwicklung wurden dabei zur Unterscheidung Kleinbuchstaben verwendet.

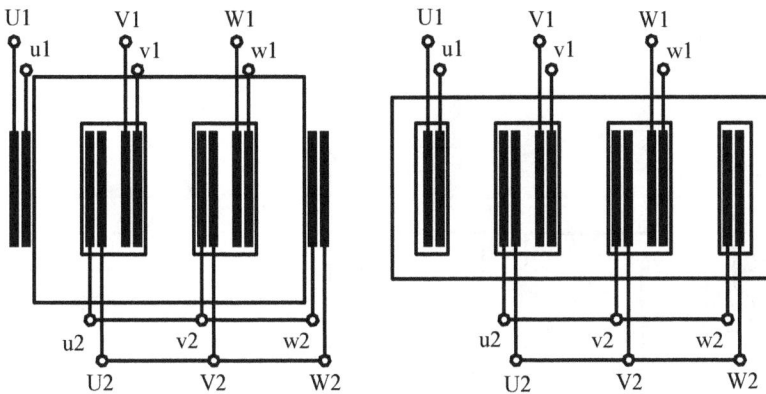

Abb. 9.2: Drehstromtransformator mit Drei- und Fünfschenkelkern

Transformatoren sollen einen möglichst hohen Wirkungsgrad bei niedrigen Baukosten aufweisen. Da sie immer bei gleicher Frequenz betrieben werden, spielt ihr Frequenzverhalten anders als bei den Übertragern keine Rolle. Sie enthalten deshalb keinen Luftspalt und werden im Sättigungsbereich (vgl. Band 1, Kap. 5.4.1), d.h. bei höheren magnetischen Flussdichten betrieben, weil dadurch nach Gleichung 6.44 in Band 1 das Volumen des Transformatorkerns, das ist der Eisenkern des Transformators, klein gehalten wird.

9.1.2 Aufgaben des Übertragers

Übertrager werden z.B. in der Nachrichtentechnik oder Elektronik verwendet. Ihre Aufgabe ist Energie bei galvanischer Trennung von einem Stromkreis in einen anderen zu übertragen, die Spannung einer Spannungsquelle an den oder die Verbraucher anzupassen oder bestimmte Übertragungsfunktionen von Netzwerken durch die Widerstandtransformation zu erhalten. Als Beispiele sind in Abb. 9.3 ein Zündimpulsübertrager gezeigt, der die Steuerelektronik mit den kleinen Spannungen galvanisch vom Leistungskreis trennt und in Abb. 9.4 eine Transistorschaltung, bei welcher der zwangsläufig auftretende Gleichspannungsanteil in der verstärkten Spannung u_1 vom Verbraucherwiderstand abgehalten wird, gleichzeitig kann noch eine Spannungsanpassung an den Verbraucher erfolgen.

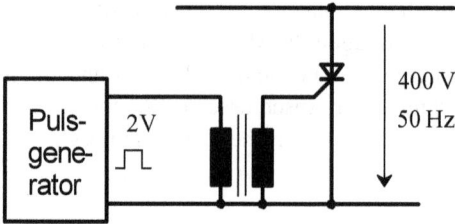

Abb. 9.3: Zündimpulsübertrager eines Thyristors

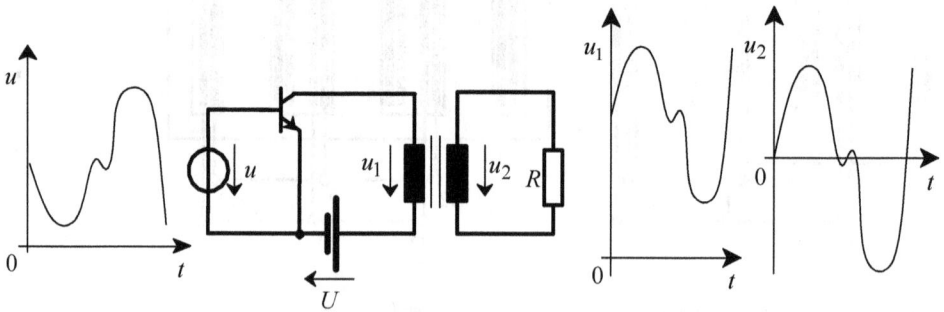

Abb. 9.4: Übertrager in einer Transistorschaltung

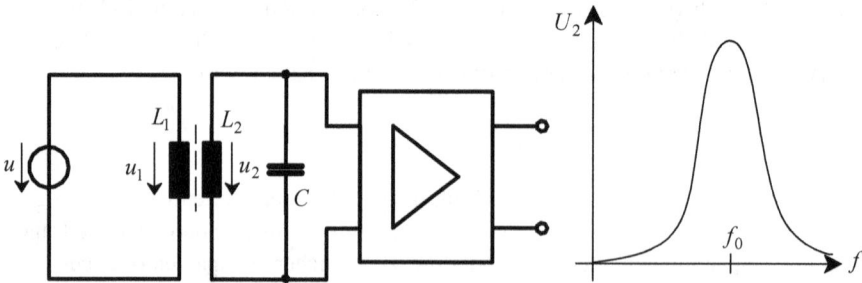

Abb. 9.5: Resonanzübertrager

Eine weitere Anwendung sind die so genannten Resonanzübertrager. Der in Abb. 9.5 gezeigte Übertrager transformiert zunächst die sehr kleine Eingangsspannung u_1, die z.B. von einer Antenne stammt, auf höhere Werte. Durch den Parallelschwingkreis aus L_2 und C befindet sich der Übertrager auf der Sekundärseite für alle Frequenzen unter- und oberhalb der Resonanzfrequenz praktisch im Kurzschluss (vgl. Kap. 3.9.2), damit wird nur ein sehr schmales Frequenzband herausgefiltert.

Bei fast allen beschriebenen Anwendungen ist es erforderlich, dass über einen größeren Frequenzbereich eine möglichst lineare Übertragung erfolgt. Deshalb wird der Eisen- oder Ferritkern (vgl. Band 1, Abb. 5.31) mit einem Luftspalt versehen. Außerdem betreibt man den Übertrager bei relativ kleinen magnetischen Flussdichten. Dadurch sind die Induktivitäten der Wicklungen innerhalb der vorgesehenen Betriebsbedingungen näherungsweise konstant (vgl. Band 1, Kap. 5.4.4), und durch den linearen Verlauf der Magnetisierungskennlinie werden die Spannungen verzerrungsfrei übersetzt. Es treten auch nur geringe Kernverluste auf. Der Übertrager kann als linearer Vierpol betrachtet werden.

9.1.3   Aufgaben des Messwandlers

Eine weitere wichtige Anwendung des Transformators liegt in der Messtechnik. Messwandler transformieren Ströme und Spannungen auf gefahrlose Werte im Niederspannungsbereich. Außerdem schützen sie durch ihre Übertragungseigenschaften die nachgeschalteten Einrichtungen vor Kurzschlussströmen und Überspannungen. Stromwandler sind sekundärseitig kurzgeschlossene Transformatoren, da der Innenwiderstand eines Strommessers sehr klein ist. Bei einem Stromwandler darf im Betrieb nie der Sekundärkreis geöffnet werden. Muss der Strommesser entfernt werden, so sind die Klemmen auf der Sekundärseite kurzzuschließen. Der Strom auf der Sekundärseite beträgt bei primärem Nennstrom 5 A oder für Wandler mit sehr langen Messleitungen 1 A. Spannungswandler sind nahezu im Leerlauf betriebene Transformatoren, denn der Innenwiderstand eines Spannungsmessers ist sehr groß. Die Spannung auf der Sekundärseite beträgt bei primärer Nennspannung 100 V. Bei sehr langen Messleitungen gibt es auch Wandler mit einer sekundärseitigen Spannung von 200 V.

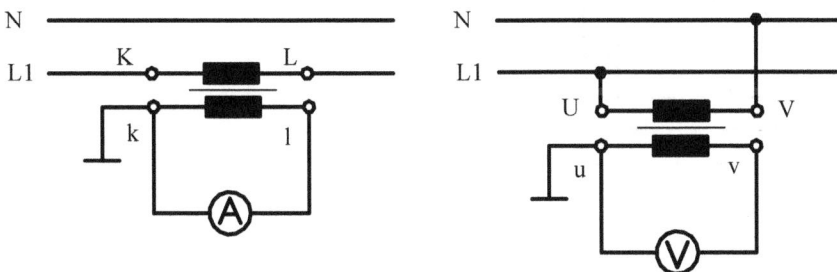

Abb. 9.6: Strom- und Spannungswandler

An die Messwandler werden besonders hohe Anforderungen bzgl. Übertragungsgenauigkeit und Phasentreue gestellt, d.h. für alle Strom- bzw. Spannungswerte unterhalb des Nennwerts soll das Teilerverhältnis gleich dem für die Nennwerte sein, und der Nullphasenwinkel des Stroms bzw. der Spannung auf der Primärseite soll gleich dem auf der Sekundärseite sein.

9.2   Idealer Transformator

Der ideale Transformator ist verlustlos und ideal fest gekoppelt. Es wird demnach angenommen, dass die Ummagnetisierungs- bzw. Hystereseverluste (vgl. Kap. 3.8.2 und Band 1, Kap. 6.6.3), die Wirbelstromverluste (vgl. Kap. 3.8.2 und Band 1, Kap. 6.5), die Verschiebungsströme aufgrund der Kapazität der Wicklungen (vgl. Kap. 3.8.2 und 8.1) und der ohmsche Widerstand der Wicklungen null bzw. vernachlässigbar klein sind. Ebenso wird angenommen, dass die Permeabilität μ gegen unendlich und damit der magnetische Widerstand und der Magnetisierungsstrom gegen null gehen.

$$R_m = \frac{l}{\mu \cdot A} \to 0 \qquad L = \frac{N^2}{R_m} \to \infty \qquad X_L = \omega \cdot L \to \infty \qquad I_\mu = \frac{U}{X_L} \to 0$$

Dadurch wird erreicht, dass beide Wicklungen auf dem Eisenkern in Abb. 9.7 vom gleichen magnetischen Fluss durchsetzt und somit ideal fest gekoppelt sind.

9.2.1   Spannungsübersetzung

Der ideale Transformator in Abb. 9.7 hat einen sinusförmigen Spulenfluss $\Phi(t) = \hat{\Phi} \cdot \sin \omega t$, der von einem gegen null gehenden Strom $i_1 = \hat{i}_1 \cdot \sin \omega t$ hervorgerufen wird.

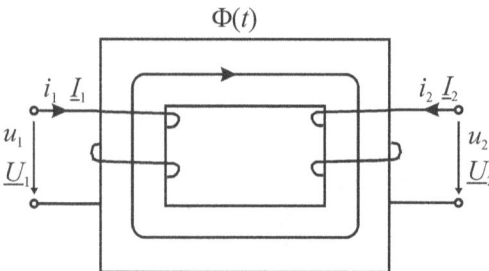

Abb. 9.7: Idealer Transformator

Nach dem Induktionsgesetz (Band 1, Gleichung 6.7) ergibt sich somit:

$$u_1 = N_1 \cdot \frac{\mathrm{d}\Phi}{\mathrm{d}t} = N_1 \cdot \frac{\mathrm{d}\left(\hat{\Phi} \cdot \sin \omega t\right)}{\mathrm{d}t} = N_1 \cdot \omega \cdot \hat{\Phi} \cdot \cos \omega t$$

$$u_2 = N_2 \cdot \frac{\mathrm{d}\Phi}{\mathrm{d}t} = N_2 \cdot \frac{\mathrm{d}\left(\hat{\Phi} \cdot \sin \omega t\right)}{\mathrm{d}t} = N_2 \cdot \omega \cdot \hat{\Phi} \cdot \cos \omega t$$

> Bei gleichem Wicklungssinn sind aufgrund des Induktionsgesetzes die Primärspannung $\underline{U}_1$ und Sekundärspannung $\underline{U}_2$ gleichphasig.

Die Effektivwerte der Spannungen betragen:

$$U_1 = \frac{N_1 \cdot \omega \cdot \hat{\Phi}}{\sqrt{2}} = \sqrt{2} \cdot \pi \cdot f \cdot N_1 \cdot \hat{\Phi} \qquad U_2 = \frac{N_2 \cdot \omega \cdot \hat{\Phi}}{\sqrt{2}} = \sqrt{2} \cdot \pi \cdot f \cdot N_2 \cdot \hat{\Phi}$$

Dividiert man beide Gleichungen durcheinander und berücksichtigt die Gleichphasigkeit, so erhält man das **Übersetzungsverhältnis** $\ddot{u}$:

$$\frac{\underline{U}_1}{\underline{U}_2} = \frac{U_1}{U_2} = \frac{N_1}{N_2} = \ddot{u} \tag{9.1}$$

Mit den Gleichungen 6.35 für den Transformator und 6.36 für eine ideal feste Kopplung aus Band 1 und $i_2 = 0$ bzw. $\mathrm{d}i_2 / \mathrm{d}t = 0$ wegen des Leerlaufs auf der Sekundärseite geht die Gleichung 9.1 in folgende Form über:

$$\frac{u_1}{u_2} = \frac{U_1}{U_2} = \frac{N_1}{N_2} = \frac{L_1}{L_{12}} = \sqrt{\frac{L_1}{L_2}} = \ddot{u} \tag{9.2}$$

9.2.2 Stromübersetzung

Wird die Sekundärseite des idealen Transformators in Abb. 9.7 durch einen komplexen Widerstand $\underline{Z}$ belastet, so fließt ein Sekundärstrom $\underline{I}_2 = -\underline{U}_2 / \underline{Z}$. Das Minuszeichen rührt von der Wahl des Zählpfeilsystems her, bezüglich des komplexen Widerstands $\underline{Z}$ bilden die Sekundärspannung und der Sekundärstrom ein Erzeugerzählpfeilsystem. Dieser Strom durchfließt auch die Sekundärwicklung und erzeugt in ihr ein Magnetfeld, das dem von der Primärseite herrührenden entgegenwirkt. Auf der Primärseite muss aber das Spannungsgleichgewicht erhalten bleiben, d.h. die Selbstinduktionsspannung muss gleich der angelegten Spannung sein. Dies wird nur gewährleistet, wenn auch der magnetische Fluss seine Änderungsgeschwindigkeit und seinen Scheitelwert beibehält. Die Flussänderungsgeschwindigkeit ist durch die Frequenz des Primärstroms und damit der Primärspannung festgelegt. Es muss also zu dem bereits im Leerlauf vorhandenen Magnetisierungsstrom $\underline{I}_\mu$, der beim idealen Transformator mit null angenommen wurde, ein zusätzlicher Strom $\underline{I}_{1z}$ fließen, der die sekundärseitige Durchflutung gerade kompensiert. Dieser Strom fließt dabei in Richtung des Zählpfeils für $\underline{I}_1$. Da in Abb. 9.8 der magnetische Widerstand R_m des Eisenkerns und damit auch die magnetische Spannung V_{Fe} null sind (idealer Transformator), muss nach dem Durchflutungsgesetz gelten: $\Theta_1 = N_1 \cdot I_{1z} = \Theta_2 = N_2 \cdot I_2$. Weil der magnetische Gesamtfluss unabhängig von der Belastung immer gleich bleiben muss, ändert sich auch bei einem idealen Transformator die Spannung auf der Sekundärseite nicht bei Belastung.

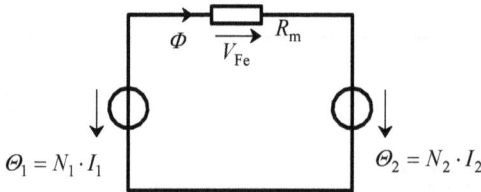

Abb. 9.8: Magnetisches Ersatzschaltbild für den belasteten Transformator

> Bei dem gewählten Zählpfeilsystem sind bei gleichem Wicklungssinn aufgrund des Durchflutungsgesetzes die Primär- und Sekundärströme gegenphasig.

$$\underline{I}_1 = \underline{I}_{1z} + \underline{I}_\mu \qquad N_1 \cdot I_1 = N_2 \cdot I_2$$

$$\frac{I_{1z}}{I_2} = \frac{I_1}{I_2} = \frac{N_2}{N_1} = \frac{1}{\ddot{u}} \qquad \underline{I}_2 = -\underline{I}_{1z} \cdot \ddot{u} = -\underline{I}_1 \cdot \ddot{u} \qquad (9.3)$$

Für einen realen Transformator, bei dem $\underline{I}_\mu$ nicht null ist, gilt die Gleichung 9.3 nur für das Verhältnis von $\underline{I}_{1z} / \underline{I}_2$.

9.2.3   Leistungsübertragung

Für die primärseitig eingespeiste und sekundärseitig abgegebene Scheinleistung gilt nach den Ergebnissen für die Spannungs- und Stromübersetzung für einen idealen Transformator, indem man die Primär- durch die Sekundärgrößen ersetzt:

$$S_1 = U_1 \cdot I_1 = U_2 \cdot \frac{N_1}{N_2} \cdot I_2 \cdot \frac{N_2}{N_1} = U_2 \cdot I_2 = S_2$$

Ebenso wird beim idealen Transformator, bei dem ja definitionsgemäß keine Verluste auftreten, die gesamte primär aufgenommene Wirkleistung P_1 nach dem Satz der Energieerhaltung auf der Sekundärseite wieder abgegeben.

$$P_1 = P_2$$

9.2.4   Widerstandstransformation

Betrachtet man den Transformator mit dem an seiner Sekundärseite angeschlossenen Widerstand $\underline{Z}$ als einen Zweipol, der nur durch die Anschlüsse der Primärseite zugänglich ist, so bezeichnet man den Widerstand, der sich so darstellt, als den auf die Primärseite transformierten Widerstand $\underline{Z}'$. Zur Unterscheidung von dem tatsächlichen Widerstand wird er mit einem Apostroph gekennzeichnet.

Dieser auf die Primärseite transformierte Widerstand entspricht dem Verhältnis $\underline{U}_1/\underline{I}_1$. Mit den Beziehungen aus den vorherigen Kapiteln erhält man dieses Verhältnis:

$$\underline{I}_1 = -\frac{1}{\ddot{u}} \cdot \underline{I}_2 = -\frac{1}{\ddot{u}} \cdot \left(-\frac{\underline{U}_2}{\underline{Z}}\right) = \frac{\underline{U}_2}{\ddot{u} \cdot \underline{Z}} = \frac{\underline{U}_1}{\ddot{u}^2 \cdot \underline{Z}}$$

$$\frac{\underline{U}_1}{\underline{I}_1} = \underline{Z}' = \ddot{u}^2 \cdot \underline{Z} \tag{9.4}$$

> Der Eingangswiderstand des idealen Transformators ist gleich dem mit dem Quadrat des Übersetzungsverhältnisses multiplizierten Lastwiderstand. Diese Eigenschaft kann man zur Leistungsanpassung benützen, indem man das Übersetzungsverhältnis so wählt, dass der auf die Primärseite transformierte Lastwiderstand gleich dem Innenwiderstand der Quelle ist.

Beispiel:
In Abb. 9.9 sind zwei ideale Transformatoren primärseitig parallelgeschaltet und sekundärseitig in Reihe geschaltet. Es ist $\ddot{u}_1 = 2$, $\ddot{u}_2 = 5$, $U = 110$ V, $f = 50$ Hz und $R_a = 77\ \Omega$. Zu ermitteln sind alle anderen Größen und R_a'.

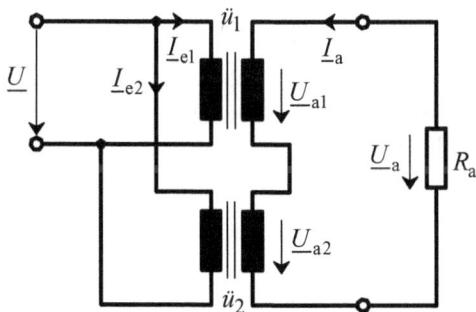

Abb. 9.9: Zusammenschaltung zweier idealer Transformatoren

Die Primärwicklungen sind parallelgeschaltet und liegen damit an der gleichen Spannung. Nach der Spannungsübersetzung ergibt sich:

$$U_{a1} = \frac{U}{\ddot{u}_1} = 55\,\text{V} \qquad U_{a2} = \frac{U}{\ddot{u}_2} = 22\,\text{V} \qquad U_a = U_{a1} + U_{a2} = 77\,\text{V}$$

Da die Spannung $\underline{U}_{a1}$ und $\underline{U}_{a2}$ phasengleich sind, können die Effektivwerte einfach addiert werden. Der Ausgangsstrom ergibt sich aus dem ohmschen Gesetz. Da die Sekundärwicklungen in Reihe liegen, werden beide vom gleichen Strom durchflossen. Die Eingangsströme erhält man durch die Stromübersetzung. Auch die Ströme $\underline{I}_{e1}$ und $\underline{I}_{e2}$ sind phasengleich und können dadurch algebraisch addiert werden.

$$I_a = \frac{U_a}{R_a} = 1\,\text{A} \qquad I_{e1} = \frac{I_a}{\ddot{u}_1} = 0,5\,\text{A} \qquad I_{e2} = \frac{I_a}{\ddot{u}_2} = 0,2\,\text{A} \qquad I = I_{e1} + I_{e2} = 0,7\,\text{A}$$

Im ohmschen Widerstand wird nur eine Wirkleistung umgesetzt, somit ist die Scheinleistung auf der Primär- und Sekundärseite gleich der Wirkleistung:

$$S_e = P_e = U \cdot I = 77\,\text{W} \qquad S_a = P_a = U_a \cdot I_a = 77\,\text{W}$$

Der auf die Primärseite transformierte Widerstand ergibt hier aus der Eingangsspannung und dem Eingangsstrom.

$$R_a{'} = \frac{U}{I} = 157\,\Omega$$

Dies entspricht bei Zusammenfassung der beiden Transformatoren zu einem Ersatztransformator einem Übersetzungsverhältnis von:

$$\ddot{u} = \sqrt{\frac{R_a{'}}{R_a}} = 1,43$$

Aufgabe 9.1
Es liegt die gleiche Schaltung wie in Abb. 9.9 vor. Es ist jedoch nicht U, sondern die Spannung $U_a = 77$ V gegeben. Es sind wieder alle Größen in der Schaltung zu ermitteln, ohne auf die Ergebnisse aus dem Beispiel Bezug zu nehmen, diese dienen lediglich als Kontrolle.

9.3   Lufttransformator

9.3.1   Idealer Lufttransformator

Ein idealer Transformator, wie in Kap. 9.2 beschrieben, ist nicht zu verwirklichen, auch wenn man diesen Verhältnissen recht nahe kommen kann, so dass in der Praxis unter bestimmten Vereinfachungen durchaus ein ideales Verhalten unterstellt wird. In den folgenden Kapiteln werden nach und nach die idealisierten Annahmen zurück genommen. Für den idealen Lufttransformator gelten weiterhin alle bisher gemachten Annahmen mit Ausnahme, dass nun die Permeabilität nicht mehr gegen unendlich geht, sondern gleich der magnetischen Feldkonstanten des leeren Raums μ_0 wird, da für Luft $\mu_r \approx 1$ ist. Damit sind auch der magnetische Widerstand und Magnetisierungsstrom nicht mehr null, der induktive Blindwiderstand geht nicht mehr gegen unendlich. Auch bei sekundärseitigem Leerlauf ergibt sich ein rein induktiver Blindstrom, der von der angelegten Spannung, der Windungszahl und den Abmessungen der Primärspule abhängt.

$$I_{1\mu} = \frac{U_1}{X_L} = \frac{U_1}{\omega L_1} = \frac{U_1 \cdot R_m}{\omega \cdot N_1^2}$$

Durch diesen Magnetisierungsstrom ist das Stromübersetzungsverhältnis nach Gleichung 9.3 gestört, es gilt nur noch für das Verhältnis von $\underline{I}_{1z}/\underline{I}_2$. Es ergibt sich das folgende Ersatzschaltbild für einen idealen Lufttransformator, wobei das Transformatorsymbol einen idealen Transformator darstellt und die Induktivität L_1 die Induktivität der Primärspule. Um das Zeigerdiagramm zeichnen zu können, müssen die Sekundärspannung und der Sekundärstrom auf die Primärseite transformiert werden. Wie vereinbart werden diese Größen durch ein Apostroph gekennzeichnet. In Abb. 9.10 wird ein ohmsch/induktiver Verbraucher unterstellt.

$$\underline{I}_2' = \frac{\underline{I}_2}{\ddot{u}} \qquad \underline{U}_2' = \ddot{u} \cdot \underline{U}_2 \qquad \underline{I}_1 = \underline{I}_{1z} + \underline{I}_{1\mu} \qquad \underline{I}_{1z} = -\underline{I}_2'$$

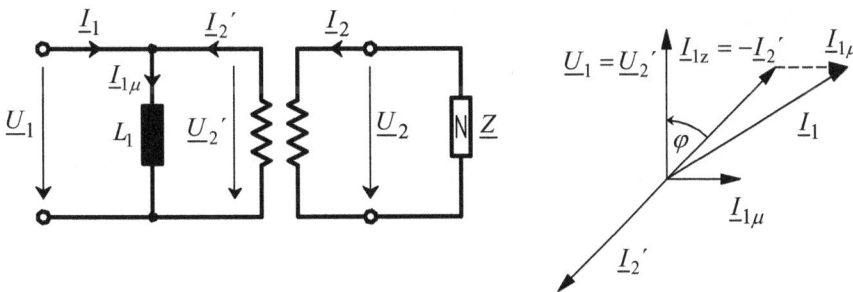

Abb. 9.10: Ersatzschaltbild eines belasteten idealen Lufttransformators mit zugehörigem Zeigerdiagramm

9.3.2   Lufttransformator mit Streuung

Es wird hier ein Sonderfall untersucht, bei dem sich für die Primär- und Sekundärwicklung eine unterschiedliche Streuung ergibt, und die Streuung sehr anschaulich erklärt werden kann. Beim Transformator mit Eisenkern tritt diese Art der Streuung nicht auf. Wenn dort auch die Ursache für die Streuung anderer Natur ist, so sind trotzdem die hier gewonnenen Erkenntnisse und Ersatzschaltbilder voll übertragbar.

In Abb. 9.11 ist eine Ringspule mit der Windungszahl N_1, dem Querschnitt A_1 und der mittleren Feldlinienlänge $l = \pi \cdot d_m$ gezeigt. Im Inneren dieser Luftspule befindet sich eine zweite Ringspule mit der Windungszahl N_2, dem Querschnitt A_2 und der gleichen mittleren Feldlinienlänge. Der Spulendurchmesser d_m ist dabei groß gegenüber den Wicklungsdurchmessern d_{W1} und d_{W2}, so dass die magnetische Flussdichte innerhalb der Spule näherungsweise konstant ist (vgl. Band 1, Kap. 5.2.4).

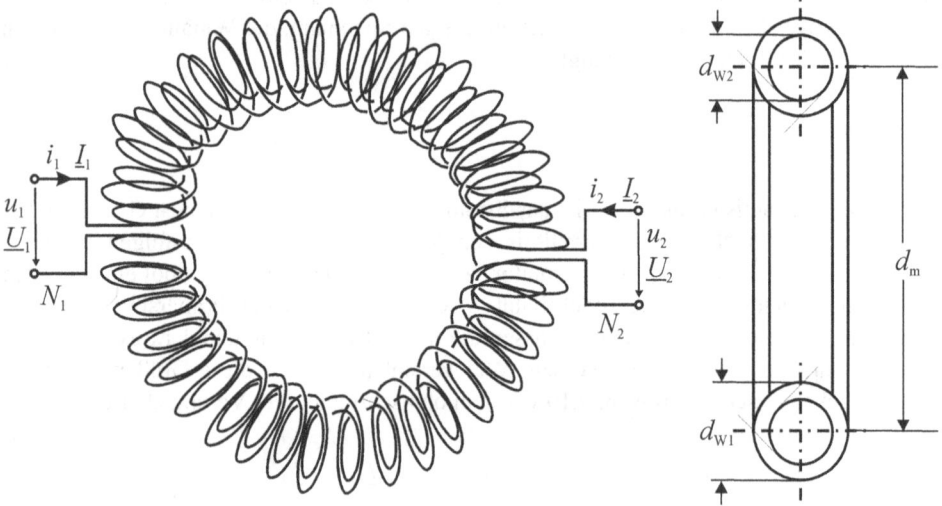

Abb. 9.11: Zwei ineinanderliegende Ringspulen

Leerlauffall

Ist die Sekundärseite offen, d.h. im Leerlauf, und wird der Transformator primärseitig gespeist, so stellt sich der Leerlaufstrom I_{1L} ein. Dieser ist:

$$I_{1L} = \frac{U_1}{\omega L_{1L}} \quad \text{mit} \quad L_{1L} = \frac{N_1^2}{R_{m1}} = \frac{N_1^2 \cdot \mu_0 \cdot A_1}{l}$$

Die Sekundärwicklung wird aber nur von einem Teil des in der Primärwicklung erzeugten magnetischen Flusses durchsetzt, der Flussanteil ist $\Phi_{12} = \Phi_{11} \cdot A_2 / A_1$. Da die in der Sekundärwicklung induzierte Spannung dem magnetischen Fluss proportional ist, ergibt sich eine Leerlaufspannung U_{2L}:

$$U_{2L} = \frac{U_1}{\ddot{u}} \cdot \frac{A_2}{A_1}$$

Ist die Primärseite offen, d.h. im Leerlauf, und wird der Transformator sekundärseitig gespeist, so stellt sich der Leerlaufstrom I_{2L} ein. Dieser ist:

$$I_{2L} = \frac{U_2}{\omega L_{2L}} \quad \text{mit}$$

$$L_{2L} = \frac{N_2^{\,2}}{R_{m2}} = \frac{N_2^{\,2} \cdot \mu_0 \cdot A_2}{l} = \frac{N_2^{\,2} \cdot \mu_0 \cdot A_2 \cdot L_{1L}}{l \cdot \underbrace{\frac{N_1^{\,2} \cdot \mu_0 \cdot A_1}{l}}_{L_{1L}}} = L_{1L} \cdot \frac{A_2}{A_1} \cdot \left(\frac{N_2}{N_1} \right)^2$$

In diesem Fall ist aber der gesamte in der Sekundärwicklung erzeugte magnetische Fluss Φ_{22} in der Primärwicklung wirksam, d.h. $\Phi_{21} = \Phi_{22}$ und damit:

$$U_{1L} = U_2 \cdot \ddot{u}$$

Kurzschlussfall

Ist die Sekundärseite kurzgeschlossen, und wird der Transformator primärseitig gespeist, so ist die Spannung U_2 null. Nach der Gleichung 6.7 aus Band 1 $u_2 = N_2 \cdot d\Phi_2 / dt$ ist dies nur möglich, wenn der magnetische Fluss der Sekundärwicklung Φ_2 null wird. Dies geschieht dadurch, dass der fließende Kurzschlussstrom in der Sekundärwicklung einen magnetischen Fluss in entgegengesetzter Richtung zu Φ_{12} hervorruft. Auf der Primärseite muss aber der volle Fluss Φ_{11} erhalten bleiben, da $u_1 = N_1 \cdot d\Phi_1 / dt$ gleich bleibt. Es wird also der Anteil des magnetischen Flusses, der vorher die Querschnittsfläche A_2 durchsetzte, aus dieser verdrängt und fließt nun zusätzlich durch die verbleibende Fläche $A_1 - A_2$. Dadurch wird der magnetische Widerstand für die Primärseite größer, da die verbleibende Fläche kleiner wird, bzw. es wird die Induktivität L_{1K} kleiner und somit der primärseitige Strom bzw. die Primärdurchflutung um das Flächenverhältnis $A_1 / (A_1 - A_2)$ größer.

$$I_{1K} = \frac{U_1}{\omega L_{1K}} \quad \text{mit} \quad L_{1K} = \frac{N_1^{\,2}}{R_{m1}} = \frac{N_1^{\,2} \cdot \mu_0 \cdot (A_1 - A_2)}{l} = L_{1L} \cdot \frac{A_1 - A_2}{A_1} \quad \text{wird}$$

$$I_{1K} = I_{1L} \cdot \frac{A_1}{A_1 - A_2}$$

Weil der gesamte von der Sekundärwicklung erzeugte magnetische Fluss auch mit der Primärwicklung verkettet ist, ergibt sich der sekundärseitige Kurzschlussstrom nach Gleichung 9.3:

$$I_{2K} = \ddot{u} \cdot I_{1K}$$

Ist die Primärseite kurzgeschlossen, und wird der Transformator sekundärseitig gespeist, so ist die Spannung U_1 null, und es muss der magnetische Fluss Φ_1 null werden. Andererseits muss aus den bereits erläuterten Gründen Φ_2 seinen ursprünglichen Wert wie beim primär-seitigen Leerlauf beibehalten. In diesem Fall bleibt der verfügbare Querschnitt für Φ_2 erhal-ten. Weil aber immer ein Teil des vom Kurzschlussstrom in der Primärwicklung hervorgeru-fenen Flusses in entgegengesetzter Richtung wie Φ_2 auch in der Fläche A_2 wirkt, muss dieser Anteil durch eine Vergrößerung des Flusses Φ_2 und damit des Stroms in der Sekundärwick-lung gegenüber dem Leerlauf kompensiert werden.

$$I_{2K} = \frac{U_2}{\omega L_{2K}} = I_{2L} + I_{2L} \cdot \frac{A_2}{A_1 - A_2} = I_{2L} \cdot \frac{A_1}{A_1 - A_2} \qquad \frac{I_{2K}}{I_{2L}} = \frac{L_{2L}}{L_{2K}} \qquad L_{2K} = L_{2L} \cdot \frac{A_1 - A_2}{A_1}$$

Da der magnetische Widerstand für die Sekundärwicklung sich gegenüber dem Leerlauffall nicht geändert hat, kann man mit Hilfe des auch hier gültigen magnetischen Ersatzschaltbilds in Abb. 9.8 den sich einstellenden Primärstrom ermitteln. Weil diesmal die Speisung von der Sekundärseite aus erfolgt, wird lediglich in Abb. 9.8 der Zählpfeil für den magnetischen Fluss Φ und die magnetische Spannung umgedreht. Außerdem ist R_m nun nicht durch einen Eisenkern, sondern durch den Luftraum der Wicklung bestimmt, weshalb die magnetische Spannung mit V_L bezeichnet wird, und R_m ist so groß wie im Leerlauffall,. Damit ergibt sich:

$$\Theta_2 = V_L + \Theta_1 \qquad I_{2K} \cdot N_2 = I_{2L} \cdot N_2 + I_{1K} \cdot N_1 \qquad I_{2K} = I_{2L} + I_{1K} \cdot \frac{N_1}{N_2} = I_{2L} + I_{1K} \cdot \ddot{u}$$

$$I_{1K} = \frac{1}{\ddot{u}} \cdot (I_{2K} - I_{2L}) = \frac{1}{\ddot{u}} \cdot \left(I_{2L} \cdot \frac{A_1}{A_1 - A_2} - I_{2L} \right) = \frac{1}{\ddot{u}} \cdot I_{2L} \cdot \left(\frac{A_1}{A_1 - A_2} - 1 \right) = \frac{I_{2L}}{\ddot{u}} \cdot \frac{A_2}{A_1 - A_2}$$

Dieses Verhalten muss nun durch ein Ersatzschaltbild beschrieben werden, das für alle An-wendungsfälle gültig ist. Es gibt dafür mehrere Möglichkeiten, von denen nur eine in Abb. 9.12 aufgegriffen wird. Für sekundärseitigen Leerlauf ist auf der Primärseite die Reihen-schaltung aus L_{1K} und $L_{1L} - L_{1K}$ wirksam, also insgesamt L_{1L}. Schließt man die Sekundärseite kurz und transformiert diesen Kurzschluss auf die Primärseite, so ist die Induktivität $L_{1L} - L_{1K}$ kurzgeschlossen, und es wirkt nur noch L_{1K}. Bei primärseitigem Leerlauf und Spei-sung der Sekundärseite wirkt die Induktivität L_{2L} und im Ersatzschaltbild $L_{1L} - L_{1K}$. Trans-formiert man L_{2L} auf die Primärseite, so muss also $L_{1L} - L_{1K}$ der Induktivität L_{2L}' ent-sprechen.

$$L_{2L}' = \ddot{u}^2 \cdot L_{2L} = \ddot{u}^2 \cdot L_{1L} \cdot \frac{A_2}{A_1} \cdot \left(\frac{N_2}{N_1} \right)^2 = L_{1L} \cdot \frac{A_2}{A_1}$$

$$L_{1L} - L_{1K} = L_{1L} - L_{1L} \cdot \frac{A_1 - A_2}{A_1} = L_{1L} \cdot \left(1 - \frac{A_1 - A_2}{A_1} \right) = L_{1L} \cdot \frac{A_1 - A_1 + A_2}{A_1} = L_{1L} \cdot \frac{A_2}{A_1}$$

Schließt man die Primärseite kurz, so sind die Induktivitäten L_{1K} und $L_{1L} - L_{1K}$ parallelgeschaltet. Dies entspricht der auf die Primärseite transformierten Induktivität L_{2K}:

$$L_{2K}{}' = ü^2 \cdot L_{2K} = ü^2 \cdot L_{2L} \cdot \frac{A_1 - A_2}{A_1} = ü^2 \cdot L_{1L} \cdot \frac{A_2}{A_1} \cdot \left(\frac{N_2}{N_1}\right)^2 \cdot \frac{A_1 - A_2}{A_1} = L_{1L} \cdot \frac{A_2}{A_1} \cdot \frac{A_1 - A_2}{A_1}$$

$$\frac{L_{1K} \cdot (L_{1L} - L_{1K})}{L_{1K} + L_{1L} - L_{1K}} = \frac{L_{1L} \cdot \dfrac{A_1 - A_2}{A_1} \cdot L_{1L} \cdot \dfrac{A_2}{A_1}}{L_{1L}} = L_{1L} \cdot \frac{A_2}{A_1} \cdot \frac{A_1 - A_2}{A_1}$$

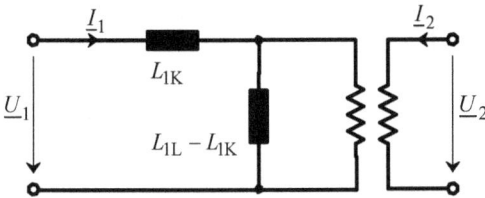

Abb. 9.12: Ersatzschaltbild für den verlustlosen Lufttransformator mit Streuung

Für die Praxis ist es meist üblich anstatt der Leerlauf- und Kurzschlussinduktivitäten die bereits in Band 1, Kap. 5.4.3 und 6.4.2 eingeführten Streu- und Kopplungsfaktoren einzusetzen, wie es dann in Kap. 9.4.1 erfolgt.

Aufgabe 9.2

Für den vorher beschriebenen und in Abb. 9.11 und 9.12 gezeigten Lufttransformator gelten folgende Angaben: $l = 50{,}28$ cm, $A_1 = 4$ cm², $A_2 = 2$ cm², $N_1 = 2000$, $N_2 = 1000$, $U_1 = 100$ V, $\omega = 10^5$ s⁻¹. Welcher Strom I_{1L} und welche Spannung U_{2L} stellen sich bei sekundärseitigem Leerlauf ein und welche Ströme I_{1K} und I_{2K} bei sekundärseitigem Kurzschluss? Welche Spannung fällt an einem Widerstand $R_a = 50$ Ω ab, den man sekundärseitig anschließt?

9.3.3   Frequenzgang des fest gekoppelten Übertragers

Es wird hier wieder das in Abb. 9.12 gezeigte Ersatzschaltbild für einen verlustlosen Lufttransformator unterstellt, wobei diesmal allerdings der Kopplungsfaktor $k_{12} \approx 1$ sein soll. Nach Band 1, Kap. 6.4.2 spricht man dann von einer festen Kopplung. Das Übersetzungsverhältnis soll dabei so gewählt werden, dass für den in Abb. 9.13 gezeigten Übertrager der auf die Primärseite transformierte Belastungswiderstand $R_a{}'$ gleich dem Innenwiderstand der Quelle ist, so dass Leistungsanpassung vorliegt (vgl. Kap. 3.7.8).

Das Frequenzverhalten wird hier nur überschlägig untersucht und dargestellt. Dazu werden drei Frequenzbereiche betrachtet und für diese jeweils zulässige Vernachlässigungen eingeführt. Wegen der festen Kopplung ist $L_{1K} \ll (L_{1L} - L_{1K})$.

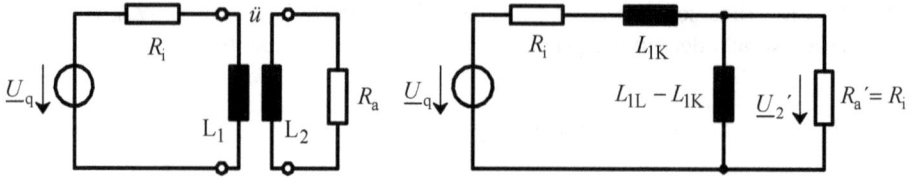

Abb. 9.13: Leistungsanpassung mit Hilfe eines verlustlosen, fest gekoppelten Transformators

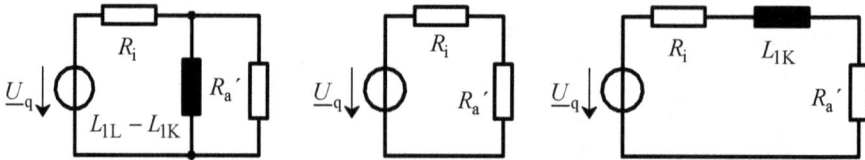

Abb. 9.14: Vereinfachtes Ersatzschaltbild für sehr tiefe, mittlere und sehr hohe Frequenzen

Bei sehr niedrigen Frequenzen ist ωL_{1K} sehr klein und kann vernachlässigt werden. Aber auch $\omega(L_{1L} - L_{1K})$ ist sehr klein und schließt für $\omega = 0$ den Widerstand R_a' kurz, so dass keine Leistung in ihm umgesetzt wird. Solange $\omega(L_{1L} - L_{1K}) < R_a'$ ist, fließt auch der größte Teil des Stroms über die Induktivität und nicht über den ohmschen Widerstand. Für mittlere Frequenzen ist ωL_{1K} immer noch vernachlässigbar klein gegenüber R_a', $\omega(L_{1L} - L_{1K})$ ist aber bereits so hochohmig, dass praktisch der Strom nach der Stromteilerregel ausschließlich über R_a' fließt. Somit können beide Induktivitäten näherungsweise vernachlässigt werden. Für sehr hohe Frequenzen ist $\omega(L_{1L} - L_{1K}) \gg R_a'$ und spielt keine Rolle mehr, aber der in Reihe zu R_a' liegende induktive Widerstand ωL_{1K} muss nun berücksichtigt werden. Für $\omega \to \infty$ stellt ωL_{1K} eine Unterbrechung dar und der Strom durch R_a' und damit auch die in ihm umgesetzte Leistung geht gegen null. Somit ergibt sich in etwa das in Abb. 9.15 dargestellte Frequenzverhalten. Nach Kap. 7.1.5 ist die untere bzw. obere Grenzfrequenz erreicht, wo die übertragene Leistung nur mehr die Hälfte der maximalen Leistung beträgt.

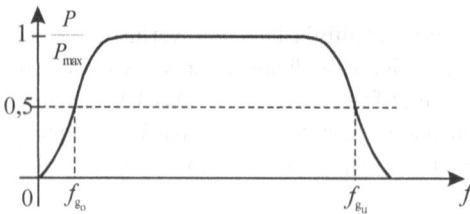

Abb. 9.15: Frequenzgang der übertragenen Leistung im Verhältnis zur Maximalleistung eines verlustlosen, fest gekoppelten Übertragers

9.4 Transformator mit Eisenkern

9.4.1 Die Transformatorgleichungen

Die Transformatorgleichungen wurden bereits in Band 1, Gleichung 6.35 entwickelt. Die dort getroffene Vernachlässigung der Streuung war nur für die Entwicklung der Gleichung für die Spannungsübersetzung notwendig, die Gleichung 6.35 in Band 1 gilt auch bei vorhandener Streuung, die durch L_{12} und L_{21} berücksichtigt wird. Sie sollen jedoch hier nochmals anhand der Abb. 9.16 hergeleitet werden. Dabei berücksichtigen die Widerstände R_1 und R_2 die Kupferverluste der Primär- und Sekundärwicklung. Bei niedrigen Frequenzen entsprechen sie den ohmschen Gleichstromwiderständen der Wicklungen, sind aber bei hohen Frequenzen wegen des Skineffekts größer als diese. Die Eisen- oder Kernverluste bleiben zunächst unberücksichtigt. In Abb. 9.16 sind für alle elektrischen und magnetischen Größen Zählpfeile eingetragen.

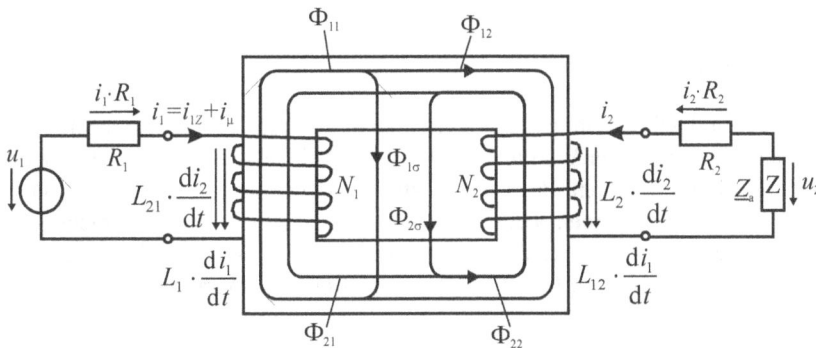

Abb. 9.16: Belasteter Transformator mit Eisenkern unter Berücksichtigung der ohmschen Wicklungswiderstände

Der Strom i_1 induziert über den magnetischen Fluss Φ_{12} in der Sekundärwicklung die Spannung $L_{12} \cdot di_1/dt$, und in der Primärwicklung tritt aufgrund von Φ_{11} die Selbstinduktionsspannung $L_1 \cdot di_1/dt$ auf. Durch die in der Sekundärwicklung induzierte Spannung fließt der Strom i_2, der allerdings bei einer positiven Stromänderungsgeschwindigkeit entgegengesetzt zu seinem Zählpfeil fließen würde, und der nun seinerseits den magnetischen Fluss Φ_{22} hervorruft. In Abb. 9.16 ist Φ_{22} so eingezeichnet, wie er bei einer zeitlichen Stromzunahme von i_1 tatsächlich fließen würde. Φ_{22} ruft in der Sekundärwicklung die Selbstinduktionsspannung $L_2 \cdot di_2/dt$ hervor. Diese Spannung wirkt aber bei einer zeitlichen Stromzunahme von i_1 entgegengesetzt zu ihrem Zählpfeil, da ja dann i_2 und damit auch di_2/dt negativ sind. Der Flussanteil Φ_{21}, der die Primärwicklung durchsetzt, induziert in ihr die Spannung $L_{21} \cdot di_2/dt$. Auch diese Spannung wirkt bei einer zeitlichen Stromzunahme von i_1 entgegengesetzt zu ihrem Zählpfeil. Die Primärdurchflutung $i_{1z} \cdot N_1$ und die Sekundärdurchflutung $i_2 \cdot N_2$ halten sich dabei die Waage (vgl. Kap. 9.3.2 Kurzschlussfall). Als Magnetisierungsdurchflutung bleibt nur $i_\mu \cdot N_1$ übrig. Existent bleiben auch die beiden Streuflüsse $\Phi_{1\sigma}$ und $\Phi_{2\sigma}$, da sich diese nicht gegenseitig aufheben. Diesen Streuflüssen kann im Ersatzschaltbild eine Streuinduktivität $L_{1\sigma} = N_1 \cdot \Phi_{1\sigma} / i_1$ bzw. $L_{2\sigma} = N_2 \cdot \Phi_{2\sigma} / i_2$ zugeordnet werden. Diese Streuinduktivitäten werden von i_1 bzw. i_2 durchflossen und dadurch treten an ihnen formal induktive Spannungsabfälle auf. Ebenso treten an den Widerständen R_1 und R_2 Spannungsabfälle auf, R_1 und R_2 symbolisieren die Kupferverluste. Es gelten somit die beiden Maschengleichungen:

$$u_1 = i_1 \cdot R_1 + L_1 \cdot \frac{di_1}{dt} + L_{21} \cdot \frac{di_2}{dt}$$
$$u_2 = i_2 \cdot R_2 + L_2 \cdot \frac{di_2}{dt} + L_{12} \cdot \frac{di_1}{dt}$$

(9.5)

In komplexer Form mit den Effektivwerten lauten die Transformatorgleichungen mit

$$\frac{di}{dt} = \frac{d\left(\hat{i} \cdot e^{j\cdot\omega t}\right)}{dt} = j\cdot\omega\cdot\hat{i}\cdot e^{j\cdot\omega t} = j\cdot\omega\cdot\underline{I}$$

$$\underline{U}_1 = \left(R_1 + j\cdot\omega L_1\right)\cdot\underline{I}_1 + j\cdot\omega L_{21}\cdot\underline{I}_2$$
$$\underline{U}_2 = \left(R_2 + j\cdot\omega L_2\right)\cdot\underline{I}_2 + j\cdot\omega L_{12}\cdot\underline{I}_1$$

(9.6)

Beide Gleichungen 9.5 und 9.6 beschreiben das Verhalten eines Transformators mit Streuung und Berücksichtigung der ohmschen Wicklungswiderstände bei Belastung und im Leerlauf. Um ein Ersatzschaltbild zu entwerfen, das die Transformatorgleichungen wiedergibt, muss Gleichung 9.6 noch umgeformt werden. Dies geschieht, indem man in beiden Gleichungen einen Summanden addiert und gleich wieder subtrahiert, wobei zu bedenken ist, dass nach Gleichung 6.33 in Band 1 $L_{12} = L_{21}$ ist. Man betrachtet also trotz Eisenkern den Feldraum als linear.

$$\underline{U}_1 = \left(R_1 + j\cdot\omega L_1\right)\cdot\underline{I}_1 + j\cdot\omega L_{21}\cdot\underline{I}_2 + j\cdot\omega L_{21}\cdot\underline{I}_1 - j\cdot\omega L_{12}\cdot\underline{I}_1$$
$$\underline{U}_2 = \left(R_2 + j\cdot\omega L_2\right)\cdot\underline{I}_2 + j\cdot\omega L_{12}\cdot\underline{I}_1 + j\cdot\omega L_{12}\cdot\underline{I}_2 - j\cdot\omega L_{21}\cdot\underline{I}_2$$
$$\underline{U}_1 = \left[R_1 + j\cdot\omega\cdot\left(L_1 - L_{12}\right)\right]\cdot\underline{I}_1 + j\cdot\omega L_{21}\cdot\left(\underline{I}_1 + \underline{I}_2\right)$$
$$\underline{U}_2 = \left[R_2 + j\cdot\omega\cdot\left(L_2 - L_{21}\right)\right]\cdot\underline{I}_2 + j\cdot\omega L_{12}\cdot\left(\underline{I}_1 + \underline{I}_2\right)$$

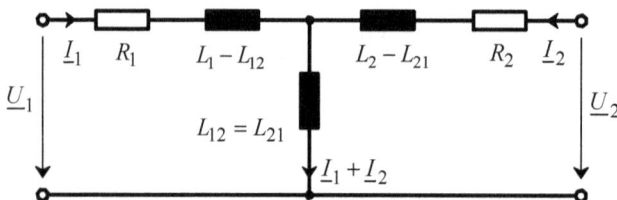

Abb. 9.17: Ersatzschaltbild eines Transformators mit Streuung und Kupferverlusten

Diesen beiden Gleichungen kann nun das Ersatzschaltbild in Abb. 9.17 zugeordnet werden, bzw. sie beschreiben das folgende Ersatzschaltbild.

Man nennt in Abb. 9.17 $L_1 - L_{12}$ und $L_2 - L_{21}$ die **Längs-** oder **Streuinduktivitäten** und L_{12} bzw. L_{21} die **Quer-** oder **Hauptinduktivität**. Obwohl das Ersatzschaltbild für jedes beliebige Übersetzungsverhältnis gültig ist, so ist es doch nur für $ü = 1$ physikalisch interpretierbar, da dann $\underline{I}_1 + \underline{I}_2$ der Magnetisierungsstrom $\underline{I}_\mu$ ist. Diesen Nachteil kann man beheben, wenn man sich die sekundärseitigen Größen durch einen nachgeschalteten idealen Transformator auf die Primärseite übersetzt denkt. Das Ersatzschaltbild geht dann auf die Form in Abb. 9.18 über.

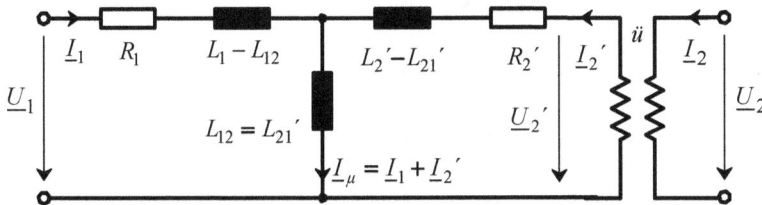

Abb. 9.18: Ersatzschaltbild eines Transformators mit Streuung und Kupferverlusten für $ü \neq 1$

Die Transformatorgleichungen, die dieses Ersatzschaltbild beschreiben, lauten:

$$\underline{U}_1 = \left[R_1 + j \cdot \omega \cdot (L_1 - L_{12}) \right] \cdot \underline{I}_1 + j \cdot \omega L_{21}' \cdot (\underline{I}_1 + \underline{I}_2')$$
$$\underline{U}_2' = \left[R_2' + j \cdot \omega \cdot (L_2' - L_{21}') \right] \cdot \underline{I}_2' + j \cdot \omega L_{12} \cdot (\underline{I}_1 + \underline{I}_2')$$

(9.7)

mit $\underline{I}_2' = \dfrac{\underline{I}_2}{ü}$ $\quad \underline{U}_2' = ü \cdot \underline{U}_2 \quad R_2' = ü^2 \cdot R_2 \quad L_2' = ü^2 \cdot L_2 \quad L_{12} = L_{21}'$

Allerdings ist $L_{21}' = ü \cdot L_{21}$! Die Begründung dafür ist Folgende: Führt man die obigen Beziehungen in die Transformatorgleichung 9.6 ein und setzt sie dann mit Gleichung 9.7 gleich, so müssen sich die jeweiligen Größen entsprechen. Dies ist im Folgenden für die erste Transformatorgleichung durchgeführt.

$$\underline{U}_1 = (R_1 + j \cdot \omega L_1) \cdot \underline{I}_1 + j \cdot \omega L_{21} \cdot \underline{I}_2 + j \cdot \omega L_{12} \cdot \underline{I}_1 - j \cdot \omega L_{12} \cdot \underline{I}_1$$
$$= \left[R_1 + j \cdot \omega \cdot (L_1 - L_{12}) \right] \cdot \underline{I}_1 + j \cdot \omega L_{21} \cdot \underline{I}_2 + j \cdot \omega L_{12} \cdot \underline{I}_1$$
$$= \left[R_1 + j \cdot \omega \cdot (L_1 - L_{12}) \right] \cdot \underline{I}_1 + j \cdot \omega \cdot ü \cdot L_{21} \cdot \dfrac{\underline{I}_2}{ü} + j \cdot \omega L_{21}' \underline{I}_1$$
$$= \left[R_1 + j \cdot \omega \cdot (L_1 - L_{12}) \right] \cdot \underline{I}_1 + j \cdot \omega \cdot \underbrace{ü \cdot L_{21}}_{L_{21}'} \cdot (\underline{I}_1 + \underline{I}_2')$$

9.4.2   Berücksichtigung der Kernverluste

Als letzte Beschränkung verblieb die Berücksichtigung der Eisen- oder Kernverluste. Sie sind reine Wirkverluste und werden durch einen ohmschen Ersatzwiderstand R_{Fe} parallel zur Hauptinduktivität im Ersatzschaltbild berücksichtigt. Im Leerlauffall tritt neben dem Magnetisierungsstrom auch noch ein Wirkanteil zur Deckung der Eisenverluste auf, der gesamte Leerlaufstrom ist demnach:

$$\underline{I}_L = \underline{I}_{Fe} + \underline{I}_\mu \qquad I_L = \sqrt{I_{Fe}^2 + I_\mu^2} \tag{9.8}$$

Trotz dieses zusätzlichen Anteils ist der Leerlaufstrom eines Transformators mit Eisenkern immer noch viel kleiner als der eines Lufttransformators gleicher Leistung. Die sinusförmige Eingangsspannung erzwingt einen sinusförmigen magnetischen Fluss im Eisenkern. Da aber Leistungstransformatoren im Sättigungsbereich betrieben werden, weicht aufgrund der nichtlinearen Magnetisierungskennlinie der Magnetisierungsstrom stark von der Sinusform ab. Im Ersatzschaltbild wird dies nicht berücksichtigt, und man könnte eigentlich auch nicht mehr mit den komplexen Symbolen rechnen, die ja nur für reine Sinusgrößen gelten. Man rechnet deshalb mit einer als konstant angenommenen Quer- oder Hauptreaktanz L_{1h}, deren Wert so angenommen wird, dass der sich so ergebende sinusförmige Magnetisierungsstrom $\underline{I}_\mu$ den gleichen Effektivwert wie der stark verzerrte echte Magnetisierungsstrom hat. Für die Längs- oder Streuinduktivitäten wird nun auch die Bezeichnung $L_{1\sigma}$ bzw. $L_{2\sigma}$ eingeführt. Wird das sich so ergebende vollständige Ersatzschaltbild des Transformators für einen Leistungstransformator angewandt, der immer bei einer festen Frequenz arbeitet, so gibt man im Ersatzschaltbild anstatt der Induktivitäten die jeweiligen Blindwiderstände an. Weil auch der Belastungswiderstand auf die Primärseite transformiert wurde entfällt der ideale Übertrager, wie er noch in Abb. 9.18 angegeben ist.

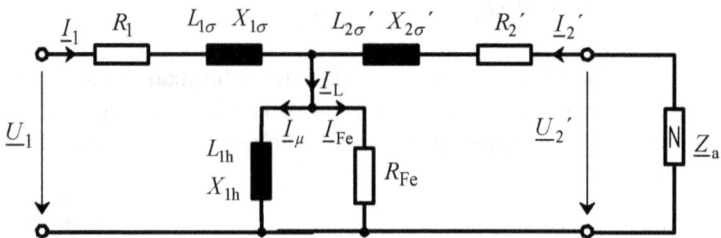

Abb. 9.19: Vollständiges Ersatzschaltbild des Transformators

In Abb. 9.19 ist:

$$L_{2\sigma}' = \ddot{u}^2 \cdot L_{2\sigma} \text{ bzw. } X_{2\sigma}' = \ddot{u}^2 \cdot X_{2\sigma}, \ R_2' = \ddot{u}^2 \cdot R_2, \ \underline{Z}' = \ddot{u}^2 \cdot \underline{Z}, \ U_2' = \ddot{u} \cdot \underline{U}_2, \ \underline{I}_2' = \underline{I}_2/\ddot{u}.$$

Nicht eingetragen sind die folgenden Spannungen:

$$\underline{U}_{1\sigma} = j \cdot \omega L_{1\sigma} \cdot \underline{I}_1, \ \underline{U}_{2\sigma}{}' = j \cdot \omega L_{2\sigma}{}' \cdot \underline{I}_2{}' = j \cdot \omega \cdot \ddot{u} \cdot L_{2\sigma} \cdot \underline{I}_2, \ \underline{U}_{R_1} = R_1 \cdot \underline{I}_1, \ \underline{U}_{R_2}{}' = R_2{}' \cdot \underline{I}_2{}'$$

$$= \ddot{u} \cdot R_2 \cdot \underline{I}_2, \ \underline{U}_h = j \cdot \omega L_{1h} \cdot \underline{I}_\mu = R_{Fe} \cdot \underline{I}_{Fe}.$$

Bei einem ohmsch/induktiven Belastungswiderstand $\underline{Z} = R_a + j \cdot X_a$ kann man dann die folgenden drei Spannungs- und zwei Stromgleichungen aufstellen:

1. $\underline{U}_1 = \underline{U}_{R_1} + \underline{U}_{1\sigma} + \underline{U}_h = R_1 \cdot \underline{I}_1 + j \cdot X_{1\sigma} \cdot \underline{I}_1 + j \cdot X_{1h} \cdot \underline{I}_\mu$

2. $\underline{U}_2{}' = \underline{U}_{R_2}{}' + \underline{U}_{2\sigma}{}' + \underline{U}_h = R_2{}' \cdot \underline{I}_2{}' + j \cdot X_{2\sigma}{}' \cdot \underline{I}_2{}' + j \cdot X_{1h} \cdot \underline{I}_\mu$

3. $\underline{U}_2{}' = -R_a{}' \cdot \underline{I}_2{}' - j \cdot X_a{}' \cdot \underline{I}_2{}'$

4. $\underline{I}_L = \underline{I}_1 + \underline{I}_2{}'$

5. $\underline{I}_L = \underline{I}_{Fe} + \underline{I}_\mu$

Zur Konstruktion des Zeigerdiagramms wäre es eigentlich notwendig das obige Gleichungssystem aufzulösen, wobei üblicherweise die Eingangsspannung $\underline{U}_1$ und alle Schaltungselemente gegeben sind. Einfacher wird es jedoch, wenn man hier nach dem in Kap. 3.6.2 beschriebenen rekursiven Lösungsverfahren vorgeht. Da das Auslassungszeichen oder Apostroph hier die Bedeutung einer auf die Primärseite transformierten Größe hat, wird es nicht zur Kennzeichnung der angenommenen Größen wie in Kap. 3.6.2 benützt. Bei dem Zeigerdiagramm in Abb. 9.20 wurden die Widerstandswerte für R_1, $R_2{}'$, $X_{1\sigma}$ und $X_{2\sigma}{}'$ wesentlich größer und für X_{1h} und R_{Fe} wesentlich kleiner angenommen als sie bei einem realen Transformator sind, da andernfalls bei dem zur Verfügung stehenden Platz die jeweiligen Zeiger für die Spannungen oder Ströme zu klein würden. Zur Konstruktion des Zeigerdiagramms geht man in folgender Reihenfolge vor:

1. Für die Spannungen und Ströme wird ein geeigneter Maßstab gewählt. Dies ist hier nicht erfolgt, da das Zeigerdiagramm nicht maßstäblich gezeichnet wird. Der Strom $\underline{I}_2{}'$ wird bezüglich Betrag und Nullphasenwinkel willkürlich gewählt bzw. der Betrag abgeschätzt.
2. Nun kann mit Hilfe der 3. Gleichung die Spannung $\underline{U}_2{}'$ gebildet werden.
3. Da $\underline{I}_2{}'$ als bekannt angenommen wurde, sind in der 2. Gleichung nun alle Größen bis auf $\underline{U}_h$ bekannt. Somit kann $\underline{U}_h$ durch die Addition der Zeiger $-R_a{}' \cdot \underline{I}_2{}'$ und $-j \cdot X_a{}' \cdot \underline{I}_2{}'$ zu dem Zeiger $\underline{U}_2{}'$ gewonnen werden.
4. Mit dem nun gewonnenen $\underline{U}_h$ können die Ströme $\underline{I}_\mu$ und $\underline{I}_{Fe}$ berechnet werden. Dabei genügt die Ermittlung ihres Betrags. Ihre Richtung ist durch die Lage von $\underline{U}_h$ vorgegeben. $I_\mu = U_h / X_{1h}$ und $I_{Fe} = U_h / R_{Re}$.
5. Der Zeiger $\underline{I}_L$ wird entsprechend der 5. Gleichung gebildet.
6. $\underline{I}_1 = \underline{I}_L - \underline{I}_2{}'$
7. Mit Hilfe der 1. Gleichung kann nun $\underline{U}_1$ gebildet werden.
8. Der so gefundene Betrag der Spannung $\underline{U}_1$ stimmt nur dann mit dem der angelegten echten Spannung überein, wenn der willkürlich gewählte Betrag des Stroms $\underline{I}_2{}'$ genau dem echten entspricht. Ist dies nicht der Fall, so müssen alle Zeigerlängen des Zeigerdiagramms mit dem Verhältnis $U_{1echt} / U_{1Zeigerdiagramm}$ multipliziert werden.

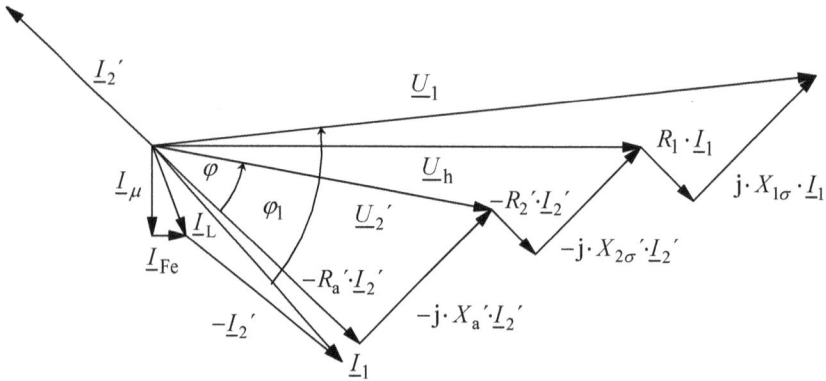

Abb. 9.20: Schematisches Zeigerdiagramm für das vollständige Ersatzschaltbild des Transformators

Bei einem realen Transformator sind die Streuspannungen und die Spannungsabfälle für die Kupferverluste wesentlich kleiner als U_h. Dadurch sind auch $\underline{U}_1$ und $\underline{U}_2'$ nahezu phasengleich und unterscheiden sich nur geringfügig in ihren Beträgen.

9.4.3   Transformator im Leerlauf

Wird der Transformator sekundärseitig nicht belastet, so befindet er sich im Leerlauf und $\underline{I}_2$ ist null. Es fließt primärseitig nur der Leerlaufstrom $\underline{I}_L$. Für Kleintransformatoren kann der Leerlaufstrom mehr als 10 % des Nennstroms betragen, er nimmt bezogen auf den Nennstrom aber mit zunehmender Nennleistung immer mehr ab und beträgt z.B. bei 100 kVA Nennleistung noch ca. 2,5 %, bei 10 MVA ca. 0,9 % des Nennstroms.

Da im Ersatzschaltbild eines realen Transformators die Beträge von R_1 und $X_{1\sigma}$ sehr viel kleiner als die von R_{Fe} und X_{1h} sind, können sie für den Leerlauffall näherungsweise vernachlässigt werden, und es ergibt sich das vereinfachte Ersatzschaltbild nach Abb. 9.21.

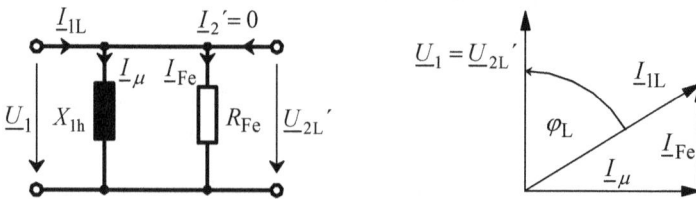

Abb. 9.21: Vereinfachtes Ersatzschaltbild und zugehöriges Zeigerdiagramm für den Transformator im Leerlauf

Mit dieser Vereinfachung treten demnach im Leerlauf nur die Eisenverluste wesentlich in Erscheinung, und man kann durch den Leerlaufversuch messtechnisch die Größen von R_{Fe} und X_{1h} bestimmen. Dazu nimmt man bei primärseitiger Nennspannung U_{1N} nach Abb. 9.22 den Leerlaufstrom I_{1L}, die Leerlaufverluste P_{1L}, die primärseitige Spannung U_1 und die sekundärseitige Leerlaufspannung U_{2L} auf. Bei primärseitiger Nennspannung im Leerlauf ist die sich ergebende Spannung auf der Sekundärseite als die sekundärseitige Nennspannung definiert, d.h. $U_{2L} = U_{2N}$.

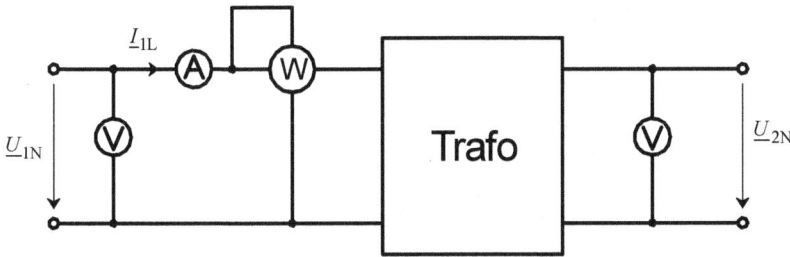

Abb. 9.22: Messung zum Leerlaufversuch

Man erhält R_{Fe} und X_{1h} aus:

$$R_{Fe} = \frac{U_{1N}^2}{P_{1L}} \qquad X_{1h} = \frac{U_{1N}^2}{Q_{1L}} = \frac{U_{1N}^2}{\sqrt{S_{1L}^2 - P_{1L}^2}} = \frac{U_{1N}^2}{\sqrt{(U_{1N} \cdot I_{1L})^2 - P_{1L}^2}}$$

Beispiel:
Beim Leerlaufversuch nach Abb. 9.22 an einem Einphasentransformator für 50 Hz mit einer Nennleistung von 200 VA wurden folgende Werte gemessen: $U_{1N} = 230$ V, $I_{1L} = 197$ mA, $P_{1L} = 11{,}2$ W und $U_{2L} = 26$ V.

Zunächst wird das Übersetzungsverhältnis ermittelt: $\ddot{u} = \dfrac{U_{1N}}{U_{2N}} = \dfrac{U_{1N}}{U_{2L}} = 8{,}85$

R_{Fe} und X_{1h} können mit den obigen Formeln oder über den hier angegebenen Weg näherungsweise unter Vernachlässigung der Kupferverluste und Streuung berechnet werden:

$$\cos\varphi_L = \frac{P_{1L}}{U_{1N} \cdot I_{1L}} = 0{,}247 \qquad I_{Fe} = I_{1L} \cdot \cos\varphi = 48{,}7\,\text{mA} \qquad I_\mu = I_{1L} \cdot \sin\varphi = 191\,\text{mA}$$

$$R_{Fe} = \frac{U_{1N}}{I_{Fe}} = 4{,}72\,\text{k}\Omega \qquad X_{1h} = \frac{U_{1N}}{I_\mu} = 1{,}2\,\text{k}\Omega$$

9.4.4   Transformator im Kurzschluss

Im Kurzschlussversuch wird die Sekundärseite kurzgeschlossen und primärseitig die so genannte **Kurzschlussspannung** U_{1K} angelegt, bei der primär- und sekundärseitig Nennstrom fließt. Da die Kurzschlussspannung wesentlich kleiner als die Nennspannung ist, können näherungsweise R_{Fe} und X_{1h} vernachlässigt werden. Fasst man dazu noch R_1 und R_2' sowie $X_{1\sigma}$ und $X_{2\sigma}'$ zusammen, so erhält man das vereinfachte Ersatzschaltbild nach Abb. 9.23.

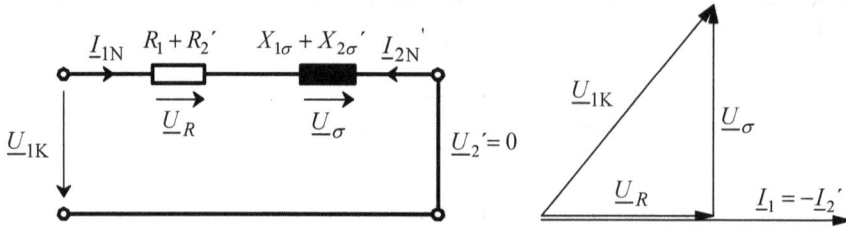

Abb. 9.23: Vereinfachtes Ersatzschaltbild und zugehöriges Zeigerdiagramm für den Transformator im Kurzschluss

Mit dieser Vereinfachung treten demnach im Kurzschlussfall nur die Kupferverluste bei Nennbetrieb wesentlich in Erscheinung. Man kann durch den Kurzschlussversuch messtechnisch die Größen von $R_1 + R_2'$ sowie $X_{1\sigma}$ und $X_{2\sigma}'$ bestimmen. Dazu nimmt man bei primärseitigem Nennstrom die Kurzschlussspannung U_{1K}, den primärseitigen und sekundärseitigen Nennstrom und die Kurzschlussverluste P_{1K} auf. Die Schaltung entspricht der von Abb. 9.22, nur dass anstatt des Spannungsmessers auf der Sekundärseite ein Strommesser angeschlossen wird, über den der Transformator wegen des sehr geringen Innenwiderstands kurzgeschlossen ist. Bei großen Strömen erfolgt die Messung über einen Stromwandler. In der Praxis kann man davon ausgehen, dass bei richtiger Auslegung des Transformators $R_1 \approx R_2'$ und $X_{1\sigma} \approx X_{2\sigma}'$ ist. Somit können alle Größen für das vollständige Ersatzschaltbild des Transformators in Abb. 9.19 mit Hilfe des Leerlauf- und Kurzschlussversuchs ermittelt werden.

$$R_1 + R_2' = \frac{P_{1K}}{I_{1N}^2} \qquad X_{1\sigma} + X_{2\sigma}' = \sqrt{Z_{1K}^2 - \left(R_1 + R_2'\right)^2} = \sqrt{\left(U_{1K}/I_{1N}\right)^2 - \left(R_1 + R_2'\right)^2}$$

$$R_1 \approx R_2' = \frac{R_1 + R_2'}{2} \qquad X_{1\sigma} \approx X_{2\sigma}' = \frac{X_{1\sigma} + X_{2\sigma}'}{2}$$

In der Praxis wird meist die **relative Kurzschlussspannung** u_K angegeben, die eine wichtige Kenngröße zur Bestimmung des Dauerkurzschlussstroms I_K ist:

$$u_K = \frac{U_{1K}}{U_{1N}} \qquad I_K = \frac{U_{1N}}{Z_{1K}} = \frac{U_{1N}}{\dfrac{U_{1K}}{I_{1N}}} = \frac{U_{1N}}{\dfrac{u_K \cdot U_{1N}}{I_{1N}}} = \frac{I_{1N}}{u_K} \qquad\qquad (9.9)$$

Für Transformatoren kleiner und mittlerer Leistung liegt u_K ca. im Bereich zwischen 3 % und 6 %, bei sehr großen Transformatoren wird dagegen u_K zur Begrenzung der Kurzschlussströme größer gewählt und kann bis ca. 10 % bis 20 % betragen.

Das Dreieck, das die Zeiger der Spannungen U_{1K}, U_R und U_σ miteinander bilden, nennt man **kappsches Dreieck**. Es dient zur Bestimmung der sekundärseitigen Spannungsänderung bei Nennleitung mit einem unterschiedlichem Phasenverschiebungswinkel des Belastungswiderstands, wie im folgenden Kapitel 9.4.5 gezeigt.

Beispiel:
Der gleiche Transformator wie im Beispiel für den Leerlaufversuch wurde im Kurzschlussversuch vermessen: $I_{1N} = 870$ mA, $I_{2N} = 7,69$ A, $U_{1K} = 24,8$ V, $P_{1K} = 10,6$ W.

Auch werden die Längswiderstände absichtlich auf einem anderen Weg ermittelt als oben
angegeben. Unter Vernachlässigung der Eisenverluste und der Hauptinduktivität erhält man
dann:

$$\cos\varphi_K = \frac{P_{1K}}{U_{1K} \cdot I_{1N}} = 0,491 \qquad U_R = U_{1K} \cdot \cos\varphi_K = 12,2 \text{ V} \qquad U_\sigma = U_{1K} \cdot \sin\varphi_K = 21,6 \text{ V}$$

$$R_1 + R_2' = \frac{U_R}{I_{1N}} = 14\,\Omega \quad R_1 \approx R_2' = 7\,\Omega \quad X_{1\sigma} + X_{2\sigma}' = \frac{U_\sigma}{I_{1N}} = 24,8\,\Omega \quad X_{1\sigma} \approx X_{2\sigma}' = 12,4\,\Omega$$

Aufgabe 9.3
Ein Drehstromtransformator, dessen Primär- und Sekundärseite in Stern geschaltet sind, hat
folgende Nenndaten: $S_N = 500$ kVA, $U_{1N} = 20$ kV, $U_{2N} = 525$ V, $f = 50$ Hz. An ihm wurden
im Leerlauf- und Kurzschlussversuch die folgenden primärseitigen Größen gemessen, wobei
sich die Spannungsangabe auf die Außenleiterspannung, die Stromangabe auf den Leiterstrom und die Leistungsangaben auf die Gesamtleistung beziehen. Der Index 1 für die Größen als Hinweis darauf, dass es sich um eine primärseitige Größe handelt, entfällt hier, um
eine Verwechslung mit der Phase L1 zu vermeiden: $I_L = 240$ mA, $P_L = 981$ W, $U_K = 1,2$ kV,
$P_K = 7,5$ kW.

Bei Drehstromtransformatoren ist es üblich nur ein einphasiges Ersatzschaltbild anzugeben.
Deshalb sollen für einen Strang des Drehstromtransformators alle Widerstandswerte für das
Ersatzschaltbild ermittelt werden.

9.4.5   Spannungsänderung

Wird ein größerer Transformator bei Nennleistung betrieben, so kann man auch hier den
Leerlaufstrom näherungsweise vernachlässigen und damit das vereinfachte Ersatzschaltbild
im Kurzschluss Abb. 9.23 anwenden. Dies gilt nicht mehr im Teillastbereich bei $S < S_N$, in
diesem Fall muss mit dem vollständigen Ersatzschaltbild Abb. 9.19 gearbeitet werden. Je
nach dem $\cos\varphi$ des Belastungswiderstands weicht die sekundärseitige Volllastspannung U_2'
mehr oder weniger von der Nennspannung U_{2N}' ab. Zur Beschreibung dieser Abweichung
definiert man die **Spannungsänderung** U_φ zwischen der sekundärseitigen Nenn- und Volllastspannung bzw. die **relative Spannungsänderung** u_φ. Der Index φ weist darauf hin, dass
die Änderung vom Phasenverschiebungswinkel des Belastungswiderstands abhängt.

$$U_\varphi = U_{2N} - U_2 \qquad u_\varphi = \frac{U_\varphi}{U_{2N}} = \frac{U_{2N}' - U_2'}{U_{2N}'} \qquad\qquad (9.10)$$

In Abb. 9.24 ist das vereinfachte Ersatzschaltbild für Nennbelastung und in Abb. 9.25 das
zugehörige Zeigerdiagramm für die drei Fälle $\varphi = 0$, $\varphi = 90°$ und $\varphi = -90°$ dargestellt, wobei

das kappsche Dreieck übertrieben groß dargestellt wird. Bei einem realen Leistungstransformator und maßstabsgerechten Zeigerdiagrammen sind unabhängig von der Belastung die Spannungen U_{1N} und U_2' praktisch phasengleich.

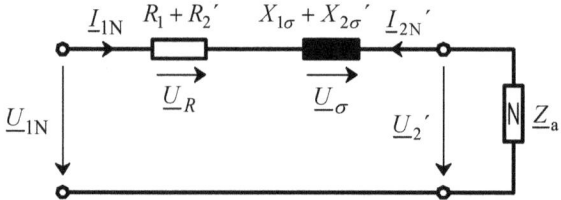

Abb. 9.24: Vereinfachtes Ersatzschaltbild für den Transformator bei Nennleistung

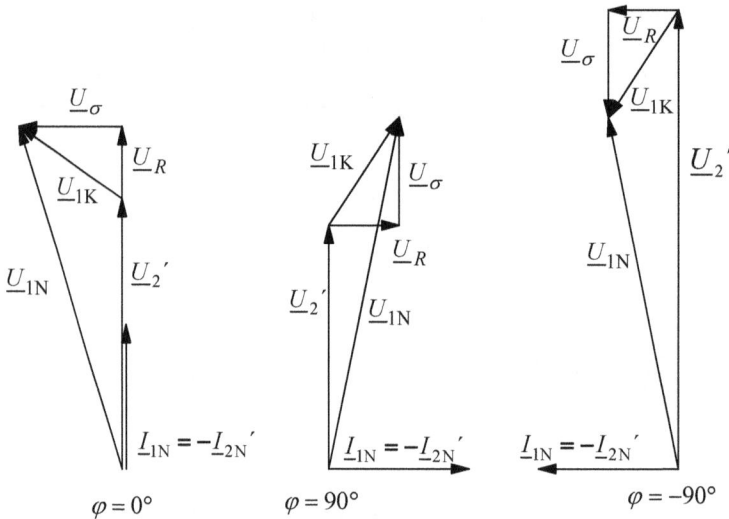

Abb. 9.25: Zeigerdiagramm für den Transformator bei Nennleistung und unterschiedlichem $\cos\varphi$

Aus Abb. 9.25 ist ersichtlich, dass U_2' bei einer rein kapazitiven Belastung größer wird als U_{1N} und damit auch größer als U_{2N}. Da U_{1N} und U_2' bei einem Leistungstransformator näherungsweise phasengleich sind, kann man U_φ' näherungsweise nach folgender Gleichung bestimmen:

$$U_\varphi' \approx U_R \cdot \cos\varphi + U_\sigma \cdot \sin\varphi \qquad\qquad (9.11)$$

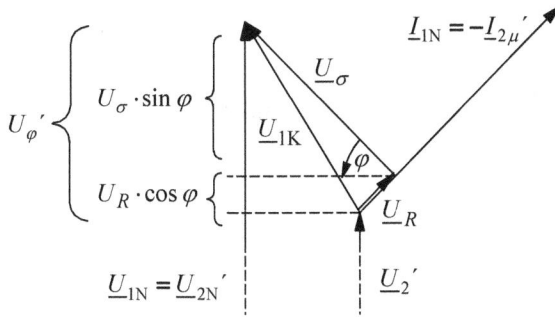

Abb. 9.26: Näherungsweise Bestimmung der Spannungsänderung U_φ'

Für rein ohmsche Belastung, d.h. $\varphi = 0$, wird demnach $U_\varphi' \approx U_R$, für rein induktive Belastung, d.h. $\varphi = 90°$, wird $U_\varphi' \approx U_\sigma$ und für rein kapazitive Belastung, d.h. $\varphi = -90°$, $U_\varphi' \approx -U_\sigma$. Bei ohmscher und induktiver Belastung ist somit $U_2' < U_{2N}'$ und damit auch $U_2 < U_{2N}$ und bei kapazitiver Belastung ist $U_2' > U_{2N}'$ und damit auch $U_2 > U_{2N}$.

Beispiel:
Für den bereits in den beiden vorigen Kapiteln betrachteten Transformator soll die Spannungsänderung für Betrieb bei Nennleistung bei einem sekundärseitigen Phasenverschiebungswinkel $\varphi = 30°$ ermittelt werden. Mit den Ergebnissen des Beispiels aus Kap. 9.4.4 erhält man:

$$U_\varphi' \approx U_R \cdot \cos\varphi + U_\sigma \cdot \sin\varphi = 10,6\,\text{V} + 10,8\,\text{V} = 21,4\,\text{V}$$

Somit ergibt sich eine Spannungsänderung bzw. relative Spannungsänderung:

$$U_\varphi = \frac{U_\varphi'}{ü} = 2,42\,\text{V} \qquad u_\varphi = \frac{U_\varphi}{U_{2N}} = \frac{2,42\,\text{V}}{26\,\text{V}} = 0,093 = 9,3\,\%$$

Würde man die gleiche Betrachtung für den Leistungstransformator der Aufgabe 9.3 durchführen, so ergäbe sich eine wesentlich kleinere Spannungsänderung, da dort die Längswiderstände im Verhältnis zu den Querwiderständen wesentlich kleiner sind.

9.4.6 Praxisgerechte Ersatzschaltbilder

Ersatzschaltbilder sollen sowohl anschaulich, als auch den Problemstellungen angepasst sein. Für Transformatoren eignet sich das so genannte symmetrische Ersatzschaltbild der Abb. 9.19 recht gut, zumal man für viele praktische Anwendungen auf das vereinfachte Ersatzschaltbild der Abb. 9.24 zurückgehen kann. Für Übertrager werden im Folgenden drei übliche Ersatzschaltbilder angegeben. Durch die Einführung eines fiktiven Übersetzungsverhältnisses $ü_0$ anstelle des Wicklungsübersetzungsverhältnisses $ü = N_1 / N_2$ kann man die Transformatorgleichungen so umgestalten, dass sich die gewünschten praxisgerechten Ersatzschaltbilder ergeben. Das Verfahren wird an zwei Beispielen gezeigt, das dritte Ersatzschaltbild wird ohne Ableitung angegeben.

Im ersten Fall erhält man wieder ein symmetrisches Ersatzschaltbild, führt aber die bereits aus Band 1, Gleichung 6.41 bekannten Größen Kopplungsgrad und Streugrad ein. Man wählt als fiktives Übersetzungsverhältnis:

$$\ddot{u}_0 = \sqrt{\frac{L_1}{L_2}}$$

Nach Gleichung 9.2 entspricht dieses $\ddot{u}_0$ bei ideal fester Kopplung dem Windungszahlverhältnis N_1 / N_2. Auch bei fester Kopplung für $k \approx 1$ ist dies näherungsweise der Fall, jedoch nicht mehr für kleinere Kopplungsgrade.

Man ergänzt hier die Transformatorgleichungen 9.6 wie in Kap. 9.4.1 durch einen Summanden, den man gleich wieder subtrahiert. Zu beachten ist wieder, dass $L_{12} = L_{21}$ ist. Die Ableitung erfolgt zunächst wieder ohne Berücksichtigung der Eisenverluste, die man nachträglich durch einen ohmschen Widerstand R_{Fe} parallel zur Querinduktivität einführt.

$$\underline{U}_1 = \left(R_1 + j \cdot \omega L_1\right) \cdot \underline{I}_1 + j \cdot \omega L_{21} \cdot \underline{I}_2 - j \cdot \ddot{u}_0 \cdot \omega L_{12} \cdot \underline{I}_1 + j \cdot \ddot{u}_0 \cdot \omega L_{21} \cdot \underline{I}_1$$

$$\underline{U}_2 = \left(R_2 + j \cdot \omega L_2\right) \cdot \underline{I}_2 + j \cdot \omega L_{12} \cdot \underline{I}_1 - j \cdot \omega L_{21} \cdot \frac{\underline{I}_2}{\ddot{u}_0} + j \cdot \omega L_{12} \cdot \frac{\underline{I}_2}{\ddot{u}_0}$$

Die erste Gleichung wird zunächst zusammengefasst und kann dann mit den aus Band 1, Kap. 6.4.2 bekannten Formeln auf die abschließende Form gebracht werden:

$$\underline{U}_1 = \left[R_1 + j \cdot \omega \cdot \left(L_1 - \ddot{u}_0 \cdot L_{12}\right)\right] \cdot \underline{I}_1 + j \cdot \ddot{u}_0 \cdot \omega L_{21} \cdot \left(\underline{I}_1 + \frac{\underline{I}_2}{\ddot{u}_0}\right)$$

$$\left(L_1 - \ddot{u}_0 \cdot L_{12}\right) = L_1 - \sqrt{\frac{L_1}{L_2}} \cdot L_{12} = L_1 - \sqrt{\frac{L_1}{L_2}} \cdot k \cdot \sqrt{L_1 \cdot L_2} = L_1 - k \cdot L_1 = \left(1 - k\right) \cdot L_1$$

$$\ddot{u}_0 \cdot L_{21} = \sqrt{\frac{L_1}{L_2}} \cdot L_{21} = \sqrt{\frac{L_1}{L_2}} \cdot k \cdot \sqrt{L_1 \cdot L_2} = k \cdot L_1$$

$$\underline{U}_1 = \left(R_1 + j \cdot \omega \cdot \left(1 - k\right) \cdot L_1\right) \cdot \underline{I}_1 + j \cdot \omega \cdot k \cdot L_1 \cdot \left(\underline{I}_1 + \frac{\underline{I}_2}{\ddot{u}_0}\right)$$

Die zweite Transformatorgleichung wird zunächst auch zusammengefasst, beide Seiten mit $\ddot{u}_0$ multipliziert und ebenfalls mit den angeführten Beziehungen auf die abschließende Form gebracht:

$$\ddot{u}_0 \cdot \underline{U}_2 = \left[\ddot{u}_0^{\,2} \cdot R_2 + j \cdot \omega \cdot \left(\ddot{u}_0^{\,2} \cdot L_2 - \ddot{u}_0 \cdot L_{21}\right)\right] \cdot \frac{\underline{I}_2}{\ddot{u}_0} + j \cdot \omega \cdot \ddot{u}_0 \cdot L_{12} \cdot \left(\underline{I}_1 + \frac{\underline{I}_2}{\ddot{u}_0}\right)$$

$$\left(\ddot{u}_0{}^2 \cdot L_2 - \ddot{u}_0 \cdot L_{21}\right) = \frac{L_1}{L_2} \cdot L_2 - \sqrt{\frac{L_1}{L_2}} \cdot k \cdot \sqrt{L_1 \cdot L_2} = L_1 - k \cdot L_1 = (1-k) \cdot L_1$$

$$\ddot{u}_0 \cdot L_{12} = \sqrt{\frac{L_1}{L_2}} \cdot k \cdot \sqrt{L_1 \cdot L_2} = k \cdot L_1$$

$$\ddot{u}_0 \cdot \underline{U}_2 = \left[\ddot{u}_0{}^2 \cdot R_2 + j \cdot \omega \cdot (1-k) \cdot L_1\right] \cdot \frac{\underline{I}_2}{\ddot{u}_0} + j \cdot \omega \cdot k \cdot L_1 \cdot \left(\underline{I}_1 + \frac{\underline{I}_2}{\ddot{u}_0}\right)$$

$$\underline{U}_2{}' = \left[R_2{}' + j \cdot \omega \cdot (1-k) \cdot L_1\right] \cdot \underline{I}_2{}' + j \cdot \omega \cdot k \cdot L_1 \cdot \left(\underline{I}_1 + \underline{I}_2{}'\right)$$

Diesen beiden Transformatorgleichungen kann nun das so genannte symmetrische Ersatzschaltbild der Abb. 9.27 zugeordnet werden, dem ein idealer Übertrager mit dem Übersetzungsverhältnis $\ddot{u}_0$ nachgeschaltet ist. Ein Abschlusswiderstand würde dann mit diesem fiktiven Übersetzungsverhältnis auf die Primärseite transformiert.

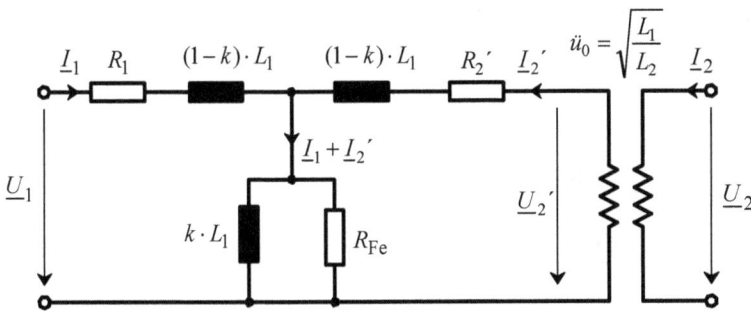

Abb. 9.27: Symmetrisches Ersatzschaltbild für einen Übertrager

Zur Vereinfachung der Netzwerkberechnung kann es zweckmäßig sein, willkürlich $k_{12} = 1$ oder $k_{21} = 1$ zu setzen und somit ein unsymmetrisches Ersatzschaltbild zu erhalten. Möchte man die sekundärseitige Streuinduktivität eliminieren, so wählt man:

$$\ddot{u}_0 = k \cdot \sqrt{\frac{L_1}{L_2}}$$

Man nimmt die gleiche Ergänzung der Transformatorgleichungen wie für den ersten Fall vor. Die erste Gleichung wird wieder zusammengefasst und kann dann mit den aus Band 1, Kap. 6.4.2 bekannten Formeln auf die abschließende Form gebracht werden:

$$\underline{U}_1 = \left[R_1 + j \cdot \omega \cdot (L_1 - \ddot{u}_0 \cdot L_{12})\right] \cdot \underline{I}_1 + j \cdot \ddot{u}_0 \cdot \omega L_{21} \cdot \left(\underline{I}_1 + \frac{\underline{I}_2}{\ddot{u}_0}\right)$$

$$\ddot{u}_0 = k \cdot \sqrt{\frac{L_1}{L_2}} = \frac{L_{12}}{\sqrt{L_1 \cdot L_2}} \cdot \sqrt{\frac{L_1}{L_2}} = \frac{L_{12}}{L_2} = \frac{L_{21}}{L_2} \qquad \ddot{u}_0 \cdot L_{12} = \frac{L_{12}}{L_2} \cdot L_{12} = \frac{L_{12}^{\,2}}{L_2}$$

$$L_{12}^{\,2} = k^2 \cdot L_1 \cdot L_2 \qquad \ddot{u}_0 \cdot L_{12} = \ddot{u}_0 \cdot L_{21} = \frac{k^2 \cdot L_1 \cdot L_2}{L_2} = k^2 \cdot L_1 = (1 - \sigma) \cdot L_1$$

$$L_1 - \ddot{u}_0 \cdot L_{12} = L_1 - k^2 \cdot L_1 = (1 - k^2) \cdot L_1 = \sigma \cdot L_1$$

$$\underline{U}_1 = (R_1 + j \cdot \omega \cdot \sigma \cdot L_1) \cdot \underline{I}_1 + j \cdot \omega \cdot (1 - \sigma) \cdot L_1 \cdot \left(\underline{I}_1 + \frac{\underline{I}_2}{\ddot{u}_0} \right)$$

$$= \left[R_1 + j \cdot \omega \cdot (1 - k^2) \cdot L_1 \right] \cdot \underline{I}_1 + j \cdot \omega \cdot k^2 \cdot L_1 \cdot (\underline{I}_1 + \underline{I}_2{}')$$

Die zweite Transformatorgleichung wird ebenfalls zusammengefasst, beide Seiten mit $\ddot{u}_0$ multipliziert und dann mit den angeführten Beziehungen auf die abschließende Form gebracht:

$$\ddot{u}_0 \cdot \underline{U}_2 = \left[\ddot{u}_0{}^2 \cdot R_2 + j \cdot \omega \cdot \left(\ddot{u}_0{}^2 \cdot L_2 - \ddot{u}_0 \cdot L_{21} \right) \right] \cdot \frac{\underline{I}_2}{\ddot{u}_0} + j \cdot \omega \cdot \ddot{u}_0 \cdot L_{12} \cdot \left(\underline{I}_1 + \frac{\underline{I}_2}{\ddot{u}_0} \right)$$

$$\ddot{u}_0 \cdot L_{12} = k^2 \cdot L_1 = (1 - \sigma) \cdot L_1 \qquad \ddot{u}_0{}^2 \cdot L_2 - \ddot{u}_0 \cdot L_{21} = \ddot{u}_0 \cdot \frac{L_{21}}{L_2} \cdot L_2 - \ddot{u}_0 \cdot L_{21} = 0$$

$$\ddot{u}_0 \cdot \underline{U}_2 = \ddot{u}_0{}^2 \cdot R_2 \cdot \frac{\underline{I}_2}{\ddot{u}_0} + j \cdot \omega \cdot (1 - \sigma) \cdot L_1 \cdot \left(\underline{I}_1 + \frac{\underline{I}_2}{\ddot{u}_0} \right)$$

$$\underline{U}_2{}' = \ddot{u}_0{}^2 \cdot R_2 \cdot \underline{I}_2{}' + j \cdot \omega \cdot k^2 \cdot L_1 \cdot (\underline{I}_1 + \underline{I}_2{}')$$

Diesen beiden Transformatorgleichungen kann das so genannte unsymmetrische Ersatzschaltbild mit primärseitiger Längsinduktivität der Abb. 9.28 zugeordnet werden, dem ein idealer Übertrager mit dem Übersetzungsverhältnis $\ddot{u}_0$ nachgeschaltet ist.

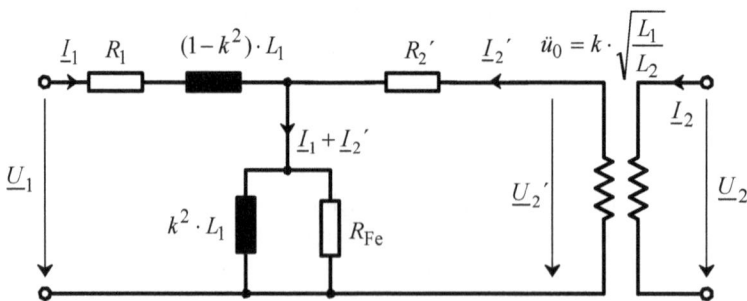

Abb. 9.28: Unsymmetrisches Ersatzschaltbild für einen Übertrager mit primärseitiger Längsinduktivität

Wählt man das folgende fiktive Übersetzungsverhältnis, so erhält man das so genannte unsymmetrische Ersatzschaltbild mit sekundärseitiger Längsinduktivität der Abb. 9.29:

$$\ddot{u}_0 = \frac{1}{k} \cdot \sqrt{\frac{L_1}{L_2}}$$

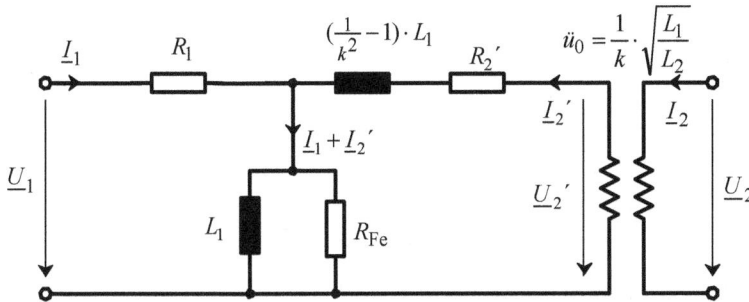

Abb. 9.29: Unsymmetrisches Ersatzschaltbild für einen Übertrager mit sekundärseitiger Längsinduktivität

Besonders vorteilhaft sind die unsymmetrischen Ersatzschaltbilder bei als verlustlos angenommenen Übertragern, da dann der Übertrager einen einfachen induktiven Spannungsteiler darstellt.

Beispiel:
In Abb. 9.30 ist ein Übertrager mit $\underline{U}_q = 1$ V, $R_i = 3$ kΩ, $R_a = 5$ MΩ, $L_1 = 20$ mH, $L_2 = 2$ H und $\sigma = 0,05$ gezeigt, der ebenso wie die Kapazität näherungsweise als verlustlos angenommen werden darf. Der sekundärseitige Parallelschwingkreis ist auf eine Resonanzkreisfrequenz $\omega_0 = 12 \cdot 10^3$ s^{-1} abgestimmt. In Abb. 9.31 wird der Übertrager durch sein unsymmetrisches Ersatzschaltbild mit primärseitiger Längsinduktivität ersetzt. Es wird berechnet, wie groß die Kapazität C für das gewählte ω_0 sein muss.

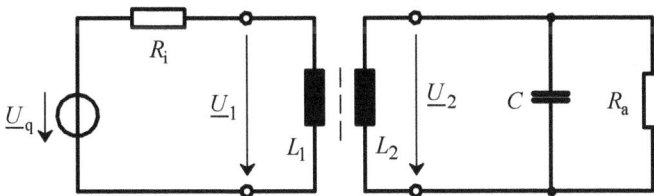

Abb. 9.30: Resonanzübertrager

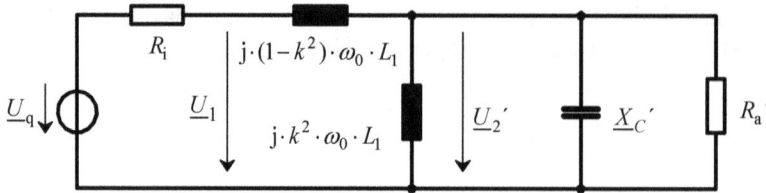

Abb. 9.31: Ersatzschaltbild für die Schaltung der Abb. 9.30

Die Größen des Ersatzschaltbilds haben folgende Werte:

$$\ddot{u}_0 = k \cdot \sqrt{\frac{L_1}{L_2}} = \sqrt{1-\sigma} \cdot \sqrt{\frac{L_1}{L_2}} = 97{,}5 \cdot 10^{-3}$$

$$j \cdot \left(1 - k^2\right) \cdot \omega_0 \, L_1 = j \cdot 12\,\Omega \qquad j \cdot k^2 \cdot \omega_0 \, L_1 = j \cdot 228\,\Omega \qquad R_a' = \ddot{u}_0^{\,2} \cdot R_a = 47{,}5\,\mathrm{k\Omega}$$

Bei Resonanz muss $X_C' = k^2 \cdot \omega_0 L_1 = 228\ \Omega$ sein:

$$C' = \frac{1}{\omega_0 \cdot X_C'} = 365\,\mathrm{nF} \qquad X_C = \frac{1}{\omega_0 \cdot C} = \frac{X_C'}{\ddot{u}_0^{\,2}} = \frac{1}{\ddot{u}_0^{\,2} \cdot \omega_0 \cdot C'} \qquad C = \ddot{u}_0^{\,2} \cdot C' = 3{,}47\,\mathrm{nF}$$

Unter Vernachlässigung der Streuinduktivität soll noch die Bandbreite der Schaltung berechnet werden. Dazu ist es sinnvoll, die Spannungsquelle in eine Ersatzstromquelle umzuwandeln (vgl. Kap. 3.9.2, Abb. 3.81). Somit ergibt sich die Schaltung in Abb. 9.32:

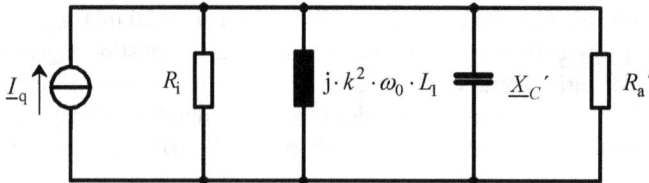

Abb. 9.32: Ersatzschaltung zur Berechnung der Bandbreite

Mit den Gleichungen 3.89 und 3.94 erhält man:

$$Q = \frac{B_0}{G_e} = \frac{R_e}{X_0} \qquad X_0 = 228\,\Omega \qquad R_e = \frac{R_i \cdot R_a'}{R_i + R_a'} = 2{,}82\,\mathrm{k\Omega}$$

$$Q = \frac{R_e}{X_0} = 12{,}4 \qquad b_\omega = \frac{\omega_0}{Q} = 970\,\mathrm{s}^{-1}$$

Aufgabe 9.4

Der Resonanzübertrager in Abb. 9.33 kann für den Anwendungsfall näherungsweise als verlustlos und ideal fest gekoppelt angesehen werden. Er wird von einer Hochfrequenzquelle variabler Frequenz mit einer Spannung $U_q = 15$ mV gespeist. Es ist $C = 20$ nF, $L_1 = 127$ µH, $L_2 = 16{,}6$ mH, $R_a = 30$ kΩ. Wie groß sind die Resonanzkreisfrequenz und die Spannung U_2 bei Resonanz? Wie sieht der prinzipielle Verlauf von U_2 als Funktion der Kreisfrequenz aus?

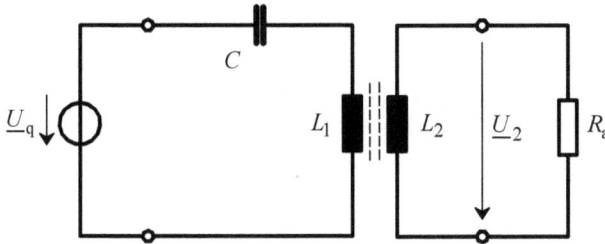

Abb. 9.33: Schaltung zu Aufgabe 9.4

9.4.7   Spartransformator

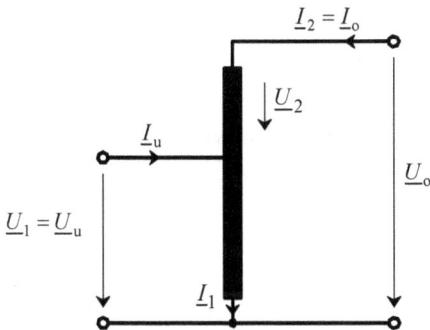

Abb. 9.34: Spartransformator

Beim Spartransformator wird ein Teil der Primärwicklung für die Sekundärwicklung mitbenutzt oder umgekehrt, indem beide leitend miteinander verbunden sind. Es ist hier üblich, anstatt von der Primär- und Sekundärseite, von der Unterspannungs- und Oberspannungsseite zu sprechen. Da hier keine galvanische Trennung mehr vorliegt, ist sein Einsatzbereich begrenzt. Oberspannung U_o und Unterspannung U_u sollen sich um nicht mehr als 25 % voneinander unterscheiden. Man verwendet Spartransformatoren hauptsächlich im Laboratorium zur Erzeugung variabler Spannungen, zur geringfügigen Herauf- oder Herabsetzung von

Spannungen, als Anlasstransformatoren und zur Kopplung von Hochspannungsnetzen mit starrer Erdung. Der Spartransformator unterscheidet sich vom Transformator mit galvanischer Trennung noch durch seinen wesentlich größeren Kurzschlussstrom.

Abb. 9.34 zeigt einen Spartransformator, der das Spannungsniveau auf der Oberspannungsseite etwas gegenüber der Unterspannungsseite anheben soll. Man sieht, dass man ihn auch als induktiven Spannungsteiler auffassen kann. Der vom Strom I_1 durchflossene Wicklungsteil ist nur für die Magnetisierung zuständig und besteht daher nur aus einem sehr dünnen Draht. Der Transformator ist für die Scheinleistung $U_2 \cdot I_2$ zu dimensionieren. Je kleiner U_2 ist, je weniger sich also die Ober- von der Unterspannung unterscheidet, desto kleiner ist auch die zu übersetzende Scheinleistung des Transformators. Die Leistung $U_o \cdot I_o$ bezeichnet man als Durchgangsscheinleistung S_D. Da die Spannungen $\underline{U}_u$ und $\underline{U}_2$ in etwa phasengleich sind, ist das Verhältnis der zu übersetzenden Scheinleistung zur Durchgangsscheinleistung:

$$\frac{U_2 \cdot I_2}{U_o \cdot I_o} = \frac{U_2 \cdot I_o}{U_o \cdot I_o} = \frac{U_2}{\left|\underline{U}_u + \underline{U}_2\right|} \approx \frac{U_2}{U_u + U_2}$$

Die Durchgangsleistung erfordert umso weniger Bauleistung bzw. Baugröße, je mehr sich dieses Verhältnis dem Wert 1 nähert.

9.4.8   Bemessung des Eisenkerns

Für Transformatoren und Drosseln mit einem Eisenkern bei einer sinusförmigen Eingangsspannung ist der Augenblickswert der Spannung (vgl. Band 1, Gleichung 6.7):

$$u_1 = N_1 \cdot \frac{d\Phi}{dt} = N_1 \cdot \frac{d\left(\hat{\Phi} \cdot \sin \omega t\right)}{dt} = N_1 \cdot \hat{\Phi} \cdot \omega \cdot \cos \omega t = \hat{u}_1 \cdot \cos \omega t$$

Setzt man noch für $\hat{\Phi} = \hat{B} \cdot A_{Fe}$ und rechnet mit dem Effektivwert, so wird:

$$U_1 = \frac{\hat{u}_1}{\sqrt{2}} = \frac{N_1 \cdot \hat{B} \cdot A_{Fe} \cdot 2 \cdot \pi \cdot f}{\sqrt{2}} = 4,443 \cdot N_1 \cdot \hat{B} \cdot A_{Fe} \cdot f \qquad (9.12)$$

Bei Transformatoren und Drosseln sind in der Regel die Frequenz und die Eingangsspannung vorgegeben, ebenso ist der Scheitelwert der magnetischen Flussdichte durch die Eisensorte und deren Sättigungsbereich festgelegt. Um einen optimalen Eisenkern zu finden, führt man die Berechnung so durch, dass man zunächst einen bestimmten genormten Kern annimmt und für diesen nach Band 1, Kap. 5.4.4, die notwendige Windungszahl bestimmt. Durch die Größe des Stroms ist der erforderliche Querschnitt des Wicklungsdrahts ebenfalls festgelegt. Man prüft, ob der verfügbare Wicklungsraum auf dem Spulenkörper ausreicht und optimal ausgenutzt wird. Ist dies nicht der Fall, so wird die Rechnung mit einer anderen Kerngröße wiederholt.

Wird z.B. ein für 60 Hz berechneter Transformator bei einer Frequenz von 50 Hz und der gleichen Spannung U_1 betrieben, so ändert sich auch die magnetische Flussdichte. In Gleichung 9.12 würden sich U_1 und der Faktor $4{,}443 \cdot N_1 \cdot A_{\mathrm{Fe}}$ nicht ändern. Die Frequenz sinkt aber um 16,7 %, entsprechend muss die magnetische Flussdichte um 16,7 % steigen. Da Transformatoren immer im Sättigungsbereich betrieben werden, bedeutet dies aber eine Steigerung der magnetischen Feldstärke und damit des Magnetisierungsstroms um ein Vielfaches. Dies kann insbesondere bei Kleintransformatoren, bei denen der Magnetisierungsstrom im Verhältnis zum Nennstrom noch recht groß ist, zur Zerstörung führen.

9.4.9   Bemessung von Kleintransformatoren

Kleintransformatoren werden nicht einzeln berechnet, für ihre Herstellung existieren Berechnungstabellen. Mit deren Hilfe werden die erforderliche Größe des Eisenkerns und die Daten für die Wicklungen festgelegt. Tab. 9.2 ist für Kleintransformatoren einer Frequenz von 50 Hz mit M- und EI-Kernen bis zu einer Scheinleistung von 450 VA geeignet.

Man geht so vor, dass man die zu übertragende Scheinleistung sowie die Primär- und Sekundärspannung festlegt. Oft werden mit einem Transformator Gleichrichterschaltungen versorgt. In diesem Fall müssen die Daten der Gleichrichterschaltung erst auf die Wechselstromgrößen umgerechnet werden. Insbesondere tritt selbst bei einer rein ohmschen Belastung einer Gleichrichterschaltung eine Verzerrungsleistung auf (vgl. Kap. 6.2), die bei der Bestimmung der Scheinleistung berücksichtigt werden muss. Für die drei wichtigen Gleichrichterschaltungen in Abb. 9.35 sind in Tab. 9.1 die Umrechnungsfaktoren vom Gleichstrom- auf den Wechselstromwert angegeben.

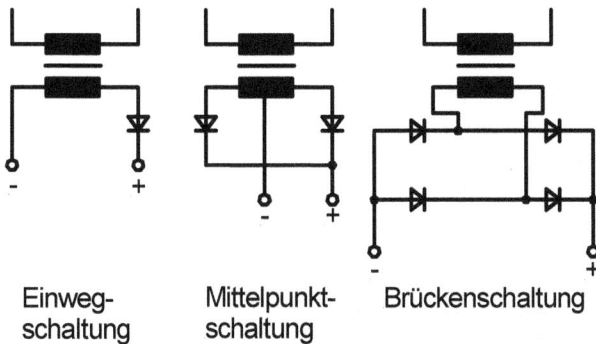

Abb. 9.35: Gleichrichterschaltungen

Tab. 9.1: Umrechnungsfaktoren bei Gleichrichterschaltungen

	Einwegschaltung	Mittelpunktschaltung	Brückenschaltung
Sekundärspannung	2,22	1,11	1,11
Sekundärstrom	1,57	0,79	1,11
sekundärseitige Scheinleistung	3,49	1,75	1,23

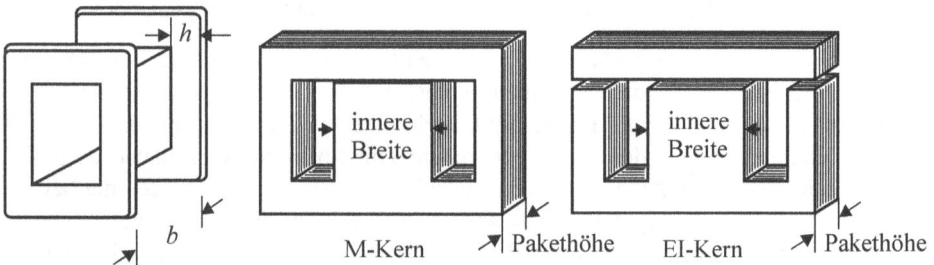

Abb. 9.36: Spulenkörper und Eisenkerne für Kleintransformatoren

Beispiel:

Der Umgang mit den beiden Tabellen wird an folgendem Beispiel erläutert. Ein Transformator für 50 Hz mit der Primärspannung $U_1 = 230$ V soll mit zwei Sekundärwicklungen ausgestattet sein. Eine hat die Spannung $U_{21} = 110$ V mit dem Nennstrom $I_{21} = 0,12$ A, die andere speist eine Gleichrichter-Brückenschaltung, die einen Gleichstrom von 24 V mit einem Nennstrom von 2 A liefern soll. Der notwendige Eisenkern und die Wicklungen sind festzulegen.

Zunächst muss die maximal zu übertragende Scheinleistung ermittelt werden. Die Scheinleistung der ersten Sekundärwicklung ist $S_{21} = U_{21} \cdot I_{21} = 13,2$ VA. Die Scheinleistung für die zweite Sekundärwicklung ergibt sich aus der maximal vom Gleichrichter abgegebenen Wirkleistung $P_{22} = 24$ V $\cdot$ 2 A $= 48$ W. Um die Scheinleistung zu erhalten, muss nach Tab. 9.1 die Wirkleistung mit dem Faktor 1,23 multipliziert werden, demnach ist $S_{22} = 59$ VA. Die Summe der maximal zu übertragenden Scheinleistungen ist somit $S_2 = S_{21} + S_{22} = 72,2$ VA, dabei geht man davon aus, dass beide Scheinleistungen den gleichen Phasenverschiebungswinkel haben. Gewählt wird nach Tab. 9.2 somit das Kernblech M85b mit einer maximal übertragbaren Scheinleistung bei mehreren Sekundärwicklungen von 75 VA.

Für die Primärwicklung muss mit dem angegebenen Wirkungsgrad von ca. 0,86 die primärseitige Scheinleistung und daraus der Primärstrom I_1 errechnet werden:

$$S_1 = \frac{S_2}{\eta} = 84\,\text{VA} \qquad\qquad I_1 = \frac{S_1}{U_1} = 365\,\text{mA}$$

Da bei Kleintransformatoren (nicht bei großen Leistungstransformatoren) meist die Wicklung mit der höheren Spannung zuerst aufgewickelt wird, also innen liegt, ist laut Tab. 9.2 eine Stromdichte von $2,6\,\text{A}/\text{mm}^2$ zulässig. Dies ergibt einen Drahtquerschnitt und Durchmesser für die Primärseite von:

$$A_1 = \frac{I_1}{J_1} = 0,14\,\text{mm}^2 \qquad\qquad d_1 = \sqrt{\frac{4 \cdot A_1}{\pi}} = 0,423\,\text{mm}$$

Dieser Durchmesser ist nicht genormt, deshalb wählt man nach DIN 46435 einen Durchmesser $d_1 = 0,425$ mm. Die notwendige Windungszahl ergibt sich aus der Windungszahl pro Volt und der Primärspannung zu $N_1 = 230\,\text{V} \cdot 3{,}2\,/\,\text{V} = 736$.

Für die erste Sekundärwicklung erhält man auf dem gleichen Weg:

$$A_{21} = \frac{I_{21}}{J_{21}} = \frac{0,12\,\text{A}}{3\,\text{A}/\text{mm}^2} = 0,04\,\text{mm}^2 \qquad\qquad d_{21} = \sqrt{\frac{4 \cdot A_1}{\pi}} = 0,226\,\text{mm}$$

Auch dieser Durchmesser ist nicht genormt, man wählt $d_2 = 0,236$ mm. Die notwendige Windungszahl ist $N_{21} = 110\,\text{V} \cdot 3{,}5\,/\,\text{V} = 385$.

Für die zweite Sekundärwicklung müssen erst noch mit Tab. 9.1 die Größen der Wechselspannung und des Wechselstroms ermittelt werden, die am Transformator anfallen. Es werden $U_{22} = 24\,\text{V} \cdot 1{,}11 = 26{,}6\,\text{V}$ und $I_{22} = 2\,\text{A} \cdot 1{,}11 = 2{,}22\,\text{A}$. Damit ergeben sich der Drahtquerschnitt und -durchmesser:

$$A_{22} = \frac{I_{22}}{J_{22}} = \frac{2,22\,\text{A}}{3\,\text{A}/\text{mm}^2} = 0,74\,\text{mm}^2 \qquad\qquad d_{22} = \sqrt{\frac{4 \cdot A_1}{\pi}} = 0,971\,\text{mm}$$

Man wählt nach DIN 46435 einen Durchmesser $d_{22} = 1$ mm. Die Windungszahl ergibt sich aus der Windungszahl pro Volt und der Primärspannung zu $N_{22} = 26{,}6\,\text{V} \cdot 3{,}5\,/\,\text{V} = 93$.

Möchte man z.B. noch den ohmschen Widerstand der Primärwicklung bestimmen, so errechnet man die Drahtlänge aus der mittleren Drahtlänge für eine Windung der Innenwicklung, der Windungszahl und dem Drahtquerschnitt:

$$l \approx N_1 \cdot 17\,\text{cm} \approx 125\,\text{m} \qquad\qquad R = \frac{l}{\gamma \cdot A} = 15,2\,\Omega$$

314   9 Transformator und Übertrager

Tab. 9.2: Berechnungstabelle für Kleintransformatoren

Scheinleistung bei einer Sekundärwicklung in VA	4,5	12	26	50	70	95	120	180	250	320	370	450
Scheinleistung bei mehreren Sekundärwicklungen in VA	3	9	21	40	55	75	100	160	230	290	340	410
Wirkungsgrad ca.	0,6	0,7	0,77	0,83	0,84	0,86	0,88	0,89	0,9	0,91	0,92	0,93
Norm-Kernblech	M42	M55	M65	M74	M85a	M85b	M102a	M102b	EI130a	EI130b	EI150a	EI150b
Windungszahl Primärseite pro 1 V	23,4	11,4	7,8	5,68	4,51	3,2	3,5	2,34	3,3	2,59	2,59	2,08
Windungszahl Sekundärseite pro 1 V	34,8	14,1	9	6,3	4,95	3,5	3,86	2,46	3,51	2,72	2,72	2,18
Stromdichte Innenwicklung in A/mm²	4,5	3,6	3,3	3	2,9	2,6	2,4	2,3	1,7	1,7	1,5	1,5
Stromdichte Außenwicklung in A/mm²	5,2	4,3	3,6	3,3	3,3	3	2,8	2,7	2,2	2,1	1,9	1,9
Mittlere Länge einer Windung Innenwicklung in cm	7,3	9,6	12	14	14,5	17	17	20,6	20	22	23	25
Mittlere Länge einer Windung Außenwicklung in cm	9,8	12,4	15,2	18	18,3	20,8	21,4	25	28	30	33	35
Verfügbare Wickelraum-Höhe h in mm	6,4	7,6	9,1	10,1	9,2	9,2	12,2	12,2	24	24	28	28
Verfügbare Wickelraum-Tiefe b in mm	24	31	36	42	46	46	58	58	61	61	68	68
Eisenquerschnitt bei einem Füllfaktor 0,9 in cm²	1,6	3,3	4,8	6,6	8,3	11,7	10,7	16	11,3	14,5	14,5	18
Innere Breite des Eisenkerns in mm	12	17	20	23	29	29	34	34	35	35	40	40
Pakethöhe (Eisenkernhöhe) in mm	15	21	27	32	32	45	35	52	36	46	40	50
Eisengewicht ca. in kg	0,14	0,33	0,62	0,88	1,3	2	3	2,4	3	3,5	4,4	5,2
Kupfergewicht der Wicklungen ca. in kg	0,04	0,09	0,16	0,28	0,3	0,54	0,64	1,6	2,5	2,7	2,7	3

10 Lösung der Aufgaben

Aufgabe 2.1

Für das linke Liniendiagramm ist:

$$T = 60\,\mu s \qquad f = \frac{1}{T} = 16,67\,kHz$$

Der Scheitelwert beträgt 100 V.

Da die Spannung symmetrisch zur Zeitachse verläuft, ist der arithmetische Mittelwert $\bar{u} = 0$.

Den Gleichrichtwert kann man leicht aus der Berechnung der Fläche für eine halbe Periodendauer bestimmen. Diese Fläche ergibt sich aus den beiden Dreiecken für jeweils eine Sechstelperiode und das Rechteck für eine Sechstelperiode zu $\hat{u} \cdot 2 \cdot T/6$. Will man die Höhe eines flächengleichen Rechtecks mit der Länge $T/2$ erhalten, so dividiert man die Fläche durch die Länge und erhält somit $\overline{|u|} = 2 \cdot \hat{u}/3 = 66,7\,V$.

Für die formale Berechnung des Gleichrichtwerts genügt die Betrachtung des Liniendiagramms über eine Viertelperiode, der Augenblickswert der Spannung lautet dafür:

$$u = \begin{cases} \dfrac{100\,V \cdot t}{10\,\mu s} & \text{für} \quad 0 \le t \le \dfrac{T}{6} \\[2ex] 100\,V & \text{für} \quad \dfrac{T}{6} < t \le \dfrac{T}{4} \end{cases}$$

$$\overline{|u|} = \frac{4}{T} \cdot \left(\int\limits_{0}^{T/6} \frac{100\,V \cdot t}{10\,\mu s} \cdot dt + \int\limits_{T/6}^{T/4} 100\,V \cdot dt \right) = \frac{4}{T} \cdot \left(\frac{100\,V}{10\,\mu s} \cdot \left[\frac{t^2}{2} \right]_{0}^{T/6} + 100\,V \cdot [t]_{T/6}^{T/4} \right) = 66,7\,V$$

Der Effektivwert ist:

$$U = \sqrt{\frac{4}{T} \cdot \int\limits_{0}^{T/4} u^2 \cdot dt} = \sqrt{\frac{4}{T} \cdot \left(\int\limits_{0}^{T/6} \frac{(100\,V)^2 \cdot t^2}{(10\,\mu s)^2} \cdot dt + \int\limits_{T/6}^{T/4} (100\,V)^2 \cdot dt \right)}$$

$$= \sqrt{\frac{4}{T} \cdot \left(\frac{(100\,V)^2}{(10\,\mu s)^2} \cdot \left[\frac{t^3}{3} \right]_{0}^{T/6} + (100\,V)^2 \cdot [t]_{T/6}^{T/4} \right)}$$

$$= \sqrt{\frac{4}{60\,\mu s} \cdot \left(\frac{10 \cdot 10^3 \, V^2}{0{,}1 \cdot 10^{-9} \, s^2} \cdot \frac{10^{-15} s^3}{3} + 10 \cdot 10^3 \, V^2 \cdot \left(15\,\mu s - 10\,\mu s\right) \right)} = 74{,}54 \, V$$

Der Formfaktor ist: $F = \dfrac{U}{|u|} = 1{,}12$

Der Scheitelfaktor ist: $\xi = \dfrac{\hat{u}}{U} = 1{,}34$

Für das rechte Liniendiagramm ist:

$$T = 5\,ms \qquad f = \frac{1}{T} = 200\,Hz$$

Der Scheitelwert beträgt 10 V.

Den arithmetischen Mittelwert und Gleichrichtwert kann man wieder sehr einfach ermitteln:

Für den Zeitraum $0 < t < 1$ ms ergibt sich eine Fläche von $10\,V \cdot 1\,ms = 10\,mV \cdot s$.

Für den Zeitraum $1\,ms < t < 5$ ms ergibt sich eine Fläche von $-5\,V \cdot 4\,ms = -20\,mV \cdot s$.

Die Gesamtfläche ist demnach $-10\,mV \cdot s$. Eine Gleichspannung über die gesamte Periodendauer von 5 ms müsste demnach $-10\,mV \cdot s/5\,ms = -2\,V$ groß sein, um die gleiche Fläche einzuschließen.

Den Gleichrichtwert erhält man auf die gleiche Weise. Hier ist nur die Fläche für den Zeitraum von $1\,ms < t < 5$ ms positiv, damit wird $|u| = 6\,V$.

Auch den Effektivwert kann man hier leicht durch Überlegung gewinnen:

Für den Zeitraum $0 < t < 1$ ms ergibt sich eine Fläche von $(10\,V)^2 \cdot 1\,ms = 0{,}1\,V^2 \cdot s$.

Für den Zeitraum $1\,ms < t < 5$ ms ergibt sich eine Fläche von $(-5\,V)^2 \cdot 4\,ms = 0{,}1\,V^2 \cdot s$.

Die Gesamtfläche von $0{,}2\,V^2 \cdot s$ wird nun durch die Periodendauer dividiert und das Ergebnis anschließend radiziert: $U = \sqrt{0{,}2\,V^2 \cdot s/5\,ms} = 6{,}32\,V$

Zur bedeutend aufwändigeren formalen Lösung muss man die Gleichung für den Augenblickswert aufstellen:

$$u = \begin{cases} 10\,V & \text{für} \quad 0 < t < 1\,ms \\ -5\,V & \text{für} \quad 1\,ms < t < 5\,ms \end{cases}$$

$$\bar{u} = \frac{1}{5\,\text{ms}} \cdot \int\limits_0^{5\,\text{ms}} u \cdot dt = \frac{1}{5\,\text{ms}} \cdot \left(\int\limits_0^{1\,\text{ms}} 10\,\text{V} \cdot dt + \int\limits_{1\,\text{ms}}^{5\,\text{ms}} -5\,\text{V} \cdot dt \right) = \frac{1}{5\,\text{ms}} \cdot \left(10\,\text{V} \cdot [t]_0^{1\,\text{ms}} - 5\,\text{V} \cdot [t]_{1\,\text{ms}}^{5\,\text{ms}} \right) = -2\,\text{V}$$

$$\overline{|u|} = \frac{1}{5\,\text{ms}} \cdot \int\limits_0^{5\,\text{ms}} |u| \cdot dt = \frac{1}{5\,\text{ms}} \cdot \left(\int\limits_0^{1\,\text{ms}} 10\,\text{V} \cdot dt + \int\limits_{1\,\text{ms}}^{5\,\text{ms}} 5\,\text{V} \cdot dt \right) = \frac{1}{5\,\text{ms}} \cdot \left(10\,\text{V} \cdot [t]_0^{1\,\text{ms}} + 5\,\text{V} \cdot [t]_{1\,\text{ms}}^{5\,\text{ms}} \right) = 6\,\text{V}$$

$$U = \sqrt{\frac{1}{5\,\text{ms}} \cdot \int\limits_0^{5\,\text{ms}} u^2 \cdot dt} = \sqrt{\frac{1}{5\,\text{ms}} \cdot \left(\int\limits_0^{1\,\text{ms}} (10\,\text{V})^2 \cdot dt + \int\limits_{1\,\text{ms}}^{5\,\text{ms}} (-5\,\text{V})^2 \cdot dt \right)}$$

$$= \sqrt{\frac{1}{5\,\text{ms}} \cdot \left(100\,\text{V}^2 \cdot [t]_0^{1\,\text{ms}} + 25\,\text{V}^2 \cdot [t]_{1\,\text{ms}}^{5\,\text{ms}} \right)} = 6{,}32\,\text{V}$$

Der Formfaktor ist $F = 1{,}05$; der Scheitelfaktor ist $\xi = 1{,}58$.

Aufgabe 2.2
Der Zeitpunkt $t = 5$ ms ausgedrückt durch die Periodendauer ist $t = T/4$. Somit ist:

$$u_1 = \hat{u}_1 \cdot \cos(\omega t + \varphi_{u_1}) = 325\,\text{V} \cdot \cos\left(\frac{\omega \cdot T}{4} + \frac{2\pi}{6} \right) = 325\,\text{V} \cdot \cos\left(\frac{2\pi}{4} + \frac{2\pi}{6} \right) = -281\,\text{V}$$

Der Effektivwert ist $U_1 = \dfrac{\hat{u}_1}{\sqrt{2}} = 230\,\text{V}$.

$$u_1 = 100\,\text{V} = 325\,\text{V} \cdot \cos(\omega t + \varphi_{u_1}) \qquad \omega t + \varphi_{u_1} = \arccos\frac{100\,\text{V}}{325\,\text{V}} = 72{,}1° = 1{,}258\,\text{rad}$$

$$t = \frac{1{,}258 - \varphi_{u_1}}{\omega} = \frac{1{,}258 - \dfrac{2\pi}{6}}{2\pi \cdot f} = 0{,}67\,\text{ms}$$

Aufgabe 2.3
Der Scheitelwert ist $\hat{i} = I \cdot \sqrt{2} = 1{,}414\,\text{A}$. Somit lautet die Gleichung im ersten Fall für i:

$$i = \hat{i} \cdot \cos(\omega t + \varphi_i) = 1\,\text{A} = 1{,}414\,\text{A} \cdot \cos\varphi_i \qquad \varphi_i = \arccos\frac{i}{\hat{i}} = 45°$$

Die Kosinusfunktion hat aber für den negativen Nullphasenwinkel den gleichen Augenblickswert, somit ist die Lösung für den ersten Fall:

$$\varphi_i = \pm 45°$$

Für den zweiten Fall lautet die Gleichung für i:

$$i = 1\,A = 1{,}414\,\text{A} \cdot \cos(\omega t + \varphi_i) = 1{,}414\,\text{A} \cdot \cos\left(\omega \cdot \frac{T}{8} + \varphi_i\right) = 1{,}414\,\text{A} \cdot \cos(45° + \varphi_i)$$

$$\cos(45° + \varphi_i) = 0{,}707$$

Diesen Wert hat die Kosinusfunktion für $\varphi_i = 0$ oder $\varphi_i = -90°$. Die Ergebnisse sind für beide Fälle in Abb. 10.1 dargestellt.

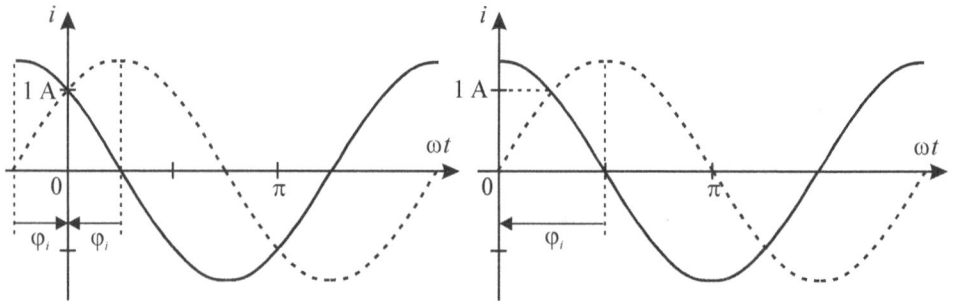

Abb. 10.1: Liniendiagramme des Stroms für die beiden Fälle von Aufgabe 2.3

Aufgabe 3.1

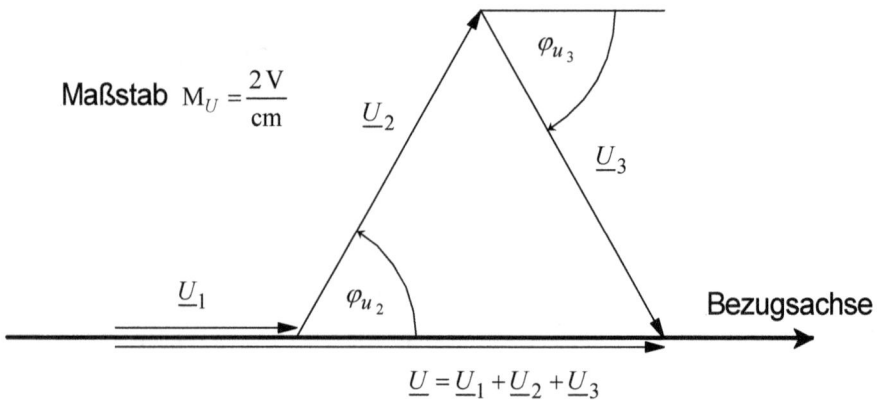

Maßstab $M_U = \dfrac{2\,\text{V}}{\text{cm}}$

$$\underline{U} = \underline{U}_1 + \underline{U}_2 + \underline{U}_3$$

Abb. 10.2: Zeigerdiagramm der drei Teilspannungen und der Gesamtspannung

Aus dem Zeigerdiagramm liest man ab: $U = 15\,\text{V}$ und $\varphi_u = 0$

Rechnerische Lösung:

$$\varphi_{u_{12}} = \arctan \frac{\hat{u}_1 \cdot \sin \varphi_{u_1} + \hat{u}_2 \cdot \sin \varphi_{u_2}}{\hat{u}_1 \cdot \cos \varphi_{u_1} + \hat{u}_2 \cdot \cos \varphi_{u_2}} = 40{,}9°$$

$$\hat{u}_{12} = \sqrt{\left(\hat{u}_1 \cdot \sin \varphi_{u_1} + \hat{u}_2 \cdot \sin \varphi_{u_2}\right)^2 + \left(\hat{u}_1 \cdot \cos \varphi_{u_1} + \hat{u}_2 \cdot \cos \varphi_{u_2}\right)^2} = 18{,}7\,\text{V}$$

$$\varphi_u = \arctan \frac{\hat{u}_{12} \cdot \sin \varphi_{u_{12}} + \hat{u}_3 \cdot \sin \varphi_{u_3}}{\hat{u}_{12} \cdot \cos \varphi_{u_{12}} + \hat{u}_3 \cdot \cos \varphi_{u_3}} = 0$$

$$\hat{u} = \sqrt{\left(\hat{u}_{12} \cdot \sin \varphi_{u_{12}} + \hat{u}_3 \cdot \sin \varphi_{u_3}\right)^2 + \left(\hat{u}_{12} \cdot \cos \varphi_{u_{12}} + \hat{u}_3 \cdot \cos \varphi_{u_3}\right)^2} = 21{,}21\,\text{V} \qquad U = \frac{\hat{u}}{\sqrt{2}} = 15\,\text{V}$$

Aufgabe 3.2

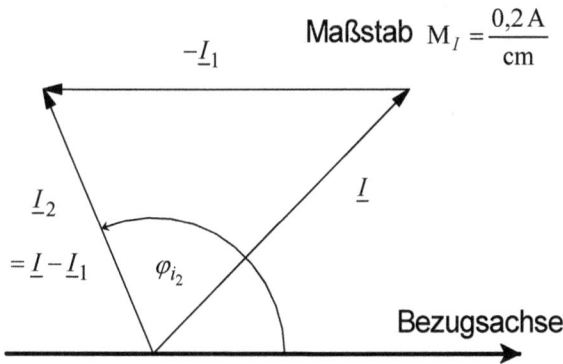

Abb. 10.3: Zeigerdiagramm der drei Ströme

Aus dem Zeigerdiagramm liest man ab: $I_2 = 760\,\text{mA}$, $\hat{i}_2 = I_2 \cdot \sqrt{2} = 1{,}075\,\text{A}$, $\varphi_{i_2} = 113°$

Rechnerische Lösung:

Durch Umformung der beiden Gleichungen vor Gleichung 3.2 erhält man:

$$\hat{i}_2 \cdot \sin \varphi_{i_2} = \hat{i} \cdot \sin \varphi_i - \hat{i}_1 \cdot \sin \varphi_{i_1}$$

$$\hat{i}_2 \cdot \cos \varphi_{i_2} = \hat{i} \cdot \cos \varphi_i - \hat{i}_1 \cdot \cos \varphi_{i_1}$$

$$\hat{i}_2 = \sqrt{\left(\hat{i} \cdot \sin \varphi_i - \hat{i}_1 \cdot \sin \varphi_{i_1}\right)^2 + \left(\hat{i} \cdot \cos \varphi_i - \hat{i}_1 \cdot \cos \varphi_{i_1}\right)^2} = 1{,}082\,\text{A} \qquad I_2 = \frac{\hat{i}_2}{\sqrt{2}} = 765\,\text{mA}$$

Rechnet man hier mit dem Tangens, so muss man beachten, dass sich der Zeiger $\underline{I}_2$ im II. Quadranten befindet! Rechnerisch erhält man zunächst:

$$\varphi_{i_2} = \arctan\frac{\hat{i}\cdot\sin\varphi_i - \hat{i}_1\cdot\sin\varphi_{i_1}}{\hat{i}\cdot\cos\varphi_i - \hat{i}_1\cdot\cos\varphi_{i_1}} = -67,5° \qquad \varphi_{i_2} = 180° - 67,5° = 112,5°$$

Kontrolle:

$$\varphi_{i_2} = \arcsin\frac{\hat{i}\cdot\sin\varphi_i - \hat{i}_1\cdot\sin\varphi_{i_1}}{\hat{i}_2} = 67,5° \qquad \varphi_{i_2} = 180° - 67,5° = 112,5°$$

Da sich formal über den Tangens ein negativer und über den Sinus ein positiver Winkel ergibt, muss der Nullphasenwinkel im II. Quadranten liegen.

Man sieht hier deutlich, dass die Lösung mit Hilfe des Zeigerdiagramms viel einfacher ist und zudem nicht die Gefahr der Ermittlung eines falschen Nullphasenwinkels besteht.

Aufgabe 3.3
Eine Möglichkeit der rechnerischen Lösung ist:

$$I = \frac{U_Z}{Z} = 0,5\,\text{A} \qquad \text{Damit ist } Z_e = \frac{U}{I} = 460\,\Omega$$

$$\underline{Z} = 230\,\Omega\cdot e^{j\cdot60°} = (115 + j\cdot199,2)\Omega = R + j\cdot X_L$$

Für die Reihenschaltung aus R_V und $\underline{Z}$ ergibt sich der Scheinwiderstand Z_e:

$$Z_e = \sqrt{(R_V + R)^2 + X_L^2} \qquad Z_e^2 = (R_V + R)^2 + X_L^2 = R_V^2 + 2\cdot R\cdot R_V + R^2 + X_L^2$$

Für den unbekannten Vorwiderstand R_V ergibt sich demnach eine quadratische Gleichung, allerdings ist nur eine der beiden Lösungen relevant, da der Widerstand R_V nur positive Werte annehmen kann.

$$R_V^2 + 2\cdot R\cdot R_V + R^2 + X_L^2 - Z_e^2 = 0 \qquad R_{V_{1,2}} = \frac{-2\cdot R \pm \sqrt{4\cdot R^2 - 4\cdot\left(R^2 + X_L^2 - Z_e^2\right)}}{2}$$

$$R_V = \frac{-2\cdot R + \sqrt{4\cdot R^2 - 4\cdot\left(R^2 + X_L^2 - Z_e^2\right)}}{2} = 299,6\,\Omega$$

Die Lösung mit Hilfe des Zeigerdiagramms ist in Abb. 10.4 gezeigt. Angetragen werden zunächst die Zeiger für R, $\underline{X}_L$ und $\underline{Z}$. $\underline{X}_L$ bleibt unverändert. Schlägt man einen Kreis mit dem Scheinwiderstand Z_e als Radius um den Fußpunkt des Zeigers $\underline{Z}$ und verschiebt den Zeiger $\underline{X}_L$ parallel, bis seine Spitze den Kreis schneidet, so hat man den Widerstand $R + R_V$ gefunden. Aus dem Zeigerdiagramm liest man $R_V = 300\,\Omega$ ab.

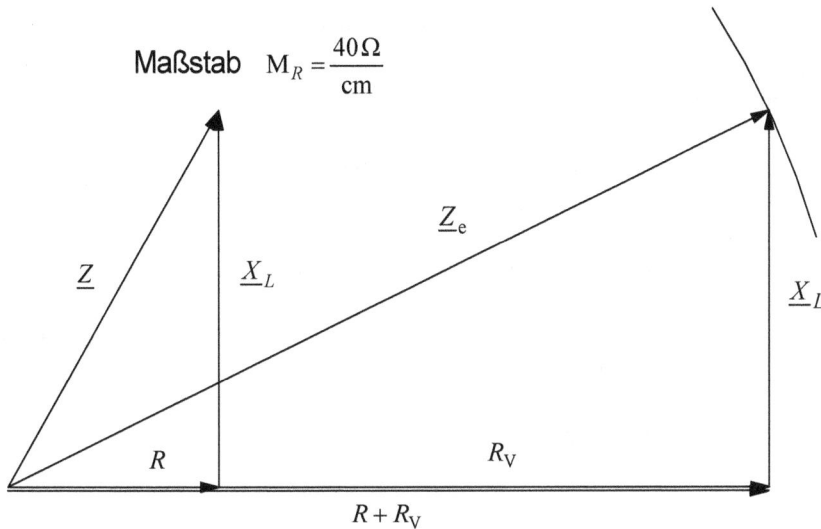

Abb. 10.4: Zeigerdiagramm für die Reihenschaltung aus R und $\underline{Z}$

Aufgabe 3.4

$$\underline{Z}_e = R_1 - j \cdot \frac{1}{\omega C_1} + \frac{(R_2 + j \cdot \omega L) \cdot \dfrac{1}{j \cdot \omega C_2}}{R_2 + j \cdot \omega L - j \cdot \dfrac{1}{\omega C_2}} = 42{,}3\,\Omega \cdot e^{-j \cdot 25{,}6°} \qquad \underline{I} = \frac{U}{\underline{Z}_e} = 236{,}4\,\text{mA} \cdot e^{j \cdot 25{,}6°}$$

Die Stromteilerregel gilt nur für reine Parallelschaltungen. Der Gesamtstrom $\underline{I}$ fließt in die Schaltung aus C_2, zu dem L und R_2 parallel liegen. Somit ist:

$$\underline{I}_{R_2} = \underline{I} \cdot \frac{\dfrac{(R_2 + j \cdot \omega L) \cdot \dfrac{1}{j \cdot \omega C_2}}{R_2 + j \cdot \omega L - j \cdot \dfrac{1}{\omega C_2}}}{R_2 + j \cdot \omega L} = 397\,\text{mA} \cdot e^{-j \cdot 6.2°} \qquad \underline{U}_{R_2} = \underline{I}_{R_2} \cdot R_2 = 3{,}97\,\text{V} \cdot e^{-j \cdot 6.2°}$$

Aufgabe 3.5
Im Zeigerdiagramm Abb. 10.5 ist die Reihenfolge der angetragenen Zeiger durch Ziffern bezeichnet. Es wird willkürlich der Wert $\underline{U}_{R_2}{}' = 5\,\text{V}$ gewählt.

Dann wird $I_{R_2}{}' = U_{R_2}{}'/R_2 = 0{,}5\,\text{A}$ und $U_L{}' = I_{R_2}{}' \cdot X_L = 7{,}85\,\text{V}$. Die Spannung $\underline{U}_L{}'$ eilt dabei dem Strom $\underline{I}_{R_2}{}'$ um 90° vor. Diese Zeiger trägt man an und erhält die Spannung $\underline{U}_{C_2}{}' = \underline{U}_{R_2}{}' + \underline{U}_L{}'$. Abgelesen aus dem Zeigerdiagramm erhält man $U_{C_2}{}' = 9{,}3\,\text{V}$.

Damit erhält man $I_{C_2}' = U_{C_2}'/X_{C_2} = 292{,}5\,\text{mA}$, der Strom $\underline{I}_{C_2}'$ eilt der Spannung $\underline{U}_{C_2}'$ um 90° voraus. Aus der Summe der beiden Ströme erhält man den Gesamtstrom $\underline{I}' = \underline{I}_{R_2}' + \underline{I}_{C_2}'$, abgelesen wird $I' = 295\,\text{mA}$.

Damit können die Spannungen an R_1 und C_1 berechnet werden. $U_{R_1}' = I' \cdot R_1 = 2{,}95\,\text{V}$, $U_{C_1}' = I' \cdot X_{C_1} = 9{,}34\,\text{V}$. $\underline{U}_{R_1}'$ ist phasengleich mit $\underline{I}'$ und $\underline{U}_{C_1}'$ eilt $\underline{I}'$ um 90° nach.

Die Gesamtspannung ergibt sich aus $\underline{U}' = \underline{U}_{C_2}' + \underline{U}_{R_1}' + \underline{U}_{C_1}'$, abgelesen wird $U' = 12{,}5\,\text{V}$.

Somit müssen alle Größen im Verhältnis der echten Spannung U zur zeichnerisch ermittelten Spannung U' umgerechnet werden.

$$\frac{U}{U'} = 0{,}8 \qquad U_{R_2} = U_{R_2}' \cdot 0{,}8 = 4\,\text{V}$$

$$M_U = \frac{1\,\text{V}}{\text{cm}}$$

$$M_I = \frac{50\,\text{mA}}{\text{cm}}$$

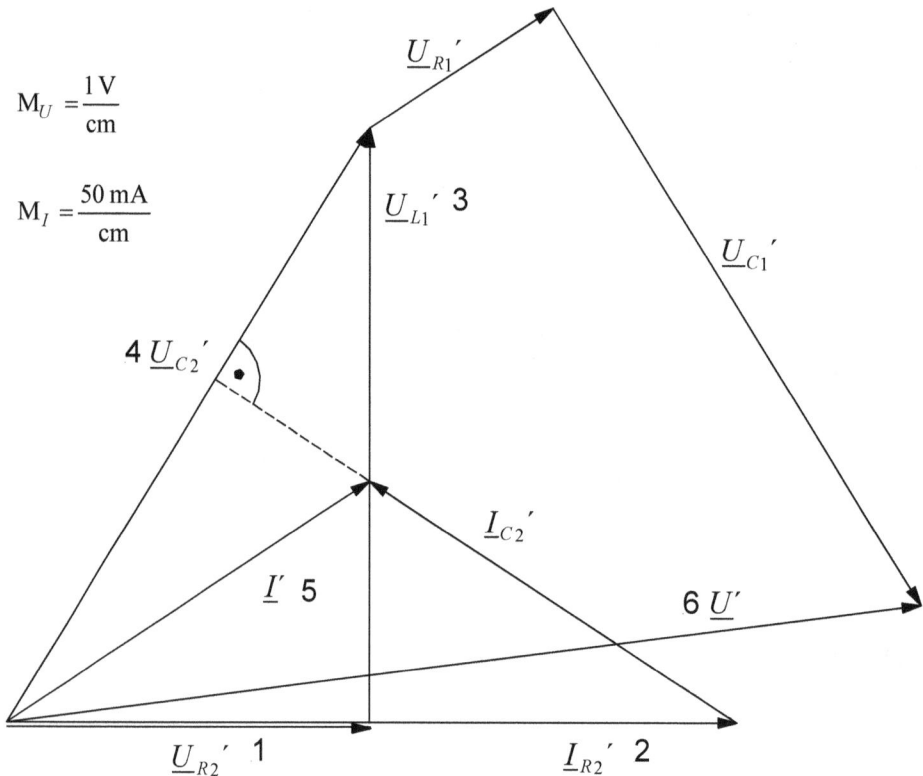

Abb. 10.5: Zeigerdiagramm zu Aufgabe 3.5

Aus dem Zeigerdiagramm liest man ab, dass die Spannung an R_2 gegenüber $\underline{U}'$ bzw. $\underline{U}$ um 6° nacheilt. Da bei der Berechnung der Schaltung in Kap. 3.5.3 die Spannung $\underline{U}$ als nullphasig angenommen wurde, müsste man das ganze Zeigerdiagramm so drehen, dass $\underline{U}$ in Richtung der reellen Achse zu liegen kommt. Dann wäre das Ergebnis aus dem Zeigerdiagramm:

$$\underline{U}_{R_2} = 4\,\text{V} \cdot e^{-j\cdot 6°}.$$

Aufgabe 3.6

$$I_a = \frac{U_a}{R_a} = 0,5\,\text{A} \qquad I_C = U_a \cdot \omega C = 0,5\,\text{A} \qquad I = \sqrt{I_a^2 + I_C^2} = 0,707\,\text{A}$$

Die Reihenfolge der angetragenen Zeiger ist in Abb. 10.6 zur besseren Übersicht durch Ziffern gekennzeichnet. Der Zeiger für $\underline{I}_a$ wird willkürlich in Richtung der reellen Achse eingetragen. $\underline{I}_C$ eilt gegenüber $\underline{U}_a$, welche phasengleich mit $\underline{I}_a$ ist, um 90° vor. Der Betrag von $\underline{I}$ kann auch aus dem Zeigerdiagramm abgelesen werden, $\underline{I} = \underline{I}_a + \underline{I}_C$. Die Spannung $\underline{U}_L$ eilt dem Strom $\underline{I}$ um 90° vor und $\underline{U}_i$ ist phasengleich mit $\underline{I}$. Die Spannung $\underline{U}_q$ ergibt sich aus der Summe der drei Teilspannungen, $\underline{U}_q = \underline{U}_L + \underline{U}_i + \underline{U}_a$.

$$U_L = I \cdot \omega L = 7,07\,\text{V} \qquad U_i = I \cdot R_i = 2,83\,\text{V}$$

Das Zeigerdiagramm wird in der durch eine Nummerierung gekennzeichneten Reihenfolge konstruiert. Abgelesen wird aus dem Zeigerdiagramm in Abb. 10.6: $U_q = 7,3$ V.

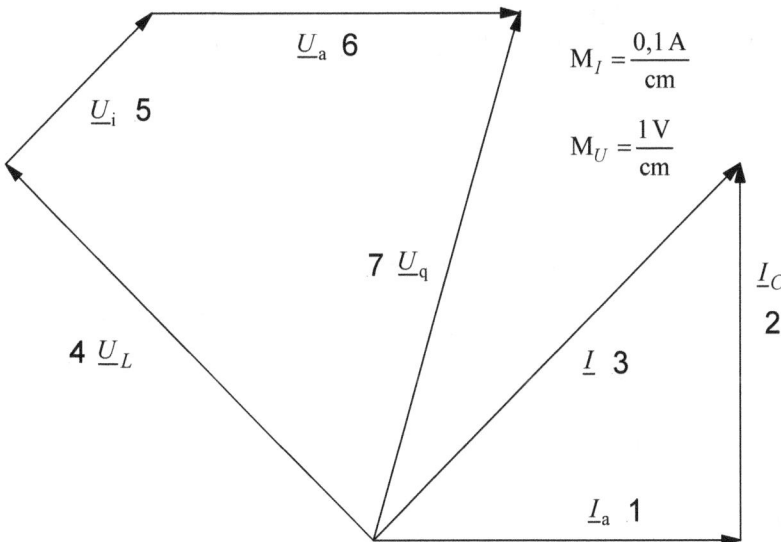

Abb. 10.6: Zeigerdiagramm zu Aufgabe 3.6

Aufgabe 3.7

Wählt man die beiden Innenmaschen und durchläuft sie im Uhrzeigersinn, so muss nur der Maschenstrom $\underline{I}_{\mathrm{II}}$ ermittelt werden, denn $\underline{U}_{R_2} = \underline{I}_{\mathrm{II}} \cdot R_2$.

$$\underline{I}_{\mathrm{I}} \cdot \left(R_1 - \mathrm{j} \cdot \left(\frac{1}{\omega C_1} + \frac{1}{\omega C_2} \right) \right) - \underline{I}_{\mathrm{II}} \cdot \left(-\mathrm{j} \cdot \frac{1}{\omega C_2} \right) = \underline{U}$$

$$-\underline{I}_{\mathrm{I}} \cdot \left(-\mathrm{j} \cdot \frac{1}{\omega C_2} \right) + \underline{I}_{\mathrm{II}} \cdot \left(R_2 + \mathrm{j} \cdot \left(\omega L - \frac{1}{\omega C_2} \right) \right) = 0$$

$$\begin{bmatrix} R_1 - \mathrm{j} \cdot \left(\dfrac{1}{\omega C_1} + \dfrac{1}{\omega C_2} \right) & \mathrm{j} \cdot \dfrac{1}{\omega C_2} \\[2ex] \mathrm{j} \cdot \dfrac{1}{\omega C_2} & R_2 + \mathrm{j} \cdot \left(\omega L - \dfrac{1}{\omega C_2} \right) \end{bmatrix} \cdot \begin{bmatrix} \underline{I}_{\mathrm{I}} \\[2ex] \underline{I}_{\mathrm{II}} \end{bmatrix} = \begin{bmatrix} \underline{U} \\[2ex] 0 \end{bmatrix}$$

$$\underline{I}_{\mathrm{II}} = 397\,\mathrm{mA} \cdot \mathrm{e}^{-\mathrm{j}\cdot 6{,}2°} \qquad\qquad \underline{U}_{R_2} = \underline{I}_{\mathrm{II}} \cdot R_2 = 3{,}97\,\mathrm{V} \cdot \mathrm{e}^{-\mathrm{j}\cdot 6{,}2°}$$

Aufgabe 3.8

Die Ersatzquellenspannung entspricht der Leerlaufspannung an den Klemmen A und B.

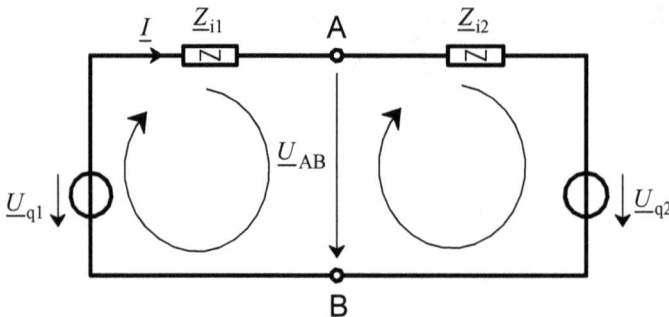

Abb. 10.7: Leerlauf der Schaltung aus Abb. 3.40

Mit den beiden Maschengleichungen erhält man:

$$\underline{U}_{AB} = \underline{U}_{q1} - \underline{I} \cdot \underline{Z}_{i1} = \underline{U}_{q2} + \underline{I} \cdot \underline{Z}_{i2} \qquad \underline{I} = \frac{\underline{U}_{q1} - \underline{U}_{q2}}{\underline{Z}_{i1} + \underline{Z}_{i2}} = 22{,}15\,\mathrm{A} \cdot \mathrm{e}^{-\mathrm{j}\cdot 54{,}2°}$$

$$\underline{U}_{eq} = U_{AB} = \underline{U}_{q1} - \underline{I} \cdot \underline{Z}_{i1} = 56{,}7\,\mathrm{V} \cdot \mathrm{e}^{\mathrm{j}\cdot 7{,}1°}$$

Der Ersatzinnenwiderstand wird wie im Beispiel des Kap. 3.6.6 ermittelt.

Aufgabe 3.9

Mit Gleichung 3.55 lautet die Abgleichbedingung:

$$\left(R_2 + j \cdot \omega L_2\right) \cdot \frac{R_3 \cdot \dfrac{1}{j \cdot \omega C_3}}{R_3 + \dfrac{1}{j \cdot \omega C_3}} = R_1 \cdot R_4$$

$$\left(R_2 + j \cdot \omega L_2\right) \cdot \frac{-j \cdot \dfrac{R_3}{\omega C_3}}{\dfrac{\omega C_3 \cdot R_3 - j}{\omega C_3}} = R_1 \cdot R_4$$

$$\omega L_2 \cdot R_3 - j \cdot R_2 \cdot R_3 = \omega C_3 \cdot R_1 \cdot R_3 \cdot R_4 - j \cdot R_1 \cdot R_4$$

Daraus folgt durch Gleichsetzen der beiden Real- und Imaginärteile:

$$\omega L_2 \cdot R_3 = \omega C_3 \cdot R_1 \cdot R_3 \cdot R_4 \qquad L_2 = R_1 \cdot R_4 \cdot C_3$$

$$j \cdot R_2 \cdot R_3 = j \cdot R_1 \cdot R_4 \qquad R_2 = \frac{R_1 \cdot R_4}{R_3}$$

Aufgabe 3.10

$$\varphi = \arcsin \frac{Q}{S} = \arcsin \frac{Q}{U \cdot I} = -30° \qquad Z = \frac{U}{I} = 100\,\Omega \qquad P = \frac{Q}{\tan \varphi} = 86{,}6\,\text{W}$$

oder $P = \sqrt{S^2 - Q^2} = 86{,}6\,\text{W}$

Aufgabe 3.11

Aus dem Zeigerdiagramm liest man ab, bzw. aus den Ergebnissen des durchgerechneten Beispiels in Kap. 3.6.2 erhält man:

$$\varphi = 61° \qquad \underline{U} = 24\,\text{V} \cdot e^{j \cdot 61°} \qquad \underline{I} = 385\,\text{mA} \qquad \underline{Z} = 62{,}3\,\Omega \cdot e^{j \cdot 61°}$$

Damit wird (leichte Abweichungen in den Ergebnissen auf den unterschiedlichen Lösungswegen ergeben sich durch die begrenzte Genauigkeit der Ausgangswerte aufgrund des zeichnerischen Lösungsverfahrens in Kap. 3.6.2):

$$\underline{S} = \underline{U} \cdot \underline{I}^* = 9{,}24\,\text{VA} \cdot e^{j \cdot 61°} = 4{,}48\,\text{W} + j \cdot 8{,}08\,\text{var} \quad \text{oder} \quad \underline{S} = \underline{Z} \cdot I^2 = 9{,}23\,\text{VA} \cdot e^{j \cdot 61°}$$

Mit den Gleichungen 3.58, 3.59 und 3.60 soll dieses Ergebnis kontrolliert werden:

$$P = I^2 \cdot R = 4{,}45\,\text{W} \qquad Q_L = X_L \cdot I_L^2 = \omega L \cdot I_L = U_L \cdot I_L = 14{,}7\,\text{var}$$

$$Q_C = -X_C \cdot I_C^2 = -\frac{1}{\omega C} \cdot I_C^2 = -U_C \cdot I_C = -6{,}62\,\text{var} \qquad Q = Q_L + Q_C = 8{,}08\,\text{var}$$

Aufgabe 3.12

Zunächst wandelt man die beiden Spannungsquellen in eine Ersatzspannungsquelle um.

$$\underline{Z}_{ei} = \frac{\underline{Z}_{i1} \cdot \underline{Z}_{i2}}{\underline{Z}_{i1} + \underline{Z}_{i2}} = 4{,}14\,\Omega \cdot e^{j \cdot 45°} = (2{,}93 + j \cdot 2{,}93)\,\Omega = (R_{ei} + j \cdot X_{ei})$$

Bei Leerlauf der Schaltung ergibt sich der Strom I in Abb. 10.8:

$$\underline{I} = \frac{\underline{U}_{q1} - \underline{U}_{q2}}{\underline{Z}_{i1} + \underline{Z}_{i2}} = 6{,}47\,A \cdot e^{-j \cdot 105°}$$

$$\underline{U}_{eq} = \underline{U}_0 = \underline{I} \cdot \underline{Z}_{i2} + \underline{U}_{q2} = 73{,}2\,V \cdot e^{j \cdot 30°}$$

Der Abschlusswiderstand muss demnach $\underline{Z}_a = Z_{ei}* = (2{,}93 - j \cdot 2{,}93)\,\Omega$ sein.

Die maximale Wirkleistung, die in $\underline{Z}_a$ umgesetzt wird, ist $P_{max} = \dfrac{U_{eq}^{\;2}}{4 \cdot R_{ei}} = 457{,}2\,W$.

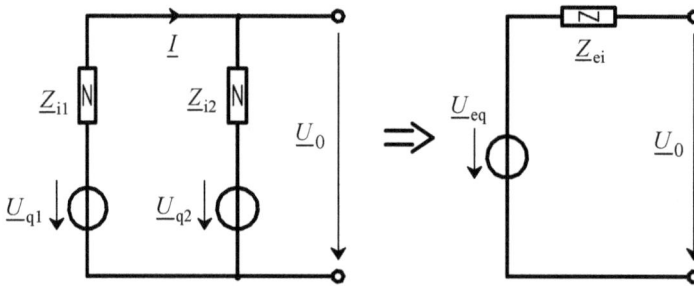

Abb. 10.8: Umwandlung der Spannungsquellen in eine Ersatzspannungsquelle

Aufgabe 3.13

$$\underline{Y} = -j \cdot \frac{1}{\omega L} + \frac{1}{R - j \cdot \dfrac{1}{\omega C}} = -j \cdot \frac{1}{\omega L} + \frac{R + j \cdot \dfrac{1}{\omega C}}{R^2 + \left(\dfrac{1}{\omega C}\right)^2}$$

$$= \frac{-j \cdot \dfrac{1}{\omega L} \cdot \left[R^2 + \left(\dfrac{1}{\omega C}\right)^2 \right] + R + j \cdot \dfrac{1}{\omega C}}{R^2 + \left(\dfrac{1}{\omega C}\right)^2} = \frac{R + j \cdot \left(\dfrac{1}{\omega C} - \dfrac{R^2}{\omega L} - \dfrac{1}{\omega L \cdot (\omega C)^2} \right)}{R^2 + \left(\dfrac{1}{\omega C}\right)^2}$$

Der Imaginärteil wird null, wenn sein Zähler null wird.

$$-\frac{1}{\omega L}\cdot\left(\frac{1}{\omega C}\right)^2+\frac{1}{\omega C}-\frac{R^2}{\omega L}=0$$

Diese quadratische Gleichung liefert die beiden Ergebnisse:

$$\frac{1}{\omega C_{1,2}}=\frac{-1\pm\sqrt{1-\dfrac{4\cdot R^2}{(\omega L)^2}}}{-\dfrac{2}{\omega L}}$$

$$\frac{1}{\omega C_1}=359,4\,\Omega \qquad C_1=443\,\text{nF} \qquad \frac{1}{\omega C_2}=2782\,\Omega \qquad C_2=57,2\,\text{nF}$$

Aufgabe 3.14

$$\underline{Z}=\frac{(R+\text{j}\cdot X_L)\cdot(R-\text{j}\cdot X_C)}{(R+\text{j}\cdot X_L)+(R-\text{j}\cdot X_C)}=\frac{R^2-\text{j}\cdot R\cdot X_C+\text{j}\cdot R\cdot X_L+X_L\cdot X_C}{2\cdot R+\text{j}\cdot(X_L-X_C)}$$

$$=\frac{\left(R^2+X_L\cdot X_C+\text{j}\cdot(R\cdot X_L-R\cdot X_C)\right)\cdot\left(2\cdot R-\text{j}\cdot(X_L-X_C)\right)}{4\cdot R^2+(X_L-X_C)^2}$$

Bei Resonanz muss wieder der Imaginärteil null werden, dies ist der Fall, wenn der Zähler des Imaginärteils null wird.

$$R^2\cdot X_L-R^2\cdot X_C-X_L{}^2\cdot X_C+X_L\cdot X_C{}^2=0$$

$$R^2=\frac{X_L{}^2\cdot X_C-X_L\cdot X_C{}^2}{X_L-X_C}=\frac{X_L\cdot X_C\cdot(X_L-X_C)}{X_L-X_C}=X_L\cdot X_C=\frac{\omega L}{\omega C}=\frac{L}{C} \qquad R=\sqrt{\frac{L}{C}}$$

Aufgabe 3.15

Den Widerstand R erhält man auf dem gleichen Weg wie im vorgeführten Beispiel. Zur Bestimmung der Unbekannten L und C muss man zwei unabhängige Gleichungen aufstellen. Diese findet man, indem man in der Kurve $I=\text{f}(f)$ bei einem bestimmten Strom die Werte für die beiden Frequenzen abliest, bei denen die Kurve geschnitten wird, und die beiden Scheinwiderstände gleichsetzt, sowie Z aus der bekannten Quellenspannung und dem gewählten Strom bestimmt. Hier wird der Strom $I=0{,}2\,\text{A}$ gewählt. Dieser Strom stellt sich bei einer Frequenz $f_1=785\,\text{Hz}$ und $f_2=1280\,\text{Hz}$ (abgelesen aus Abb. 3.72) ein. Da Spannung und Strom bei beiden Frequenzen gleich sind, muss auch Z gleich sein. Allerdings ist zu beachten, dass X_L bei f_1 kleiner als X_C, d.h. X_1 negativ ist (deshalb wird $|X_1|$ in der folgenden Formel mit (-1) multipliziert) und X_L bei f_2 größer als X_C, d.h. X_2 positiv ist!

$$R + \mathrm{j} \cdot X_1 = R + \mathrm{j} \cdot X_2 \qquad |X_1| = -\left(2\,\pi \cdot f_1 \cdot L - \frac{1}{2\,\pi \cdot f_1 \cdot C}\right) = |X_2| = 2\,\pi \cdot f_2 \cdot L - \frac{1}{2\,\pi \cdot f_2 \cdot C}$$

Löst man diese Gleichung nach L auf, so erhält man:

$$L = \left(\frac{1}{f_1} + \frac{1}{f_2}\right) \Big/ \left(2\,\pi \cdot C \cdot (\omega_1 + \omega_2)\right)$$

Die zweite Gleichung erhält man aus:

$$Z = \frac{U_q}{I} = 50\,\Omega = \sqrt{R^2 + \left(\omega_2\,L - \frac{1}{\omega_2\,C}\right)^2}$$

Setzt man in diese Gleichung L aus der ersten Gleichung ein, so erhält man $C = 1{,}6\ \mu\mathrm{F}$ und daraus $L = 15{,}8\ \mathrm{mH}$. Die Abweichung gegenüber den Ergebnissen im Beispiel vor der Aufgabe 3.15 ergeben sich aus der erzielbaren Ablesegenauigkeit für die Frequenzen.

Aufgabe 3.16

Achtung, hier ist der Parallelschwingkreis an eine Spannungsquelle angeschlossen. Die Resonanzkreisfrequenz ist $\omega_{0p} = 100 \cdot 10^3\ \mathrm{s}^{-1}$.

Bei Resonanz ist:

$$I_0 = U_q \cdot Y_0 = U_q \cdot G = 1\,\mathrm{mA} \qquad I_{C_0} = U_q \cdot \omega_{0p}\,C = 100\,\mathrm{mA}$$

Bei einer Frequenz 10 % über der Resonanzfrequenz ist:

$$Y = \sqrt{B^2 + B_0^{\,2} \cdot v^2} = 1{,}912\,\mathrm{mS} \qquad I = U \cdot Y = 19{,}12\,\mathrm{mA} \qquad I_C = U_q \cdot \omega C = 110\,\mathrm{mA}$$

Aufgabe 3.17

Der komplexe Widerstand der rechten Schaltung in Abb. 3.83 lautet:

$$\underline{Z} = \frac{\left(R - \mathrm{j}\cdot\dfrac{1}{\omega C}\right)\cdot \mathrm{j}\cdot\omega L}{R + \mathrm{j}\cdot\left(\omega L - \dfrac{1}{\omega C}\right)} = \frac{\left(\dfrac{L}{C} + \mathrm{j}\cdot\omega L \cdot R\right)\cdot\left(R - \mathrm{j}\cdot\left(\omega L - \dfrac{1}{\omega C}\right)\right)}{R^2 + \left(\omega L - \dfrac{1}{\omega C}\right)^2}$$

$$= \frac{(\omega L)^2 \cdot R + \mathrm{j}\cdot\left(\omega L \cdot R^2 - \dfrac{\omega \cdot L^2}{C} + \dfrac{L}{\omega \cdot C^2}\right)}{R^2 + \left(\omega L - \dfrac{1}{\omega C}\right)^2}$$

Setzt man den Zähler des Imaginärteils null, so erhält man die Resonanzkreisfrequenz:

$$\omega_0 \, L \cdot R^2 - \frac{\omega_0 \cdot L^2}{C} + \frac{L}{\omega_0 \cdot C^2} = \omega_0^{\,2} \cdot R^2 \cdot C^2 - \omega_0^{\,2} \cdot L \cdot C + 1 = 0$$

$$\omega_0 = \sqrt{\frac{1}{L \cdot C - R^2 \cdot C^2}} = \sqrt{\frac{1}{L \cdot C \cdot \left(1 - \dfrac{R^2 \cdot C^2}{L \cdot C}\right)}} = \frac{1}{\sqrt{L \cdot C}} \cdot \sqrt{\frac{1}{1 - \dfrac{R^2 \cdot C}{L}}}$$

Da bei Resonanz der Imaginärteil null ist, ergibt sich $\underline{Z}$ zu:

$$R_{\mathrm{W}} = \frac{(\omega_0 \, L)^2 \cdot R}{R^2 + \left(\omega_0 \, L - \dfrac{1}{\omega_0 \, C}\right)^2} = \frac{(\omega_0 \, L)^2 \cdot R}{R^2 + (\omega_0 \, L)^2 - 2 \cdot \dfrac{L}{C} + \dfrac{1}{(\omega_0 \, C)^2}}$$

$$= \frac{\omega_0^{\,4} \cdot L^2 \cdot C^2 \cdot R}{\omega_0^{\,2} \cdot R^2 \cdot C^2 + \omega_0^{\,4} \cdot L^2 \cdot C^2 - 2 \cdot \omega_0^{\,2} \cdot L \cdot C + 1}$$

Da $\omega_0^{\,2} \cdot R^2 \cdot C^2 - \omega_0^{\,2} \cdot L \cdot C + 1 = 0$ ist (siehe oben), vereinfacht sich der Bruch:

$$R_{\mathrm{W}} = \frac{\omega_0^{\,4} \cdot L^2 \cdot C^2 \cdot R}{\omega_0^{\,4} \cdot L^2 \cdot C^2 - \omega_0^{\,2} \cdot L \cdot C} = \frac{\omega_0^{\,2} \cdot L \cdot C \cdot R}{\omega_0^{\,2} \cdot L \cdot C - 1}$$

Setzt man für ω_0 das vorher gewonnene Ergebnis ein, so wird:

$$R_{\mathrm{W}} = \frac{\dfrac{1}{L \cdot C - R^2 \cdot C^2} \cdot L \cdot C \cdot R}{\dfrac{1}{L \cdot C - R^2 \cdot C^2} \cdot L \cdot C - 1} = \frac{L \cdot C \cdot R}{L \cdot C - L \cdot C + R^2 C^2} = \frac{L}{R \cdot C}$$

Einfacher wird die Lösung, wenn man die Reihenschaltung aus R und C in eine äquivalente Parallelschaltung nach Gleichung 3.51 umwandelt. Es muss nur der Widerstand R umgerechnet werden. Die beiden Blindelemente zusammen haben den Blindleitwert $B = 0$, bzw. den Blindwiderstand $X \to \infty$, so dass allein der umgewandelte Parallelwiderstand R_{p} wirkt.

$$G = \frac{1}{R_{\mathrm{p}}} = \frac{1}{R_{\mathrm{W}}} = \frac{R}{Z^2} \qquad R_{\mathrm{p}} = R_{\mathrm{W}} = \frac{Z^2}{R} = \frac{R^2 + \dfrac{1}{(\omega_0 \, C)^2}}{R} = R + \frac{1}{(\omega_0 \, C)^2 \cdot R}$$

Setzt man nun ω_0 ein, so wird:

$$R_{\mathrm{W}} = R + \frac{1}{\dfrac{1}{L \cdot C - R^2 \cdot C^2} \cdot C^2 \cdot R} = R + \frac{L \cdot C - R^2 \cdot C^2}{C^2 \cdot R} = \frac{R^2 \cdot C^2 + L \cdot C - R^2 \cdot C^2}{C^2 \cdot R} = \frac{L}{C \cdot R}$$

Aufgabe 3.18

Mit den Gleichungen für ω_0 und R_W hat man zwei unabhängige Gleichungen für die beiden Unbekannten.

$$\omega_0 = \frac{1}{\sqrt{LC}} \cdot \sqrt{\frac{1}{1 - \dfrac{L}{R^2 \cdot C}}} = \sqrt{\frac{1}{L \cdot C - \dfrac{L^2}{R^2}}} \qquad\qquad L \cdot C - \frac{L^2}{R^2} = \frac{1}{\omega_0^{\,2}}$$

$$R_W = \frac{L}{R \cdot C} \qquad\qquad C = \frac{L}{R \cdot R_W}$$

Eingesetzt in die obige Gleichung erhält man:

$$L^2 \cdot \left(\frac{1}{R \cdot R_W} - \frac{1}{R^2} \right) = \frac{1}{\omega_0^{\,2}} \qquad\qquad L = \sqrt{\frac{1}{\omega_0^{\,2} \cdot \left(\dfrac{1}{R \cdot R_W} - \dfrac{1}{R^2} \right)}} = 10{,}05\,\text{mH} \approx 10\,\text{mH}$$

$$C = \frac{L}{R \cdot R_W} = 10{,}05\,\text{nF} \approx 10\,\text{nF}$$

Aufgabe 3.19

Die Vierpolgleichungen in Kettenform lauten (vgl. Band 1, Kap. 3.91):

$$\underline{U}_1 = \underline{A}_{11} \cdot \underline{U}_2 + \underline{A}_{12} \cdot \left(-\underline{I}_2 \right) \qquad\qquad \underline{I}_1 = \underline{A}_{21} \cdot \underline{U}_2 + \underline{A}_{22} \cdot \left(-\underline{I}_2 \right)$$

Bei Leerlauf am Tor 2, d.h. $\underline{I}_2 = 0$, wirkt allein $\underline{U}_2$. Somit werden:

$$\underline{U}_1' = \frac{R - j \cdot \dfrac{1}{\omega C}}{R} \cdot \underline{U}_2 \quad \text{(Spannungsteilerregel)} \qquad\qquad \underline{I}_1' = \frac{1}{R} \cdot \underline{U}_2$$

Bei Kurzschluss an Tor 2, d.h. $\underline{U}_2 = 0$, wirkt allein $\underline{I}_2$. Somit werden:

$$\underline{U}_1'' = -j \cdot \frac{1}{\omega C} \cdot \underline{I}_1 = -j \cdot \frac{1}{\omega C} \cdot \left(-\underline{I}_2 \right) \qquad\qquad \underline{I}_1'' = -\underline{I}_2 = 1 \cdot \left(-\underline{I}_2 \right)$$

$$\underline{I}_1 = \underline{I}_1' + \underline{I}_1'' = \frac{1}{R} \cdot \underline{U}_2 + 1 \cdot \left(-\underline{I}_2 \right)$$

$$\underline{U}_1 = \underline{U}_1' + \underline{U}_1'' = \frac{R - j \cdot \dfrac{1}{\omega C}}{R} \cdot \underline{U}_2 - j \cdot \frac{1}{\omega C} \cdot \left(-\underline{I}_2 \right)$$

Somit lauten die Kettenparameter:

$$\underline{A}_{11} = \frac{R - j \cdot \dfrac{1}{\omega C}}{R} \qquad \underline{A}_{12} = -j \cdot \frac{1}{\omega C} \qquad \underline{A}_{21} = \frac{1}{R} \qquad \underline{A}_{22} = 1$$

Die Wellenwiderstände ermittelt man entweder aus den Kettenparametern oder aus der Gleichung 3.96.

$$\underline{Z}_{W1} = \sqrt{\frac{\underline{A}_{11} \cdot \underline{A}_{12}}{\underline{A}_{21} \cdot \underline{A}_{22}}} = \sqrt{\left(R - j \cdot \frac{1}{\omega C}\right) \cdot \left(-j \cdot \frac{1}{\omega C}\right)}$$

$$\underline{Z}_{W2} = \sqrt{\frac{\underline{A}_{12} \cdot \underline{A}_{22}}{\underline{A}_{11} \cdot \underline{A}_{21}}} = \sqrt{\frac{R^2 \cdot \left(-j \cdot \dfrac{1}{\omega C}\right)}{R - j \cdot \dfrac{1}{\omega C}}}$$

$$\underline{Z}_{W1} = \sqrt{\underline{Z}_{L1} \cdot \underline{Z}_{K1}} = \sqrt{\left(R - j \cdot \frac{1}{\omega C}\right) \cdot \left(-j \cdot \frac{1}{\omega C}\right)}$$

$$\underline{Z}_{W2} = \sqrt{\underline{Z}_{L2} \cdot \underline{Z}_{K2}} = \sqrt{R \cdot \frac{R \cdot \left(-j \cdot \dfrac{1}{\omega C}\right)}{R - j \cdot \dfrac{1}{\omega C}}}$$

Aufgabe 4.1

Die Strangspannungen bleiben wegen $\underline{Z}_N \approx 0$ symmetrisch. Die Beträge der drei Strangströme sind alle gleich:

$$I_1 = I_2 = I_3 = \frac{U_{1N}}{Z_{1K}} = 5\,\text{A}$$

Mit den bekannten Phasenverschiebungswinkeln wird das Zeigerdiagramm gezeichnet. Gewählt werden die Maßstäbe $1\,\text{cm} \mathrel{\hat=} 50\,\text{V}$ und $1\,\text{cm} \mathrel{\hat=} 1\,\text{A}$ sowie $\varphi_{u_{1N}} = 0$.

Man geht dabei wie folgt vor. Zunächst zeichnet man das Zeigerdiagramm aller Spannungen, danach die Strangströme mit $\varphi_1 = 0$, $\varphi_2 = -70°$, $\varphi_3 = 80°$. Aus dem Zeigerdiagramm liest man ab: $\underline{I}_N = \underline{I}_1 + \underline{I}_2 + \underline{I}_3$, $I_N = 12{,}1\,\text{A}$.

Ist der Sternpunktleiter unterbrochen, dann erhält man mit Gleichung 4.9:

$$\underline{U}_{KN} = \underline{U}_{1N} \cdot \frac{1 + \dfrac{\underline{Z}_{1K}}{\underline{Z}_{2K}} \cdot e^{-j\cdot120°} + \dfrac{\underline{Z}_{1K}}{\underline{Z}_{3K}} \cdot e^{j\cdot120°}}{1 + \dfrac{\underline{Z}_{1K}}{\underline{Z}_{2K}} + \dfrac{\underline{Z}_{1K}}{\underline{Z}_{3K}}} = 367,4\,V \cdot e^{-j\cdot1,2°}$$

$$\underline{U}_{1K} = \underline{U}_{1N} - \underline{U}_{KN} = 136,4\,V \cdot e^{j176,8°} \qquad \underline{U}_{2K} = \underline{U}_{2N} - \underline{U}_{KN} = 519,7\,V \cdot e^{-j158,3°}$$

$$\underline{U}_{3K} = \underline{U}_{3N} - \underline{U}_{KN} = 525,6\,V \cdot e^{j156,7°}$$

$$I_1 = \frac{U_{1K}}{Z_{1K}} = 2,95\,A \qquad I_2 = \frac{U_{2K}}{Z_{2K}} = 11,25\,A \qquad I_3 = \frac{U_{3K}}{Z_{3K}} = 11,38\,A$$

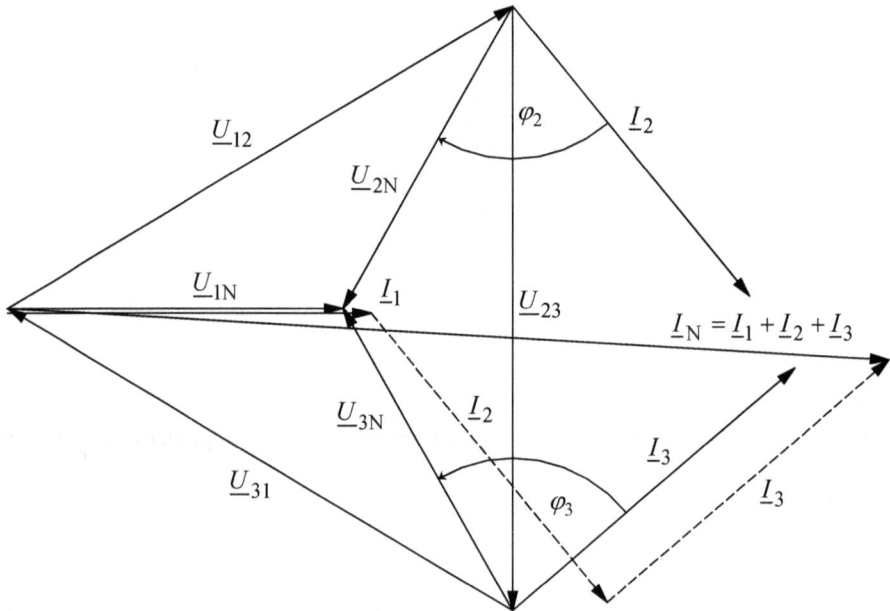

Abb. 10.9: Zeigerdiagramm für die unsymmetrische Sternschaltung am Vierleiternetz

Aufgabe 4.2

Die Spannung am Leitungsanfang kann aus der Maschengleichung gewonnen werden:

$$\underline{U}_{12a} = R_{L1} \cdot \underline{I}_1 + j \cdot X_{L1} \cdot \underline{I}_1 + \underline{U}_{12e} - R_{L2} \cdot \underline{I}_2 - j \cdot X_{L2} \cdot \underline{I}_2$$
$$= \underline{U}_{R_{L1}} + \underline{U}_{X_{L1}} + \underline{U}_{12e} - \underline{U}_{R_{L2}} - \underline{U}_{X_{L2}}$$

Die Aufgabe kann rein rechnerisch oder mit Hilfe des Zeigerdiagramms gelöst werden. Beim Zeigerdiagramm müssen nur die Beträge der Strangströme ermittelt werden. Die Leiterströme I_1 und I_2 ermittelt man dann graphisch. Die Strangströme sind jeweils 20 A. Sie eilen gegenüber ihren Strangspannungen (das sind die Außenleiterspannungen) um jeweils 30° nach. Die Beträge der Ströme und Spannungen sind:

$$I_{12} = I_{23} = I_{31} = \frac{U_L}{Z_{12}} = 20\,\text{A} \qquad I_1 = I_2 = I_3 = \sqrt{3} \cdot I_{12} = 34,6\,\text{A}$$

$$U_{R_{L1}} = U_{R_{L2}} = I_1 \cdot R_{L1} = 277\,\text{V} \qquad U_{X_{L1}} = U_{X_{L2}} = I_1 \cdot X_{L1} = 34,6\,\text{V}$$

Dabei ist $\underline{U}_{R_{L1}}$ phasengleich mit $\underline{I}_1$, $\underline{U}_{R_{L2}}$ phasengleich mit $\underline{I}_2$, $\underline{U}_{X_{L1}}$ eilt $\underline{I}_1$ um 90° voraus und $\underline{U}_{X_{L2}}$ eilt $\underline{I}_2$ um 90° voraus.

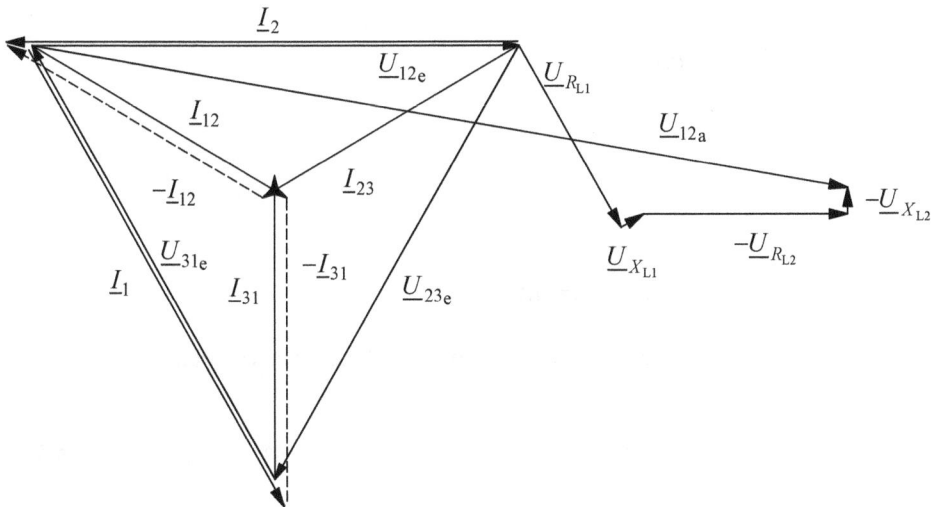

Abb. 10.10: Zeigerdiagramm für die erforderlichen Spannungen und Ströme für Aufgabe 4.2

Aus dem Zeigerdiagramm in der Abb. 10.10 mit den Maßstäben $1\,\text{cm} \mathrel{\hat=} 100\,\text{V}$ und $1\,\text{cm} \mathrel{\hat=} 5\,\text{A}$ liest man dann für die Spannung $U_{12a} = 1120\,\text{V}$ ab.

Für die rechnerische Lösung müssen die komplexen Leiterströme $\underline{I}_1$ und $\underline{I}_2$ ermittelt werden, um diese dann in die Maschengleichung einsetzen zu können.

$$\underline{I}_{12} = \frac{\underline{U}_{12}}{\underline{Z}_{12}} = \frac{660\,\text{V}}{33\,\Omega \cdot e^{j \cdot 30°}} = 20\,\text{A} \cdot e^{-j \cdot 30°} \qquad \underline{I}_{23} = \frac{\underline{U}_{23}}{\underline{Z}_{23}} = \frac{660\,\text{V} \cdot e^{-j \cdot 120°}}{33\,\Omega \cdot e^{j \cdot 30°}} = 20\,\text{A} \cdot e^{-j \cdot 150°}$$

$$\underline{I}_{31} = \frac{\underline{U}_{31}}{\underline{Z}_{31}} = \frac{660\,\text{V} \cdot e^{j \cdot 120°}}{33\,\Omega \cdot e^{j \cdot 30°}} = 20\,\text{A} \cdot e^{j \cdot 90°}$$

$$\underline{I}_1 = \underline{I}_{12} - \underline{I}_{31} = 34,6\,\text{A} \cdot e^{-j \cdot 60°} \qquad \underline{I}_2 = \underline{I}_{23} - \underline{I}_{12} = -34,6\,\text{A}$$

Damit ergibt sich:

$$\underline{U}_{12a} = R_{L1} \cdot \underline{I}_1 + j \cdot X_{L1} \cdot \underline{I}_1 + \underline{U}_{12e} - R_{L2} \cdot \underline{I}_2 - j \cdot X_{L2} \cdot \underline{I}_2 = 1122\,\text{V} \cdot e^{-j \cdot 9,6°}$$

Ein so großer Spannungsabfall ist natürlich in der Praxis nicht hinnehmbar. Entweder müsste ein wesentlich größerer Leitungsquerschnitt gewählt werden oder eine höhere Leiterspannung, die dann am Ort des Verbrauchers auf die Verbraucherspannung heruntertransformiert wird.

Aufgabe 4.3

$$R_{12} = \frac{U_{12}^{\,2}}{P_{12}} = 160\,\Omega \qquad I_{23} = \frac{S_{23}}{U_{23}} = \frac{\sqrt{P_{23}^{\,2} + Q_{23}^{\,2}}}{U_{23}} = 3,2\,\text{A} \qquad R_{23} = \frac{P_{23}}{I_{23}^{\,2}} = 78,05\,\Omega$$

$$X_{23} = \frac{Q_{23}}{I_{23}^{\,2}} = 97,56\,\Omega \qquad I_{31} = \frac{S_{31}}{U_{31}} = \frac{\sqrt{P_{31}^{\,2} + Q_{31}^{\,2}}}{U_{31}} = 2,8\,\text{A} \qquad R_{31} = \frac{P_{31}}{I_{31}^{\,2}} = 128\,\Omega$$

$$X_{31} = \frac{Q_{31}}{I_{31}^{\,2}} = -64\,\Omega$$

$$\underline{Z}_{12} = 160\,\Omega \qquad \underline{Z}_{23} = (78,05 + j \cdot 97,56)\,\Omega \qquad \underline{Z}_{31} = (128 - j \cdot 64)\,\Omega$$

Zum Zeichnen des Zeigerdiagramms müssen noch die Phasenverschiebungswinkel und I_{12} bestimmt werden:

$$\varphi_{12} = 0 \qquad \varphi_{23} = \arctan\frac{X_{23}}{R_{23}} = 51,3° \qquad \varphi_{31} = \arctan\frac{X_{31}}{R_{31}} = -26,6° \qquad I_{12} = \frac{U_{12}}{Z_{12}} = 2,5\,\text{A}$$

In dem Zeigerdiagramm mit den Maßstäben $1\,\text{cm} \mathrel{\widehat{=}} 50\,\text{V}$ und $1\,\text{cm} \mathrel{\widehat{=}} 0,5\,\text{A}$ werden zunächst die Strangströme angetragen und daraus die Leiterströme bestimmt.

Aus dem Zeigerdiagramm liest man folgende Werte ab: $I_1 = 5,05$ A, $I_2 = 5,65$ A, $I_3 = 2,2$ A, Winkel zwischen $\underline{I}_1$ und $\underline{U}_{1N}$ $\varphi_1 = -12°$, Winkel zwischen $\underline{I}_2$ und $\underline{U}_{2N}$ $\varphi_2 = 24,5°$ und Winkel zwischen $\underline{I}_3$ und $\underline{U}_{3N}$ $\varphi_3 = 22°$. Die drei Strommesser zeigen die Leiterströme an, die Anzeigen der Leistungsmesser ergeben sich zu:

$$P_1 = U_{1N} \cdot I_1 \cdot \cos(-12°) = 1141\,\text{W}$$

$$P_2 = U_{2N} \cdot I_2 \cdot \cos 24,5° = 1187\,\text{W}$$

$$P_3 = U_{3N} \cdot I_3 \cdot \cos 22° = 471\,\text{W} \qquad P = P_1 + P_2 + P_3 = 2799\,\text{W}$$

Die geringe Abweichung gegenüber $P_{12} + P_{23} + P_{31} = 2800$ W folgt aus der Ablesegenauigkeit durch die graphische Lösung.

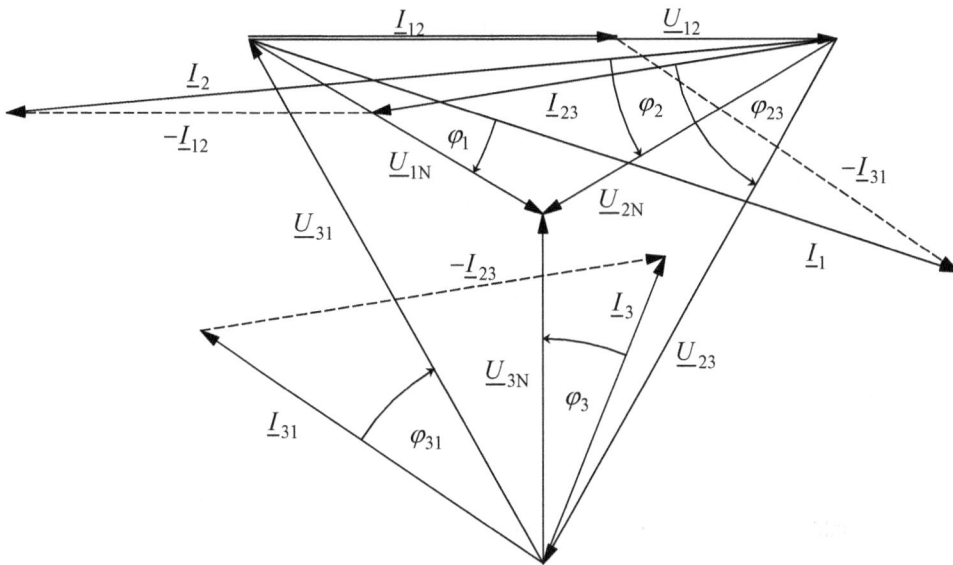

Abb. 10.11: Zeigerdiagramm für die unsymmetrische Dreieckschaltung der Aufgabe 4.3

Aufgabe 4.4

Die Leiterströme sind bereits aus Aufgabe 4.3 bekannt. Aus dem Zeigerdiagramm Abb. 10.11 von Aufgabe 4.3 liest man für die linke Schaltung die Phasenverschiebungswinkel φ_1 zwischen $\underline{I}_1$ und $\underline{U}_{13}$ und φ_2 zwischen $\underline{I}_2$ und $\underline{U}_{23}$ ab:

$$P_1 = I_1 \cdot U_{13} \cdot \cos\varphi_1 = 5{,}05\,\text{A} \cdot 400\,\text{V} \cdot \cos(-42°) = 1501\,\text{W}$$
$$P_2 = I_2 \cdot U_{23} \cdot \cos\varphi_2 = 5{,}65\,\text{A} \cdot 400\,\text{V} \cdot \cos 54{,}5° = 1312\,\text{W}$$
$$P = P_1 + P_2 = 2813\,\text{W}$$

Der sich ergebende Fehler aufgrund der Ablesegenauigkeit gegenüber dem wahren Wert von $P = 2800\,\text{W}$ beträgt nur ca. 0,46 %. Mit einem mindestens gleichgroßen Fehler müsste bei einer realen Messung selbst bei Verwendung von Feinmessgeräten gerechnet werden.

Für die rechte Aronschaltung würde man aus Abb. 10.11 die Phasenverschiebungswinkel φ_1 zwischen $\underline{I}_1$ und $\underline{U}_{12}$ und φ_3 zwischen $\underline{I}_3$ und $\underline{U}_{32}$ ermitteln.

$$P_1 = I_1 \cdot U_{12} \cdot \cos\varphi_1 = 5{,}05\,\text{A} \cdot 400\,\text{V} \cdot \cos 18° = 1921\,\text{W}$$
$$P_3 = I_3 \cdot U_{32} \cdot \cos\varphi_2 = 2{,}2\,\text{A} \cdot 400\,\text{V} \cdot \cos(-8°) = 871\,\text{W} \qquad P = P_1 + P_2 = 2792\,\text{W}$$

Aufgabe 4.5

Aus dem Zeigerdiagramm in Abb. 4.32 liest man ab, dass der Phasenverschiebungswinkel zwischen dem Strom $\underline{I}_1$ und der Spannung $\underline{U}_{23}$ $-90°$ beträgt, ebenso eilt $\underline{I}_2$ um 90° gegenüber $\underline{U}_{31}$ vor und $\underline{I}_3$ um 90° gegenüber $\underline{U}_{12}$. Alle drei Leistungsmesser zeigen somit null an. Die

Summe der Blindleistungen ist somit ebenfalls null. Die beiden Blindwiderstände tauschen ihre Blindleistungen gegenseitig aus und kompensieren sich damit.

Aufgabe 5.1

Zunächst wird die Ortskurve $\underline{Y}_1(R_2)$ für die Parallelschaltung aus R_2 und X_L gezeichnet. Dabei ist zu beachten, dass R_2 maximal den Wert 100 Ω und minimal 25 Ω annehmen kann. Das Achsenkreuz für diesen Teil der Lösung ist in Abb. 10.12 gestrichelt gezeichnet. Da die Parameterwerte für R_2 an die Ortskurve angetragen werden sollen, wird $\underline{Y}_1(R_2)$ an der reellen Achse gespiegelt, und man erhält damit $\underline{Y}_1^*(R_2)$. Die Inversion der Ortskurve $\underline{Y}_1 = f(R_2)$ ergibt einen Kreisabschnitt. Würde R_2 zwischen den Werten $R_2 = 0$ und $R_2 \to \infty$ variieren können, so ergäbe sich für $\underline{Z}_1(R_2)$ ein Halbkreis, der für $R_2 = 0$ durch den Ursprungspunkt und für $R_2 \to \infty$ durch den Wert 100 Ω bei der positiven imaginären Achse ginge. Den gültigen Teil der Ortskurve erhält man, indem man Geraden durch den Ursprungspunkt und die Parameterwerte für R_2 der Ortskurve $\underline{Y}_1^*(R_2)$ zieht. Wo diese den Halbkreis schneiden, sind die entsprechenden Parameterwerte an $\underline{Z}_1(R_2)$ anzutragen. Um $\underline{Z}(R_2)$ zu erhalten, muss noch der in Reihe geschaltete Widerstand R_1 berücksichtigt werden. Dies erfolgt dadurch, dass das endgültige Achsenkreuz um R_1 nach links verschoben wird.

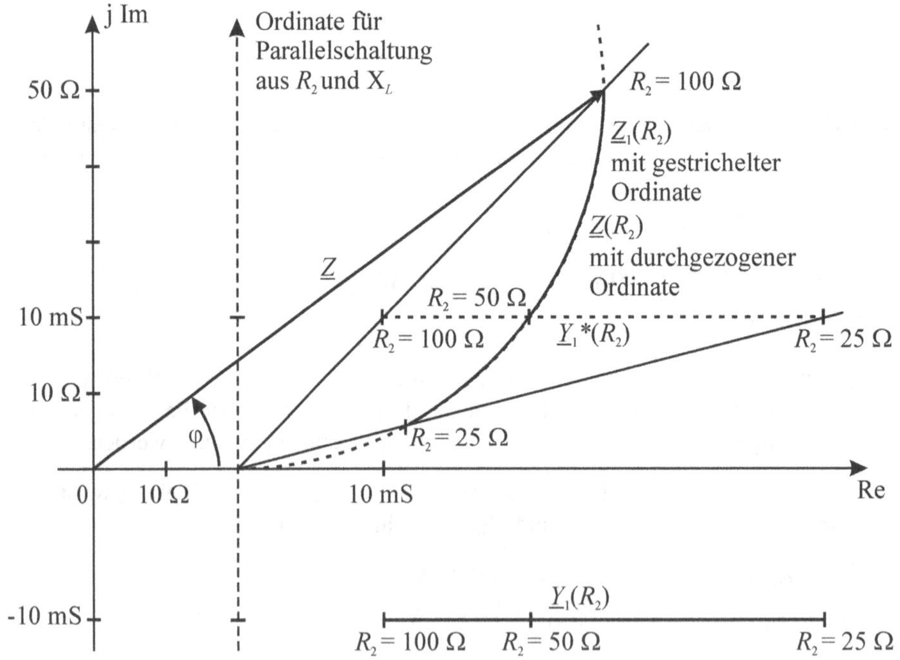

Abb. 10.12: Ortskurve für die linke Schaltung von Abb. 5.18

Die aus der Ortskurve abgelesenen Werte sind: $Z = 86\ \Omega$ und $\varphi = 36°$

Aufgabe 5.2

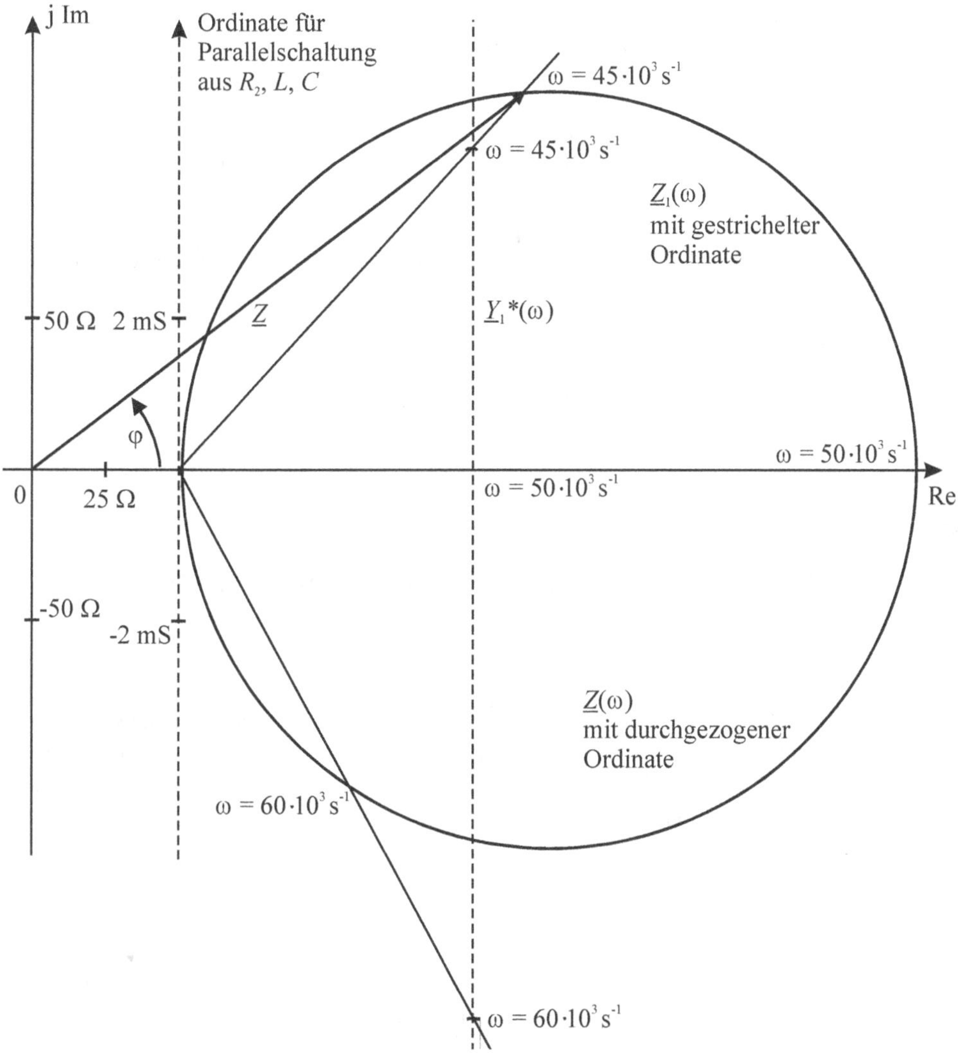

Abb. 10.13: Ortskurve für die rechte Schaltung in Abb. 5.18

Zunächst wird die Ortskurve $\underline{Z}_1(\omega)$ für den Parallelschwingkreis aus R_2, L und C gezeichnet. Als Ergebnis erhält man einen Kreis, der für $\omega = 0$ und für $\omega \rightarrow \infty$ durch den Ursprungspunkt geht. Für die Resonanzkreisfrequenz $\omega_0 = 50 \cdot 10^3$ s^{-1} erhält man den größten Wert von $\underline{Z}_1 = R_1 = 250\ \Omega$, d.h. den Durchmesser des Kreises. Um an $\underline{Z}_1(\omega)$ die Parameterwerte für $\omega = 45 \cdot 10^3$ s^{-1}, $\omega = 50 \cdot 10^3$ s^{-1} und $\omega = 60 \cdot 10^3$ s^{-1} antragen zu können, wird auch die Ortskurve $\underline{Y}_1^*(\omega)$ gestrichelt eingezeichnet. Es ergibt sich:

$$\underline{Y}_1 = \frac{1}{R_2} - j \cdot \left(\frac{1}{\omega L} - \omega C \right)$$

Für $\omega = 45 \cdot 10^3\ s^{-1}$ ist $\underline{Y}_1 = (4 - j \cdot 4{,}22)$ mS bzw. $\underline{Y}_1^* = (4 + j \cdot 4{,}22)$ mS, für $\omega = 50 \cdot 10^3\ s^{-1}$ ist $\underline{Y}_1 = 4$ mS und für $\omega = 60 \cdot 10^3\ s^{-1}$ ist $\underline{Y}_1 = (4 + j \cdot 7{,}33)$ mS bzw. $\underline{Y}_1^* = (4 - j \cdot 7{,}33)$ mS. Zieht man Geraden durch den Ursprungspunkt und die Parameterwerte bei $\underline{Y}_1^*$, so ergeben die jeweiligen Schnittpunkte mit der Ortskurve $\underline{Z}_1(\omega)$ dort die Parameterwerte. Nun muss nur noch die Reihenschaltung von R_1 berücksichtigt werden. Dies geschieht durch Verschieben des Achsenkreuzes um R_1 nach links.

Aus Abb. 10.13 wird für die drei Werte von ω aus der Ortskurve $\underline{Z}(\omega)$ abgelesen (eingetragen in die Ortskurve ist nur $\underline{Z}$ für $\omega = 45 \cdot 10^3\ s^{-1}$):

Für $\omega = 45 \cdot 10^3\ s^{-1}$ ist $Z = 210\ \Omega$ und $\varphi = 37°$.

Für $\omega = 50 \cdot 10^3\ s^{-1}$ ist $Z = 300\ \Omega$ und $\varphi = 0°$.

Für $\omega = 60 \cdot 10^3\ s^{-1}$ ist $Z = 150\ \Omega$ und $\varphi = -45°$.

Aufgabe 6.1

$$i = \frac{4 \cdot \hat{i}}{\pi} \cdot \left(\cos \omega_1 t_1 \cdot \sin \omega_1 t + \frac{1}{3} \cdot \cos(3 \cdot \omega_1 t_1) \cdot \sin(3 \cdot \omega_1 t) + \frac{1}{5} \cdot \cos(5 \cdot \omega_1 t_1) \cdot \sin(5 \cdot \omega_1 t) + \dots \right)$$

Aufgabe 6.2

Die Zeitfunktion, für die die Fourierreihe angegeben werden soll, eilt gegenüber der Zeitfunktion mit bekannter Fourierreihe um $T/2$ bzw. $180°$ zeitlich voraus, somit muss bei jeder Teilschwingung der Fourierreihe von Nr. 5 ein Nullphasenwinkel von $-T/2$ der Grundschwingung eingefügt werden.

$$u = \frac{\hat{u}}{2} + \frac{4 \cdot \hat{u}}{\pi^2} \cdot \left(\underbrace{\cos(\omega_1 t - 180°)}_{-\cos \omega_1 t} + \underbrace{\frac{\cos(3 \cdot (\omega_1 t - 180°))}{9}}_{-\frac{\cos(3 \cdot \omega_1 t)}{9}} + \underbrace{\frac{\cos(5 \cdot (\omega_1 t - 180°))}{25}}_{-\frac{\cos(5 \cdot \omega_1 t)}{25}} + \dots \right)$$

$$= \frac{\hat{u}}{2} - \frac{4 \cdot \hat{u}}{\pi^2} \cdot \left(\cos(\omega_1 t) + \frac{\cos(3 \cdot \omega_1 t)}{9} + \frac{\cos(5 \cdot \omega_1 t)}{25} + \dots \right)$$

Aufgabe 6.3

Für den Effektivwert spielt die Polarität keine Rolle, da der Augenblickswert quadriert wird (vgl. Kap. 2.1.4 und 2.2.2). Somit erhält man den Effektivwert des Stroms am schnellsten aus:

$$I = \frac{\hat{i}}{\sqrt{2}} \quad \text{mit} \quad \hat{i} = \frac{\hat{u}}{R} = \frac{230\,\text{V} \cdot \sqrt{2}}{1\,\text{k}\Omega} = 325{,}3\,\text{mA} \qquad I = 230\,\text{mA}$$

$$S = U \cdot I = 52{,}9\,\text{VA} \qquad P = I^2 \cdot R = 52{,}9\,\text{W} \qquad Q = \sqrt{S^2 - P^2} = 0\,\text{var}$$

Umständlich wäre hier die Lösung unter Zuhilfenahme der Fourierreihe Nr. 14 aus Tab. 6.1. Bis zur sechsten Harmonischen ergeben sich für die Teilschwingungen folgende Effektivwerte:

$$I_0 = \frac{2 \cdot \hat{i}}{\pi} \qquad I_2 = \frac{\hat{i}_2}{\sqrt{2}} = \frac{4 \cdot \hat{i}}{3 \cdot \pi \cdot \sqrt{2}} \qquad I_4 = \frac{\hat{i}_4}{\sqrt{2}} = \frac{4 \cdot \hat{i}}{15 \cdot \pi \cdot \sqrt{2}} \qquad I_6 = \frac{\hat{i}_6}{\sqrt{2}} = \frac{4 \cdot \hat{i}}{35 \cdot \pi \cdot \sqrt{2}}$$

Den Scheitelwert von i gewinnt man wieder durch die Betrachtung der ersten Halbwelle. Damit wird dann:

$$\hat{i} = \frac{\hat{u}}{R} = \frac{230\,\text{V} \cdot \sqrt{2}}{1\,\text{k}\Omega} = 325{,}3\,\text{mA} \qquad I = \sqrt{I_0^2 + I_2^2 + I_4^2 + I_6^2} = 229{,}9\,\text{mA}$$

Rein rechnerisch ergäbe sich hier eine kleine Verzerrungsleistung.

Aufgabe 6.4

Ein Reihenschwingkreis in Reihe zu R müsste zur Abschwächung der dritten Oberwelle auf die Grundfrequenz 50 Hz abgestimmt sein. Bei 50 Hz hat dann der Scheinwiderstand des Schwingkreises sein Minimum, für 150 Hz ist er sehr hochohmig. Der Parallelschwingkreis parallel zu R müsste auf 50 Hz abgestimmt sein. Bei 50 Hz hat dann der Scheinwiderstand des Parallelschwingkreises sein Maximum, für 150 Hz ist er sehr niederohmig, wodurch er einen großen Strom zieht, der einen hohen Spannungsabfall an R_i für die Oberwelle bewirkt.

Aufgabe 6.5

Es gibt viele Lösungsmöglichkeiten. Hier soll mit Hilfe des Maschenstromverfahrens der Strom i_a komplex ermittelt werden. Durch Multiplikation mit dem jeweiligen Wert für den Blindwiderstand des Kondensators ergibt sich der Wert der Ausgangsspannung für jeden Schwingungsanteil.

Mit den beiden Innenmaschen ergibt sich:

$$\begin{bmatrix} R - \text{j} \cdot \dfrac{1}{\omega C} & \text{j} \cdot \dfrac{1}{\omega C} \\[2ex] \text{j} \cdot \dfrac{1}{\omega C} & R - \text{j} \cdot \dfrac{2}{\omega C} \end{bmatrix} \cdot \begin{bmatrix} \underline{I}_{\text{I}} \\[2ex] \underline{I}_{\text{II}} \end{bmatrix} = \begin{bmatrix} \underline{U} \\[2ex] 0 \end{bmatrix}$$

$$\underline{I}_{II} = \underline{I}_a = \underline{U} \cdot \frac{-j \cdot \dfrac{1}{\omega C}}{R^2 - \dfrac{1}{(\omega C)^2} - j \cdot \dfrac{3 \cdot R}{\omega C}} = \underline{U} \cdot \frac{\dfrac{3 \cdot R}{(\omega C)^2} - j \cdot \left(\dfrac{R^2}{\omega C} - \dfrac{1}{(\omega C)^3} \right)}{\left(R^2 - \dfrac{1}{(\omega C)^2} \right)^2 + \left(\dfrac{3 \cdot R}{\omega C} \right)^2}$$

$$\underline{U}_a = \underline{I}_a \cdot \left(-j \cdot \frac{1}{\omega C} \right) = \underline{U} \cdot \frac{-\left(\dfrac{R^2}{(\omega C)^2} - \dfrac{1}{(\omega C)^4} \right) - j \cdot \dfrac{3 \cdot R}{(\omega C)^3}}{\left(R^2 - \dfrac{1}{(\omega C)^2} \right)^2 + \left(\dfrac{3 \cdot R}{\omega C} \right)^2}$$

In diese letzte Gleichung muss man nun nur für jede Harmonische die immer gleichbleibenden Werte für R und C und den zugehörigen Wert für ω einsetzen. Für $\omega = 0$, d.h. den Gleichwert der Fourierreihe, ist die Form der Gleichung ungeeignet. Man muss aber nur im Zähler und Nenner $1/(\omega C)^4$ vorklammern, um auch dafür die Lösung angeben zu können.

$$\underline{U}_a = \underline{U} \cdot \frac{-\left(\omega^2 \cdot C^2 \cdot R^2 - 1 - j \cdot 3 \cdot \omega C \cdot R \right)}{\omega^4 \cdot C^4 \cdot R^4 + 7 \cdot \omega^2 \cdot C^2 \cdot R^2 + 1}$$

Für den Gleichwert, d.h. $\omega = 0$, die Grundwelle bei $\omega = \omega_1 = 10^3 \ \text{s}^{-1}$, die dritte Harmonische bei $\omega = \omega_3 = 3 \cdot 10^3 \ \text{s}^{-1}$ und die fünfte Harmonische bei $\omega = \omega_5 = 5 \cdot 10^3 \ \text{s}^{-1}$ erhält man dann folgende Ergebnisse:

$\omega = 0:$ $\underline{U}_{a_0} = \underline{U}_0 \cdot 1 = \underline{U}_0$

$\omega = \omega_1:$ $\underline{U}_{a_1} = \underline{U}_1 \cdot \left(-j \cdot \dfrac{1}{3} \right) = \underline{U}_1 \cdot 0{,}333 \cdot e^{-j \cdot 90°}$

$\omega = \omega_3:$ $\underline{U}_{a_3} = \underline{U}_3 \cdot \left(-55{,}17 \cdot 10^{-3} - j \cdot 62{,}07 \cdot 10^{-3} \right) = \underline{U}_3 \cdot 83{,}04 \cdot 10^{-3} \cdot e^{-j \cdot 131{,}6°}$

$\omega = \omega_5:$ $\underline{U}_{a_5} = \underline{U}_5 \cdot \left(-29{,}96 \cdot 10^{-3} - j \cdot 18{,}73 \cdot 10^{-3} \right) = \underline{U}_5 \cdot 35{,}33 \cdot 10^{-3} \cdot e^{-j \cdot 148°}$

Demnach gelangt der Gleichanteil der Spannung u vollständig an den Ausgang, der Kondensator wird auf den Gleichspannungsanteil am Eingang aufgeladen. Dagegen gelangt nur noch ein Drittel der Grundwelle, ca. 8,3 % der dritten Harmonischen und ca. 3,5 % der fünften Harmonischen der Eingangsspannung an den Ausgang.

Aufgabe 7.1

$$\frac{\underline{U}_a}{\underline{U}_e} = \frac{R}{R + \dfrac{1}{j \cdot \omega C}} \qquad \underline{F}(s) = \frac{R}{R + \dfrac{1}{s \cdot C}} = \frac{s \cdot R \cdot C}{1 + s \cdot R \cdot C} = \frac{s \cdot T}{1 + s \cdot T}$$

Aufgabe 7.2

Zunächst müssen die Maschengleichung und die Gleichungen für die Spektraldichte des Stroms und der Spannungen aufgestellt werden:

$$\underline{U}_R(s) + \underline{U}_L(s) + \underline{U}_a(s) - \underline{U}_e(s) = 0$$

$$\underline{I}(s) = \frac{\underline{U}_a(s)}{\dfrac{1}{s \cdot C}} = \underline{U}_a(s) \cdot s \cdot C$$

$$\underline{U}_R(s) = \underline{I}(s) \cdot R = \underline{U}_a(s) \cdot s \cdot R \cdot C \qquad \underline{U}_L(s) = \underline{I}(s) \cdot s \cdot L = \underline{U}_a(s) \cdot s^2 \cdot L \cdot C$$

Durch Einsetzen der Ausdrücke für die Spektraldichten in die erste Gleichung könnte man sofort die Übertragungsfunktion bestimmen:

$$\underline{U}_a(s) \cdot s \cdot R \cdot C + \underline{U}_a(s) \cdot s^2 \cdot L \cdot C + \underline{U}_a(s) = \underline{U}_e(s) \qquad \frac{\underline{U}_a(s)}{\underline{U}_e(s)} = \underline{F}(s) = \frac{1}{1 + s \cdot R \cdot C + s^2 \cdot L \cdot C}$$

Beim Aufstellen des Signalflussplans geht man so vor, dass man zunächst das Proportional-glied zeichnet. Seine Eingangsgröße ist $\underline{U}_R(s)$, also muss eine Subtraktionsstelle gebildet werden, an der von $\underline{U}_e(s)$ die anderen beiden Spektraldichten abgezogen werden. Die Aus-gangsgröße des Proportionalglieds ist die Eingangsgröße des Differenzier- und Integrier-glieds und die Ausgangsgröße des Integrierglieds die Gesamtausgangsgröße. Damit ergibt sich folgender Signalflussplan:

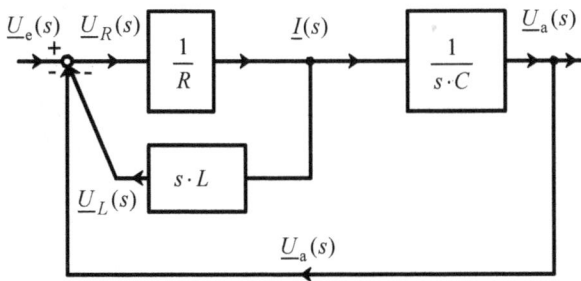

Abb. 10.14: Signalflussplan für den Reihenschwingkreis

Fasst man nun zunächst die Rückkopplung des Proportional- und Differenzierglieds zu $\underline{F}_1(s)$ zusammen, so erhält man:

$$\underline{F}_1(s) = \frac{\underline{F}_V(s)}{1 + \underline{F}_V(s) \cdot \underline{F}_R(s)} = \frac{\dfrac{1}{R}}{1 + \dfrac{1}{R} \cdot s \cdot L} = \frac{\dfrac{1}{R}}{1 + s \cdot \dfrac{L}{R}}$$

Der Vorwärtszweig besteht aus einer Kettenschaltung von $\underline{F}_1(s)$ und $1/(s \cdot C)$. Der Rück-führzweig ist eins. Damit lautet die gesamte Übertragungsfunktion:

$$\underline{F}(s) = \cfrac{\cfrac{\dfrac{1}{R}}{1+s\cdot\dfrac{L}{R}}\cdot\dfrac{1}{s\cdot C}}{1+\cfrac{\dfrac{R}{1+s\cdot\dfrac{L}{R}}}\cdot\dfrac{1}{s\cdot C}\cdot 1} = \cfrac{\dfrac{1}{s\cdot R\cdot C+s^2\cdot L\cdot C}}{1+\dfrac{1}{s\cdot R\cdot C+s^2\cdot L\cdot C}} = \cfrac{1}{1+s\cdot R\cdot C+s^2\cdot L\cdot C}$$

Aufgabe 7.3

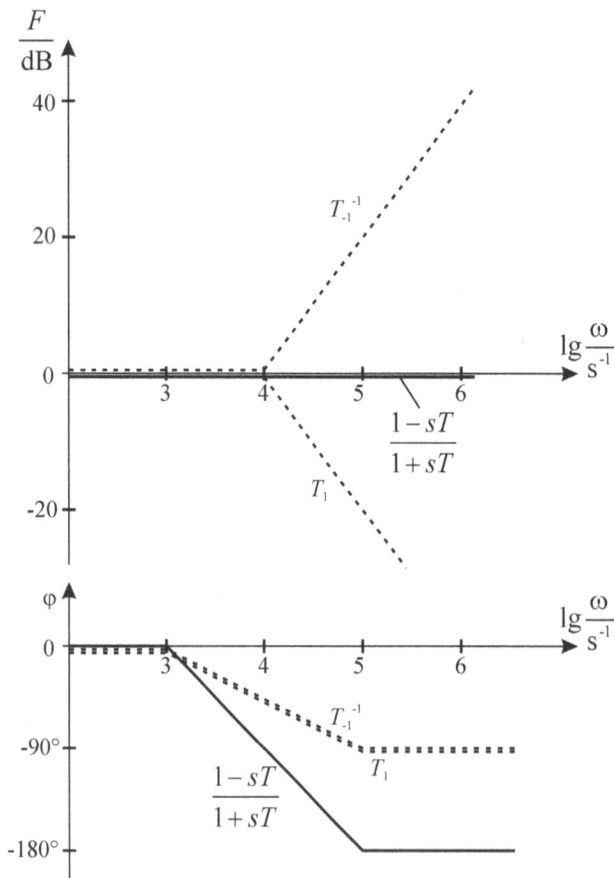

Abb. 10.15: Bodediagramm für das T_{-1}^{-1}-, T_1-Glied und den Allpass

Die Übertragungsfunktion wurde bereits in Kap. 7.1.3 aufgestellt. Sie lautet:

$$F(s) = \frac{1 - s \cdot T}{1 + s \cdot T} = (1 - s \cdot T) \cdot \frac{1}{1 + s \cdot T} \qquad \text{mit} \qquad T = R \cdot C = 100\,\mu s$$

Somit ergibt sich eine Eckkreisfrequenz $\omega_E = 1/T = 10 \cdot 10^3\,s^{-1}$. Das T_{-1}^{-1}- und T_1-Glied ist in Abb. 10.15 gestrichelt eingezeichnet. Der Betrag der Ausgangsspannung bleibt demnach über den ganzen Frequenzbereich konstant, während sich der Phasenverschiebungswinkel je nach Frequenz zwischen 0 und $-180°$ einstellt.

Aufgabe 7.4
Die Spannungsgleichung im Zeitbereich lautet:

$$u = \begin{cases} 0 & \text{für } t_2 < t < t_1 \\ \hat{u} & \text{für } t_1 < t < t_2 \end{cases}$$

Man kann diesen Verlauf auch darstellen durch $u = u_1 - u_2$ mit:

$$u_1 = \begin{cases} 0 & \text{für } t < t_1 \\ \hat{u} & \text{für } t > t_1 \end{cases} \qquad\qquad u_2 = \begin{cases} 0 & \text{für } t < t_2 \\ \hat{u} & \text{für } t > t_2 \end{cases}$$

Damit ergibt sich die Laplacetransformierte der Spannung im Bildbereich mit den Regeln Nr. 1, 2 und 5 aus Tab. 7.2 und der Korrespondenz Nr. 3 aus Tab. 7.3:

$$\underline{U}(s) = \underline{U}_1(s) - \underline{U}_2(s) = \frac{\hat{u}}{s} \cdot e^{-s \cdot t_1} - \frac{\hat{u}}{s} \cdot e^{-s \cdot t_2} = \frac{\hat{u}}{s} \cdot \left(e^{-s \cdot t_1} - e^{-s \cdot t_2} \right)$$

Aufgabe 7.5
Für die Spannung lauten die Zeitgleichung für die erste Periodendauer und die Laplacetransformierte mit Regel Nr. 6 aus Tab. 7.2:

$$u = \begin{cases} \hat{u} & \text{für } 0 < t < T/2 \\ -\hat{u} & \text{für } T/2 < t < T \end{cases}$$

$$\underline{U}(s) = \frac{1}{1 - e^{-s \cdot T}} \cdot \left(\int_0^{T/2} e^{-s \cdot t} \cdot \hat{u} \cdot dt + \int_{T/2}^{T} e^{-s \cdot t} \cdot (-\hat{u}) \cdot dt \right)$$

$$= \frac{\hat{u}}{1 - e^{-s \cdot T}} \cdot \left(\left[\frac{1}{-s} \cdot e^{-s \cdot t} \right]_0^{T/2} - \left[\frac{1}{-s} \cdot e^{-s \cdot t} \right]_{T/2}^{T} \right) = \frac{\hat{u}}{1 - e^{-s \cdot T}} \cdot \left[\frac{1}{s} \cdot \left(1 + e^{-s \cdot T} - 2 \cdot e^{-s \cdot T/2} \right) \right]$$

$$= \frac{\hat{u}}{1 - e^{-s \cdot T}} \cdot \left[\frac{1}{s} \cdot \left(1 - e^{-s \cdot T/2} \right)^2 \right] = \frac{\hat{u} \cdot \left(1 - e^{-s \cdot T/2} \right)^2}{s \cdot \left(1 - e^{-s \cdot T/2} \right) \cdot \left(1 + e^{-s \cdot T/2} \right)} = \frac{\hat{u} \cdot \left(1 - e^{-s \cdot T/2} \right)}{s \cdot \left(1 + e^{-s \cdot T/2} \right)}$$

Aufgabe 7.6

Mit Hilfe der Maschengleichung stellt man die Differenzialgleichung auf:

$$i = C \cdot \frac{du_C}{dt} \qquad i \cdot R + u_C = R \cdot C \cdot \frac{du_C}{dt} + u_C = u_e$$

Die Differenzialgleichung wird in den Bildbereich transformiert. Die Laplacetransformierte für die Eingangsspannung u_e entspricht der für die linke Spannung in Abb. 7.30 bereits ermittelten Form.

$$s \cdot R \cdot C \cdot \underline{U}_C(s) + \underline{U}_C(s) = \underline{U}_C(s) \cdot (s \cdot R \cdot C + 1) = \underline{U}_e(s) = \frac{U}{t_0} \cdot \frac{1 - e^{-s \cdot t_0}}{s^2}$$

$$\underline{U}_C(s) = \frac{U}{t_0} \cdot \frac{1 - e^{-s \cdot t_0}}{s^2 \cdot (s \cdot R \cdot C + 1)} = \frac{U}{t_0 \cdot R \cdot C} \cdot \frac{1 - e^{-s \cdot t_0}}{s^2 \cdot \left(s + \dfrac{1}{R \cdot C} \right)}$$

Die Rücktransformation erfolgt mit der Korrespondenz Nr. 16 und Regel Nr. 5:

$$u_C = \frac{U}{t_0 \cdot R \cdot C} \cdot \left[R^2 \cdot C^2 \cdot \left(\frac{t}{R \cdot C} - 1 + e^{-\frac{t}{R \cdot C}} \right) - R^2 \cdot C^2 \cdot \left(\frac{t - t_0}{R \cdot C} - 1 + e^{-\frac{t - t_0}{R \cdot C}} \right) \cdot \varepsilon(t - t_0) \right]$$

Der Ausdruck $\varepsilon(t - t_0)$ beim zweiten Term bedeutet, dass dieser für $t - t_0 < 0$ den Wert null annimmt, also erst für Zeiten $t - t_0 \geq 0$ wirksam wird. Der erste und zweite Term sind gleichartig, aber um t_0 zeitverschoben. Den Gesamtverlauf erhält man aus der Differenz beider Terme, wie in Abb. 10.16 gezeigt.

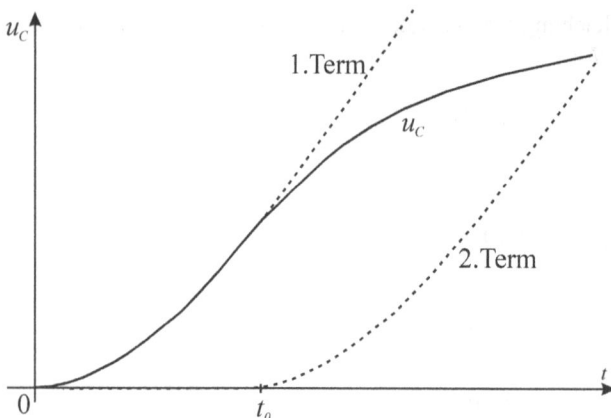

Abb. 10.16: Zeitverlauf der Spannung u_C

Aufgabe 7.7

Mit den Regeln Nr. 1 und 5 und den Korrespondenzen Nr. 3 und 6 (vgl. auch Kap. 7.2.4) erhält man:

$$\underline{U}_e(s) = \frac{10\,\text{V} \cdot \left(1 - e^{-s \cdot 3\,\text{ms}}\right)}{s}$$

$$\underline{U}_a(s) = \frac{10\,\text{V}}{s + \dfrac{1}{0,5\,\text{ms}}} + \frac{-10\,\text{V}}{s + \dfrac{1}{0,5\,\text{ms}}} \cdot e^{-s \cdot 3\,\text{ms}} = \frac{10\,\text{V} \cdot \left(1 - e^{-s \cdot 3\,\text{ms}}\right)}{s + \dfrac{1}{0,5\,\text{ms}}}$$

$$\underline{F}(s) = \frac{\underline{U}_a(s)}{\underline{U}_e(s)} = \frac{\dfrac{10\,\text{V} \cdot \left(1 - e^{-s \cdot 3\,\text{ms}}\right)}{s + \dfrac{1}{0,5\,\text{ms}}}}{\dfrac{10\,\text{V} \cdot \left(1 - e^{-s \cdot 3\,\text{ms}}\right)}{s}} = \frac{s}{s + \dfrac{1}{0,5\,\text{ms}}} = \frac{s \cdot 0,5\,\text{ms}}{1 + s \cdot 0,5\,\text{ms}}$$

Dies entspricht z.B. der Übertragungsfunktion des *RL*-Glieds in Abb. 7.4 oder der rückwirkungsfreien Reihenschaltung eines Differenzierglieds mit einem Verzögerungsglied 1. Ordnung.

Aufgabe 7.8

Die Übertragungsfunktion lautet:

$$\underline{F}(s) = \frac{\underline{U}_a(s)}{\underline{U}_e(s)} = \frac{s \cdot L + \dfrac{1}{s \cdot C}}{R + s \cdot L + \dfrac{1}{s \cdot C}} = \frac{\dfrac{1}{s \cdot C} \cdot \left(s^2 \cdot L \cdot C + 1\right)}{\dfrac{1}{s \cdot C} \cdot \left(s^2 \cdot L \cdot C + s \cdot R \cdot C + 1\right)} = \frac{s^2 + \dfrac{1}{L \cdot C}}{s^2 + s \cdot \dfrac{R}{L} + \dfrac{1}{L \cdot C}}$$

Somit wird mit $\underline{U}_e(s) = \dfrac{10\,\text{V}}{s}$ (nach Regel Nr. 1 und Korrespondenz Nr. 3) $\underline{U}_a(s)$:

$$\underline{U}_a(s) = \underline{F}(s) \cdot \underline{U}_e(s) = \frac{s^2 + \dfrac{1}{L \cdot C}}{s^2 + s \cdot \dfrac{R}{L} + \dfrac{1}{L \cdot C}} \cdot \frac{10\,\text{V}}{s} = 10\,\text{V} \cdot \frac{s^2 + \dfrac{1}{L \cdot C}}{s \cdot \left(s^2 + s \cdot \dfrac{R}{L} + \dfrac{1}{L \cdot C}\right)}$$

$$= 10\,\text{V} \cdot \left(\frac{s}{s^2 + s \cdot \dfrac{R}{L} + \dfrac{1}{L \cdot C}} + \frac{1}{s \cdot L \cdot C \cdot \left(s^2 + s \cdot \dfrac{R}{L} + \dfrac{1}{L \cdot C}\right)}\right)$$

Die Spannung im Zeitbereich erhält man durch Rücktransformation mit Hilfe der Korrespondenzen Nr. 45 und 46 sowie der Regeln Nr. 1 und 2. Zuvor muss noch geklärt werden, welche der drei möglichen Rücktransformationen anzuwenden ist.

$$2 \cdot a = \frac{R}{L} = 20 \cdot 10^3 \, \text{s}^{-1} \qquad a^2 = 100 \cdot 10^6 \, \text{s}^{-2} \qquad b^2 = \frac{1}{L \cdot C} = 100 \cdot 10^6 \, \text{s}^{-2} \qquad a^2 = b^2$$

Es liegt also der so genannte aperiodische Grenzfall vor.

$$u_a = 10 \, \text{V} \cdot \left[\left(1 - 10 \cdot 10^3 \, \text{s}^{-1} \cdot t \right) \cdot e^{-10 \cdot 10^3 \, \text{s}^{-1} \cdot t} + \frac{1}{L \cdot C} \cdot L \cdot C \cdot \left(1 - \left(1 + 10 \cdot 10^3 \, \text{s}^{-1} \cdot t \right) \cdot e^{-10 \cdot 10^3 \, \text{s}^{-1} \cdot t} \right) \right]$$

$$= 10 \, \text{V} - 20 \, \text{V} \cdot 10 \cdot 10^3 \, \text{s}^{-1} \cdot t \cdot e^{-10 \cdot 10^3 \, \text{s}^{-1} \cdot t}$$

Aufgabe 9.1

Der einfachere Lösungsweg geht über die Bestimmung der Ströme:

$$I_a = \frac{U_a}{R_a} = 1 \, \text{A} \qquad I_{e1} = \frac{I_a}{\ddot{u}_1} = 0{,}5 \, \text{A} \qquad I_{e2} = \frac{I_a}{\ddot{u}_2} = 0{,}2 \, \text{A} \qquad I = I_{e1} + I_{e1} = 0{,}7 \, \text{A}$$

Da beim idealen Transformator die primär- und sekundärseitige Scheinleistung gleich sein muss, erhält man daraus die Eingangsspannung U:

$$S_a = U_a \cdot I_a = 77 \, \text{VA} = S_e = U \cdot I \qquad U = \frac{S_e}{I} = 110 \, \text{V}$$

Daraus erhält man dann die Sekundärspannungen der beiden Transformatoren:

$$U_{a1} = \frac{U}{\ddot{u}_1} = 55 \, \text{V} \qquad U_{a2} = \frac{U}{\ddot{u}_2} = 22 \, \text{V}$$

Man könnte auch ohne die Bestimmung der Scheinleistung die beiden Sekundärspannungen direkt ermitteln. Für die Ermittlung der beiden Unbekannten müssen zwei Gleichungen aufgestellt werden. Eine erhält man, indem der Quotient aus den beiden vorherigen Gleichungen gebildet wird, wobei sich die unbekannte Spannung U herauskürzt, die andere aus dem Maschensatz:

$$\frac{U_{a1}}{U_{a2}} = \frac{\ddot{u}_2}{\ddot{u}_1} \qquad U_a = U_{a1} + U_{a2} \qquad \frac{U_a - U_{a2}}{U_{a2}} = \frac{\ddot{u}_2}{\ddot{u}_1} \qquad U_a = U_{a2} \cdot \frac{5}{2} + U_{a2} = U_{a2} \cdot \frac{7}{2}$$

$$U_{a2} = U_a \cdot \frac{2}{7} = 22 \, \text{V} \qquad U_{a1} = U_a - U_{a2} = 55 \, \text{V} \qquad U = U_{a2} \cdot \ddot{u}_2 = U_{a1} \cdot \ddot{u}_1 = 110 \, \text{V}$$

Aufgabe 9.2

Für den Leerlauffall ist:

$$L_{1L} = \frac{N_1^2}{R_{m1}} = \frac{N_1^2 \cdot \mu_0 \cdot A_1}{l} = 4 \, \text{mH} \qquad I_{1L} = \frac{U_1}{\omega L_{1L}} = 0{,}25 \, \text{A} \qquad U_{2L} = \frac{U_1}{\ddot{u}} \cdot \frac{A_2}{A_1} = 25 \, \text{V}$$

Für den Kurzschlussfall ist:

$$I_{1K} = I_{1L} \cdot \frac{A_1}{A_1 - A_2} = 0,5\,\text{A} \qquad I_{2K} = \ddot{u} \cdot I_{1K} = 1\,\text{A}$$

Für den Belastungsfall ergibt sich folgendes Ersatzschaltbild mit $L_{1K} = \dfrac{U_1}{\omega \cdot I_{1K}} = 2\,\text{mH}$:

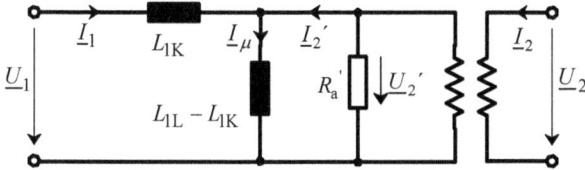

Abb. 10.17: Ersatzschaltbild für den belasteten Lufttransformator

Der Belastungswiderstand wird auf die Primärseite transformiert: $R_a{}' = \ddot{u}^2 \cdot R_a = 200\,\Omega$

Damit ergibt sich primärseitig ein Gesamtwiderstand $\underline{Z}_1$ und Eingangstrom $\underline{I}_1$ und aus diesem eine Spannung U_2' bzw. U_2 von:

$$\underline{Z}_1 = \text{j} \cdot \omega\, L_{1K} + \frac{R_a{}' \cdot \text{j} \cdot \omega \cdot (L_{1L} - L_{1K})}{R_a{}' + \text{j} \cdot \omega \cdot (L_{1L} - L_{1K})} = \text{j} \cdot 200\,\Omega + (100 + \text{j} \cdot 100)\,\Omega = 316,2\,\Omega \cdot \text{e}^{\text{j} \cdot 71,6°}$$

$$I_1 = \frac{U_1}{Z_1} = 316,2\,\text{mA} \qquad U_2' = I_1 \cdot \left| \frac{R_a{}' \cdot \text{j} \cdot \omega \cdot (L_{1L} - L_{1K})}{R_a{}' + \text{j} \cdot \omega \cdot (L_{1L} - L_{1K})} \right| = 44,72\,\text{V} \qquad U_2 = \frac{U_2'}{\ddot{u}} = 22,36\,\text{V}$$

Zur Kontrolle kann z.B. auch mit der Stromübersetzung gerechnet werden:

$$\underline{I}_2{}' = -\underline{I}_1 \cdot \frac{\dfrac{R_a{}' \cdot \text{j} \cdot \omega \cdot (L_{1L} - L_{1K})}{R_a{}' + \text{j} \cdot \omega \cdot (L_{1L} - L_{1K})}}{R_a{}'} = -223,6\,\text{mA} \cdot \text{e}^{-\text{j} \cdot 26,6°} \qquad I_2 = \ddot{u} \cdot I_2{}' = 447,2\,\text{mA}$$

$$U_2 = I_2 \cdot R_a = 22,36\,\text{V}$$

Aufgabe 9.3

Es müssen zunächst die Strangspannungen und -leistungen bestimmt werden, dagegen sind bei einer Sternschaltung die Strangströme gleich den Leiterströmen. Der Index N bei U_{1N} und U_{2N} bei einem Drehstromtransformator bezieht sich nicht auf den Sternpunktleiter N, sondern auf Nennspannung. Das Übersetzungsverhältnis ist:

$$\ddot{u} = \frac{U_{1N}}{U_{2N}} = 38,1$$

Die Strangleerlaufspannung und Strangkurzschlussspannung sind demnach:

$$U_{1L} = \frac{U_{1N}}{\sqrt{3}} = 11{,}55\,\text{kV} \qquad U_{1K} = \frac{U_K}{\sqrt{3}} = 693\,\text{V}$$

Die Strangleistungen sind jeweils ein Drittel der Gesamtleistung. Somit ergibt sich aus dem Leerlaufversuch bei Vernachlässigung der Kupferverluste und Streuung nach dem vereinfachten Ersatzschaltbild bei Leerlauf:

$$R_{Fe} = \frac{U_{1L}^{\;2}}{P_{1L}} = \frac{(11{,}55\,\text{kV})^2}{327\,\text{W}} = 408\,\text{k}\Omega$$

$$X_{1h} = \frac{U_{1L}^{\;2}}{\sqrt{(U_{1L} \cdot I_{1L})^2 - P_{1L}^{\;2}}} = \frac{11{,}55\,\text{kV}^2}{\sqrt{(11{,}55\,\text{kV} \cdot 240\,\text{mA})^2 - 327\,\text{W}^2}} = 48{,}5\,\text{k}\Omega$$

Aus dem Kurzschlussversuch ergibt sich nach dem vereinfachten Ersatzschaltbild:

$$I_{1N} = \frac{S_N}{\sqrt{3} \cdot U_{1N}} = 14{,}43\,\text{A} \qquad R_1 + R_2{}' = \frac{P_{1K}}{I_{1N}^{\;2}} = \frac{2{,}5\,\text{kW}}{14{,}43\,\text{A}^2} = 12\,\Omega \qquad R_1 = R_2{}' = 6\,\Omega$$

$$X_{1\sigma} + X_{2\sigma}{}' = \sqrt{(U_{1K}/I_{1N})^2 - (R_1 + R_2{}')^2} = \sqrt{(693\,\text{V}/14{,}43\,\text{A})^2 - 12\,\Omega^2} = 46{,}5\,\Omega$$

$$X_{1\sigma} = X_{2\sigma}{}' = 23{,}2\,\Omega \qquad u_K = \frac{U_K}{U_{1N}} = 0{,}06$$

Aufgabe 9.4
Da keine Streuung unterstellt wird, ist die Wahl des Ersatzschaltbilds frei. Man erhält folgendes Ersatzschaltbild mit:

$$\ddot{u}_0 = \sqrt{\frac{L_1}{L_2}} = 87{,}5 \cdot 10^{-3} \qquad R_a{}' = \ddot{u}_0^{\;2} \cdot R_a = 230\,\Omega$$

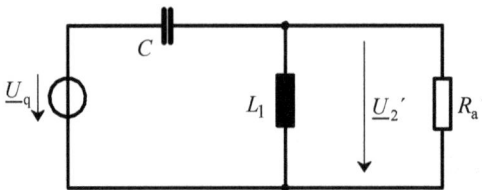

Abb. 10.18: Ersatzschaltbild der Schaltung zu Aufgabe 9.4

Die Gleichung für die Resonanzkreisfrequenz wurde bereits in Kap. 3.9.3 abgeleitet. Es liegt die gleiche Schaltung wie in der rechten Schaltung von Abb. 3.82 vor. Demnach ist:

$$\omega_0 = \frac{1}{\sqrt{L_1 \cdot C}} \cdot \sqrt{\frac{1}{1 - \frac{L_1}{R'^2 \cdot C}}} = 669 \cdot 10^3 \, \text{s}^{-1}$$

Fasst man $\omega_0 L_1$ und R_a' zu einem Ersatzwiderstand Z_p und diesen mit $1 / \omega_0 C$ zu Z_e zusammen, so erhält man nach der Spannungsteilerregel:

$$\frac{U_2'}{U_q} = \frac{\underline{Z}_p}{\underline{Z}_e} \qquad \underline{Z}_p = \frac{1}{\underline{Y}_p} = \frac{1}{G' - j \cdot B_{L_1}} = 79,7 \, \Omega \cdot e^{j \cdot 69,7°} \qquad \underline{Z}_e = \underline{Z}_p - j \cdot X_C = 27,7 \, \Omega$$

$$U_2' = U_q \cdot \frac{\underline{Z}_p}{\underline{Z}_e} = 43,3 \, \text{mV} \qquad U_2 = \frac{U_2'}{\ddot{u}_0} = 495 \, \text{mV}$$

Für $\omega \to 0$ stellt die Induktivität einen Kurzschluss dar, somit werden U_2' und U_2 null. Für $\omega \to \infty$ stellt die Kapazität einen Kurzschluss und die Induktivität eine Unterbrechung dar, dadurch ist $U_2' = U_q$ und $U_2 = U_2' / \ddot{u}_0 = 171 \, \text{mV}$. Damit ergibt sich folgender Verlauf:

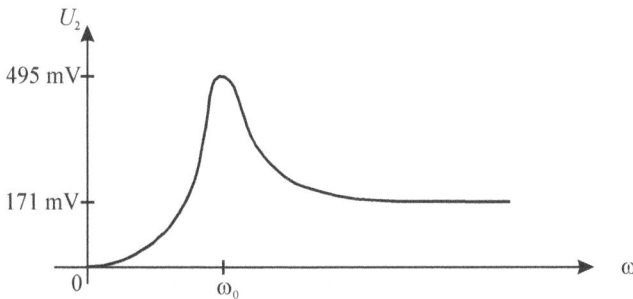

Abb. 10.19: Prinzipieller Verlauf der Spannung U_2 als Funktion der Kreisfrequenz

11　Weiterführende Literatur

Horst Clausert, Günther Wiesemann, Volker Hinrichsen, Jürgen Stenzel
Grundgebiete der Elektrotechnik 1 + 2
Oldenbourg Verlag

Karl Küpfmüller, Wolfgang Mathis, Albrecht Reibiger
Theoretische Elektrotechnik: Eine Einführung
Springer Verlag

Eugen Philippow
Grundlagen der Elektrotechnik
Verlag Technik

Stichwortverzeichnis

www.ingramcontent.com/pod-product-compliance
Lightning Source LLC
Chambersburg PA
CBHW061759210326
41599CB00034B/6810